Elektrotechnik

Fachbildung

Schaltungstechnik für Energie- und Gebäudetechnik

Ernst Hörnemann, Heiden
Heinrich Hübscher, Lüneburg
Klaus Schierack, Linz
Roland Stolzenburg, Dillenburg

westermann

Diesem Buch wurden die bei Manuskriptabschluss vorliegenden neuesten Ausgaben der DIN-Normen und VDE-Bestimmungen zugrunde gelegt. Verbindlich sind jedoch nur die neuesten Ausgaben der DIN-Normen und VDE-Bestimmungen selbst.

Die DIN-Normen wurden wiedergegeben mit Erlaubnis des DIN Deutsches Institut für Normung e.-V. Maßgebend für das Anwenden der Norm ist deren Fassung mit dem neuesten Ausgabedatum, die bei der Beuth Verlag GmbH, Burggrafenstraße 6, 10787 Berlin, erhältlich ist.

Die auszugsweise Wiedergabe der DIN-Normen mit VDE-Kennzeichnung erfolgt mit Genehmigung des DIN Deutsches Institut für Normung e.-V. und des Verbandes Deutscher Elektrotechniker (VDE) e.-V. Maßgebend für das Anwenden der Normen sind deren Fassungen mit dem neuesten Ausgabedatum, die bei der vde-verlag gmbH, Bismarckstraße 33, 10625 Berlin bzw. Merianstraße 29, 63069 Offenbach und bei der Beuth Verlag GmbH, Burggrafenstraße 6, 10787 Berlin, erhältlich sind.

Zu diesem Buch kann ein Satz mit 68 heraustrennbaren Arbeitsblättern DIN A4 unter der Best.-Nr. 22 1241 bezogen werden.

2. Auflage, 2005
Druck 1, Herstellungsjahr 2012

Redaktion: Armin Kreuzburg
Verlagsherstellung: Harald Kalkan
Satz und Lay-out: Fa. Lithos, Dirk Hinrichs, Wolfenbüttel
Druck und Bindung: westermann druck GmbH, Braunschweig

ISBN 978-3-14-**22 1240**-1

Vorwort

Für welche Zielgruppe ist das Buch geschrieben?

Für Elektroinstallateure ab dem zweiten Ausbildungsjahr.

Was kann man mit diesem Buch lernen?

Mit diesem Buch lernt der Elektroinstallateur

1. wie durch Verknüpfung von elektrischen Steuer- und Schaltgeräten gewünschte Funktionen erreicht werden,
2. wie die Verschaltung der Geräte zeichnerisch dargestellt wird und
3. wie durch Erweiterung von Grundschaltungen vielfältige Schaltungen der Praxis aufgebaut werden können.

Wie werden Themen vorgestellt?

Jedes Thema wird in zwei oder drei Lernschritten bearbeitet.

1.-Schritt: Grundlagen, die nicht als Vorwissen vorausgesetzt werden können, werden vorgestellt und erläutert.

2.-Schritt: An einer vorgegebenen Schaltung eines Anwendungsbeispiels wird deren Funktion erläutert oder es wird für eine vorgegebene Steuerungsaufgabe eine Schaltung entwickelt und als normgerechte Zeichnung dargestellt.

3.-Schritt: Es werden Aufgaben angeboten, durch deren Lösung die vorbesprochenen Inhalte gefestigt und vertieft werden können.

Wie soll mit dem Buch gearbeitet werden?

Die Grundlagen und Anwendungsbeispiele sollen im Unterricht durchgearbeitet werden. Dabei wird davon ausgegangen, dass die Inhalte durch Informationen aus Tabellenbüchern, Fachbüchern und Firmenunterlagen ergänzt werden. Die Aufgaben sollen in der angegebenen Reihenfolge bearbeitet werden, da der Schwierigkeitsgrad entsprechend gestuft ist. Für die Lösung der mit ❑ gekennzeichneten Aufgaben sind als Lösungshilfe Aufgabenblätter vorhanden.

Fachbegriffe, die in Vergessenheit geraten sind, können auf den Seiten „☺... kurz erklärt" nachgelesen werden.

Welche Schaltungen werden vorgestellt?

Für jedes Thema wird im Rahmen eines Anwendungsbeipiels eine grundlegende Schaltung besprochen. Typische Schaltungselemente oder Erweiterungen werden durch Lösung der entsprechenden Aufgaben eingeübt.

Spezielle Schaltungen für bestimmte Aufgaben der Praxis müssen Schaltungsbücher oder Herstellerunterlagen entnommen werden!

Was ist bei der zeichnerischen Darstellung der Schaltungen zu beachten?

Die zeichnerische Darstellung, die Schaltzeichen und die Betriebsmittel-Kennzeichnung entsprechen den bei Redaktionsschluss gültigen Normen. Nach DIN EN 61346-2: 2000-12 werden nun die Betriebsmittel nach ihrer Aufgabe bzw. ihrem Zweck im System gekennzeichnet. Die zugeordneten Kennbuchstaben sind auf der Umschlag-Rückseite zusammengestellt. Da die Normen in den letzten Jahren wiederholt geändert wurden, begegnen dem Elektroinstallateur in der Praxis auch Zeichnungen mit heute nicht mehr gültigen Schaltzeichen und Symbolen. In Beispielen mit dem Hinweis „Auszug aus Herstellerunterlagen" werden auch solche Zeichnungen vorgestellt. Für die Zukunft sind im Zuge der europaweiten Harmonisierung weitere Normenänderungen zu erwarten. Selbstverständlich sind diese dann unabhängig von der hier verwendeten Darstellung zu berücksichtigen.

Wir wünschen allen Lehrern und Auszubildenden viel Freude und Erfolg!

Autoren und Verlag

Braunschweig 2002

Inhaltsverzeichnis

Inhaltsverzeichnis

Anhang

1 Hausinstallation

1.1 Wohnrauminstallation

Nach vorliegenden Angaben und Zeichnungen soll die Küche einer Neubauwohnung installiert werden. Die Leitungen sind maximal 12 m lang, da die Unterverteilung (400V, 50 Hz) im Flur vorgesehen ist.

Installationsform: Schalterabzweigdosen
Leitungsart: NYIF

Leistungen:

Elektroherd	14 kW;	400 V
Kühlschrank	200 W;	230 V
Geschirrspüler	4 kW;	230 V
Mikrowellengerät	1,8 kW;	230 V
Dunstabzugshaube	200 W;	230 V
Beleuchtung	60 W;	230 V

Installation

Die Abb. 1 zeigt den Installationsplan der Küche. Die Ziffer ① unterhalb der Betriebsmittelkennzeichnung gibt die Stromkreisnummer an. Jedes Einbaugerät erhält einen eigenen Stromkreis (Stromkreise 1...5). Für Beleuchtung und Steckdosen sind getrennte Stromkreise vorgesehen (Stromkreis 6 und 7).

Die Montagemaße ② für die Schalter, Steckdosen und Anschlussdosen sind den Zeichnungen der Küchenbaufirma bzw. den Vorzugsmaßen für elektrische Leitungen und den Vorzugshöhen für Schalter und Steckdosen (vgl. Tabellenbuch) entnommen.

Bei der hier vorgesehenen Installationsform werden die Schaltungen nicht in getrennten Abzweigdosen, sondern in Schalterabzweigdosen (Geräte-Verbindungsdosen ③) verdrahtet (Abb. 2, Seite 6).

Diese Installationsform hat gegenüber der Installation mit Abzweigdosen folgende Vorteile:

- Es werden keine besonderen Abzweigdosen benötigt.
- Änderungen und Reparaturen können ohne Beschädigung von Tapeten und Paneelen vorgenommen werden.

Ein Nachteil dieser Installationsform ist, dass mehr Leitermaterial benötigt wird.

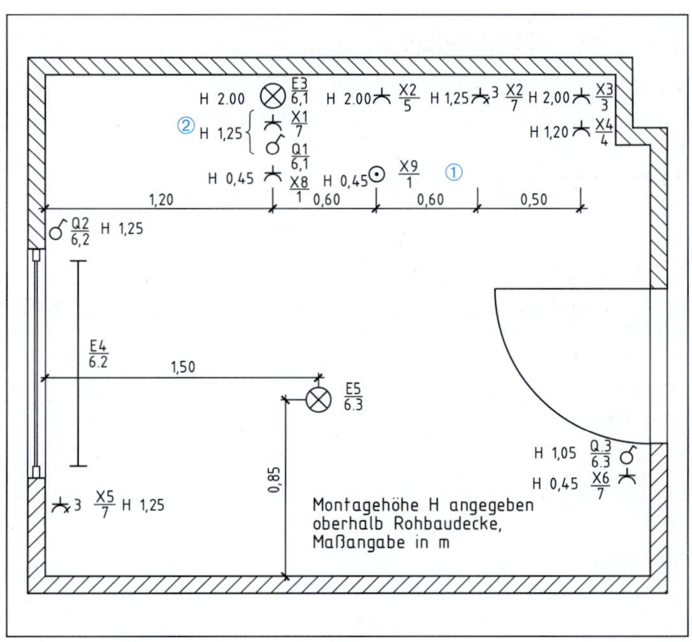

Abb. 1: Installationsplan der Küche

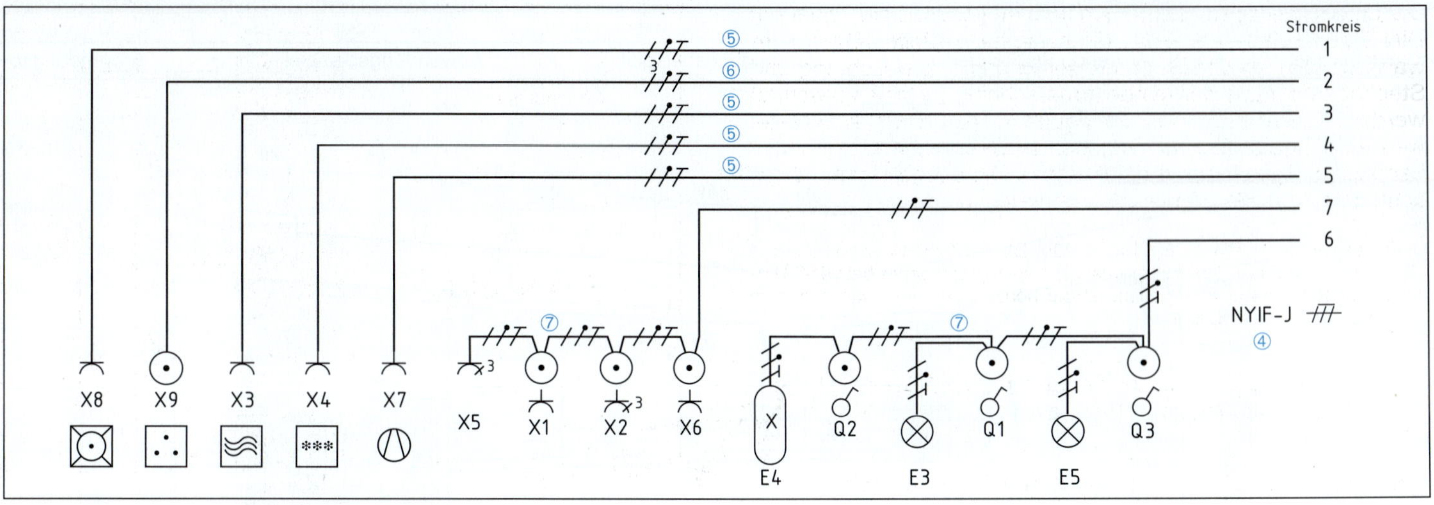

Abb. 1: Übersichtsschaltplan der Küche

Leitungen

Zur Auswahl der Leitungen muss die **Art,** die **Aderzahl** und der **Querschnitt** festgelegt werden.

Als **Leitungsart** ist Stegleitung NYIF ④ vorgegeben.

Die Aderzahl der Leitungen ergibt sich bei den Gerätezuleitungen aus der Stromart (Stromkreis 1..5). Man benötigt

- bei Wechselstromgeräten ⑤ 3 Adern,
- bei Drehstrommotoren 4 Adern und
- bei Drehstromgeräten mit belastetem Neutralleiter ⑥ 5 Adern.

Im Beleuchtungs-Stromkreis (6) sind drei Ausschaltungen. Da die Installationsform mit Schalterabzweigdosen vorgeschrieben ist, wird wie im Steckdosen-Stromkreis (Stromkreis 7) dreiadrige NYIF-J benötigt. ⑦

Bei Wärmegeräte-Bemessungsleistungen größer als 4,6 kW (z.B. Elektroherd) ist nach TAB (Technische Anschlussbedingungen der VNB, **V**erteilungs**n**etz**b**etreiber) Drehstromanschluss (L1, L2, L3, N, PE) vorzusehen.

Der **Querschnitt** (Tabelle 1.1) einer Leitung wird bestimmt durch

- die zulässige **Strombelastbarkeit** I_z und
- dem maximalen **Spannungsfall** ΔU auf der Leitung.

Die Strombelastbarkeit I_z hängt wiederum ab von

- der **Verlegeart** und
- der **Umgebungstemperatur.**

Wohnräume, z.B. die Küche, sind trockene Räume. Deshalb liegt hier bei der vorgegebenen Installationsform und der Leitungsart NYIF die Verlegeart C vor.

Die Umgebungstemperatur der Leitungen in Wohnräumen kann mit 25 °C angenommen werden.

Die Strombelastbarkeit I_z der Leitung muss größer sein als der **Betriebsstrom** I_b.

Der Betriebstrom errechnet sich aus den Verbraucherdaten wie folgt:

Drehstrom $$I_b = \frac{P}{U \cdot \sqrt{3} \cdot \cos\varphi}$$

Wechselstrom $$I_b = \frac{P}{U \cdot \cos\varphi}$$

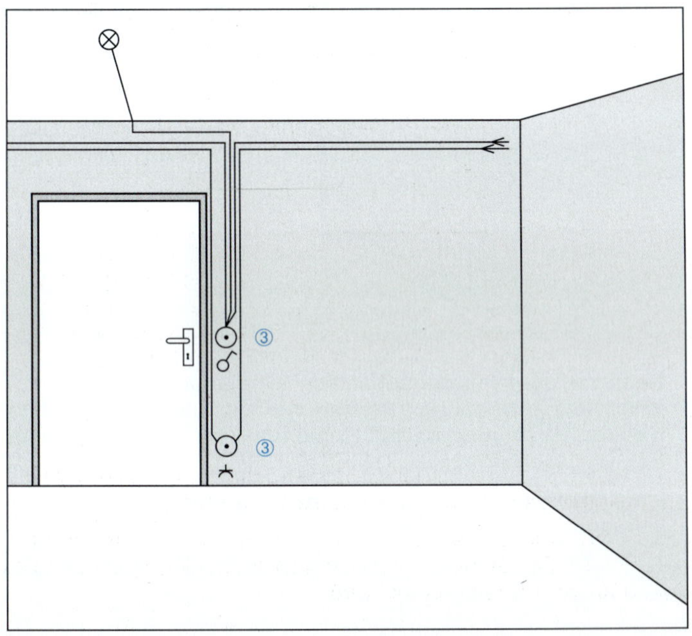

Abb. 2: Installation mit Schalterabzweigdosen

Tab. 1.1: Leitungsquerschnitte und Strombelastbarkeit

Gerät	Strom-kreis	P in kW	U in V	I_b in A	q in mm²
Geschirrspüler	1	4	230	17,4	3x1,5
Elektroherd	2	14	400	20,2	5x2,5
Mikrowellengerät	3	1,8	230	7,8	3x1,5
Kühlschrank	4	0,2	230	0,87	3x1,5
Dunstabzugshaube	5	0,2	230	0,87	3x1,5
Beleuchtung	6		230		3x1,5
Steckdosen	7		230		3x1,5

$$I_z \geq I_b$$

Die **Querschnitte** der Leitungen können jetzt aus der Tabelle in DIN VDE 0100 T. 430 Bbl.1 (Siehe Anhang, Seite 169) ausgewählt werden. In den Stromkreisen 6 und 7 (Beleuchtung und Steckdosen) muss der Mindestquerschnitt 1,5 mm² verwendet werden. Dieser darf bei Verlegeart C bis zu 21 A belastet werden. Die sich hieraus ergebende Leistung wird hier nicht benötigt und dient somit als Reserve. Die ausgewählten Querschnitte sind in der Tabelle 1.1 angegeben.

☺ In der Tabelle in DIN VDE 0100, T.430, Bbl.1 ist die Belastbarkeit von Leitungen und die Zuordnung des Leitungsschutzorganes bei 25 °C Umgebungstemperatur angegeben. Ist sie höher oder tiefer, gelten andere Werte (vgl. Tabellenbuch).

Der **Spannungsfall** ΔU auf der Leitung muss kleiner als der zulässige Spannungsfall ΔU_{zul} sein.

Der Spannungsfall kann rechnerisch mit den Formeln

$$\Delta U = \frac{\sqrt{3} \cdot l \cdot I \cdot \cos \varphi}{\varkappa \cdot q} \quad \text{(Drehstrom)}$$

$$\Delta U = \frac{2 \cdot l \cdot I \cdot \cos \varphi}{\varkappa \cdot q} \quad \text{(Wechselstrom)}$$

ermittelt oder mit Hilfe des Diagramms „Maximale Leitungslängen" im Anhang, S. 170 (Teilausschnitt siehe Abb. 3) überprüft werden.

Der **Spannungsfall** darf zwischen Hausanschlusskasten (HAK) und letztem Verbraucher maximal 4% der Bemessungsspannung betragen (DIN VDE 0100 T.520). Zwischen Übergabestelle (HAK) des VNB und den Messeinrichtungen (Zähler) ist ein Spannungsfall (in der Hauptleitung) bis 0,5% der Bemessungsspannung zulässig. (AVBEltV, Allgemeine Bedingungen für die Elektrizitätsversorgung von Tarifkunden).

Wird die Leitung zwischen Zählerschrank (Hauptverteilung) und Stromkreisverteiler (Unterverteilung) ebenfalls für einen Spannungsfall von 0,5% ausgelegt, dann verbleiben für die Abgänge der Stromkreisverteiler 3 % (Abb. 2).

Dem Diagramm in der Abb. 3 ist zu entnehmen, dass bei einer maximalen Länge der Leitungen von 12 m der Spannungsfall von 3 % nicht überschritten wird.

Vorgehensweise zur Bestimmung des Leiterquerschnitts:

1. Betriebsstrom I_b ermitteln.
2. Aufgrund der Strombelastbarkeit den Querschnitt q festlegen.
3. Spannungsfall ΔU überprüfen.

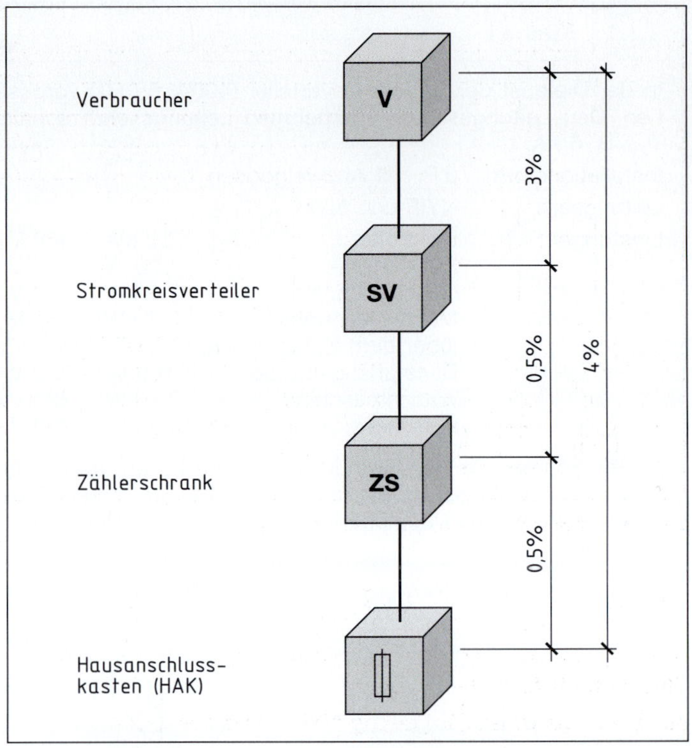

Abb. 2: Maximaler Spannungsfall auf Leitungen

$\Delta U < \Delta U_{zul}$

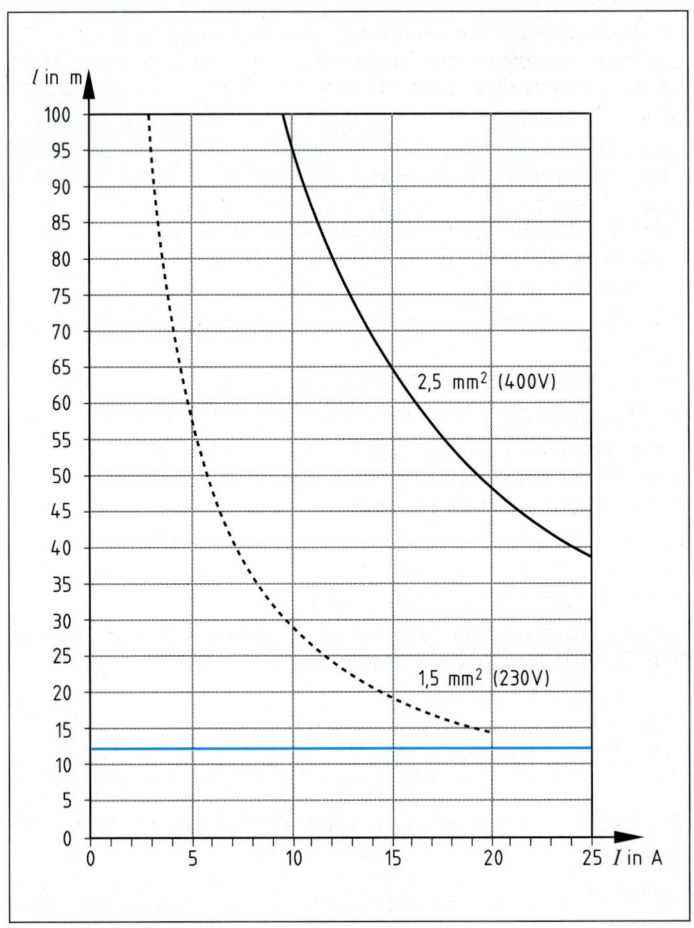

Abb. 3: Maximale Leitungslängen

1.1.1 Küche 1

In der Diele ist der Stromkreisverteiler (400V, 50 Hz) vorgesehen. Den Leitungsschutz übernehmen Leitungsschutzschalter Typ B, 6 kA.

Installationsform:	u.P. mit Abzweigdosen		
Leitungsart:	NYIF und NYM		
Leistungen:	Elektroherd	10 kW;	400 V
	Kühlschrank	200 W;	230 V
	Geschirrspüler:	3,6 kW;	230 V
	Mikrowellengerät (über dem Kühlschrank)	2,2 kW;	230 V
	Dunstabzugshaube	150 W;	230 V
	Waschmaschine	3,2 kW;	230 V
	Wäschetrockner	3,3 kW;	230 V

a) Übernehmen Sie den Grundriss auf ein A4-Blatt, tragen dort den Installationsplan ein und legen die Stromkreise fest. (Ausstattungswert 3, siehe Innendeckel dieses Buches).

b) Bestimmen Sie die Leiterquerschnitte und überprüfen Sie den Spannungsfall.

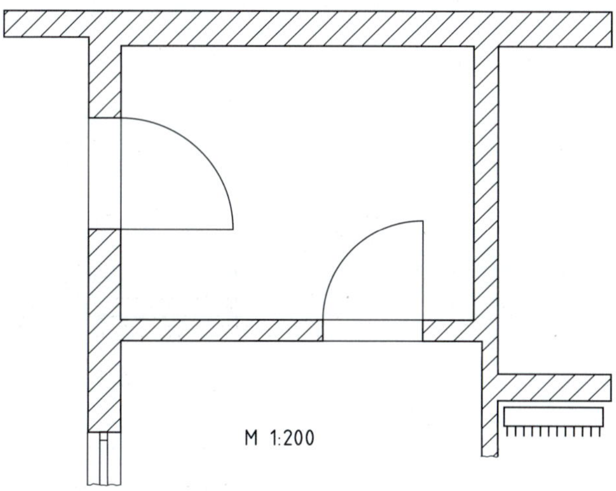

1.1.2 Wohnzimmer mit Essecke

a) Zeichnen Sie die Übersichtsschaltpläne der Stromkreise 5 und 6. (Installation mit Schalterabzweigdosen).

b) Zeichnen Sie den Stromlaufplan in zusammenhängender Darstellung der Schalterabzweigdose an der Flurtür. (Q1)

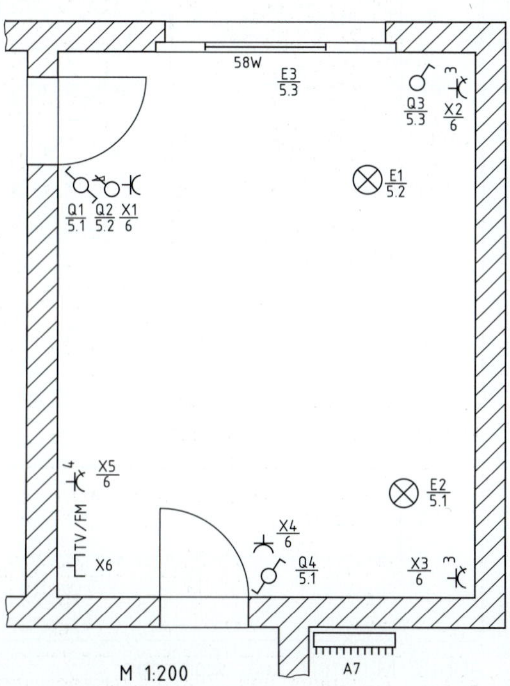

1.1.3 Schlafzimmer

Ein Schlafzimmer soll installiert werden. Oberhalb der Schalter befinden sich jeweils die Abzweigdosen. Die Einspeisung erfolgt in der Abzweigdose über der Flurtür.

a) Übernehmen Sie den Grundriss auf ein A4-Blatt. Zeichnen Sie aus dem Installationsplan einen Installationsschaltplan.

b) Zeichnen Sie die Stromlaufpläne der drei Abzweigdosen in zusammenhängender Darstellung.

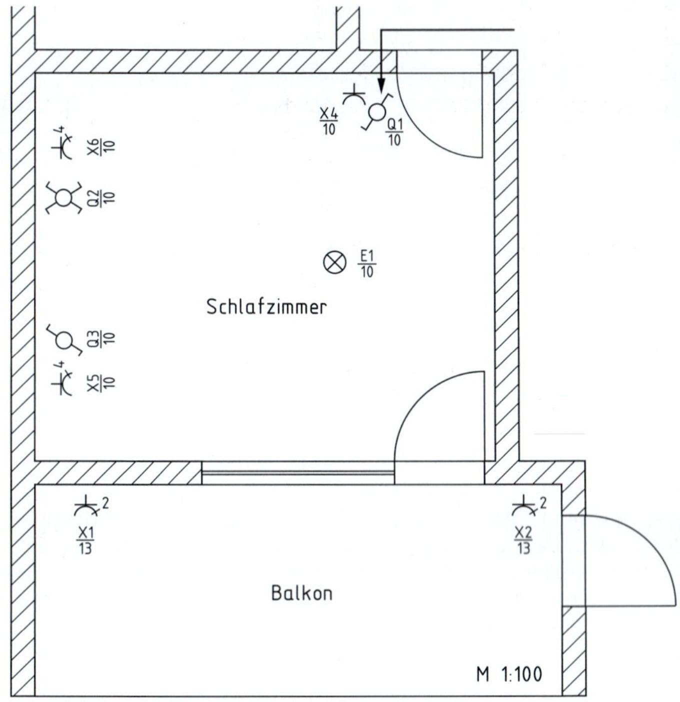

1.1.4 Küche 2

a) Legen Sie die Stromkreise fest, ermitteln Sie die Leitungsquerschnitte und überprüfen Sie den Spannungsfall.

b) Zeichnen Sie den Übersichtsschalplan des Stromkreises für Beleuchtung, Steckdosen und Dunstabzugshaube. (Mit Abzweigdosen)

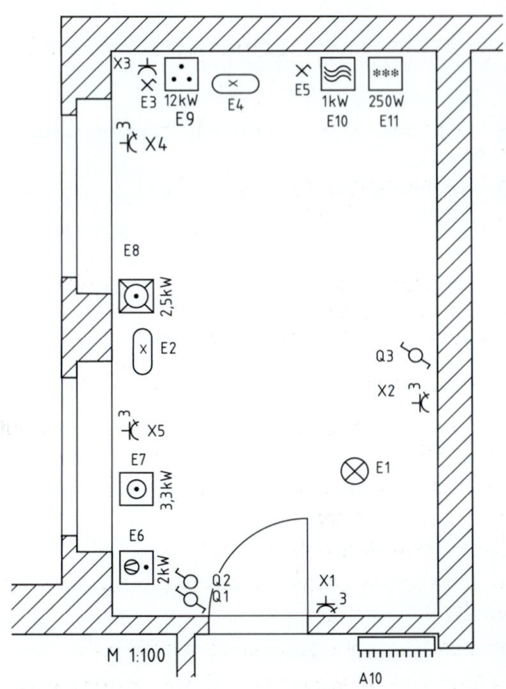

Für diese Wohnung soll ein Stromkreisverteiler ausgelegt werden.

Installationsform:	Schalterabzweigdosen
Leitungsart:	NYIF
Schutz bei indirektem Berühren:	RCD
Leistungen:	
Elektroherd	14 kW
Geschirrspüler	4 kW
Mikrowellengerät	1,8 kW
Dunstabzugshaube	0,2 kW
Leitungsquerschnitte:	siehe Kücheninstallation (Stromkreise 1..7, Seite 6), übrige Stromkreise 1,5 mm²
Leitungsschutzschalter:	Typ B bzw. C 6 kA

Als Bestellunterlage soll der Übersichtsschaltplan gezeichnet werden mit den Bemessungsdaten der Schutzeinrichtungen (400V; 3/N/PE 50 Hz).

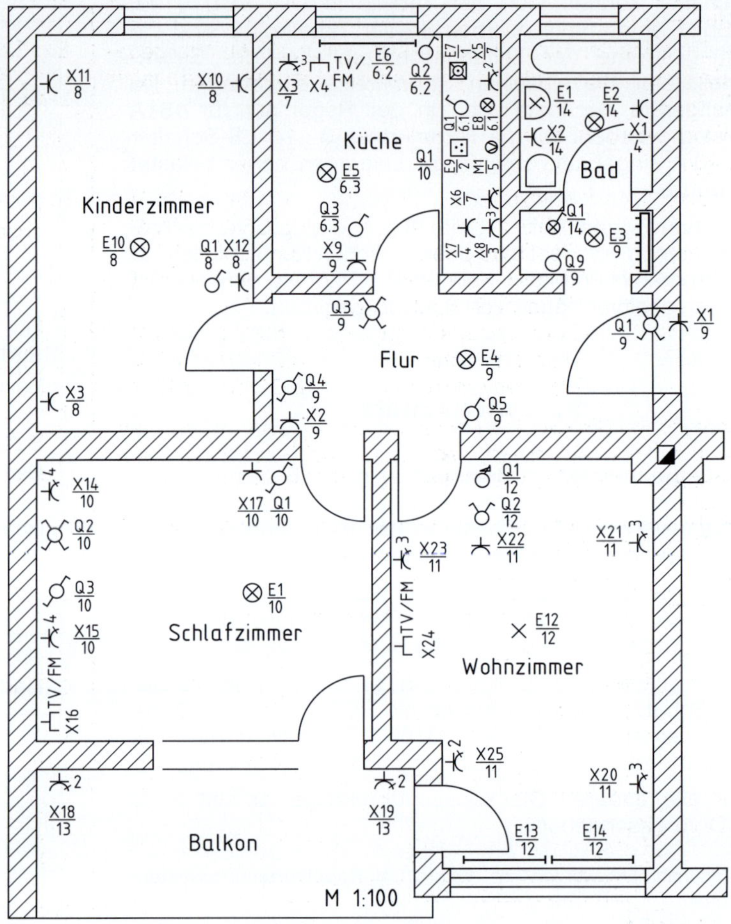

Mit der Anzahl der Stromkreise ist auch die Anzahl der Leitungsschutzeinrichtungen festgelegt.

☺ Die Anzahl der Stromkreise ergibt sich aus DIN 18 015 und RAL-RG 678. (Vgl. Innendeckel dieses Buches).

Leitungsschutz

Die Leitungsschutzeinrichtung wird ausgewählt nach
- **Art,**
- **Bemessungsstrom I_n** und
- **Schaltvermögen.**

Als **Leitungsschutzart** sind hier Leitungsschutzschalter vom Typ B bzw. C (Abb. 1) vorgegeben. Der Typ wird nach dem Einschaltverhalten der angeschlossenen Verbraucher festgelegt.

☺ Mikrowellengeräte benötigen wegen ihres hohen Einschaltstromes Typ

Der **Bemessungsstrom I_n** von Leitungsschutzeinrichtungen wird bestimmt
- vom **Querschnitt q** der Leitung,
- von der **Verlegeart** und
- der **Umgebungstemperatur.**

Die Querschnitte der Leitungen sind durch die Wohnungsinstallation vorgegeben.

Hier liegt die Verlegeart C vor (NYIF u.P.).

In Wohnräumen kann die Umgebungstemperatur der Leitungen mit 25 °C angenommen werden.

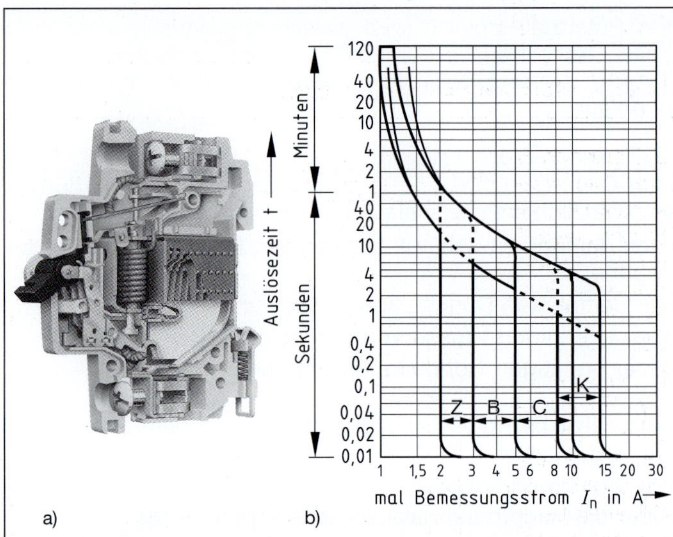

Abb1: Leitungsschutzschalter

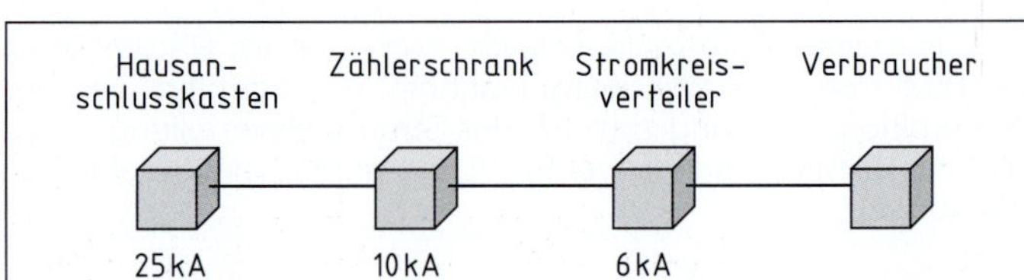

Abb. 2: Staffelung des Schaltvermögens von Leitungsschutzorganen nach Angabe eines VNB

Die höchstzulässigen **Bemessungsströme** I_n der Leitungsschutzschalter können jetzt der Tabelle in DIN VDE 0100, T. 300, Bbl. 1 entnommen werden. In der Tabelle 1.2 sind die Bemessungsströme der Leitungsschutzschalter der Stromkreisverteiler für die einzelnen Stromkreise eingetragen. Da die Schaltgeräte der Installation in der Regel nur für 16 A gebaut sind, werden für die Stromkreise 3...14 LS-Schalter mit I_n = 16 A eingebaut, obwohl die Leitungen höher belastet werden dürften. ($I_n \leq$ 20 A).

Das **Schaltvermögen** (Abb. 2, Seite 9) der Leitungsschutzschalter wird bestimmt von der Höhe des möglichen Kurzschlussstromes im Stromkreis und kann beim VNB erfragt werden. Hier ist ein Mindestschaltvermögen von 6 kA vorgegeben.

Personenschutz

Als **Schutz bei indirektem Berühren** sind hier FI-Schutzschalter (Fehlerstrom-Schutzschalter) vorgesehen. Diese sind eine in Deutschland verwendete Schalterart der **RCD** (englisch: **r**esidual **c**urrent protective **d**evices, Differenz-Strom-Schutz-Gerät).

Es wird für die Stromkreise 1...12 ein RCD mit $I_{\Delta N}$ = 500 mA und I_n = 40 A vorgeschaltet. Dieser Bemessungsstrom reicht aus, da nicht alle Geräte gleichzeitig betrieben werden.

Für die Stromkreise 13 (Balkon) und 14 (Bad) muss als besonderer Schutz in **Sonderräumen** ein RCD mit $I_{\Delta N} \leq$ 30 mA eingebaut werden. (Vgl. DIN VDE 0100 T.737 bzw. T.701). Für die zu erwartende geringe Belastung reicht I_n = 16 A aus.

Auch für alle anderen Steckdosenstromkreise ist seit 2009 eine RCD vorgeschrieben.

☺ Schutzmaßnahmen werden im Kapitel 1.4 **Hauptverteilungssystem** besprochen.

Zusätzlicher Potenzialausgleich

Ein Potenzialausgleich wird zwischen elektrisch leitenden Teilen eines Hauses durchgeführt, damit zwischen diesen Teilen keine unzulässig hohe Berührungsspannung entstehen kann.

Nach DIN VDE 0100 T. 701 ist in Dusch- und Baderäumen ein zusätzlicher Potenzialausgleich vorzunehmen zwischen

- den leitfähigen Ablaufstutzen der Dusch- oder Badewanne,
- der leitfähigen Dusch- oder Badewanne,
- den leitfähigen Wasserverbrauchsleitungen
- oder sonstigen Rohrleitungssystemen.

Der zusätzliche Potenzialausgleich muss mit dem Schutzleiter (PE) verbunden sein

- im Stromkreisverteiler (Unterverteilung),
- über die Hauptpotenzialausgleichsschiene (PAS)
- oder über eine Wasserverbrauchsleitung, die eine durchgehende Verbindung mit der PAS hat.

Der zusätzliche Potenzialausgleich muss hier im Badezimmer mit NYM 1x4-mm^2 (Mindestquerschnitt) durchgeführt werden. Als Verbindungsleitung zum PE der Stromkreisverteilung muss NYM 1x10 mm^2 verlegt werden (Leiterquerschnitte siehe Tabellenbuch).

Tab.1.2: Bemessungsströme der Leitungsschutzschalter

Raum	Strom-kreis	P in kW	U in V	I_b in A	q in mm^2	I_n in A
Küche	1	4	230	17,4	1,5	20
	2	14	400	20,3	2,5	25
	3	1,8	230	7,8	1,5	16
	4	0,2	230	0,87	1,5	16
	5	0,2	230	0,87	1,5	16
	6		230		1,5	16
	7		230		1,5	16
Kinderzi.	8		230		1,5	16
Flur	9		230		1,5	16
Schlafz.	10		230		1,5	16
Wohnzi.	11		230		1,5	16
	12		230		1,5	16
Balkon	13		230		1,5	16
Bad	14		230		1,5	16

Tab.1.3: RCD

	I_n in A	$I_{\Delta N}$ in mA	Stromkreise
übrige Anlage	40	500	1 ... 12
Bad und Balkon	16	30	13 ... 14

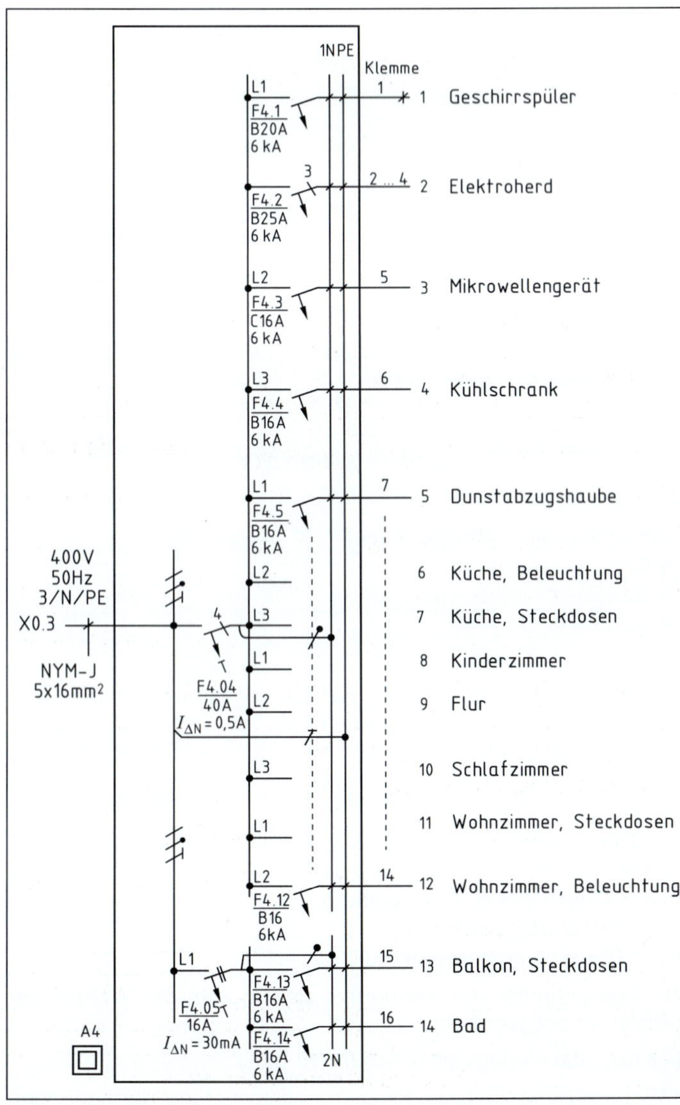

Abb1: Übersichtsschaltplan des Stromkreisverteilers

1.2.1 Wohnungsinstallation

a) Erstellen Sie einen Installationsplan mit dem Ausstattungswert 3 nach RAL-RG 678 (siehe Umschlagseite 1) in dem Grundriss der Wohnung.

b) Zeichnen Sie den Übersichtsschaltplan des Stromkreisverteilers ohne Betriebsmitteldaten.

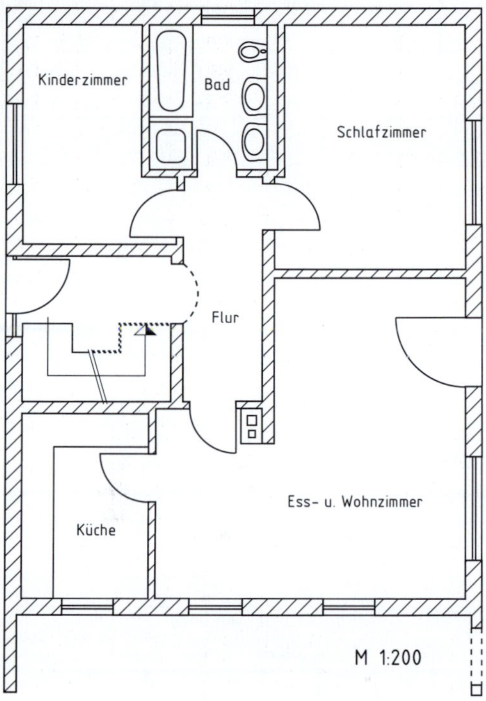

1.2.2 Stromkreisverteiler auslegen

Übernehmen Sie die dargestellte Lösungsstruktur und tragen Sie dort die einzelnen Schritte zur Auslegung eines Stromkreisverteilers ein.

Stromkreisverteiler ....

.... aussuchen nach

1. .... (Z, B, C oder K)

2. Bemessungsstrom (Hängt ab vom..............................

der Leitung und von der..)

3. .... (Wird bestimmt durch den im Fehlerfall fließenden Kurzschlussstrom.)

Personenschutz festlegen durch

1. .... (TT, TN oder IT)

2. .... (Siehe VDE 0100 T.700 … 739)

3. Potenzialausgleich

.... zeichnen

Stromkreisverteiler bauen

1.2.3 Stromkreisverteiler Erdgeschoß

400 V; 50 Hz;
3/N/PE;
TN-System;
NYM, NYIF;
Elektroherd 14 kW;
Geschirrspüler 3,6 kW;
Mikrowellengerät 2,2 kW;
Dunstabzugshaube 180 W.

Zeichnen Sie den Übersichtsschaltplan des Stromkreisverteilers ohne Betriebsmitteldaten.

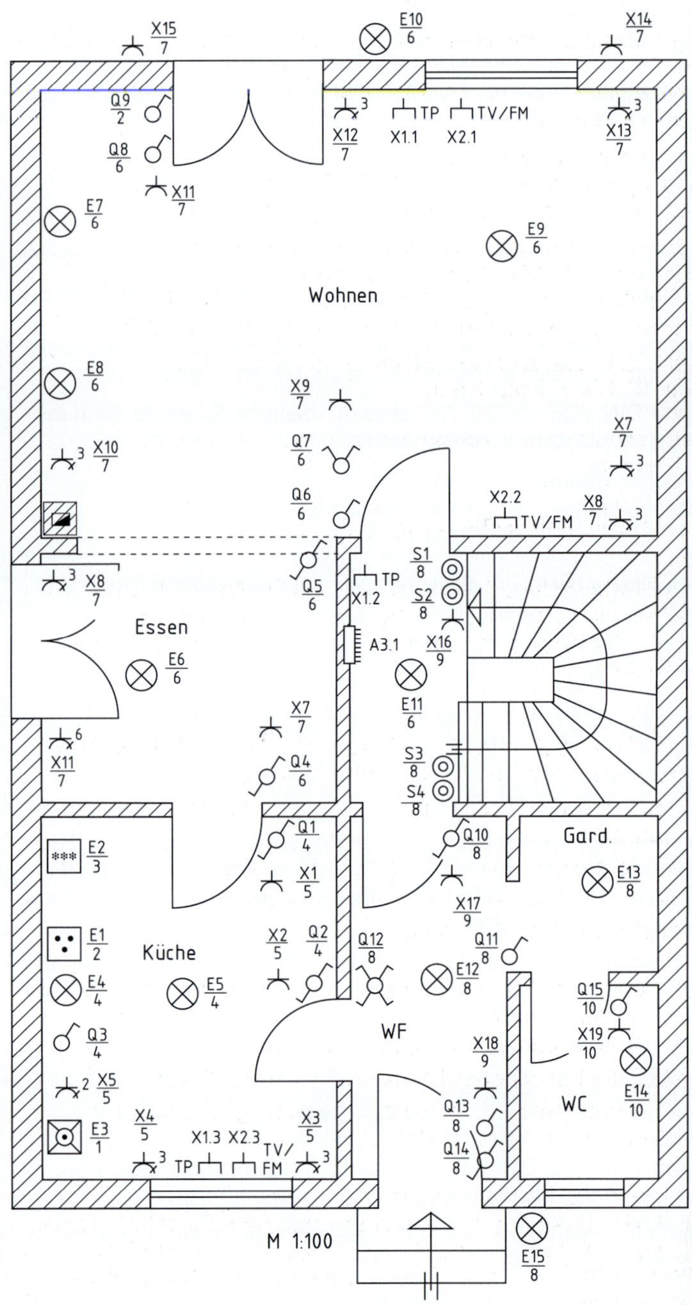

Die Installation in einem Waschraum soll erweitert werden. Neu zu installieren sind:

- Abwasserpumpe M1,
- CECON-Steckdose X4,
- Leuchtstoffleuchte E5 über dem Fenster mit dem Ausschalter Q2,
- Steckdose X5 unter dem Schalter.

Der Stromkreisverteiler (400 V, 50 Hz; 3/N/PE) befindet sich in einem anderen Kellerraum (Entfernung ca. 15 m). Es ist ein RCD $I_n = 25\,A$, $I_{\Delta n} = 30\,mA$ eingebaut.

Die Leitungsschutzschalter haben ein Schaltvermögen von 10 kA.

Die Leitungen der Altanlage liegen in Kabelkanälen oder in Isolierrohr (Auf-Putz-Installation).

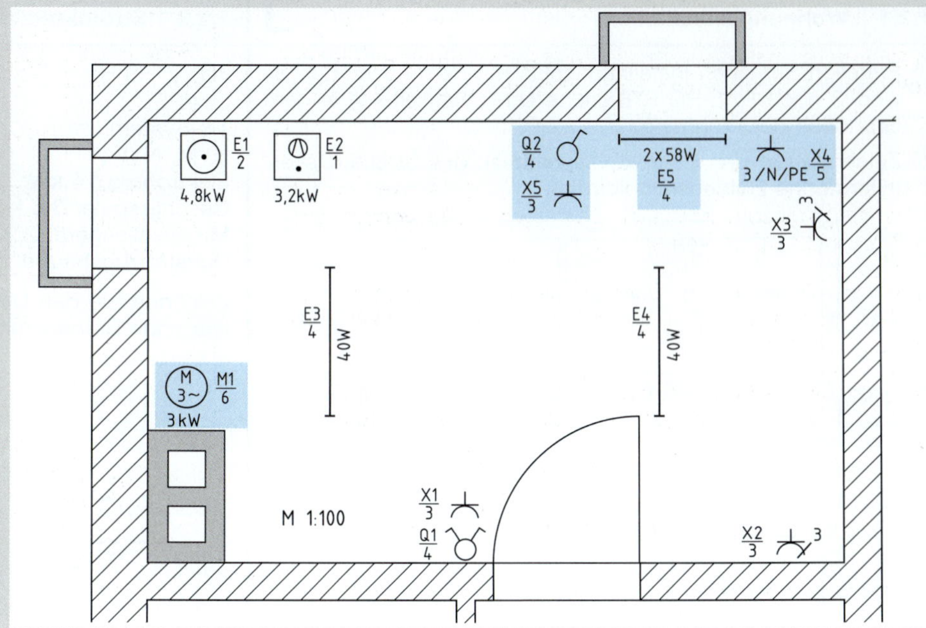

Unbeheizte Kellerräume gelten als feuchte Räume. Räume, in denen mit Wasser gearbeitet wird, gelten als nasse Räume. Da hier der Waschraum ein unbeheizter Kellerraum mit Waschbekken ist, wird dieser Raum als nasser Raum angesehen.

Nach DIN VDE 0100 T.737 sind mindestens folgende Betriebsmittelschutzarten vorgeschrieben:

Feuchte Räume IPX1
Nasse Räume IPX4 bzw. IPX5

Bildzeichen	Schutzart	Schutzgrad/Raumart
	IP X4	Spritzwasserschutz, feuchter und nasser Raum
	IP X5	Strahlwasserschutz, nasser Raum

Abb. 1: Bildzeichen für Wasserschutzarten

Es werden spritzwassergeschützte Geräte eingebaut. (Bildzeichen, Abb. 1). In feuchten Räumen werden diese ebenfalls eingesetzt, da der Handel nur Geräte anbietet, die mindestens spritzwassergeschützt sind.

Die Abwasserpumpe M1 und die CECON-Steckdose X4 erhalten je einen eigenen Stromkreis. Die Leuchtstoffleuchte E5 und die Steckdose X5 werden aus den Stromkreisen des Raumes versorgt.

Leitungen

Nach DIN VDE 0100 T. 737 ist für feuchte und nasse Räume als Leitungsart NYM oder NYY zu verlegen.

Als Leitungsart wird, wie in der alten Anlage, NYM in Isolierrohr verlegt.

Für den Waschkeller wurde ein Übersichtsschaltplan (Abb. 2) angefertigt. Die Aderzahl der Leitungen kann dort abgelesen werden.

Die Leiterquerschnitte sind aufgrund der Belastung festgelegt worden. Der zulässige Spannungsfall wird nicht überschritten.

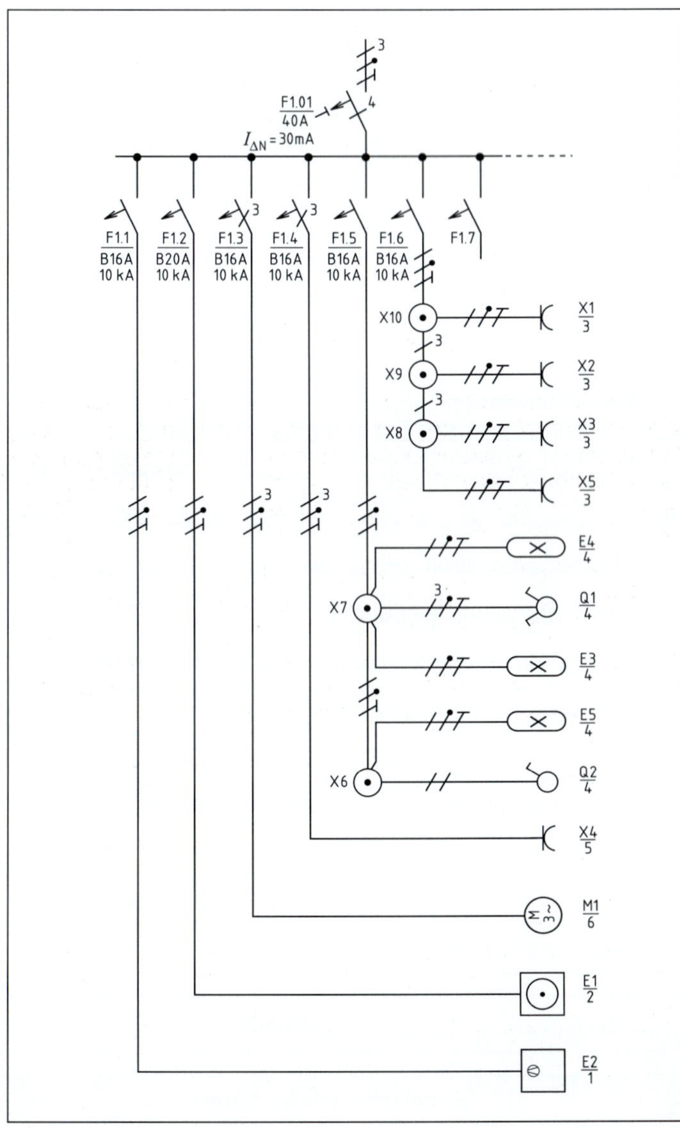

Abb. 2: Übersichtsschaltplan des Waschkellers

Leitungsschutz

Den Schutz der Leitungen für die neue Beleuchtung E5 und die Steckdose X4 übernehmen die vorhandenen Leitungsschutzschalter in dem Stromkreisverteiler.

Für die Anschlussleitung des Abwasserpumpenmotors M1 und der CECON-Steckdose X5 werden wegen der hohen Anlaufströme Leitungsschutzschalter vom Typ C verwendet (vgl. Kap. 8, Drehstrommotoren schalten).

Es müssen für die neuen Stromkreise Leitungsschutzschalter mit dem gleichen Schaltvermögen (10 kA) wie die vorhandenen eingebaut werden.

Leitungsschutzschalter:	Motor	Typ C	10 kA
	CECON-Steckdose	Typ C	10 kA

Personenschutz

Eine Überprüfung der vorgeschalteten RCD ergibt, dass der vorhandene den vorgeschriebenen Bemessungsdifferenzstrom von $I_{\Delta N}$ = 30 mA hat.

Nach DIN VDE 0100 T.737 sind in feuchten und nassen Räumen RCD mit $I_{\Delta N} \leq$ 30 mA als Schutz bei indirektem Berühren einzusetzen.

Erweiterung der Beleuchtung

Nach TAB dürfen in einer Anlage je Außenleiter Leuchtstofflampen nur bis zu einer Gesamtleistung von 130 W unkompensiert angeschlossen werden. Es muss hier also kompensiert werden, da sich die gesamte Lampenleistung von 80 W auf 196 W erhöht.

In Wechselstromkreisen wird bei der Installation von mehreren Leuchtstofflampen in der Regel die Duoschaltung verwendet. Duoschaltung bedeutet, dass von zwei Leuchtstofflampen eine durch Reihenschaltung eines Kondensators überkompensiert wird. In der Zuleitung stellt sich dann ein Leistungsfaktor cos $\varphi \geq$ 0,9 ein (Abb. 3).

In einer der beiden vorhandenen Leuchten muss ein geeigneter Reihenkondensator eingebaut werden (Kapazität siehe Typenschild des Vorschaltgerätes ①).

Als Leuchte E5 wird eine fertigverdrahtete Doppelleuchte in Duoschaltung mit der Schaltung nach Abb. 4 angebaut (Betriebsmittelschutzart mindestens IP X4, ⚠).

Tab. 1.4: Leitungsschutz

Gerät	Strom-kreis	P in kW	U in V	I_b in A	q in mm²	I_n in A
Abwasser-pumpe	6 (neu)	3	400	6,5	1,5	16
CECON-Steckdose	5 (neu)		400		1,5	16
Beleuchtung	4 (alt)		230		1,5	16
Steckdose	3 (alt)		230		1,5	16

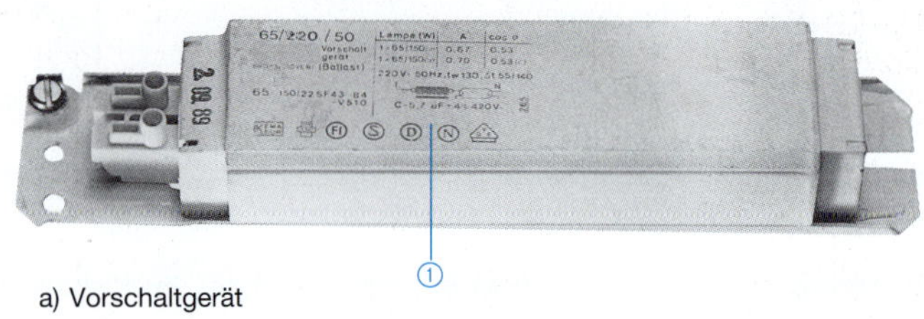

a) Vorschaltgerät

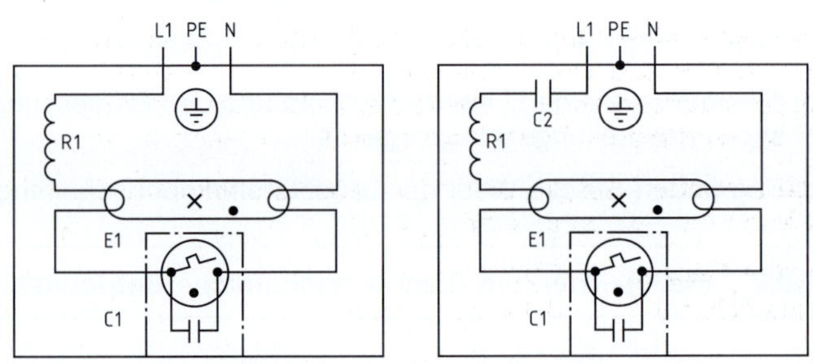

b) Induktive Schaltung c) Kapazitive Schaltung

Abb. 3: Leuchtstofflampen in Duoschaltung

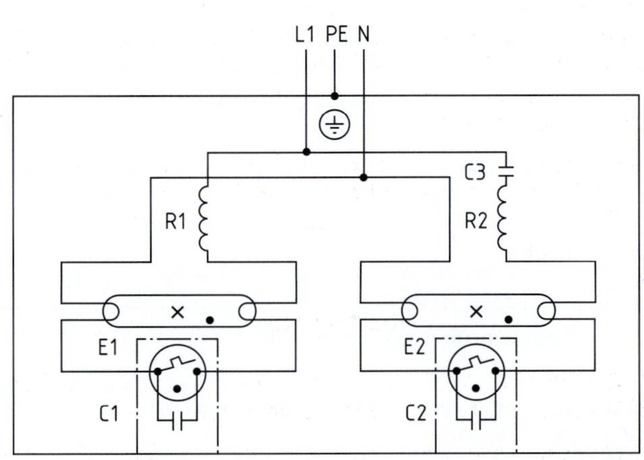

Abb. 4: Doppelleuchte mit Duoschaltung

1.3.1 Hobbyraum

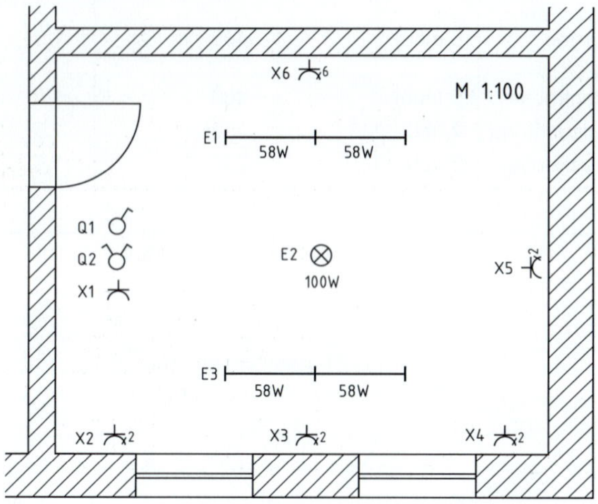

Verlegeart: NYM in Isolierrohr bzw. im Kabelkanal

Leitungsart: NYM

Leitungsschutzschalter: Schaltvermögen 10 kA

a) Zeichnen Sie den Übersichtsplan mit Abzweigdosen.

b) Bestimmen Sie den Leiterquerschnitt und den Bemessungsstrom des Leitungsschutzorganes.

c) Begründen Sie die Wahl der Leuchtstofflampenschaltung.

1.3.2 Melkgeräteraum (Landwirtschaftliche Betriebsstätte)

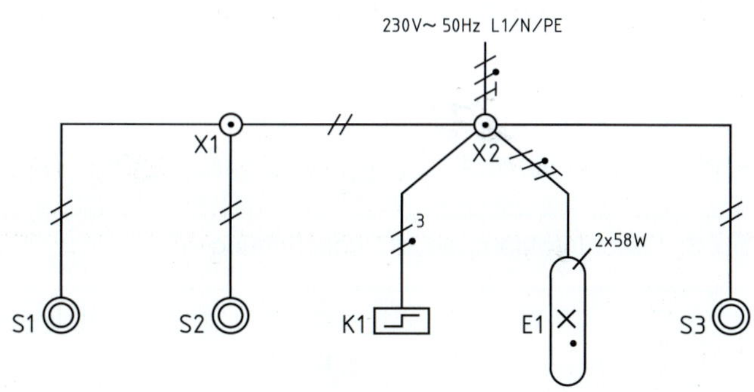

a) Welche Verlegeart und welche Leitungsart muss verwendet werden?

b) Nennen Sie Gründe, warum hier eine Duoschaltung verwendet werden soll.

c) Zeichnen Sie den Stromlaufplan in zusammenhängender Darstellung der Abzweigdosen X1 und X2.

1.3.3 Feuchte und nasse Räume

a) Welche Räume eines Hauses gelten als feuchte und welche als nasse Räume?

b) Welche Verlegeart ist vorzunehmen und welche Leitungsart muss eingesetzt werden?

c) Sind besondere Leitungsschutzgeräte vorgeschrieben?

d) Welche Geräteschutzart muss eingesetzt werden?

e) Ist ein besonderer Personenschutz notwendig?

1.3.4 Metzgerei

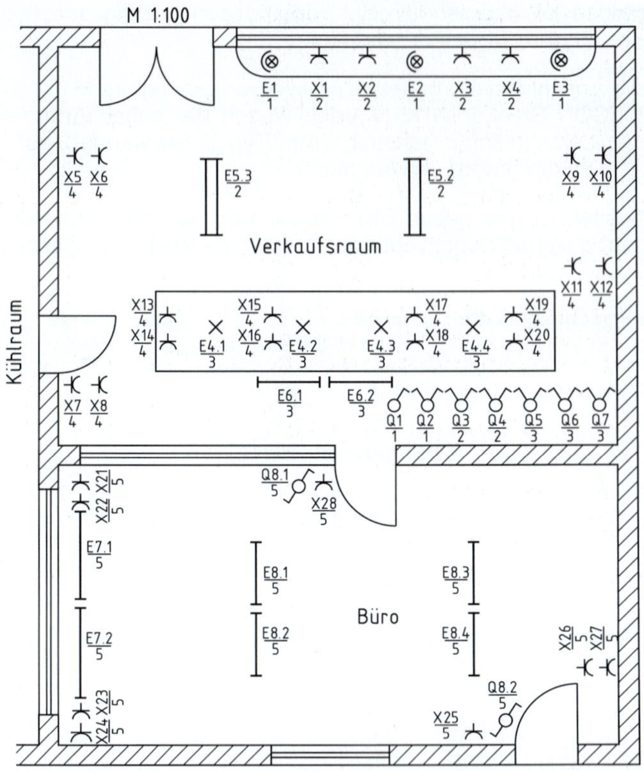

Installationsform: u.P. mit Abzweigdosen

Leitungsart: NYIF und NYM

Leitungsschutz: Schaltvermögen 10 kA

Personenschutz: RCD

a) Welche Geräteschutzart und welche Leitungsart muss bei der Installation verwendet werden?

b) Zeichnen Sie den Übersichtsschaltplan der Verteilung.

1.3.5 Installation auf einem Balkon

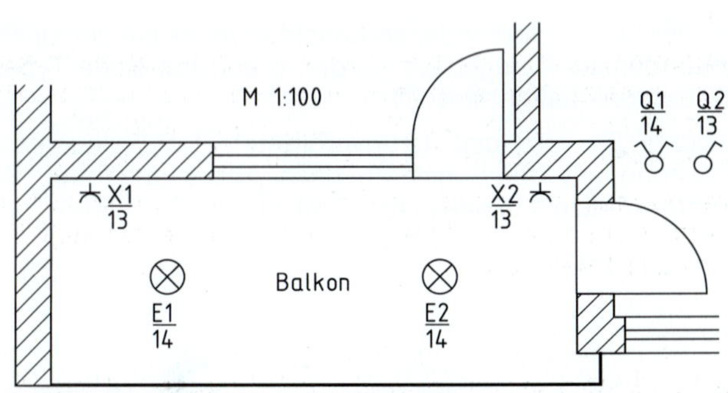

a) Welche Leitungsart muss verlegt werden und welche Schutzart müssen die eingebauten Geräte haben?

b) Welche Aufgaben hat der Schalter Q2?

c) Welcher besondere Personenschutz muss hier angewendet werden?

d) Zeichnen Sie die Übersichtsschaltpläne der Stromkreise 13 und 14.

In einem Mehrfamilienhaus sollen

- der Zählerschrank eingebaut,
- die Hauptleitung zwischen Hausanschlusskasten und Zählerschrank und
- die Zuleitungen zu den Stromkreisverteilern verlegt,
- die Zähler montiert und
- der Potenzialausgleich vorgenommen werden.

Die Einspeisung erfolgt über das öffentliche TN-C-System mit einer Spannung von 400 V, 50 Hz. Hinter den Zählern wird der PEN-Leiter aufgeteilt in N-Leiter und PE-Leiter. (TN-S-System).

Als Schutzmaßnahme sind Überstrom-Schutzorgane vorgesehen.

Der Stromkreisverteiler für die Wohnungen wurde im Anwendungsbeispiel 1.2 vorgestellt.

Es sollen die Teilthemen einer fachgerechten Installation der vorgegebenen Schaltung erläutert werden.

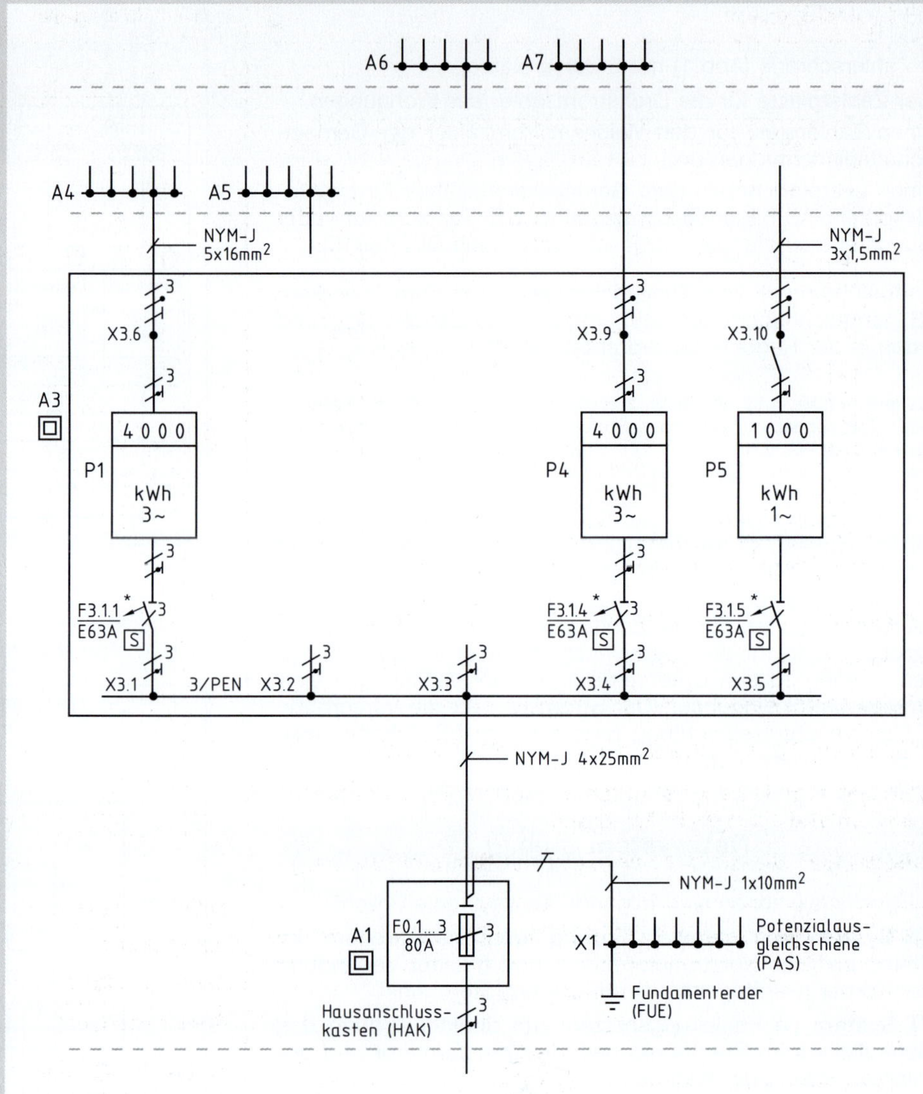

Hauptleitung

Hauptleitungen müssen grundsätzlich für Drehstrom ausgelegt werden.

Laut Diagramm (Abb. 1) muss bei vier Wohnungen das Leitungsschutzorgan einen Mindestbemessungsstrom von 63 A haben. Hier wird mit NH-Sicherungen 80 A abgesichert und als Hauptleitung ist NYM-J 4x25 mm² (L1, L2, L3, PEN) vorgesehen.

Bei diesen Verhältnissen (25 mm², 80 A) kann die Hauptleitung in Isolierrohr auf Putz (Verlegeart B2) verlegt werden (vgl. Tabelle, Anhang Seite 169).

- Der Mindestbemessungsstrom der Leitungsschutzorgane der Hauptleitung ergibt sich aufgrund der Wohnungszahl (Abb. 1).
- Im Keller darf die Hauptleitung direkt auf der Wand verlegt werden (a. P., Verlegeart C).
- Von der Kellerdecke an muss die Hauptleitung u. P. in Schlitzen bzw. Schächten (Verlegeart C) oder in Isolierrohr bzw. Kabelkanälen (Verlegeart B2) verlegt werden.

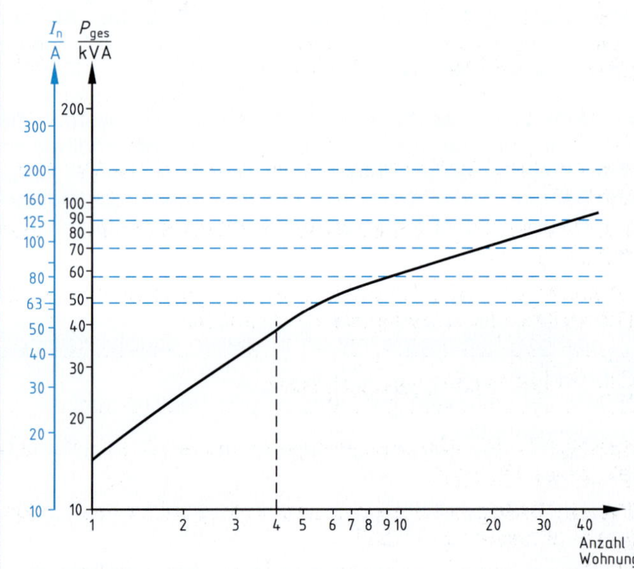

Abb. 1: Anschlussleistung und Mindestbemessungsstrom der Leitungsschutzorgane in Mehrfamilienhäusern ohne elektrische Warmwasserbereitung

Zählerschrank

Der Zählerschrank (Abb. 1) hat 6 Zählerplätze,

- vier Zählerplätze für die Drehstromzähler der Wohnungen
- einen Zählerplatz für den Wechselstromzähler der Gemeinschaftseinrichtungen und
- einen Leerplatz neben dem Gemeinschaftszähler für eventuell später einzubauende Zusatzgeräte, z.B. Tarifschaltuhr oder Rundsteuerempfänger (vorgeschrieben nach DIN 18015).

Die Ausführungart von Zählerschränken wird vom jeweiligen VNB vorgeschrieben. Sie sind immer schutzisoliert (⧈) und werden in der Regel fertigverdrahtet geliefert.

☺ Zählerschränke sind an leicht zugänglicher Stelle, z.B. im Kellerflur oder Treppenhaus (nicht über Stufen) in Zählernischen einzubauen (DIN 43870).

Die Hauptleitung wird auf das Sammelschienensystem ⑤ (3/PEN) im unteren Teil der Verteilung (Abb. 3) aufgelegt. Von dort werden die einzelnen Zählerabgänge abgezweigt. Jedem Zähler ist ein selektiver Hauptleitungsschutzschalter (SH-Schalter, 63 A) vorgeschaltet. Für die Zähler der Wohnungen sind diese dreipolig ③ und für den Gemeinschaftszähler einpolig ④. Für jeden Abgang zu den Unterverteilungen der Wohnungen sind Klemmleisten ① eingebaut. Der Stromkreis für die Versorgung der Gemeinschaftseinrichtung ist mit einem LS-Schalter 16A, Typ B, Schaltvermögen 10 kA ②, abgesichert.

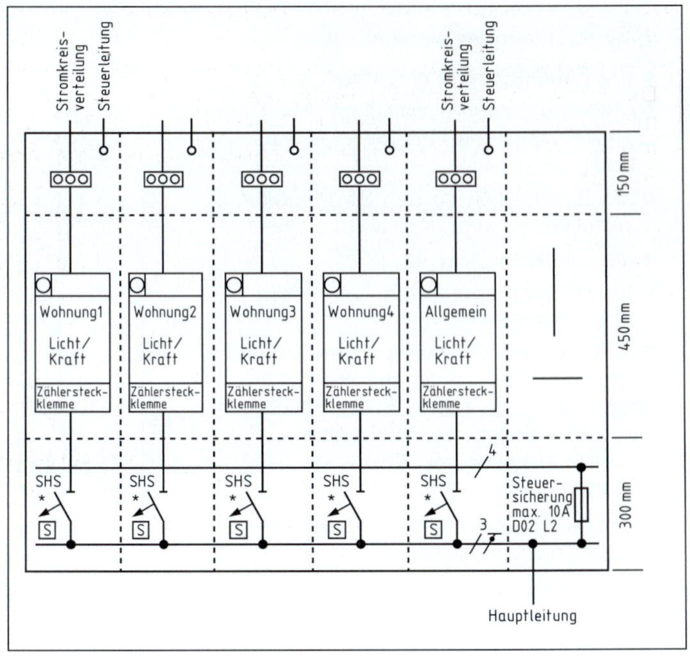

Abb. 1: Zählerschrank nach DIN 43870

Netzsystem (Abb. 2)

Bei Hausinstallationen sind folgende Netzsysteme üblich:

- **TN-System** mit direkter Erdung des Neutralleiters im Sternpunkt des Netztransformators und direkter Verbindung der Körper (Gerätegehäuse) mit diesem Sternpunkt.
- **TT-System** (in Freileitungsnetzen) mit direkter Erdung des Neutralleiters im Sternpunkt des Netztransformator und getrennter Erdung der Körper.

Als Netzsystem ist hier **TN-C-S-System** (Vgl. Tabellenbuch) angeben. Bis in die Hauptverteilung sind Neutral- und Schutzleiter kombiniert (TN-C-System ⑧). Hinter den Zählern wird der PEN-Leiter getrennt in N-Leiter und PE-Leiter. Ab der Hauptverteilung hat man ein TN-S-System ⑥. Beide Systeme zusammen bilden das TN-C-S-System ⑦.

Neben dem Leitungsschutz übernehmen im TN-System die Leitungsschutzorgane oft auch den Schutz bei indirektem Berühren. Das bedeutet, dass ein Körperschluss einen Kurzschluss hervorruft, der das vorgeschalteten Leitungsschutzorgane ansprechen lässt (vgl. Kap. 1.5, Prüfung von elektrischen Anlagen).

Die Leitungsschutzorgane haben in dieser Hauptverteilung zwei Aufgaben:

- Schutz der Leitungen vor Überlast und bei Kurzschluss,
- Personenschutz.

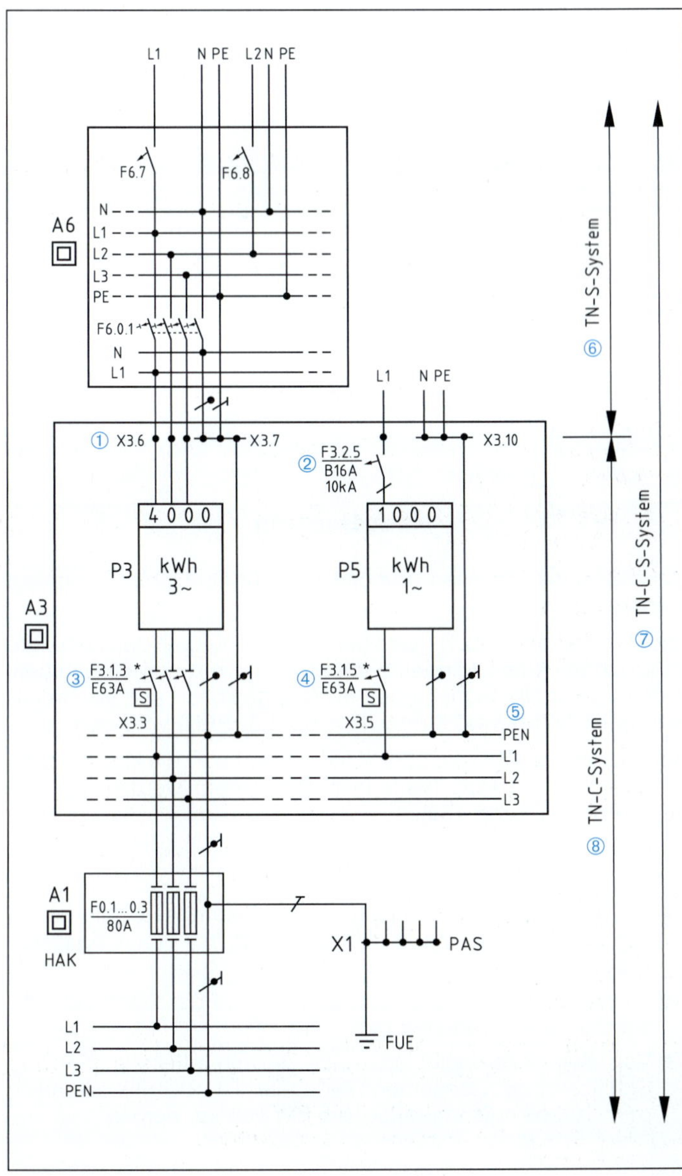

Abb. 2: Netzsystem der Gesamtanlage

1.4.1 Mehrfamilienhaus

Das Hauptverteilungssystem eines Mehrfamilienhauses wird aus einem TN-C-S-System mit 400V, 50 Hz eingespeist. (RCD)

Zeichnen Sie den Stromlaufplan des Zählerschrankes A2 in zusammenhängender Darstellung.

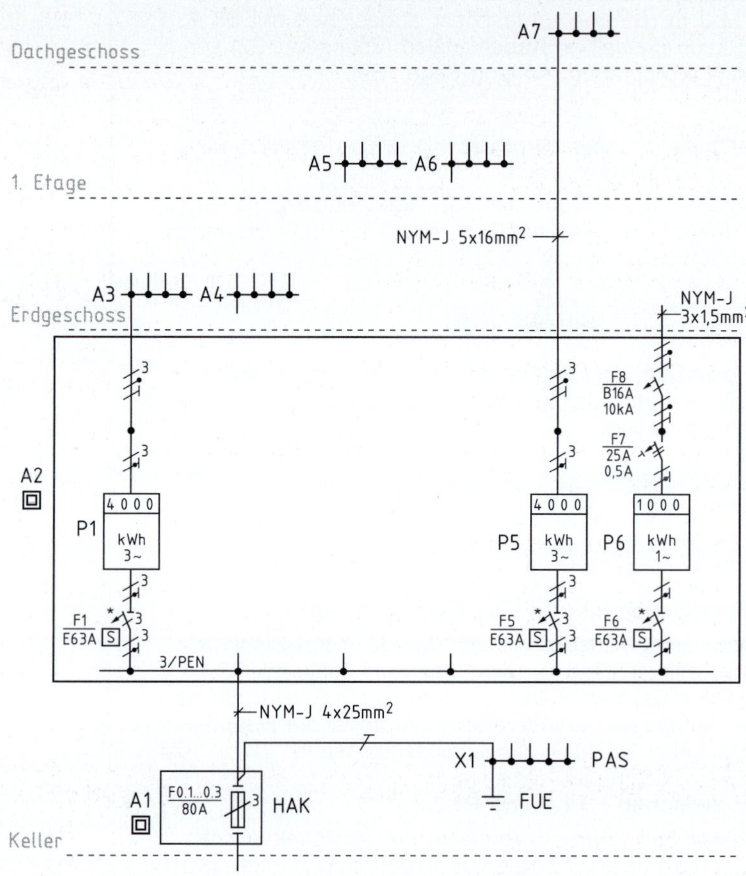

1.4.2 Hauptleitungssystem

In einem Mehrfamilienhaus sollen die Zähler und die Stromkreisverteiler der Wohnungen einer Etage in einem gemeinsamen Zählerschrank untergebracht werden.

Einspeisung: TN-C-System, 400V, 50Hz. Den Personenschutz übernehmen RCD (TN-S-System).

Stromkreise der Wohnungen 1 - 11:

1 Elektroherd 12 kW
2 Spülmaschine 3,6 kW
3 Beleuchtung Küche
4 Steckd. Küche
5 Beleuchtung Wohn-/Esszimmer.
6 Steckd. Wohn-/Esszimmer
7 Beleuchtung, übrige Zimmer
8 Steckdosen, übrige Zimmer

Stromkreise der Gemeinschaftsanlagen:

1 Waschmaschine 6 kW
2 Wäschetrockner 3,2 kW
3 Waschraum
4 Übrige Kellerräume
5 Treppenhaus

a) Zeichnen Sie den Übersichtsschaltplan des Zählerschrankes im Erdgeschoss.

b) Bestimmen Sie den Mindestquerschnitt der Hauptleitung, wenn diese im Kabelkanal verlegt wird.

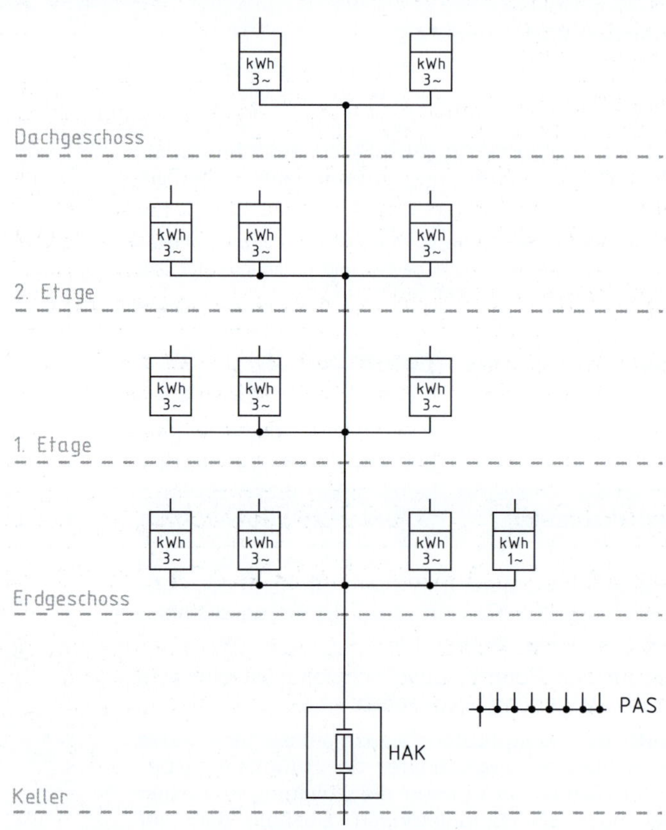

Anschluss der Stromkreisverteiler

Für die Zuleitungen zu den Stromkreisverteilern der Wohnungen ist NYM-J 5x16 mm² vorgesehen, abgesichert mit 63 A. Die Leitung kann deshalb in Kabelkanälen (Verlegeart B2) verlegt werden (vgl. Diagramm, Anhang Seite 169).

- Die Zuleitung zu den Stromkreisverteilern müssen für Drehstrom ausgelegt werden.
- Mindestbemessungsstrom der Leitungsschutzorgane ist 63A.

Selektivität

Selektivität bedeutet, dass im Fehlerfall nur das Leitungsschutzorgan ansprechen darf, das in Energieflussrichtung unmittelbar vor der Fehlerstelle liegt.

In Reihe geschaltete Leitungsschutzorgane sind selektiv gestaffelt, wenn sich die Streubänder ihre Ausschaltzeitkennlinien nicht schneiden oder berühren.

Selektivität zwischen F0 und F3.1.x (SH-Schalter)

Ein Vergleich der Auslösekennlinien der 80-A-NH-Sicherung und der SH-Schalter (Abb.1) zeigt, dass im Fehlerfall F3.1.x immer vor F0 auslösen wird. Die Forderung nach Selektivität ist somit erfüllt. Außerdem garantieren die Hersteller der Hauptleitungsschutzschalter selektive Kurzschlussauslösung.

Selektivität zwischen F3.1.5 und F3.2.5

Auch in diesem Fall zeigt ein Vergleich der Auslösekennlinien (Abb. 2), dass im Fehlerfall selektives Abschalten erfolgt. Wegen des großen Abstandes der Bemessungsstromstufen hätte man hier auch ohne Kennlinienvergleich von einer selektiven Staffelung ausgehen können.

Selektivität zwischen F3.1.4 und F4.2

Für die Beurteilung ist hier der LS-Schalter mit dem größten Bemessungsstrom (F1.2, B 25 A) des Stromkreisverteilers (Abb. 2, Seite 10) heranzuziehen. Es liegt ebenfalls Selektivität vor, was dem Kennlinienvergleich (Abb. 3) zu entnehmen ist. Der große Abstand der Bemessungsströme lässt ebenfalls darauf schließen.

☺ Die Hersteller von Leitungsschutzorganen gehen heute über die Mindestanforderungen nach DIN VDE 0636 hinaus und garantieren für das eigene Geräteprogramm Selektivität von Stufe zu Stufe.

Hauptpotenzialausgleich (Abb. 4)

Der Potenzialausgleich legt alle leitenden Systeme in einem Haus auf gleiches Potenzial (Erdpotenzial). Deshalb können zwischen den Systemen keine gefährlichen Berührungsspannungen auftreten.

Die **Potenzialausgleichsschiene** (PAS) wird oberhalb des Fundamenterderanschlusses so montiert, dass die Anschlussfahne (Bandeisen) direkt aufgelegt werden kann.

Als **Leitungsart** für den Potenzialausgleichsleiter ist hier, wie üblich, einadrige NYM-Leitung vorgesehen.

Der **Querschnitt** des Hauptpotenzialausgleichsleiters muss mindestens die Hälfte des Querschnittes der Hauptleitung betragen. In Mehrfamilienhäusern gelten die Zuleitungen zu den Stromkreisverteilungen als Hauptleitungen. Deshalb darf hier ein Querschnitt von 10 mm² benutzt werden.

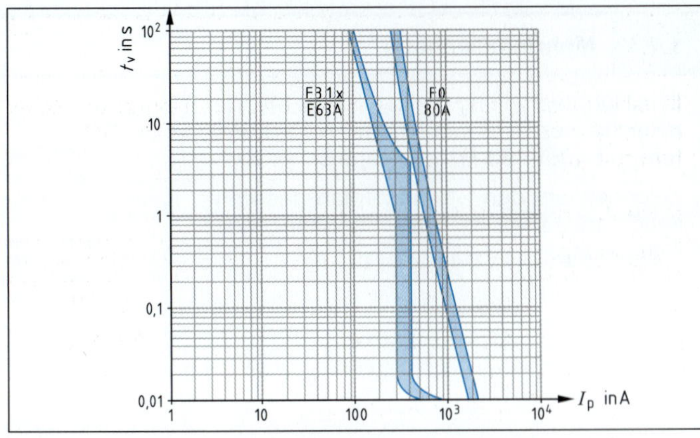

Abb. 1: Selektive Staffelung zwischen F0 und F3.1.1 (bzw. F3.1.2, F3.1.3, F3.1.4 oder F3.1.5)

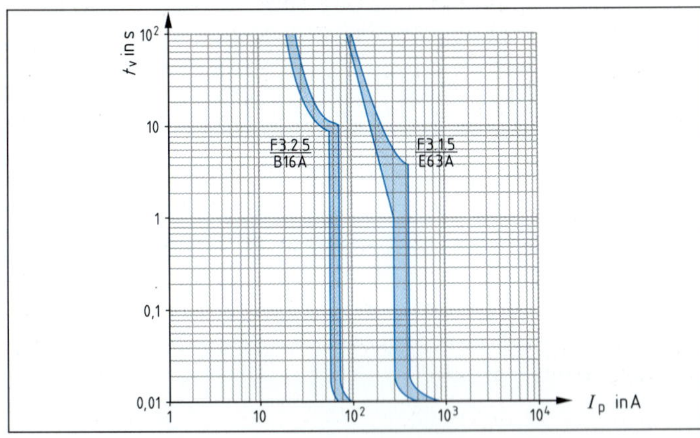

Abb. 2: Selektive Staffelung zwischen F3.1.x und F3.2.5

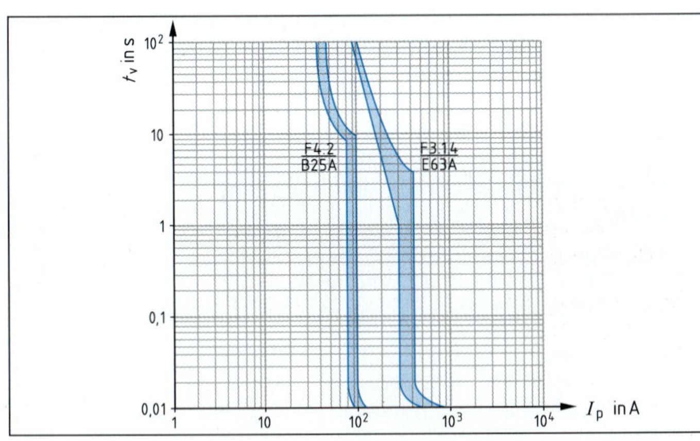

Abb. 3: Selektive Staffelung zwischen F3.1.1 und F4.2 des Stromkreisverteilers

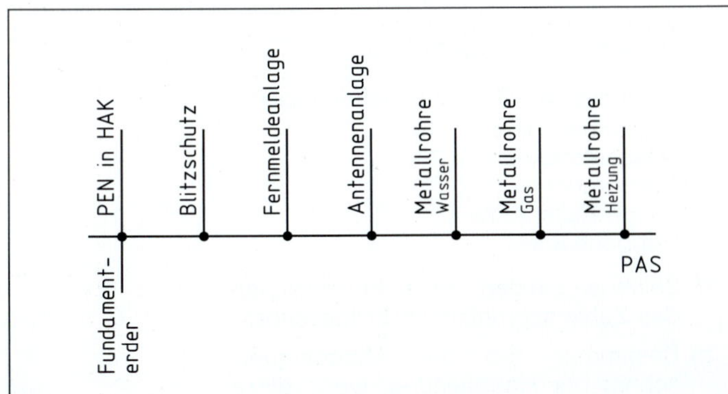

Abb. 4: Anschlussplan der Potenzialausgleichsschiene

1.4.3 Einfamilienhaus

In einem Einfamilienhaus soll die Hauptverteilung im Keller eingebaut werden. 400V, 50Hz, TN-C-S-System, RCD, Leitungsschutzschalter.

Stromkreisverteiler Erdgeschoss

Nummer	Stromkreis	Leistung
1	Elektroherd	10 kW
2	Geschirrspüler	3,8 kW
3	Küche, Beleuchtung	
4	Steckdosen, Küche	
5	Wohn-/Esszimmer, Beleuchtung	
6	Steckdosen, Wohn-/Esszimmer	
7	Terrasse, Steckdosen	
8	übrige Zimmer, Beleuchtung	
9	Steckdosen, übrige Zimmer	
10	Garage, Beleuchtung	
11	Garage, Steckdosen	
12	Garage, Drehstromsteckdosen	

a) Zeichnen Sie den Übersichtsschaltplan der Anlage (HAK im Keller).

b) Welchen Querschnitt muss die Hauptleitung haben?

c) Bestimmen Sie die Querschnitte der Zuleitungen zu den Stromkreisverteilern.

Stromkreisverteiler Obergeschoss

Nummer	Stromkreis	Leistung
1	Bad, Beleuchtung	
2	Bad, Steckdosen	
3	übrige Zimmer, Beleuchtung	
4	übrige Zimmer, Steckdosen	
5	Flur/Treppenhaus	
6	Dachboden	

Zählerschrank Keller

Nummer	Stromkreis	Leistung
1	Waschmaschine	4,5 kW
2	Wäschetrockner	3,2 kW
3	Hobbyraum, Beleuchtung	
4	Steckdosen, Hobbyraum	
5	Hobbyraum, Drehstromsteckd.	
6	Keller	

d) Bestimmen Sie die Querschnitte der Leiter des Hauptpotenzialausgleichs und der zusätzlichen Potenzialausgleichs.

e) Überprüfen Sie die Anlage auf Selektivität.

1.4.4 Wohnhaus mit Freileitungsanschluss

In ein Mehrfamilienhaus mit Freileitungsanschluss (TT-System) soll im Kellerflur ein Zählerschrank eingebaut werden. 400 V, 50 Hz, RCD, Leitungsschutzschalter.

a) Übernehmen Sie die nebenstehende Zeichnung auf ein A4-Blatt und vervollständigen Sie den Übersichtsschaltplan der Anlage.

b) Zeichnen Sie den Stromlaufplan des Zählerschrankes.

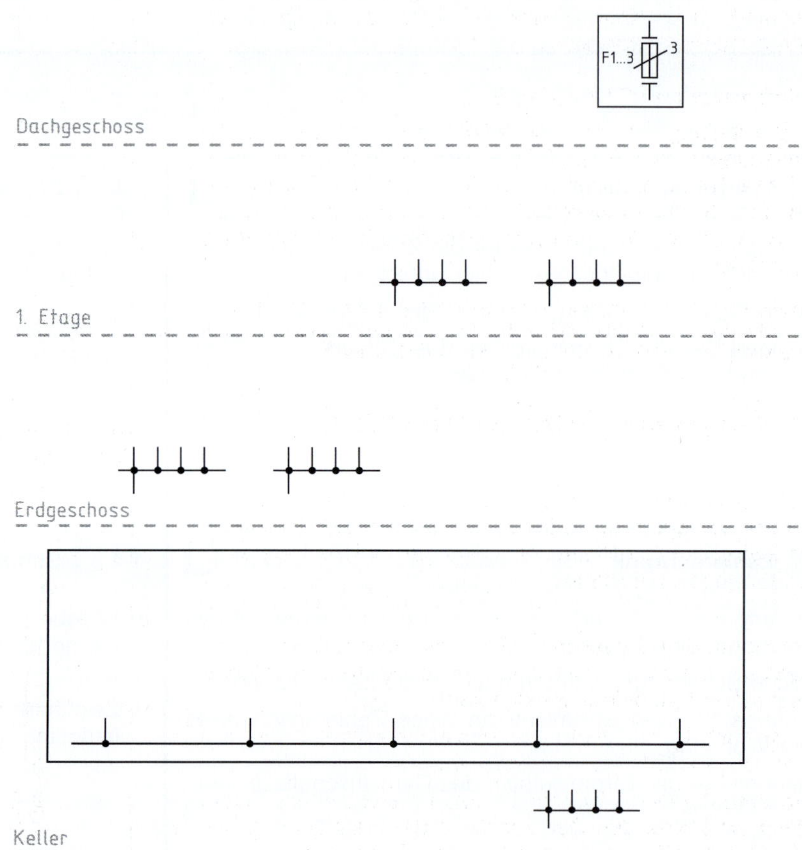

Anwendungsbeispiel • Anwendungsbeispiel • Anwendungsbeispiel • Anwendungsbeispiel • Anwendungsbeispiel

Zähler

Es sind vier Zähler (P1...P4) mit der Schaltungsnummer 4000 (Abb. 1) und ein Zähler (P5) mit der Schaltungsnummer 1000 (Abb. 2) einzubauen.

Die Schaltungsnummer gibt die Art des Zählers an (vgl. Tabellenbuch).

Vierleiter-Drehstrom-Wirkverbrauchszähler ohne Zusatzeinrichtung für unmittelbaren Anschluss haben die Schaltungsnummer 4000.

4 0 0 0

- 4: Vierleiter-Drehstrom-Wirkverbrauchszähler
- 0: ohne Zusatzeinrichtung
- 0: für unmittelbaren Anschluss
- 0: Schaltung der Zusatzeinrichtung, wenn vorhanden

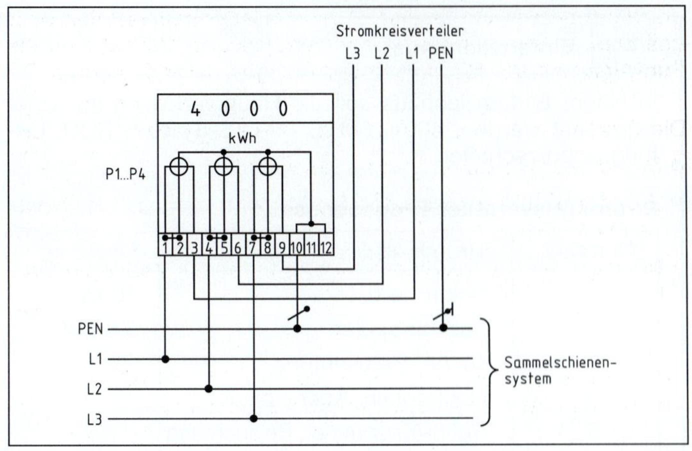

Abb. 1: Vierleiter Drehstrom-Wirkverbrauchszähler

Beim Zähler P5 ist aus der Schaltungsnummer 1000 zu erkennen, dass ein einpoliger **Wechselstrom-Wirkverbrauchszähler** ohne Zusatzeinrichtungen für unmittelbaren Anschluss eingebaut werden muss (Abb. 2).

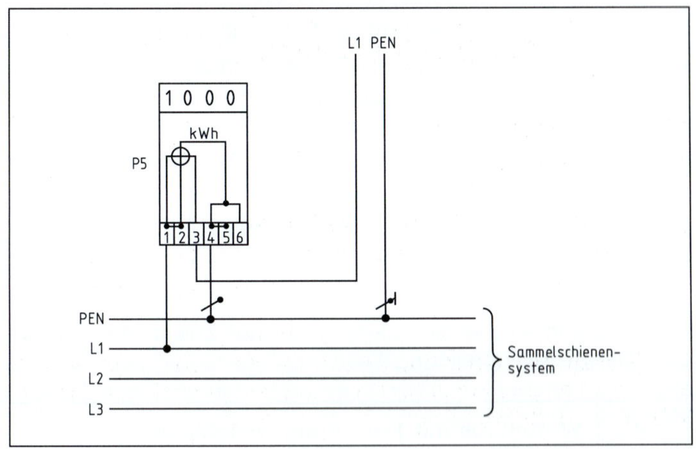

Abb. 2: Einpoliger Wechselstrom-Wirkverbrauchszähler

- Beim Anschluss eines Zählers ist die Energieflussrichtung zu beachten.
- Am Zähler darf kein PEN-Leiter angeschlossen werden (Abb. 1 und Abb. 2).

Aufgaben • Aufgaben • Aufgaben • Aufgaben • Aufgaben • Aufgaben • Aufgaben

1.4.5 Mehrfamilienhaus

In der Aufgabe 1.4.1 sind im Keller die Zähler von fünf Wohnungen und der Gemeinschaftszähler untergebracht.

a) Geben Sie die Schaltungsnummern der Zähler an.

b) Zeichnen Sie die Stromlaufpläne des Zählers einer Wohnung und des Gemeinschaftszählers.

1.4.6 Zählerschrank

In der Aufgabe 1.4.4 sind die Zähler in einem gemeinsamen Zählerschrank einzubauen.

a) Welche Schaltungsnummern müssen die Zähler haben?

b) Zeichnen Sie den Stromlaufplan eines Zähleranschlusses einer Wohnung.

c) Zeichnen Sie den Stromlaufplan des Gemeinschaftszählers.

1.4.7 Drehstromzähler

a) Beschreiben Sie die Zählerart.

b) Geben Sie die Schaltungsnummer an.

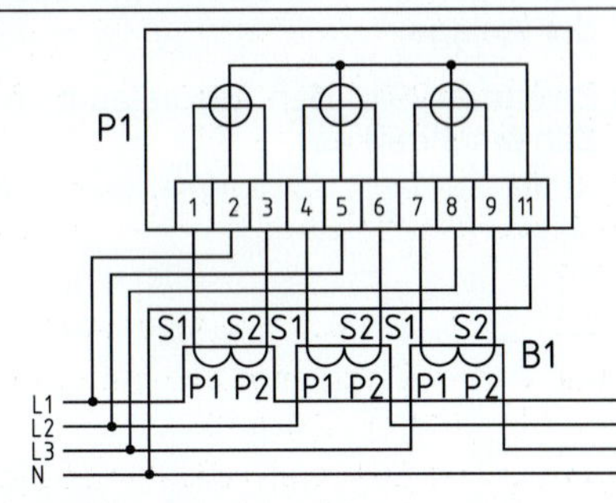

1.4.8 Schaltzeichen von Zählern

a) Welche Zählerart zeigt die nebenstehende Schaltung?

b) Zeichnen Sie den Stromlaufplan.

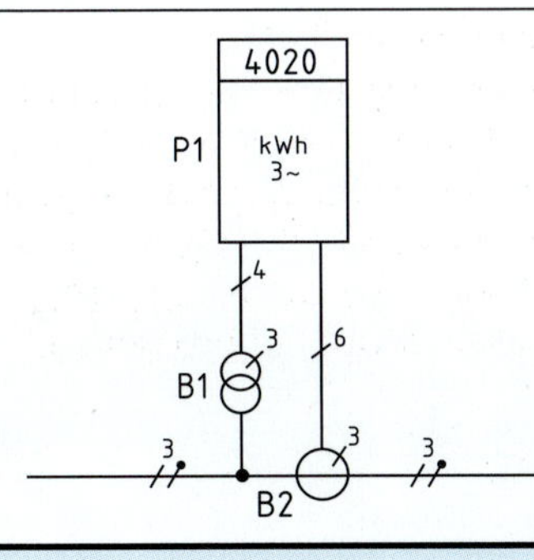

1.5 Prüfung des Personenschutzes in elektrischen Anlagen

Vor der Inbetriebnahme und Übergabe jeder neuerstellten oder geänderten Anlage muss durch verschiedene Maßnahmen die **Funktion** und die **Sicherheit** der Anlage überprüft werden.

Die Gesamtprüfung erstreckt sich auf die Bereiche

- **Sichtkontrolle** der einzelnen Anlageteile,
- **Erproben** aller eingebauten Geräte zum Schutz von Personen und
- **Messen** der für die Sicherheit von Personen wichtigen Größen.

Die Ergebnisse der Einzelprüfungen sind in einem Prüfprotokoll mit einem Übergabebericht festzuhalten.

Sichtkontrolle (Besichtigung)

Bei einer Sichtkontrolle ist zu kontrollieren, ob

- die Betriebsmittel richtig ausgewählt und montiert sind und keine Schäden haben,
- die Leitungen fachgerecht verlegt sind,
- der Schutz gegen direktes Berühren sichergestellt ist und
- Unterlagen, z.B. Schaltpläne, über die Anlage vorhanden sind.

Damit man bei einer Sichtkontrolle alle Teile einer Anlage erfasst, ist es zweckmäßig, anhand einer vorbereiteten **Checkliste** (Abb.1) vorzugehen.

Sichtkontrolle

Pos.	Ort	Benennung	i.O.
1		Liegen Schaltpläne vor?	
2	HAK	LS-Organe (Charakteristik, Bemessungsstrom, Schaltvermögen)	
3	"	Hauptleitung (Phasenlage, Verlegung)	
4	"	Potenzialausgleich	
5	Zsch	LS-Organe (Charakteristik, Bemessungsstrom, Schaltvermögen)	
6	"	Sammelschienen-System (Phasenlage)	
7	"	RCD (Bemessungsstrom, Fehlerbemessungsstrom)	
8	"	Zuleitungen Stromkreisverteiler (Phasenlage, Verlegung)	
9	"	Kennzeichnung der Abgänge	
10	"	Trennung von PEN in N und PE	
11	StrV1	Beschriftung der Stromkreise	
12	"	LS-Schalter (Charakteristik, Bemessungsstrom, Schaltvermögen)	
13	"	RCD (Bemessungsstrom, Fehlerbemessungsstrom)	
14	"	Sammelschienen-System (Phasenlage)	
15	"	Schutzleiter	
16	WZ1	Schaltgeräte	
17	"	Schukosteckdosen	
18	KÜ1	Schaltgeräte	
19	"	Schukosteckdosen	
20	"	Herdanschluss	
21	KZ1	Schaltgeräte	
22	"	Schukosteckdosen	
23	SZ1	Schaltgeräte	
24	"	Schukosteckdosen	
25	Balk.1	Schukosteckdosen	
26	Bad1	Schaltgeräte	

Abb.1: Checkliste für eine Sichtkontrolle (Ausschnitt)

Erproben und Messen

Folgende Funktionsprüfungen sollen in der angegebenen Reihenfolge durchgeführt werden:

- Kontrolle der Durchgängigkeit der Schutzleiter und der Leiter des Hauptpotenzialausgleich und zusätzlichen Potenzialausgleichs.
- Messung der Isolationswiderstände.
- Prüfung der Schutzmaßnahmen im vorhandenen System (TN-, TT- oder IT-System).
- Messung des Erdungswiderstandes (Nur in TT- und IT-Systemen zwingend erforderlich).
- Messung der Schleifenimpedanz in TN-Systemen.
- Prüfung der RCDs.
- Prüfung der Drehfeldrichtung bei Drehstromsteckdosen und fest angeschlossenen Motoren.
- Funktionsprüfung von Schaltgerätebaugruppen, Antriebe, Stelleinrichtungen Verriegelungen usw.

Auch hier ist es zweckmäßig anhand einer vorbereiteten Checkliste (Abb. 2) vorzugehen.

Funktionsprüfung

Pos.	Ort	Benennung	i.O.
1	PAS	Durchgängigkeitsmessung, Pot.-Ausgl.-Leiter	
2	"	Erdungsmessung	
3	HAK	Isolationsmessungen	
4	Zsch	Isolationsmessungen	
5	"	RCD, Prüftaste betätigen	
6	"	RCD, U_B, Z_s bzw. R_E messen	
7	"	Sammelschienen-System, Drehfeld messen	
8	UV1	Isolationsmessung	
9	"	RCD, Prüftaste betätigen	
10	"	RCD, U_B, Z_s bzw. R_E messen	
11	"	Sammelschienen-System, Drehfeld bestimmen	
12	KÜ1	Schukosteckdosen, Schutzmaßnahme prüfen	
13	"	Herdanschluss, Schutzmaßnahme prüfen	
14	"	Leuchtenauslass, Schutzmaßnahmen prüfen	
15	WZ1	Schukosteckdose, Schutzmaßnahmen prüfen	
16	"	Leuchtenauslass, Schutzmaßnahmen prüfen	
17	"	Antennensteckdosen, Pegel messen	
18	KZ1	Schukosteckdosen, Schutzmaßnahmen prüfen	

Abb.2: Checkliste für eine Funktionsprüfung (Ausschnitt)

Vor Inbetriebnahme und Übergabe der elektrischen Anlage des Mehrfamilienhauses im Anwendungsbeispiel 1.4, Seite 15, sollen

- alle erforderlichen Messungen durchgeführt und
- die Ergebnisse in den ZVE-Vordruck „Übergabebericht + Prüfprotokoll" eingetragen werden (s. Anhang, Seiten 171 und 172).

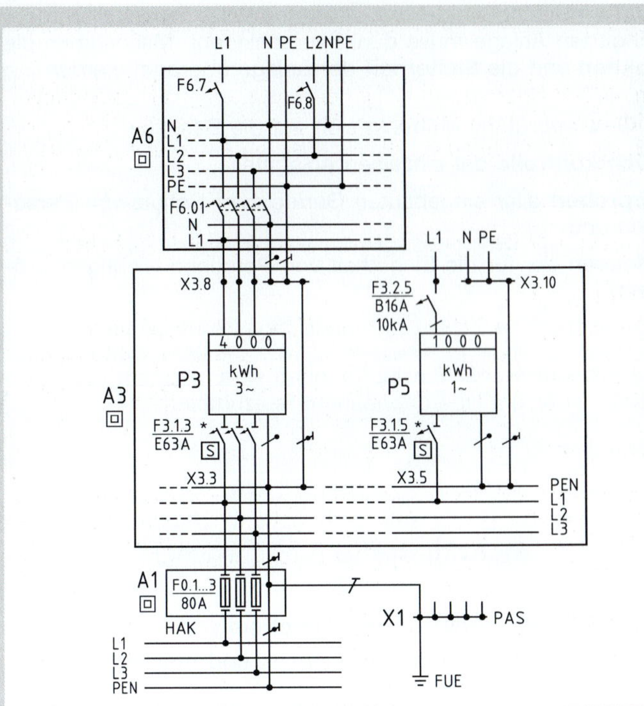

Mit einem modernen Prüfgerät (Abb.1) können folgende Messungen bzw. Prüfungen durchgeführt werden:

- Messung des Isolationswiderstandes,
- Prüfung der Fehlerstrom-Schutzschaltung,
- Messung der Schleifenimpedanz bei Anzeige des Kurzschlussstromes,
- Messung des Erdungswiderstandes.

Mit dem Zentralschalter ① werden die Messfunktion und der Messbereich eingestellt. Die Messung wird mit dem Taster ② gestartet. Ein weiterer Taster ③ dient zur Anzeige von Zusatzmesswerten. Wird z.B. zur Überprüfung der Fehlerstrom-Schutzschaltung die Berührungsspannung U_B beim Abschalten im Fehlerfall gemessen, kann auch die Schleifenimpedanz Z_S anzeigt werden. Mit zwei weiteren Tasten ④ werden Sonderfunktionen eingestellt.

Auf der Anzeigeeinheit ⑤ werden neben den Messwerten die Messfunktion angezeigt. Außerdem wird angegeben, ob der gemessene Wert im zulässigen Bereich liegt.

Die Messleitungs-Anschlussbuchse ⑥ und Sonden-Anschlussbuchse sind auf der rechten Seite des Gerätes angebracht.

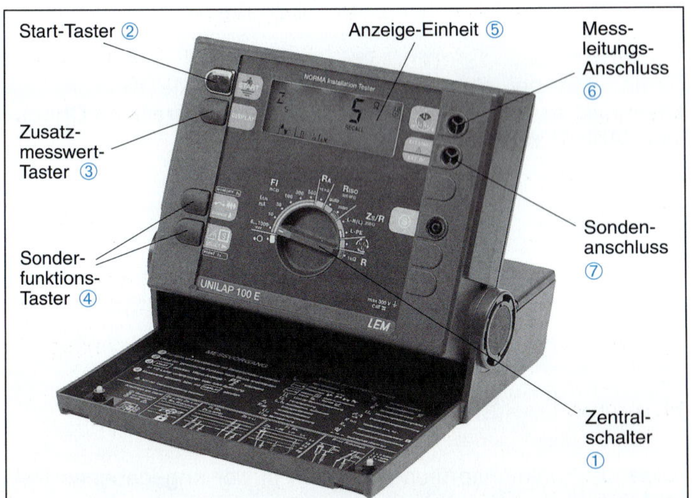

Abb. 1: Messgerät zur Prüfung des Personenschutzes

Durchgängigkeit der Schutzleiter

Für jede Metallkonstruktion muss durch eine Widerstandsmessung nachgewiesen werden, dass sie mit der Potenzialausgleichsschiene verbunden ist (Abb. 2). Dies gilt auch für Einrichtungen mit zusätzlichem Potenzialausgleich.

Die Durchgängigkeit des Schutzleiters von der Potenzialausgleichsschiene zu jedem Verbraucheranschluss muss ebenfalls nachgewiesen werden.

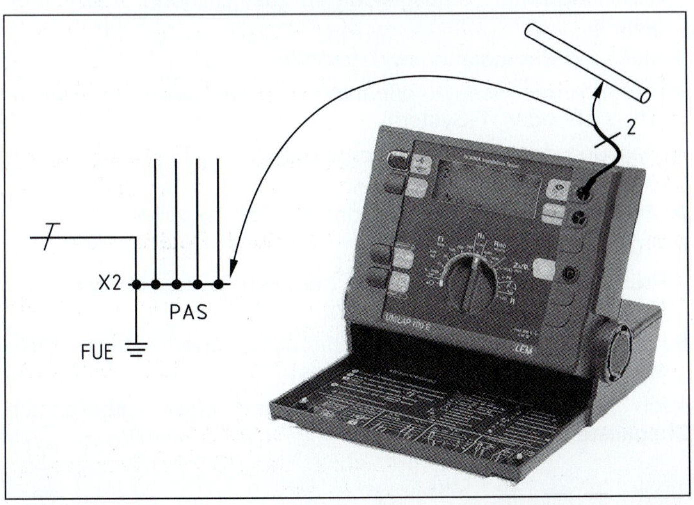

Abb. 2: Messung der Durchgängigkeit der Hauptpotenzialausgleichsleitung

Der Potenzialausgleich bzw. der Schutzleiter sind durchgängig, wenn der gemessene Wert annähernd gleich dem Leitungswiderstand ist.

Überprüfen des Isolationswiderstandes (Abb. 3)

Im 400-V-Netz muss für jeden Stromkreis ein Isolationswiderstand ≥ 0,5 MΩ zwischen den aktiven Leitern (L1, L2, L3, N) und Erde bzw. PE nachgewiesen werden (DIN VDE 0100-610).

Achtung! Vor Beginn der Messungen Anlage freischalten!

Hauptleitung

Vorbereitung:
- Zähler darf nicht angeschlossen sein.
- Hauptsicherungen ① im HAK herausnehmen.

Messort: Sammelschienensystem des Zählerschrankes, SH-Schalter oder im HAK.

Messungen: L1 - PEN, L2 - PEN, L3 - PEN.

☺ Eine Kontrolle der Isolationswiderstände zwischen den Außenleitern bzw. den Außenleitern und dem Neutralleiter ist bei der Überprüfung des Personenschutzes nicht erforderlich. Diese Messungen sollte man aber zum Schutz der Neuanlage vor Kurzschlüssen durchführen.

Wohnung 3 (Wohnungen 1, 2 und 4 entsprechend)

Vorbereitung:
- Brücke (X3.8) ② zwischen N und PE im Zählerschrank A3 entfernen.
- RCD F6.01 und F6.02 und LS-Schalter F6.1...F6.14 in dem Stromkreisverteiler A6 sind geschlossen.
- Es sind keine Verbraucher angeschlossen.

Messort: Zuleitung zum Stromkreisverteiler im Zählerschrank A3. (Klemmenleiste X3.8)

Messungen: L1 - PE, L2 - PE, L3 - PE, N - PE.

Gemeinschaftseinrichtung

Vorbereitung:
- Es sind keine Verbraucher angeschlossen.
- Brücke (X3.10) zwischen N und PE im Zählerschrank A3 entfernen.

Messort: Hinter dem ausgeschalteten LS-Schalter F5 im Zählerschrank A3.

Messungen: L1 - PE, N - PE

RCD (Abb. 4)

Personenschutz ist gewährleistet, wenn der RCD bei einer Berührungsspannung $U_B < 50\,V$ auslöst (in landwirtschaftlichen Betrieben < 25 V).
Abschaltzeit $t_a \leq 0{,}2$ s (bzw. bei selektivem RCD $t_a \leq 0{,}5$ s)

Achtung! Zur Prüfung der RCD muss nach Anschluss des Messgerätes die Netzspannung eingeschaltet werden!

Vorbereitung: Funktion des RCD durch Betätigen der Prüftaste kontrollieren.

Messort: Alle Verbraucher mit Schutzleiter und alle Schukosteckdosen.

Messanschlüsse: Ein Außenleiter (L1, L2 oder L3), Neutralleiter (N) und Schutzleiter (PE).

Messung:
- Messvorgang einschalten.
- Nach Auslösen des RCD Berührungsspannung U_B ablesen.

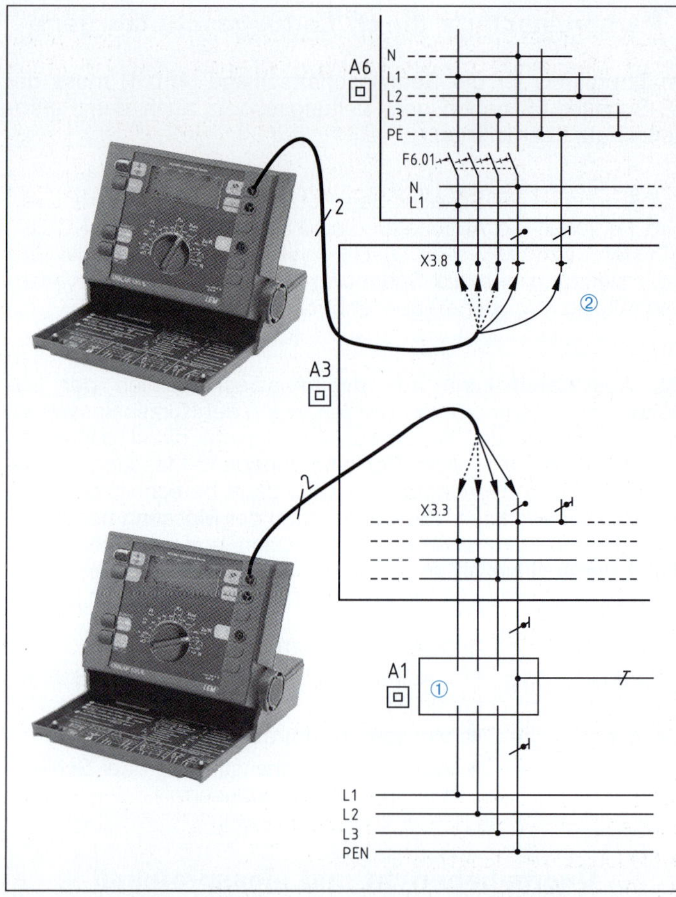

Abb. 3: Isolationsmessung der Anlage einer Wohnung

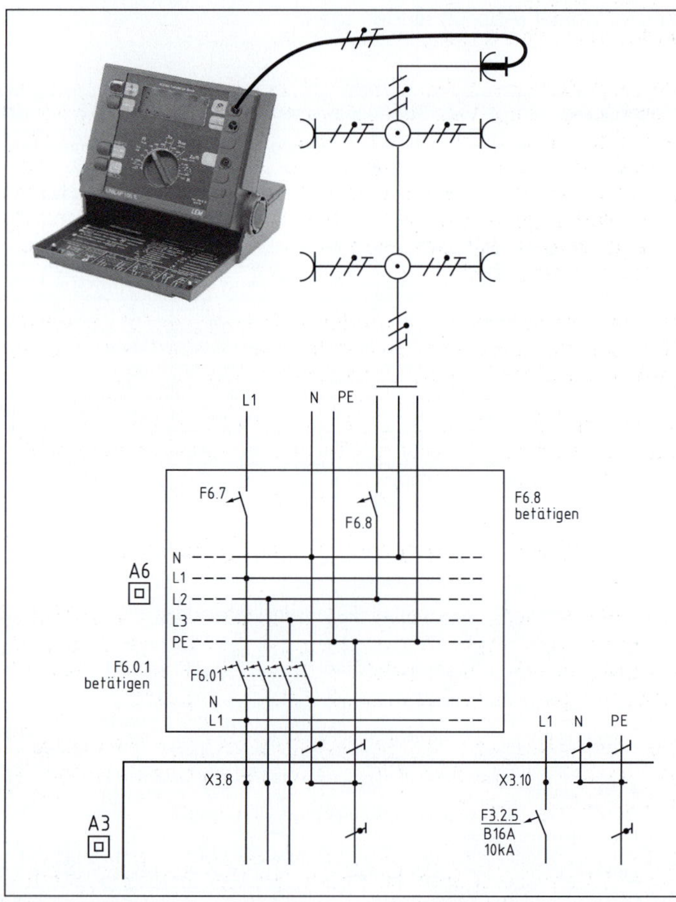

Abb. 4: Kontrolle der Funktion der FI-Schutzschaltung an einer Schukosteckdose

Personenschutz durch Leitungsschutzorgane

Im Stromkreis für die Gemeinschaftsanlage (Abb. 1) muss der LS-Schalter F5 neben dem Leitungsschutz auch den Personenschutz übernehmen.

Übernehmen LS-Schalter den Personenschutz, müssen sie im Fehlerfall die Abschaltbedingung $Z_S \cdot I_a \leq U_0$ (TN-C-S-System) bzw. $R_A \cdot I_a \leq U_L$ (TT-System) erfüllen und die für die Netzform und die Spannung U_0 vorgeschriebenen Abschaltzeiten t_a (siehe Tabellenbuch) einhalten.

Die Auslösezeit kann aus den Auslösekennlinien der LS-Schutzorgane entnommen werden, wenn der Kurzschlussstrom bekannt ist. Da ein Kurzschlussstrom nicht direkt gemessen werden kann, wird eine Schleifenimpedanz-Messung vorgenommen. Der Abschaltstrom I_a wird dann berechnet oder wie bei dem verwendeten Messgerät, nach der Messung neben der Schleifenimpedanz auch angezeigt. Das Gerät zeigt aber auch direkt die Auslösezeit an.

Messort: Alle Verbraucher mit Schutzleiter und alle Schukosteckdosen

Messanschlüsse: Ein Außenleiter (L1, L2 oder L3), Schutz-Leiter (PE)

Messung:
- Messprogramm einschalten.
- Wahlweise Abschaltstrom I_a oder Schleifenimpedanz Z_S ablesen.

Übergabebericht und Messprotokoll

Die gemessene Werte werden in den Übergabebericht mit Messprotokoll (Abb. 2) eingetragen.

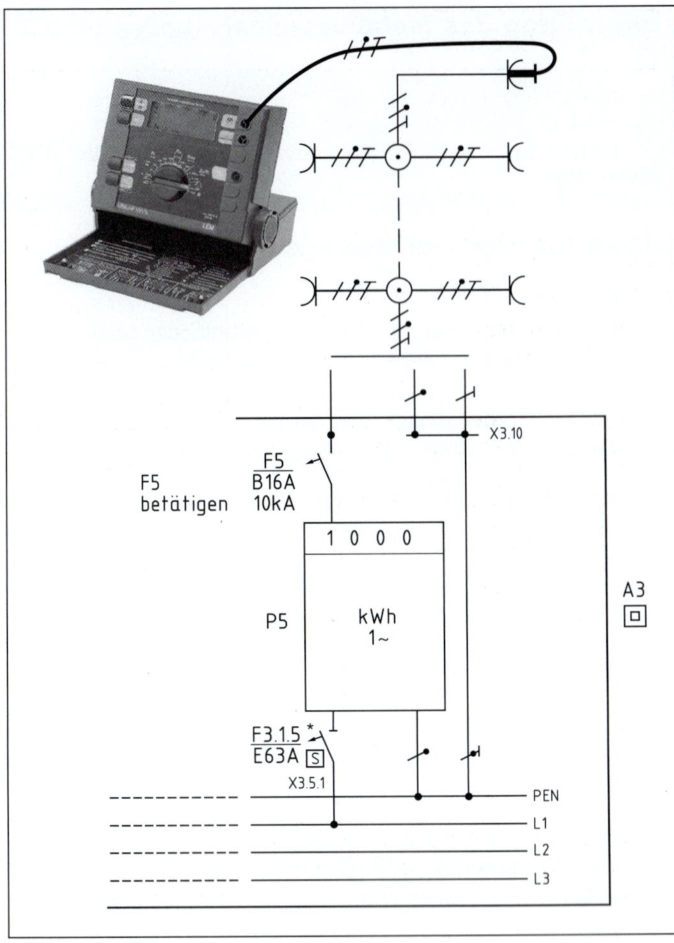

Abb. 1: Messung der Schleifenimpedanz

Messen Stromkreisverteiler Nr.: X6/12513A

Stromkreis Nr.	Zielbezeichnung	Leitung/Kabel Typ	Leiter Anzahl		Quers. (mm^2)	Überstromschutzeinrichtung Art Charakteristik Art	I_n (A)	Z_s (Ω) ☒ I_k (A) ☐	R_{iso} (MΩ) ohne ☒ mit ☐ Verbraucher	Fehlerstromschutzeinrichtung (RCD) I_n/Art (A)	$I_{\Delta n}$ (mA)	I_{mess} (mA) ($\leq I_{\Delta n}$)	Ausl.-Zeit t_A (ms)	U_L 50 V U_{mess} (V)	Fehler-code siehe Rück-seite
	Hauptleitung			x											
1	Verteiler-Zuleitung	NYM	4	x	16	SH-Sch	63	1,78	1,27						
2	Geschirrspüler	NYIF	3	x	1,5	B, 6 kA	16			40	0,5			16	
3	Elektroherd	NYIF	5	x	2,5	B, 6 kA	25			40	0,5			20	
4	Mikrowellengerät	NYIF	3	x	1,5	C, 6 kA	16			40	0,5			15	
5	Kühlschrank	NYIF	3	x	1,5	B, 6 kA	16			40	0,5			14	
6	Dunstabzugshaube	NYIF	3	x	1,5	B, 6 kA	16			40	0,5			13	
12	Wohnzimmer, Steckdosen	NYIF	3	x	1,5	B, 6 kA	16			40	0,5			13	
13	Balkon	NYIF	3	x	1,5	B, 6 kA	16			16	0,03			16	
14	Bad	NYIF	3	x	1,5	B, 6 kA	16			16	0,03			14	

Durchgängigkeit Potenzialausgleich (≤ 1 Ω nachgewiesen) **Erdungswiderstand: R_E** 1,85 Ω

Fundamenterder ☒ | Hauptwasserleitung ☒ | Heizungsanlage ☒ | EDV-Anlage ☐ | Antennenanlage/BK ☒
Potenzialausgleichschiene ☒ | Hauptschutzleiter ☒ | Klimaanlage ☐ | Telefonanlage ☒ | Gebäudekonstruktion ☐
Wasserzwischenzähler ☒ | Gasinnenleitung ☒ | Aufzugsanlage ☐ | Blitzschutzanlage ☐ | ☐

Verwendete Messgeräte nach DIN VDE | Fabrikat: EEM Typ: UNILAP 100 E | Fabrikat: Typ: | Fabrikat: Typ:

Prüfergebnis: keine Mängel festgestellt ☒ Mängel festgestellt ☐ | **Prüf-Plakette angebracht:** ja ☒ nein ☐ | **Nächster Prüftermin:** 15. 08. 2006

Auftraggeber:
Gemäß Übergabebericht elektrische Anlage vollständig übernommen ☒
Zustandsbericht erhalten ☒
Altstadt (Ort) 17. 08. 2002 (Datum) Schmidt (Unterschrift)

Prüfer:
Die elektrische Anlage entspricht den anerkannten Regeln der Elektrotechnik ☒
Die elektrische Anlage entspricht nicht den anerkannten Regeln der Elektrotechnik ☒
Altstadt (Ort) 17. 08. 2002 (Datum) Müller (Unterschrift)

Abb. 2: Ausschnitt aus dem Messprotokoll

1.5.1 Mehrfamilienhaus

Die Anlage in dem Mehrfamilienhaus der Aufgabe 1.4.2 soll in Betrieb genommen werden.

a) Worauf muss die Elektrofachkraft bei der Besichtigung achten?

b) Welche Vorbereitungen sind bei der Messung des Isolationswiderstandes zu treffen und an welchem Messort müssen welche Messungen durchgeführt werden?

c) Wie muss weiter vorgegangenwerden, wenn bei der ersten Messung der Anlage einer Wohnung ein fehlerhafter Isolationswiderstand gemessen wird?

d) Welche Vorbereitungen sind bei den Überprüfungen der RCD zu treffen und an welchem Messort werden welche Messungen durchgeführt?

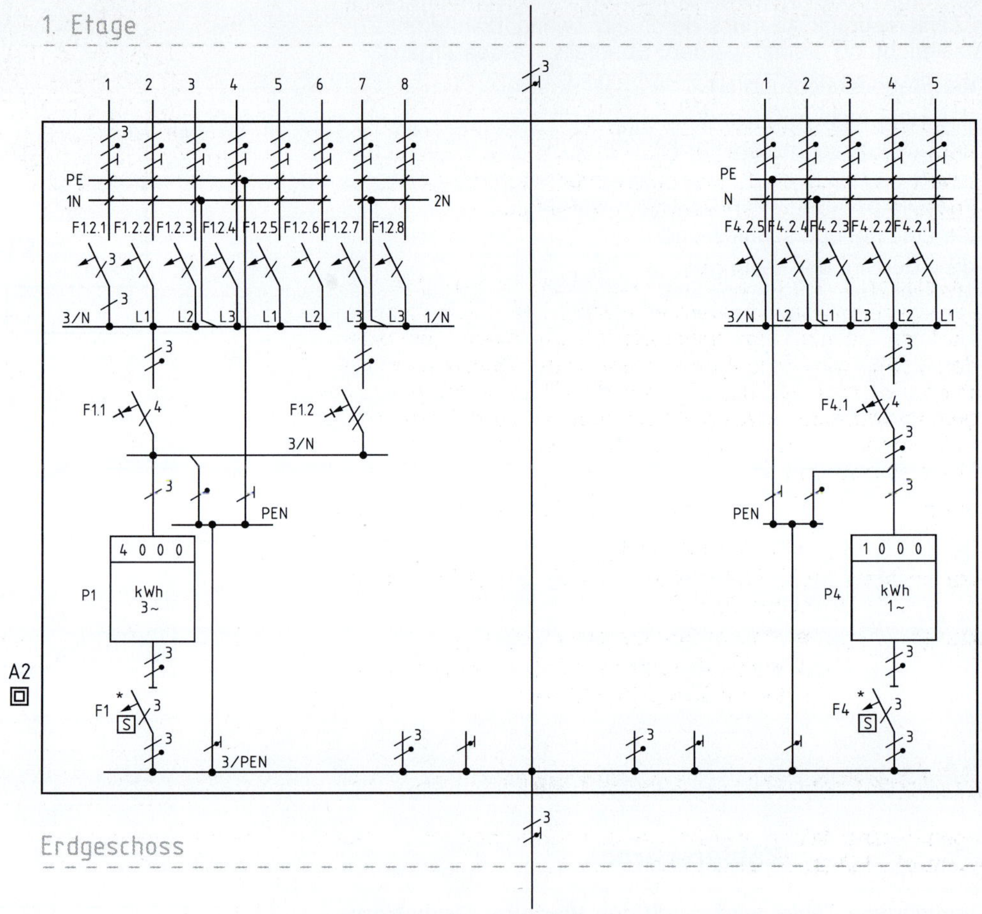

1.5.2 Isolationswiderstands-Messung

In der Hauptverteilung soll der Isolationswiderstand der Leitungen des Gemeinschaftsanlage gemessen werden. Außerdem soll die Schutzmaßnahme überprüft werden.

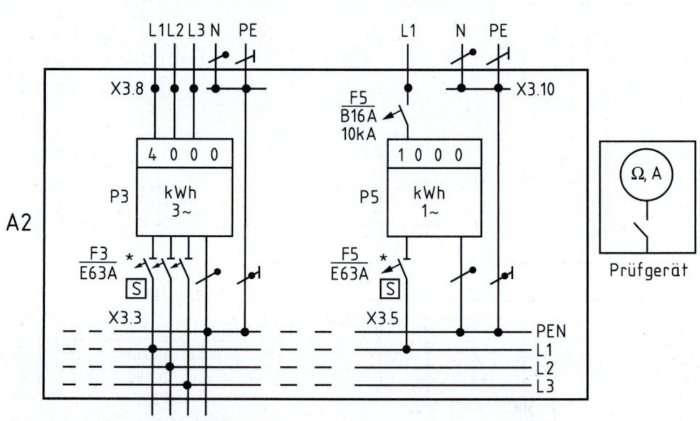

a) Übernehmen Sie die Zeichnung auf ein A4-Blatt und ergänzen Sie dort die Schaltung für eine Isolationsmessung.

b) Wie groß muß der Abschaltstrom sein, damit das Leitungsschutzorgan F5 nach 0,4 s auslöst?

c) Welchen Wert darf die Schleifenimpedanz bei U_0 = 230 V nicht überschreiten?

1.5.3 Wohnhaus mit Freileitungsanschluss

Die Anlage der Wohnhauses der Aufgabe 1.4.4 soll vor der Inbetriebnahme überprüft werden.

a) Erstellen Sie eine Checkliste für die Besichtigung der Anlage.

b) Was muss gemessen und was getestet werden? Erstellen Sie eine Checkliste.

c) Beschreiben Sie, wie in dieser Netzform der Personenschutz überprüft wird.

d) Welche Vorbereitungen sind bei der Messung der Isolationswiderstände zu treffen ? An welchem Messort wird welche Größe gemessen?

1.5.4 Übergabebericht und Prüfprotokoll

In der Anlage der Wohnung des Anwendungsbeispieles 1.2 wurde eine Schleifenimpedanz von 4,75 Ω und ein Abschaltstrom von 48,4 A auf dem Gerät abgelesen.

a) Weisen Sie nach, ob der Personenschutz gewährleistet ist?

b) Welche Überprüfungen sind durchzuführen?

c) Erstellen Sie einen Übergabebericht und ein Prüfprotokoll. (Im Anhang, Seite 171 und 172 finden Sie ein Leerexemplar eines Übergabeberichts und Prüfprotokolls.)

In einem Ferienhaus wird eine Nachtspeicherheizung installiert.

Der vorhandene Vierleiter-Drehstrom-Wirkverbrauchszähler im Zählerschrank A3 muss durch ein Zweitarifzähler mit Zusatzeinrichtung ersetzt werden. Ebenfalls werden ergänzt

- die Steuereinrichtung N1,
- das Hauptschütz Q1 und
- die Leitungsschutzschalter F1...F3.

Für die Installation sollen bestimmt werden

- die Leitungsquerschnitte und
- die Aderzahl der Leitungen.

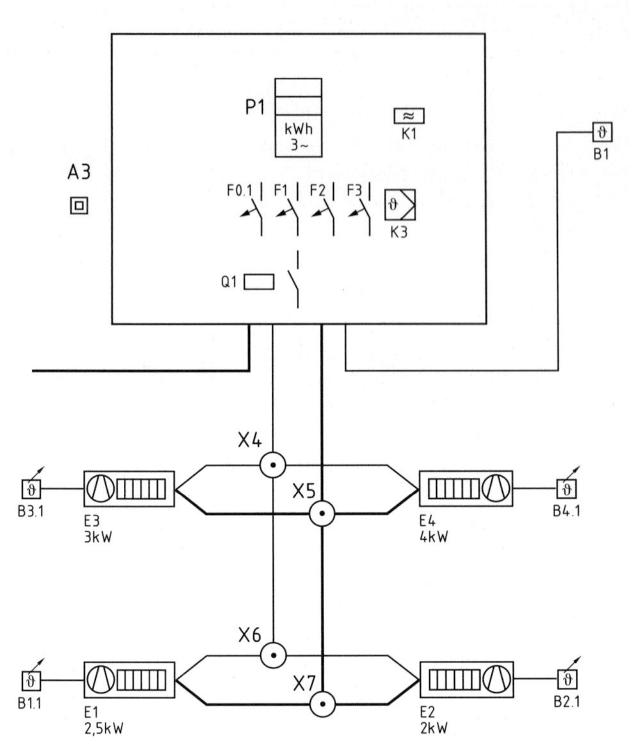

Zählerschrank

Der vorhandene Zähler wird durch den **Vierleiter-Drehstrom-Zweitarifzähler P1,** Schaltungsnummer 4101 (vgl. Tabellenbuch), ersetzt.

4 1 0 1

- 4: Vierleiter-Drehstrom-Wirkverbrauchszähler
- 1: Zweitarifeinrichtung
- 0: unmittelbarer Anschluss
- 1: einpoliger innerer Anschluss der Zweitarifeinrichtung

Auf dem Leerplatz des Zählerschrankes A3 wird der **Rundsteuerempfänger mit Tarifschalter K1,** Schaltungsnummer 2200 (vgl. Tabellenbuch) eingebaut.

2 2 0 0

- 2: 1.-Kontakt ist ein Wechsler
- 2: 2.-Kontakt ist ein Wechsler
- 0: kein 3.-Kontakt
- 0: kein 4.-Kontakt

Dort wird ebenfalls das **Hauptschütz Q1,** Typ DIL EM (Gebrauchskategorie AC1) eingebaut. Es kann eine Heizleistung bis 13 kW, bei 400 V und 20 A, schalten. Die Spulenspannung ist 230 V, 50 Hz.

Weiterhin müssen noch die **Leitungsschutzschalter F1** (Stromkreis Heizung), **F2** (Steuerkreis Heizung) und **F3** (Steuerkreis Schütz) montiert werden.

Neuverdrahtet wird der Zählerschrank nach dem Verdrahtungsplan Abb. 1.

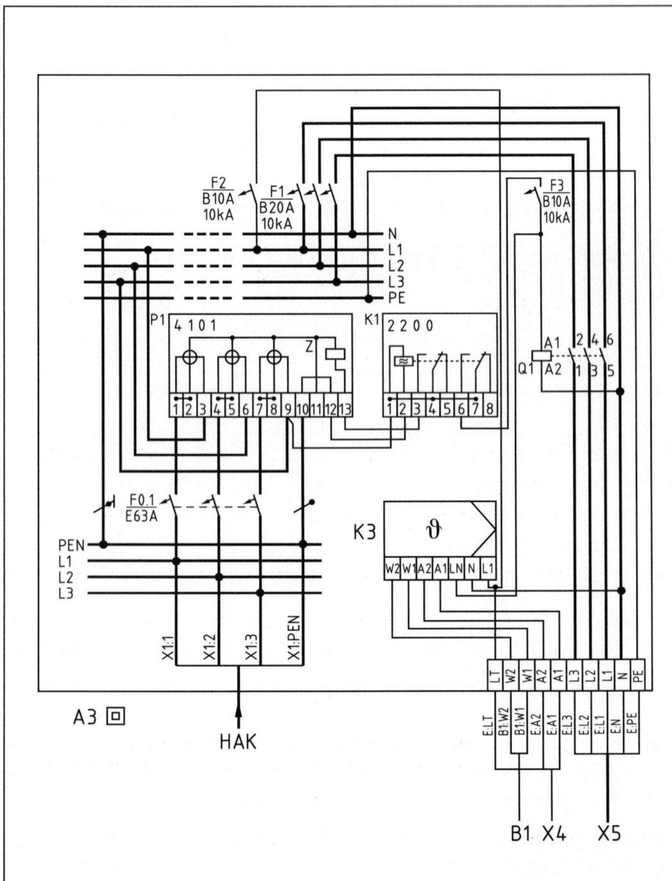

Abb. 1: Verdrahtungsplan der veränderten Schaltung des Zählerschrankes

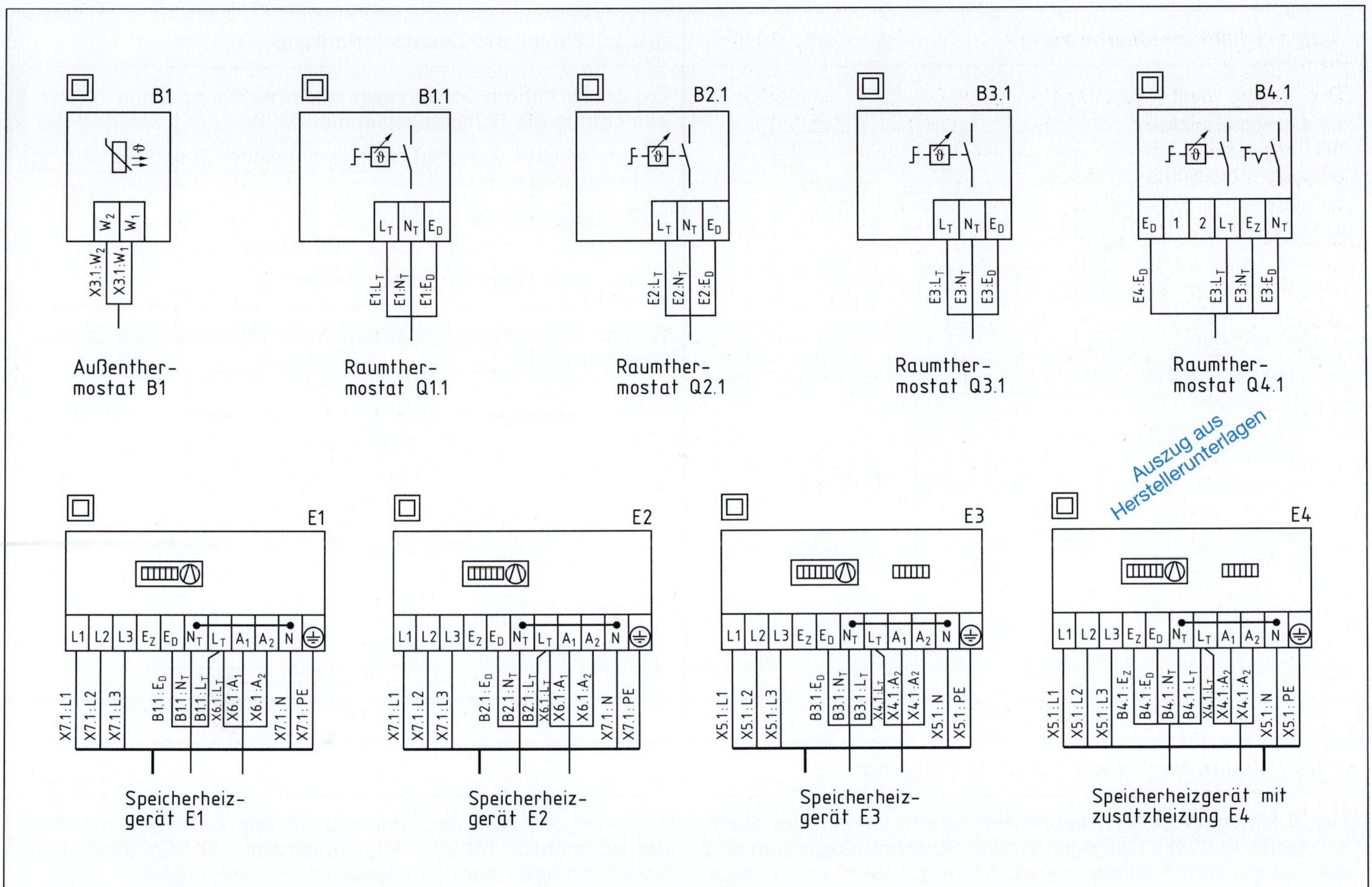

Abb. 2: Anschlusspläne der Speicherheizgeräte und der Thermostate

Übersichtsschaltplan der Installation

Folgende Leitungen sind zu verlegen:

- Außenthermostat B1: NYM 2 x 1,5 mm²
- Speicherheizgeräte E1...E4:
  Steuerleitung E1...E3 NYM 3 x 1,5 mm²
  Steuerleitung E4 NYM 4 x 1,5 mm²
  Leistungsanschluss NYM 5 x 2,5 mm²
- Raumthermostat B1.1...B1.3: NYM 3 x 1,5 mm²
- Raumthermostat B4.1: NYM 4 x 1,5 mm²

Es müssen folgende Leitungsschutzschalter eingebaut werden:

- Leitungsschutzschalter F1: B 3 x 20 A, 10 kA
- Leitungsschutzschalter F2 und F3: B 10 A, 10 kA

Die Installation erfolgt nach dem Übersichtsschaltplan, Abb. 3.

Auf welche Anschlussklemmen der Geräte die jeweilige Leitungen aufgelegt werden müssen, ist den **Zielbezeichnungen** (Abb. 2) zu entnehmen.

☺ Arbeiten die Steuergeräte mit Kleinspannung, dann müssen die Steuerleitungen grundsätzlich getrennt von dem Leistungsstromkreis verlegt werden.

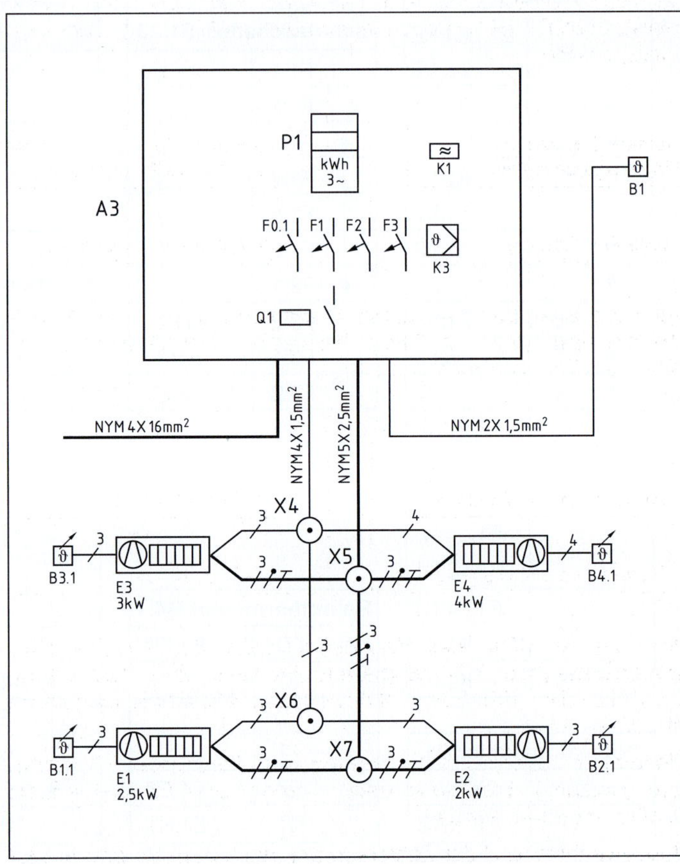

Abb. 3: Übersichtsschaltplan der Installation

1.6.1 Nachtspeicherheizung

Eine Nachtspeicherheizung hat folgenden Übersichtsschaltplan.

a) Geben Sie Art und Querschnitte der Leitungen an, die verlegt werden müssen.

b) Welchen Nennstrom müssen die Leitungsschutzorgane haben?

c) Zeichnen Sie den vollständigen Übersichtsplan der Installation mit allen erforderlichen Angaben.

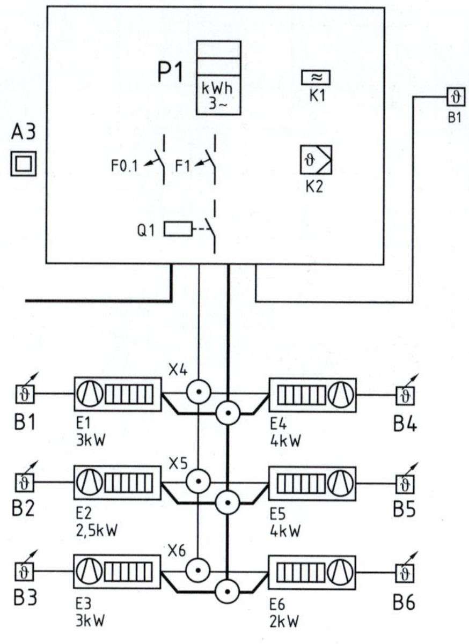

1.6.3 Zähler mit Zusatzeinrichtung

Ein Zähler hat die Schaltungsnummer 4225 und seine Zusatzeinrichtung die Schaltungsnummer 0300.

a) Um welche Zählerart und um welche Zusatzeinrichtung handelt es sich?

b) Zeichnen Sie die Schaltung.

1.6.4 Schaltzeichen eines Zählers

Welche Schaltungsnummer haben der Zähler und die Zusatzeinrichtung?

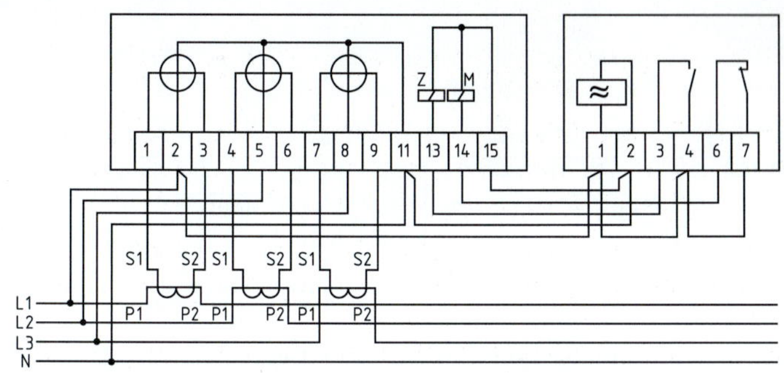

1.6.2 Klemmenplan einer Speicherheizung

Die Zuleitung (Von der Hauptverteilung A5) soll auf die Klemmenleiste X1.1, die Leitungen zu den Speicherheizgeräten und die Leitung zum Außentemperaturfühler auf die Klemmenleiste X1.2 gelegt werden.

Zeichnen Sie den Verdrahtungsplan der Verteilung mit den Betriebsmitteln Zähler, Rundsteuerrelais, SH-Schalter, LS-Schalter, Ladeschalter, Ladeschütz und Steuergerät.

Zähler P1	
PE	E1...E4:PE A5:PE
• 1	A5:L1
• 2	
3	K2:LT F1:L1
• 4	A5:L2
• 5	
6	F1:3
• 7	A5:L3
• 8	
9	F1:5 K1:1
10	A5:N
11	E1...4:N K2:NT
12	E1...4:NT K1:2
13	K1:5

Witterungsfühler B1	
W1	K2:W1
W2	K2:W2

Leitungs-schutzschalter F1...3	
F1:1	P1:3
F1:2	Q2:1
• F1:3	P1:6
F1:4	Q2:3
F1:5	P1:9
F1:6	Q2:5
• F2:1	
F2:2	Q1:2
F3:1	K1:8
F3:2	E1...4:LT

Raumthermostat B4.1	
ED	E4:ED
1	
2	
LT	E4:LT
EZ	E4:EZ
NT	E4:NT

Ladeschalter Q1	
1	F2:2
2	K2:LN
	Q2:A2

Raum-thermostate B1.1...3.1	
LT	E1...3:LT
NT	E1...3:NT
ED	E1...3:ED

Rundsteuerreilais K1	
• 1	P1:9
2	P1:12 Q2:A1
3	
• 4	
5	P1:13
6	
• 7	
8	F3:1

Speicherheizgerät E4	
L1	Q2:2
L2	Q2:4
L3	Q2:6
EZ	B4.1:EZ
ED	B4.1:ED
NT	B4.1:NT P1:12
LT	B4.1:LT F3:2
A1	K2:A1
A2	K2:A2
N	P1:11
PE	A5:PE

Steuergerät K3	
LT	P1:3
NT	P1:12
LN	Q1:1
A1	E1...4:A1
A2	E1...4:A2
W1	B1:W1
W2	B1:W2

Ladeschütz Q1	
A1	K1:2
A2	Q1:1
1	F1:2
2	E1...4:L1
3	F1:4
4	E1...4:L2
5	F1:6
6	E1...4:L3

Speicherheizgeräte E1...3	
L1	Q2:2
L2	Q2:4
L3	Q2:6
ED	B1.1:ED
NT	B1.1:NT P1:12
LT	B1.1:LT F3:2
A1	K2:A1
A2	K2:A2
N	P1:11
PE	A5:PE

2 Gebäudesystemtechnik

2.1 Der Europäische Installationsbus EIB

Der steigende Anspruch an Komfort und Sicherheit erfordert immer umfangreichere elektrische Anlagen in Gebäuden. Außerdem wird die Nutzung der Räume und die Art der elektrischen Einrichtungen in immer kürzeren Zeitabständen verändert.

Bei der herkömmlichen Installationsart bedeuten Änderungen aber stets kostenspielige Leitungsverlegungen und Umverdrahtungen.

Der **EIB** (Abb.1) ist für solche Fälle die bessere Lösung. Bei ihm werden Steuerungen über ein Programm geändert und Erweiterungen einfach durch Parallelschalten durchgeführt.

Aufbau und Funktion des EIB

Beim Einsatz des EIB in der Beleuchtungsanlage Abb.3 wird die elektrische Anlage in einen **Steuerteil** (EIB-Anlage) und einen **Leistungsteil** (230/400V-Anlage) aufgeteilt.

Neben der Energieleitung (grau) wird nur eine zweiadrige Steuerleitung verlegt, der **Bus** (blau). Darüber tauschen alle angeschlossenen Geräte Nachrichten untereinander aus. Der Leitungs- und Verdrahtungsaufwand verringert sich dadurch erheblich.

Aufbau

Die Befehlsgeber S1 bis S4 sind Tastsensoren. Die Befehlsempfänger Q1 bis Q4 sind Schaltaktoren für die Verbraucher E1 bis E4. Sie arbeiten ähnlich wie Stromstoßschalter.

Beim EIB heißen alle Befehlsgeber **Sensoren** und alle Befehlsempfänger **Aktoren** (Abb. 2).

Alle Sensoren und Aktoren (Sammelname: **Teilnehmer,** TLN) sind am Bus parallelgeschaltet. Die Aktoren sind zusätzlich an die Energieleitung angeschlossen.

Funktion

Alle Teilnehmer einer Steuerungsaufgabe (EIB-Funktion) erhalten eine gemeinsame **Gruppenadresse.** Sie wird in den **Busankoppler** des Gerätes programmiert. In Abb.3 haben der Tastsensor S1 ① und der Schaltaktor Q4 ② die Gruppenadresse **1/1**.

Die Gruppenadresse 1/1 ist durch Schrägstrich in Hauptgruppe (0-15) und Untergruppe (0...2047) unterteilt. Ihre Bedeutung kann frei gewählt werden. Die Hauptgruppe kennzeichnet die Hauptfunktion (hier **1**/: Beleuchtung). Die Untergruppe gibt die Funktion an (hier /**1**: Ein/Aus). Ein Gerät mit mehreren Gruppenadressen führt mehrere EIB-Funktionen aus ③.

☺ Wahlweise können alle Gruppenadressen auch aus Hauptgruppe (0...15), Mittelgruppe (0...7) und Untergruppe (0...255) bestehen.

Wird S1 betätigt, so schickt sein Busankoppler ein **Datentelegramm** mit dem Schaltbefehl an die Zieladresse. Alle Teilnehmer empfangen die Nachricht. Aber nur der Busankoppler des Aktors Q4 wandelt die Information in den Schaltbefehl um.

- Beim EIB wird die Steuerungsfunktion programmiert.
- Jeder Teilnehmer wird parallel an den Bus angeschlossen und jeder Aktor zusätzlich an das 230-V-Netz.
- Nur Teilnehmer mit der gleichen Gruppenadresse arbeiten zusammen.

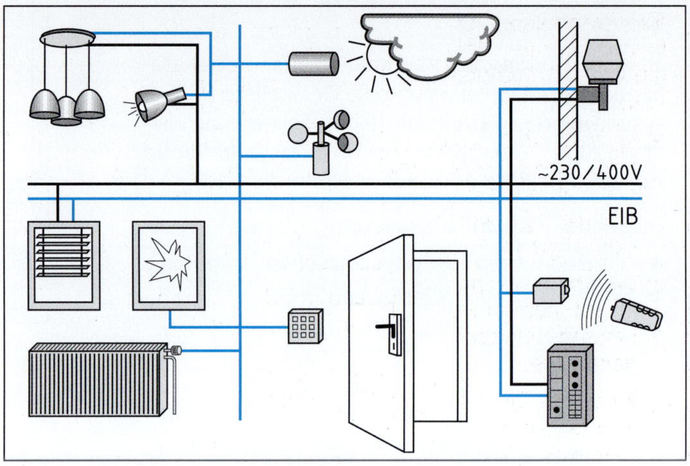

Abb.1: Installationssystem EIB

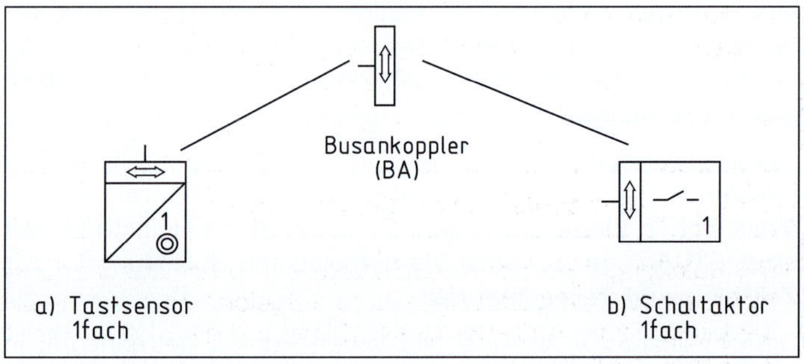

Abb.2: EIB-Symbole für Sensoren für Aktoren

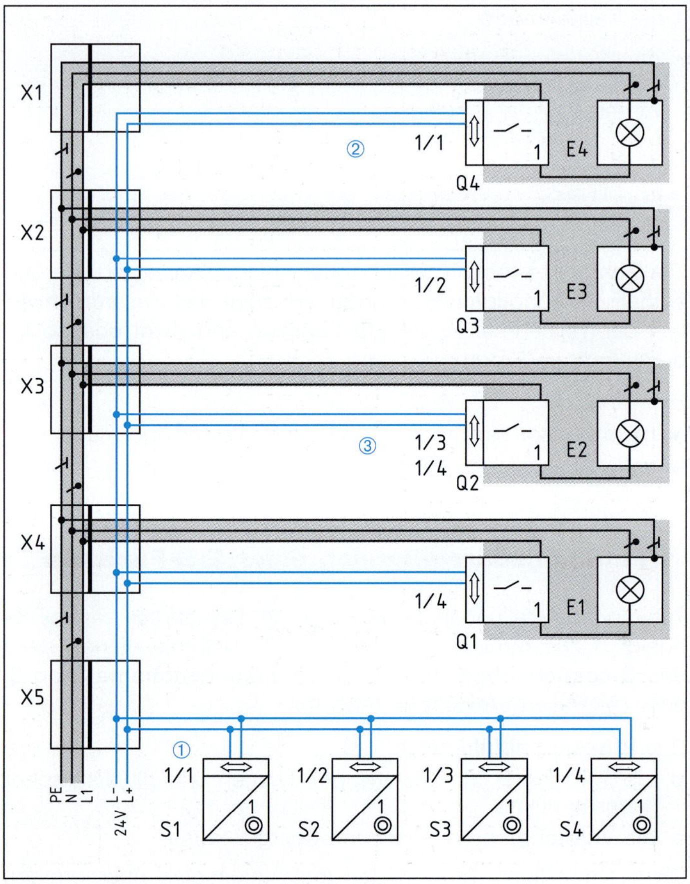

Abb.3: Beleuchtungsanlage mit EIB

In einem Verwaltungsgebäude ist die Beleuchtungssteuerung eines Amtszimmers mit Vorraum (Raum 1 und 2) und Verbindungsflur als EIB-Anlage geplant.

Bei der Kundenbesprechung ist der nebenstehende Installationsplan und die **Geräteliste** (Abb.1) erstellt worden. Darin hat jeder Teilnehmer eine eindeutige Kennzeichnung, die **physikalische Adresse** heißt (z.B. Aktor in Raum 2: 1.1.6).

Folgendes soll erklärt werden:

- die Bedeutung der physikalischen Adresse,
- der Aufbau einer Geräteliste und
- die Darstellung einer EIB-Funktion.

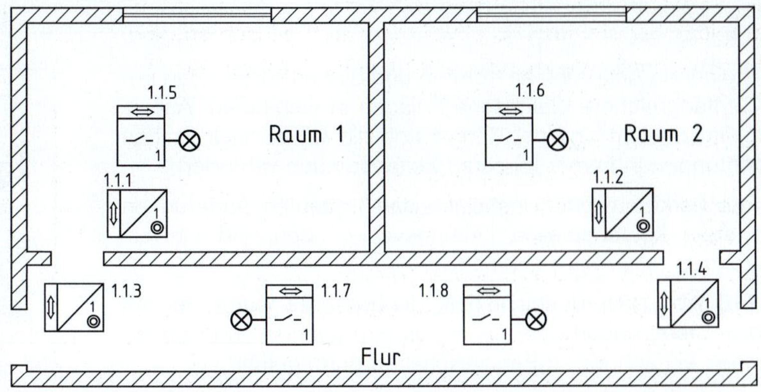

Physikalische Adresse

Jeder Teilnehmer muss zunächst durch Programmierung seines Busankopplers eine eindeutige Gerätekennzeichnung erhalten, die **physikalische Adresse.** Erst danach können die Gerätefunktionen und die zugehörigen Gruppenadressen programmiert werden.

Die physikalische Adresse wird vom Aufbau der EIB-Anlage bestimmt. Das Installationssystem EIB ist in **Bereiche** und diese sind in **Linien** gegliedert. Die Linie ist die kleinste Einheit einer EIB-Anlage und stellt die gemeinsame Busleitung für zur Zeit bis zu 64 Teilnehmer dar.

Die physikalische Adresse gibt durch Punkte getrennt an, in welchem Bereich, in welcher Linie, welcher Teilnehmer ist. 1.1.6 bedeutet also, dieses Busgerät ist in Bereich 1 und Linie 1 der Teilnehmer 6.

Die Teilnehmer können am Bus beliebig parallel geschaltet werden, nur die Ringleitung ist verboten.

Geräteliste

Die Geräteliste (Abb.1) wird bei der Anlageplanung erstellt und enthält die benötigten Busgeräte. Sie zeigt das Zusammenwirken der Teilnehmer in der EIB-Funktion und dient ebenso für deren spätere Programmierung.

Ein Kanal ist

- beim Sensor ein Steuereingang (z.B. Tasterwippe) und
- beim Aktor ein Steuerausgang (z.B. Schaltkontakt).

Funktionsdarstellungen einer EIB-Funktion

Funktionsdarstellungen zeigen wie die Teilnehmer einer EIB-Funktion zusammenwirken. Je nach Erfordernis dienen dazu das **Blockschaltbild** (Abb.2), das **Funktionsschema** (Abb.3) oder die **Parameterblöcke** (Abb.4).

Das **Blockschaltbild** zeigt

- die Teilnehmer mit EIB-Symbol, Namen und physikalischer Adresse sowie
- die Verdrahtung der Bus- und Energieleitung.

Diese Darstellung kann in den Installationsplan übernommen werden.

EIB	Geräteliste	Projekt: Amt		erstellt am: 10.6.98 Bearbeiter: RST		letzte Änderung: geändert durch:	Blatt: 1 von:
Phys.-Adr.	Geräte-Typ	Hersteller	Einbauort	Kanal	gesendete Adresse	empfangene Adresse	Bemerkung
1.1.1	Tastsensor 1fach; UP	B.-J.	Raum 1	1	1/1		Licht1 Ein/Aus
1.1.2	Tastsensor 1fach; UP	B.-J.	Raum 2	1	1/2		Licht2 Ein/Aus
1.1.3	Tastsensor 1fach; UP	B.-J.	Flur	1	1/3		Licht3 Ein/Aus
1.1.4	Tastsensor 1fach; UP	B.-J.	Flur	1	1/4		Licht3+4 Ein/Aus
1.1.5	Schaltaktor 1fach; EG	B.-J.	Raum 1	1		1/1	Licht1 Ein/Aus
1.1.6	Schaltaktor 1fach; EG	B.-J.	Raum2	1		1/2	Licht2 Ein/Aus
1.1.7	Schaltaktor 1fach; EG	B.-J.	Flur	1		1/3 1/4	Licht3 Ein/Aus
1.1.8	Schaltaktor 1fach; EG	B.-J.	Flur	1		1/4	Licht4 Ein/Aus

Abb.1: Geräteliste

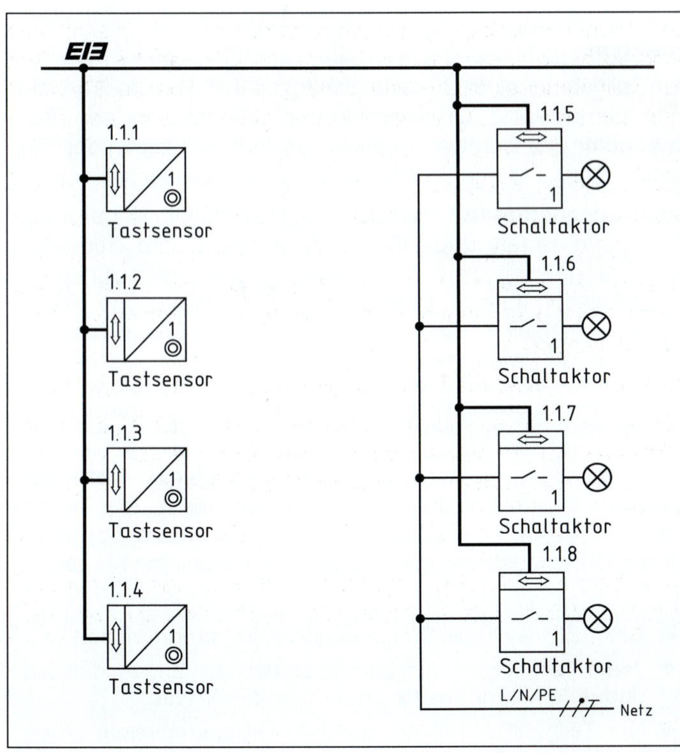

Abb.2: Blockschaltbild

Das **Funktionsschema** zeigt

- die Funktion der Teilnehmer (EIB-Symbole ohne Busankoppler), ihre Namen und physikalischen Adressen sowie
- die funktionelle Verknüpfung der Geräte (Bezugspfeile mit gemeinsamen Gruppenadressen ①).

Die **Parameterblöcke** zeigen für jeden Teilnehmer die Zusammenfassung der Geräte-Dokumentation

- die physikalische Adresse des Teilnehmers ②,
- der Gerätename ③,
- die Applikation (Anwendungsprogramm) ④,
- das Objekt (EIB-Funktion im Anwendungsprogramm) ⑤,
- die Gruppenadresse des Objektes ⑥ und
- die Parameter (Einstellungen) oder Geräteeinbauort ⑦.

In allen Funktionsdarstellungen werden die Sensoren links und die Aktoren rechts angeordnet.

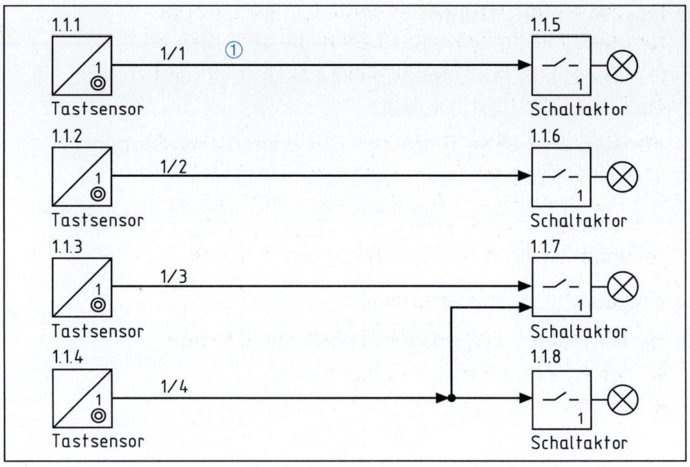

Abb. 3: Funktionsschema

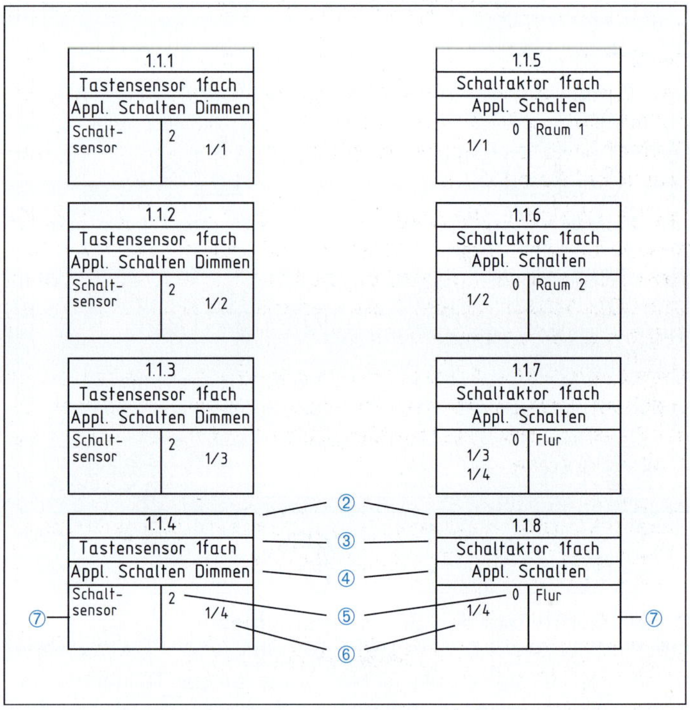

Abb. 4: Parameterblöcke

Applikationen für EIB-Geräte (Abb. 5)

Applikationen sind die Anwendungsprogramme für EIB-Geräte, die jeder Hersteller für seine Geräte auf Diskette oder CD zur Verfügung stellt (Produktdatenbank).

Mit der **ETS** (**E**iba **T**ool **S**oftware) werden für jedes Busgerät die Datensätze am PC erstellt. Ein Datensatz besteht aus dem Anwendungsprogramm, den Parametern, der physikalischen Adresse und den Gruppenadressen.

Busgeräte und Anwendungsprogramme müssen vom selben Hersteller sein.

In den Herstellerkatalogen sind die Anwendungsprogramme ⑧ für die Busgeräte beschrieben (Beispiel: 1fach-Tastsensor).

Der 1fach-Tastsensor hat sieben Applikationen, von denen eine ausgewählt werden kann. Das Programm „Schalten LED" dient nur zum Schalten einer Beleuchtung. Mit „Schalten Dimmen" kann die Beleuchtung geschaltet und gedimmt werden.

Die EIB-Funktionen der ausgewählten Applikation nennt man **Kommunikationsobjekte** ⑨ (kurz: **Objekte**). Sie bestimmen z. B. bei einem Sensor die Bedeutung der Tastenbetätigung.

Die Applikation „Schalten Dimmen" hat drei Kommunikationsobjekte. Das Objekt mit Namen „Taste-kurz" (Nr. 2) sendet bei kurzer Tastenbetätigung einen Schaltbefehl (Funktion: Telegramm Schalten).

Parameter ⑩ sind die Einstellungen innerhalb der Objekte.

Beim Kommunikationsobjekt „Schalten Dimmen" ist die Standardeinstellung (Voreinstellung) Schalt-/Dimmsensor. Wahlweise kann aber auch die Funktion Schaltsensor eingestellt werden.

Innerhalb einer Applikation können mehrere Objekte gewählt werden. Jedes Objekt benötigt eine eigene Gruppenadresse.

Installationsbus EIB — 1fach Tastsensor,UP Typ:6115-2x

Anwendungsprogramme ⑧	Anzahl Kommunikationsobjekte	max. Anzahl Gruppenadressen
Schalten LED	2	12
Schalten Dimmen	3	8
Schalten Jalousie	3	8
Schalten Jalousie LED	3	8
Schalten Flanken Flexible Zuordnung	2	12
Wert (EIS 6) LED	2	8
Schalten Dimmen LED	2	13

Kommunikationsobjekte Schalten Dimmen

⑨ Nr.	Typ	Objektname	Funktion
0	1bit	LED	Farbwechsel
2	1bit	Taste -kurz	Telegr. Schalten
6	4bit	Taste -lang	Telegr. relativ Dimmen

⑩ Funktion — Schalt-/Dimmsensor*, Schaltsensor

Parameter

*Standardeinstellung

Auszug aus Herstellerunterlagen

Abb. 5: Applikationen eines 1fach Tasters

2.1.1 Schulungsraum

Eine EIB-Anlage hat folgende Haupt- und Untergruppen:
1/ Beleuchtung 2/ Jalousien
/1 Fensterseite, Licht Ein/Aus /2 Fensterseite, Dimmen
/3 Türseite, Licht Ein/Aus /4 Türseite, Dimmen
/5 Jalousien, Lamellen verstellen/Stopp /6 Jalousien Auf-Ab
/7 Licht Aus /8 Jalousien Auf

a) Um welche Busgeräte handelt es sich?

b) Beschreiben Sie die EIB-Funktionen.

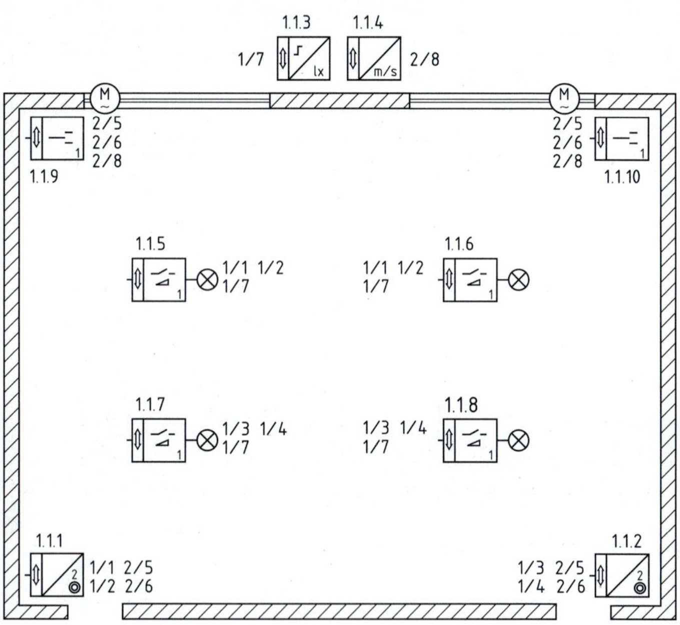

2.1.2 Geräteliste des Schulungsraumes

a) Was geben die physikalischen Adressen der Teilnehmer in der EIB-Anlage nach Aufgabe 2.1.1 an?

b) Fertigen Sie die zugehörige Geräteliste an.

2.1.3 Funktionsliste des Schulungsraumes

Die Funktionsliste gibt einen Überblick, welche Busgeräte zu einer bestimmten Gruppenadresse gehören.

Erstellen Sie nach dem vorgegebenen Muster im Anhang die Funktionsliste für die EIB-Anlage nach Aufgabe 2.1.1.

2.1.4 Funktionsschema des Schulungsraumes

Fertigen Sie für die EIB-Anlage nach Aufgabe 2.1.1 das Funktionsschema an.

Hinweis: Das Funktionssymbol rechts zeigt einen 2fach Tastsensor mit vier Gruppenadressen.

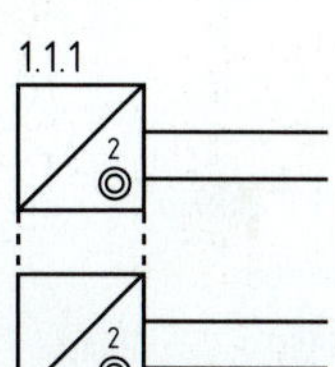

2.1.5 Parkplatzbeleuchtung eines Firmengeländes

Analysieren Sie die Parameterblöcke der EIB-Anlage in folgender Weise.

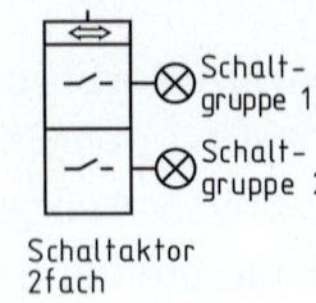

a) Welche Busgeräte werden verwendet?

b) Beschreiben Sie die Gruppenadressen.

c) Erklären Sie die Funktion der EIB-Anlage.

d) Zeichnen Sie das Blockschaltbild.

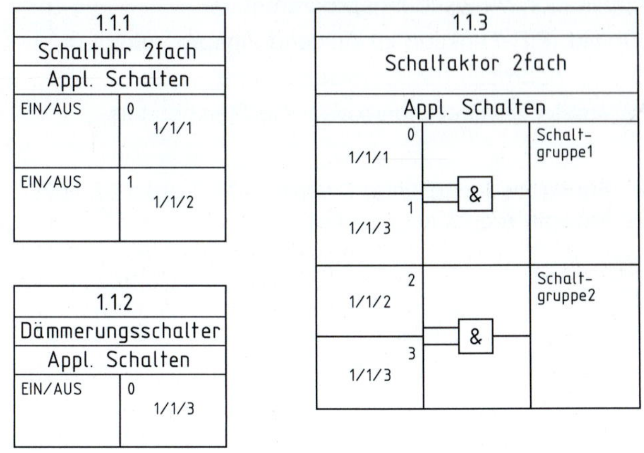

2.1.6 Applikationen

a) Welche Funktionen können in der Applikation mit dem 2fach Tastsensor ausgeführt werden?

b) Welche Aufgabe haben die LEDs in der Standardeinstellung?

c) Welche Funktionen können in der Applikation mit dem Jalousieaktor ausgeführt werden?

d) Wie verhält sich der Aktor bei Busspannungsausfall?

Installationsbus EIB 2fach Tastsensor, UP

Kommunikationsobjekte Schalten Dimmen Jalousie

Nr.	Typ	Objektname	Funktion
0	1bit	Taste links-kurz	Telegr. Schalten
1	1bit	Taste rechts-kurz	Telegr. Lamellen verst./Stopp
2	4bit	Taste links-lang	Telegr. relativ Dimmen
3	1bit	Taste rechts-lang	Telegr. Jalousie Auf-Ab fahren

Parameter

Funktion Taste links	Schalt-Dimmsensor *
	Schaltsensor
Funktion der LED links	LED zeigt Objektwert
	Orientierungslicht (grün)
	Orientierungslicht (rot)
Funktion der LED rechts (Jalousiesensoren)	Orientierungslicht (grün)

*Standardeinstellung

Auszug aus Herstellerunterlagen

Installationsbus EIB 1fach Jalousieaktor, AP

Kommunikationsobjekte Jalousie Nebenstelle Auf

Nr.	Typ	Objektname	Funktion
0	1bit	Ausgang/Nebenstelle	AUF-AB fahren /Telegr. senden
1	1bit	Ausgang/Nebenstelle	Lamellenverst. /Stopp Auf-Ab
2	1bit	Ausgang (Windalarm)	Auf und Bedienung gesperrt

Parameter

Zeit für Einschaltdauer Auf/Ab	2min/.../5min*/.../20min
Zeit für Einschaltdauer Lamellenverstellung	136ms/.../528ms*/.../1304ms
Verhalten bei Busspannungsausfall	Jalousie Auf

*Standardeinstellung

Auszug aus Herstellerunterlagen

Im nebenstehenden Plan ist die Buslinie des Anwendungsbeispiels von Seite 30 blau eingezeichnet. Zusätzlich sind die Gruppenadressen der Teilnehmer sowie die Energieleitung eingetragen.

Der Elektroinstallateur soll die Beleuchtungsanlage installieren.

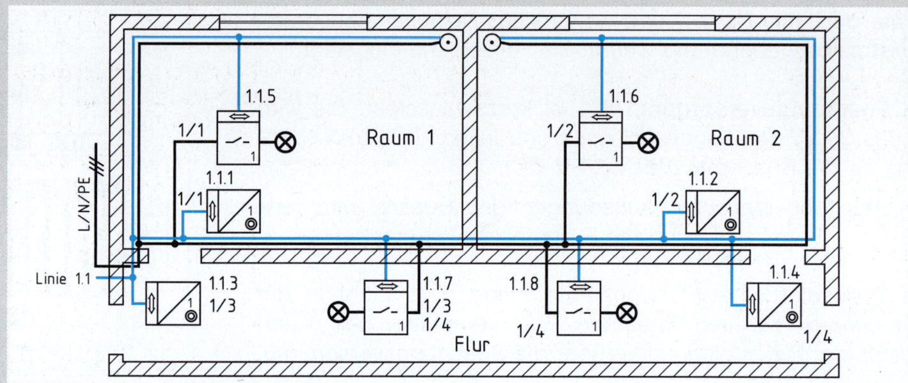

Zur späteren Nutzung werden die Bus- und Energieleitung im Fensterbereich schon mitverlegt. Dabei gelten für die EIB-Anlage als Steuerteil dieselben Installationsbedingungen wie für den Leistungsteil der elektrischen Anlage. Die Busleitung wird ohne Abstand gemeinsam mit der Energieleitung verlegt und mit Kleinspannung **SELV** 24V DC betrieben.

Jede Buslinie (Abb.1) besitzt als Basisgeräte eine **Spannungsversorgung** ①, eine **Drossel** ② und einen **Busverbinder** ③ (meist nicht dargestellt).

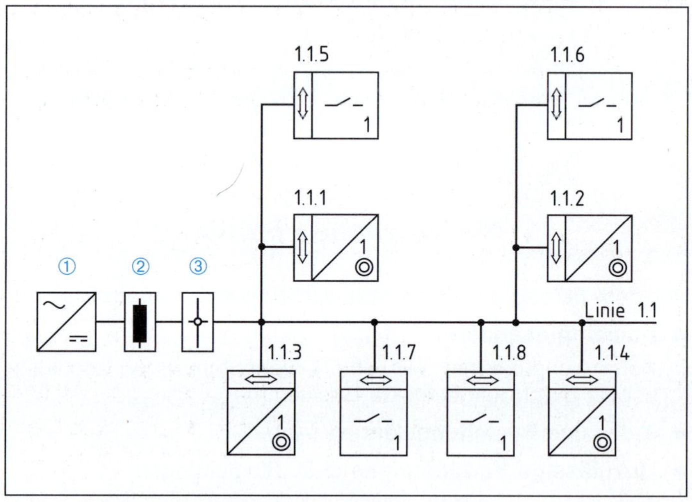

Abb.1: Buslinie mit EIB-Symbolen

Bus installieren

Installationsdosen (Abb. 2a)

Bus- und Energieleitungen dürfen mit losen Klemmen in derselben Installationsdose verlegt werden, wenn die Dose einen Trennsteg hat. Anderfalls sind für Bus- und Energieleitungen getrennte Installationsdosen zu setzen.

Busleitung (Abb. 2b)

Als zulässige Busleitung wird eine vierdrähtige, abgeschirmte Mantelleitung verlegt. Der EIB- benötigt davon nur die rote (+) und die schwarze Ader (-). Hierüber werden die Busgeräte mit Gleichspannung versorgt und gleichzeitig die Informationen übertragen. Das zweite Adernpaar dient als Reserve.

Die **Busklemme** (Abb. 2c) verbindet die Busleitungen und kann zusätzlich auf den Busankoppler aufgesteckt werden.

Die Abschirmungen und die Beidrähte im Leitungszug dürfen nicht miteinander verbunden und nicht geerdet werden.

Stromkreisverteiler

Die Bus- und Energieleitungen sowie die zugehörigen Reiheneinbaugeräte (REG) dürfen in Verteilern nebeneinander installiert werden. Bei nur einem Feld sollten die Busgeräte im unteren Teil montiert, sonst in getrennten Feldern angeordnet werden (Übersicht, Erwärmung). Dabei ist zu beachten:

- Busleitungen dürfen ohne Abstand zu isolierten Adern von Energiemantelleitungen (z.B. NYM) verlegt werden.
- Isolierte Adern von Busleitungen jedoch müssen mit Abstand (≥ 4 mm) zu Energiemantelleitungen verlegt werden.
- Isolierte Adern von Bus- und Energieleitungen müssen ebenfalls mit Abstand (≥ 4 mm) zueinander verlegt werden oder eine gleichwertige Isolation durch Trennsteg oder Isolierschlauch auf den Adern der Busleitung haben.

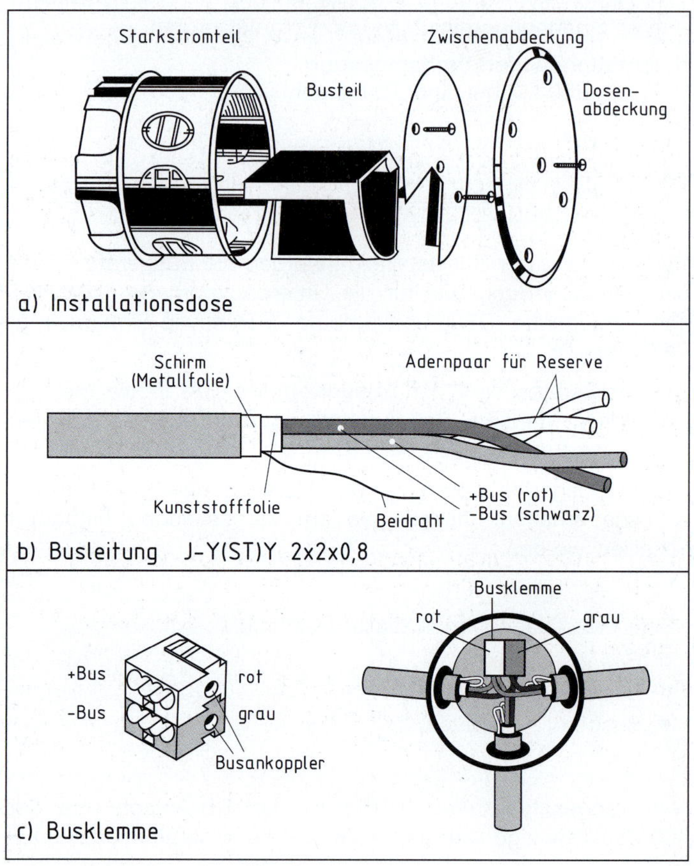

Abb. 2: Material für die Businstallation

2.2 Installation des EIB

Die **Datenschiene** verbindet im Stromkreisverteiler die Basisgeräte der Linie (Abb. 1) und weitere EIB-Reiheneinbaugeräte. Sie ist selbstklebend und wird in die Hutschiene eingelegt.

Die **Spannungsversorgung** (SV) ist kurzschlussfest. Sie wird an das 230-V-Netz angeschlossen und liefert die Gleichspannung für die Busgeräte (SELV 24-V-DC).

Zur Ableitung statischer Aufladungen des Busses wird jede EIB-Spannungsversorgung mit Erdpotenzial (PE) verbunden.

Die **Drossel** (DR) wird daneben montiert (falls nicht in der Spannungsversorgung integriert). Sie verhindert den Kurzschluss der Datentelegramme über die Spannungsversorgung.

Der **Verbinder** (V) stellt den Anschluss zum EIB-Bus und bei Bedarf zu weiteren Datenschienen her.

Datenschienen niemals verändern oder kürzen. Freiliegende Strecken stets mit zugehörigen Abdeckstreifen schützen.

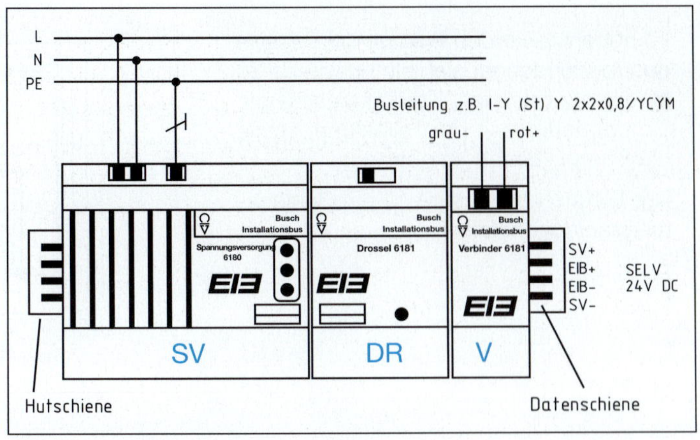

Abb. 1: Basisgeräte der EIB-Anlage

Busleitungslänge (Summe aller Teillängen)	max. 1000 m
Abstand zwischen SV, DR und TLN	max. 350 m
Abstand zwischen erster SV, DR und zweiter SV, DR	min. 200 m
Abstand zwischen TLN und TLN	max. 700 m

Abb. 2: Zulässige Busleitungslängen in einer Linie

Businstallation prüfen

Vor dem Einbau der Busgeräte wird Folgendes kontrolliert.

- **Busleitungsenden**
  Kennzeichnung mit EIB und Liniennummer; Kurzschlussschutz durch aufgesteckte Busklemme
- **Zulässige Busleitungslängen** (Abb. 2)
- **Unzulässige Verbindungen** (z. B. Ringleitungen)
- **Durchgang und Polarität**
  Spannungsversorgung anschließen und an allen Busklemmen Spannung (min. 21 V) und Polarität prüfen.
- **Isolationswiderstandsmessung**
  $R_{ISO} \geq 250$ kΩ bei einer Prüfspannung von 250 V DC.

Busgeräte einbauen

Nach Prüfung der Businstallation werden die Busgeräte eingebaut. Es gibt Busgeräte für die Unterputzmontage (UP), Reiheneinbaugeräte (REG) und Aufputz- (AP) sowie Einbaugeräte (EB) (Abb. 3).

Bei UP-Geräten wird der **Busankoppler** (BA) in die Installationsdosen montiert. Das **Anwendungsmodul** (AM), z. B. ein Taster, wird später nach der EIB-Inbetriebnahme aufgesteckt.

Haben Busgeräte schon vor der Montage eine physikalische Adresse erhalten, müssen sie am vorgesehenen Einbauort installiert werden.

Eine EIB-Anlage wird in dieser Reihenfolge errichtet:
- Bus installieren
- Businstallation prüfen
- Busgeräte einbauen

Nach abgeschlossener Installation der EIB-Anlage und der 400/230-V-Anlage werden die Busgeräte programmiert.

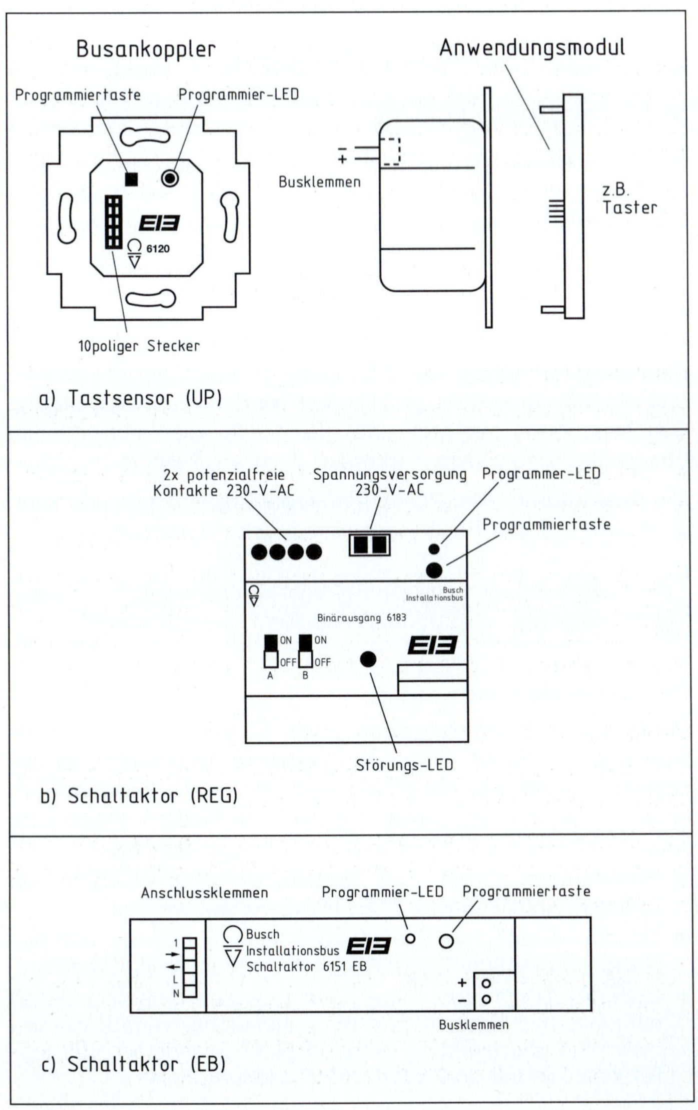

Abb. 3: Sensoren und Aktoren

Die EIB-Anlage des Verwaltungsgebäudes im Anwendungsbeispiel S. 30 soll auf zwei Linien erweitert werden: Linie 1.1 für das Erdgeschoss und Linie 1.2 für das Obergeschoss.

Für das Gebäude sind eine zentrale Heizungsregelung und eine zentrale Rollladensteuerung vorgesehen. Deshalb müssen die betreffenden Busgeräte Datentelegramme zwischen beiden Linien austauschen können.

Ein Elektroinstallateur erhält den Auftrag, die notwendigen Erweiterungen im Stromkreisverteiler vorzunehmen.

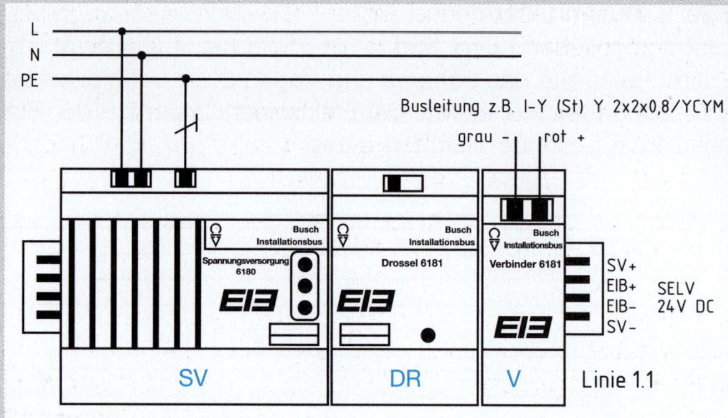

In Abb.1 sind Linie 1.1 ① und Linie 1.2 ② mit Hilfe ihrer Linienkoppler (LK) ④ über die Hauptlinie ③ miteinander verbunden. Die Hauptlinie ist die übergeordnete Linie 1.0. Linie 1.1 und 1.2 sind untergeordnete Linien.
Jede Linie hat ihre eigene Spannungsversorgung und ist von den anderen Linien durch einen Linienkoppler galvanisch getrennt. Durch diesen Aufbau arbeitet selbst bei Ausfall einer Linie die verbleibende EIB-Anlage weiter.

Spannungsversorgung der Linien

Linie 1 hat eine Spannungversorgung (SV) und eine separate Drossel (DR). Linie 2 hat eine Spannungsversorgung mit zwei Ausgängen. Der erste Ausgang besitzt eine integrierte Drossel (SV/DR) und versorgt die Linie. Der zweite Spannungsausgang (SV) ist ohne Drossel. Damit wird über einen Vierfachverbinder ⑤ die Hauptlinie (Linie 1.0) gespeist. Diese benötigt dann nur eine Drossel ⑥.

☺ Spannungsversorgungen mit integrierter Drossel und zwei Ausgängen können mehr als 50 Teilnehmer versorgen (I = 640 mA).

Linienkoppler (Abb. 2a)

Jede untergeordnete Linie benötigt einen Linienkoppler. Dieser soll:

- untergeordnete Linien an die übergeordnete Linie koppeln,
- Linien galvanisch voneinander trennen und
- nur bestimmte Telegramme an andere Linien weiterleiten.

Die Federkontakte des Linienkopplers sind mit der untergeordneten Linie verbunden. Die Verbindung zur Hauptlinie wird mit einer Busleitung zwischen den Busklemmen des Linienkopplers und einem Verbinder der Hauptlinie hergestellt.

Verbinder (Abb. 2b)

Der 1fach-Verbinder verbindet die Busleitung mit den entsprechenden Leiterbahnen der Datenschiene.

Der 4fach-Verbinder verbindet Datenschienen untereinander. Er hat vier Klemmenpaare, zwei für die Busleitungen und zwei für die Spannungsversorgung.

Bis zu 15 EIB-Linien lassen sich mit Hilfe ihrer Linienkoppler über eine Hauptlinie zu einem **EIB-Bereich** verbinden.

Zur Kennzeichnung einer Linie wird der Liniennummer durch Punkt getrennt die Bereichsnummer vorangestellt.

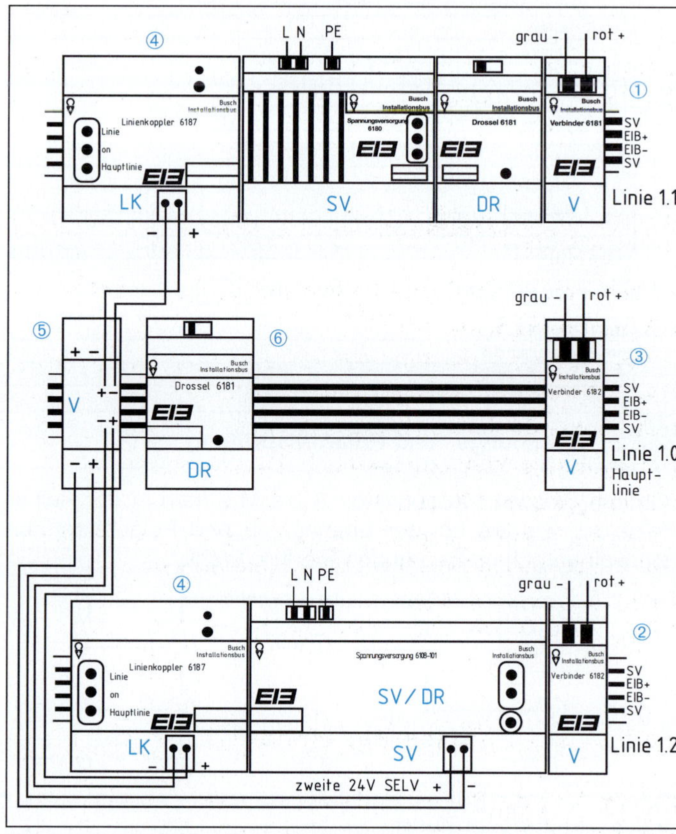

Abb.1: EIB-Anlage mit zwei Linien

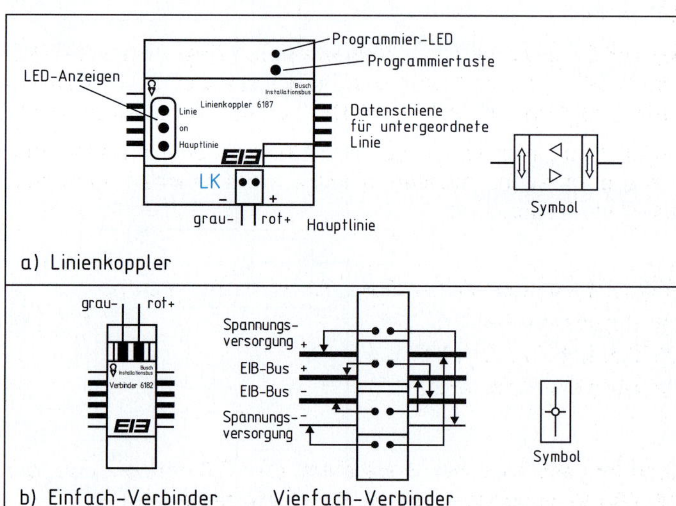

Abb. 2: Linienkoppler und Verbinder

2.2.1 Businstallation

Übernehmen Sie das Schema und tragen Sie zu den einzelnen Arbeitsschritten ein, worauf der Elektroinstallateur bei der Businstallation besonders achten muss.

Installationsdosen setzen
- Ausführung: mit Trennsteg oder getrennte Dosen.
- Unterputzkombination:

Busleitung verlegen
- Ende:
- Freie Enden:

Basisgeräte installieren
- Schutzleiter
- Datenschiene

Businstallation prüfen:

Basisgeräte montieren
- Busankoppler
- Anwendungsmodul

2.2.2 Spannungs- und Polaritätsprüfung

Ordnen Sie den Messpunkten A bis M Ziffern in der Reihenfolge zu, wie Sie bei der Spannungs- und Polaritätsprüfung sinnvoll vorgehen. Begründen Sie Ihre Wahl.

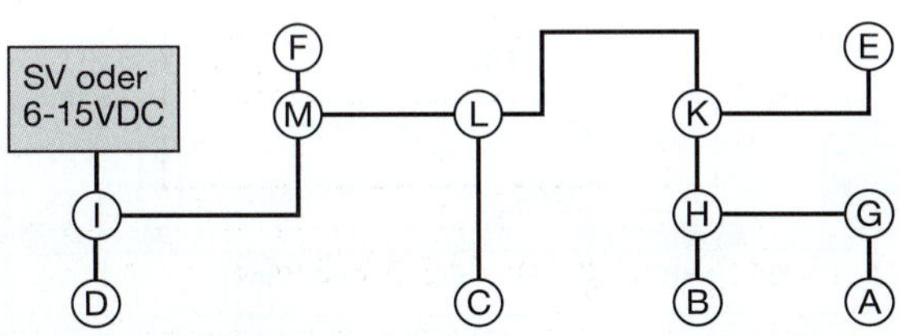

2.2.3 Leitungsprüfung

a) Prüfen Sie die Zulässigkeit aller Leitungsverbindungen

b) Überprüfen Sie die Leitungslängen für eine störungsfreie Arbeitsweise der EIB-Anlage.

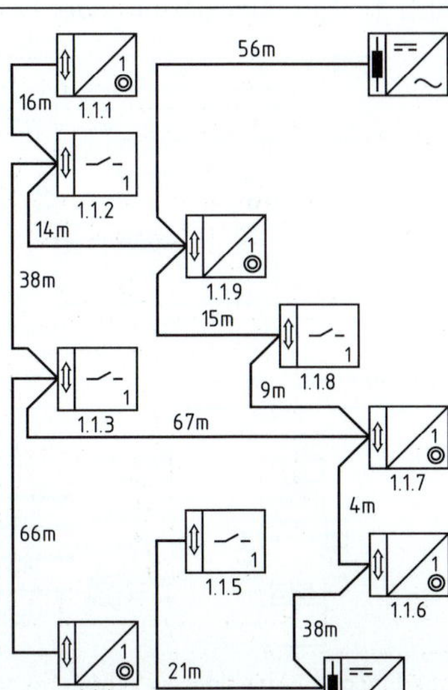

2.2.4 Nutzungsänderung

Im Anwendungsbeispiel von S. 33 wird die Trennwand zwischen Raum 1 und Raum 2 entfernt und die EIB-Anlage wie folgt geändert:

1. Die Jalousien sollen mit den Tastsensoren auf der gegenüberliegenden Wand getrennt gesteuert werden.
2. Die Leuchten können wie bisher mit den zugeordneten Tastern getrennt, aber auch mit jedem Taster gemeinsam geschaltet werden.

a) Erläutern Sie mit Hilfe des Auszugs aus Herstellerunterlagen die notwendigen Änderungen der EIB-Anlage.

b) Erstellen Sie die geänderte Geräteliste.

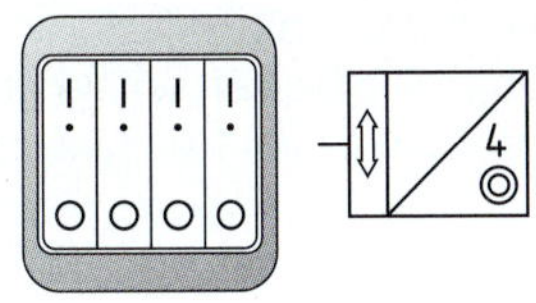

Installationsbus EIB
4fach Tastsensor, UP

Auszug aus Herstellerunterlagen

Anwendungsprogramme	Anzahl Kommunikationsobjekte
Schalten LED	8
Schalten Dimmen	8
Schalten Jalousie	8
Schalten Jalousie LED	8
Schalten Dimmen Jalousie	8
Schalten Flanke Flexible Zuordnung	8
Wert (EIS 6) LED	8
Schalten Dimmen LED	8

Kommunikationsobjekte Schalten Dimmen Jalousie

Nr	Typ	Objektname	Objektname
0	1 bit	Taste links-kurz	Telegr. Schalten
1	1 bit	Taste mitte links-kurz	Telegr. Schalten
2	1 bit	Taste mitte rechts-kurz	Telegr. Lamellen verst./Stopp
3	1 bit	Taste rechts kurz	Telegr. Lamellen verst./Stopp
4	4 bit	Taste links-lang	Telegr. relativ Dimmen
5	4 bit	Taste mitte links-lang	Telegr. relativ Dimmen
6	1 bit	Taste mitte rechts-lang	Telegr. Jalousie Auf-Ab fahren
7	1 bit	Taste rechts-lang	Telegr. Jalousie Auf-Ab fahren

Parameter

Funktion Taste links	Schalt-Dimmsensor* Schaltsensor
Funktion Taste mitte-links	Schalt-Dimmsensor* Schaltsensor
Funktion der LED links und mitte links	LED zeigt Objektwert* Orientierungslicht (grün) Orientierungslicht (rot)
Funktion der LED mitte rechts und	Orientierungslicht (grün)*

*Standardeinstellung

2.2.5 Drei EIB-Linien

Drei EIB-Linien sollen wie dargestellt im Stromkreisverteiler miteinander verbunden werden. Zur Spannungsversorgung stehen drei Geräte mit integrierter Drossel zur Verfügung.

Zeichnen Sie den Geräteverdrahtungsplan mit vereinfachten Blocksymbolen.

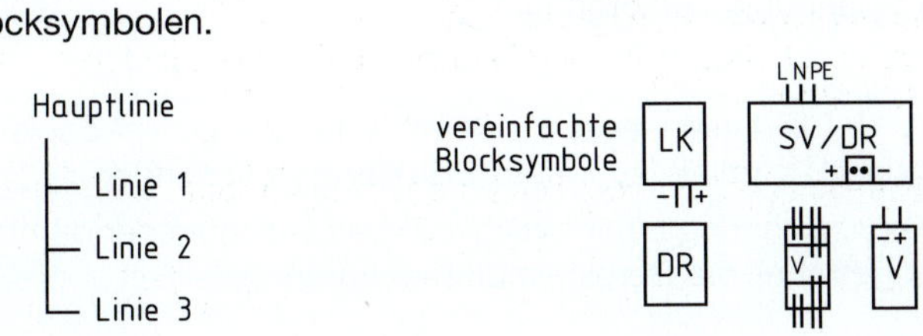

Für die Anbindung an das weltweite Telekommunikationsnetz wird in Deutschland ein normierter Anschluss mit der Bezeichnung **T**elekommunikations-**A**nschluss-**E**inheit (**TAE**, DIN 41715) verwendet. Die TAE-Anschlussdose (Abb. 1) ermöglicht den Zugang für die Schnittstelle zwischen dem Betreibernetz und den verschiedenen Geräten der Anwender.

Zulassungszeichen für Geräte	
Bundesrepublik Deutschland	Europäische Union
B Z T A999 999N	CE 0188 X

TAE-Schnittstelle

An TAE-Anschlussdosen dürfen zugelassene Endgeräte (z.B. Telefon, FAX) von jeder Person angeschlossen werden.

Die Zulassung für Geräte erteilt in Deutschland das Bundesamt für Zulassung in der Telekommunikation (**BZT**).

Erweiterungen (Nachinstallationen) sind von Fachkräften aus der Berufsgruppe Elektrotechnik und Nachrichtentechnik vorzunehmen.

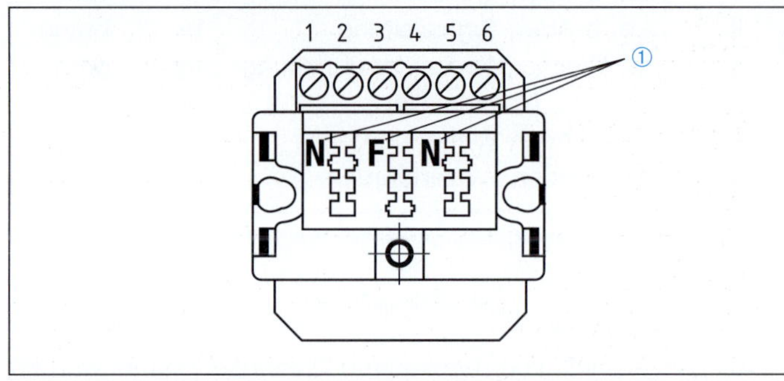

Abb. 1: TAE-Anschlussdose 3 x 6NFN (geöffnet)

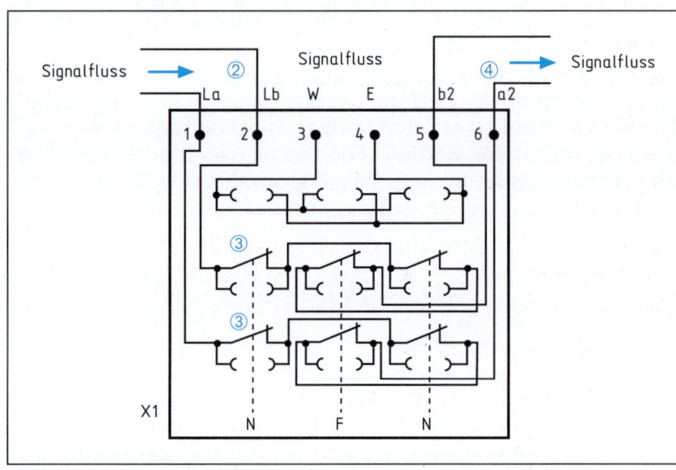

Abb. 2: Innenschaltung der TAE 3 x 6NFN

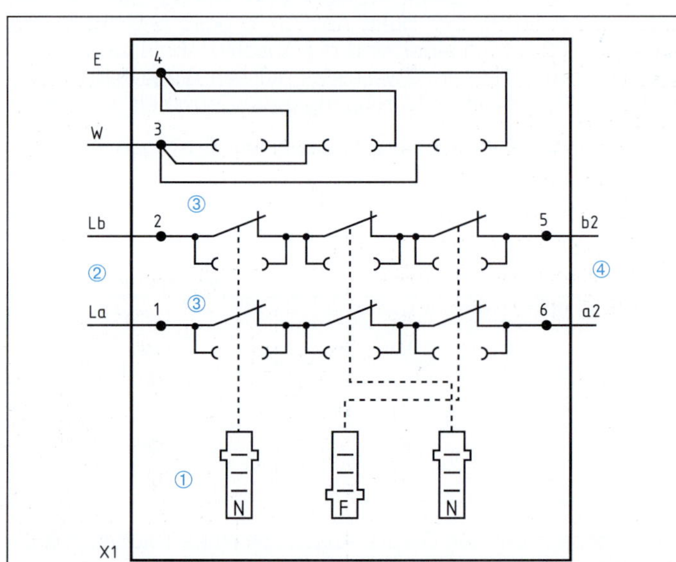

Abb. 3: Stromlaufplan der TAE 3 x 6NFN

TAE-Anschlussdose

Häufig anzutreffen sind TAE-Anschlussdosen mit einer **NFN-codierten** Einsteckmöglichkeit. Diese Codierung hat folgende Bedeutung:

- **N**: **N**icht-Fernsprechbetrieb,
  z.B.: Anrufbeantworter, Faxgerät, Modem.
- **F**: **F**ernsprechbetrieb,
  z.B.: Telefon, mit Zusatzgeräten kombinierte Telefone.

Die in Abb. 1 dargestellte TAE-Dose enthält drei Schaltbuchsen, die mit N, F und N ① bezeichnet werden. Wie die Innenschaltung in Abb. 2 zeigt, besitzt jede Schaltbuchse 6 Kontakte. Die Dose hat deshalb auch die Bezeichnung **TAE 3 x 6NFN**. Das zu übertragende Signal gelangt über die Leitung La (a-Ader) und Lb (b-Ader) ② an die Anschlüsse 1 und 2.

Wenn kein Stecker eingesteckt ist, kann das ankommende Signal über die geschlossenen Schalter ③ an die Anschlüsse 5 und 6 und an die weiterführenden Leitungen (b2 und a2) ④ gelangen. Die Schaltung ist so ausgeführt, daß die Übertragungssignale zuerst die linke N-Buchse, dann die rechte N-Buchse und am Ende die mittlere F-Buchse durchlaufen. Die F-Buchse für das Telefon liegt also immer signalmäßig „hinter" der letzten N-Buchse.

☺ Im Ruhezustand liegen an La −60 V und an Lb Erdpotenzial.

Aus dem aufgelösten Stromlaufplan von Abb. 3 wird deutlich, dass durch jeden eingesteckten Stecker die weiterführenden Leitungen a2 und b2 abgeschaltet werden. Soll das Empfangssignal trotzdem weitergegeben werden, muss es innerhalb der angeschlossenen Geräte durchgeschaltet werden (z.B. wie beim Anrufbeantworter).

Diese Anordnung der Schaltbuchsen verhindert, dass Telefone parallel geschaltet werden können. Ein Parallelschalten von Telefonen ist nicht erlaubt, weil dadurch

- Vermittlungsstellen überlastet,
- fremde Gespräche mitgehört oder
- zusätzliche Leistungen (Konferenzschaltung) erschlichen werden könnten.

Das Parallelschalten von Telefonen ist untersagt.

TAE-Stecker

Die Stecker (DIN 41715) haben entsprechend den Buchsen versetzte Kunststoffprofile mit maximal 6 Kontakten (Abb.1). Da nicht immer alle Kontakte benötigt werden, fehlen sie oft bei bestimmten Geräten. Die Kontakte 3 und 4 werden selten benötigt.

Die Kontaktnummern und die Leiterfarben haben oft folgende Bedeutung:

Kontakt	Bedeutung der Anschlüsse	Farbe	
1	La, a-Ader, Signalleitung	ws	weiß
2	Lb, b-Ader, Signalleitung	br	braun
3	W, Wecker,Wecker-zwei-Leitung	(gr)	grün
4	E, Erde, Nebenstelle	ge	gelb
5	b2, b-Ader, Weiterführung	(br)	braun
6	a2, a-Ader, Weiterführung	gn	grün

Telefonkabel

Für die Installation von Telekommunikations-Geräten werden spezielle Kabel verwendet. Der typische Aderdurchmesser beträgt 0,6 mm. Damit zwischen den Leitungen aufgrund der vorhandenen Kapazitäten (Abb. 2a) die Störungen (Übersprechen) möglichst gering bleiben, werden immer zwei Doppeladern miteinander verdreht (verseilt, Abb. 2b). Die kleinste Einheit eines Telefonkabels besteht deshalb aus zwei Doppeladern (Sternvierer, Abb. 2). Mit ihm können maximal zwei Telefonanschlüsse geschaltet werden. Für ordnungsgemäßes Anschließen verfügen die Adern über eine **Ringcodierung.** Es sind aber auch verschiedenfarbige Leitungen möglich (s.Tabelle).

Geräteanschluss

Neben den in Deutschland verwendeten TAE-Steckern für die Anschlussdosen werden in zunehmendem Maße für die Anschlüsse an den Geräten **Western-Steckverbinder** (Western-Union) verwendet. Sie sind einfacher aufgebaut und die Buchsen verfügen über keine Schaltkontakte. Parallelschaltungen von Telefonen werden durch diese Stecker somit nicht automatisch verhindert. Die Steckverbinder sind 4-polig (Stecker sind 9,65 mm bzw. 7,65 mm breit, Abb. 3), 6-polig (9,65 mm) und 8-polig (11,68 mm). Leider sind die Anschlussbelegungen mitunter unterschiedlich. Im Zweifelsfall müssen die jeweiligen Anschlüsse z.B. mit einem Durchgangsprüfer ermittelt werden.

Beispiel für die Kontaktbelegung bei einem 6-poligen Western-Stecker:

Kontakt	Anschlussbelegung	
	USA	Deutschland
1	b2	La
2	W	Lb
3	La	W
4	Lb	E
5	E	b2
6	a2	a2

Abb.3 verdeutlicht den Geräte-Anschluss eines Telefons mit einer Western-Steckverbindung (4-polig), die Zuleitung mit einem TAE-Stecker sowie die TAE-Steckdose.

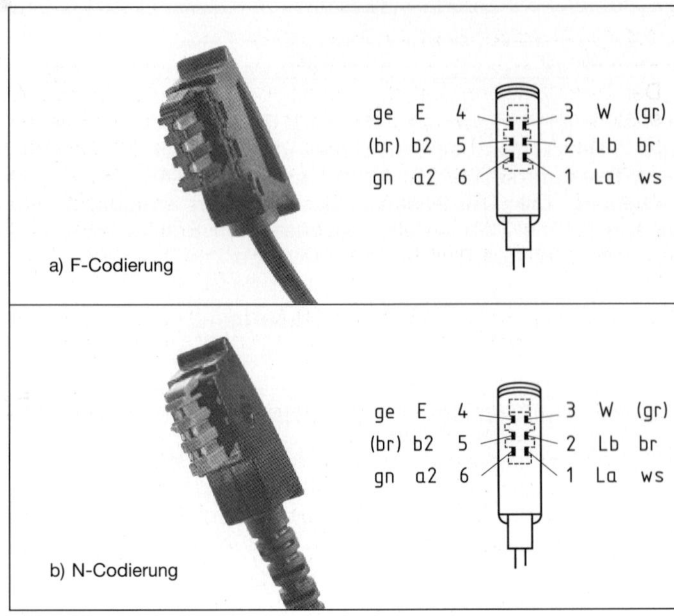

Abb.1: TAE-Stecker

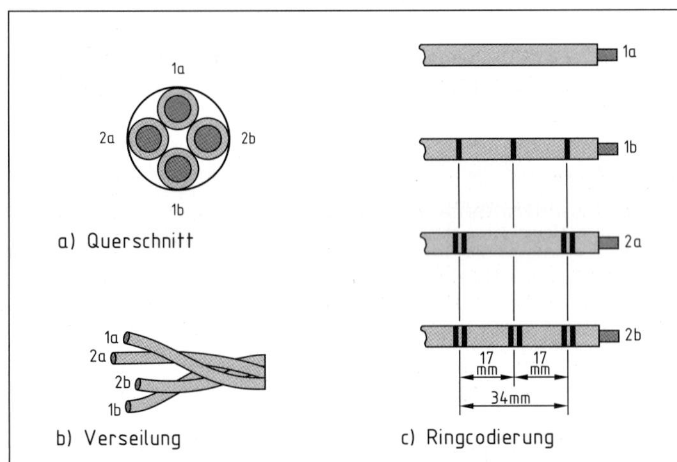

Abb. 2: Telefonkabel (Sternvierer)

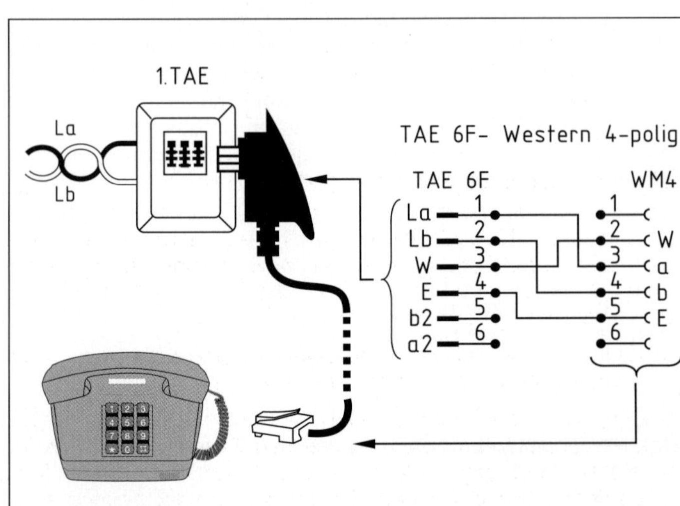

Abb. 3: Western- und TAE-Steckverbindung

3.1.1 Passiver Prüfabschluss (PPA)

Der Betreiber des Telekommunikationsnetzes hat in jede Abschlussdose einen passiven Prüfabschluss (PPA) eingebaut. Es handelt sich hierbei um eine Reihenschaltung aus einem 470 kΩ Widerstand mit einer in Sperrichtung betriebenen Diode zwischen den Anschlüssen 1 und 2 der TAE 3 x 6NFN. Durch diese Maßnahme lassen sich vom Netzbetreiber auch dann Fehlerquellen ermitteln, wenn keine Geräte angeschlossen sind.

a) Zeichnen Sie den Stromlaufplan einer TAE 3 x 6NFN mit PPA und geben Sie darin die Richtung der Netzspannung an.

b) Überprüfen Sie den PPA mit einem Widerstandsmessgerät an einer nicht belegten Dose.
Welches Messergebnis ist zu erwarten, wenn
1. an La der Pluspol des Messgerätes und
2. an La der Minuspol des Messgerätes liegt?

c) Vom Netzbetreiber werden die unter b) aufgeführten Messungen von der Vermittlungsstelle aus durchgeführt. Bei beiden Polaritäten des Messgerätes werden unendlich große Widerstände gemessen. Welche Fehlerquellen können vorliegen?

d) Was würde der Netzbetreiber bei einer Widerstandsmessung feststellen, wenn in einer Abschlussdose die Leitungen La und Lb vertauscht sind?

3.1.2 Zusätzliches Rufgerät für das Telefon

An die TAE 3 x 6NFN ist ein zusätzliches Rufgerät angeschlossen.

a) Analysieren Sie die Schaltung, wenn das Rufsignal ankommt und kein Telefon eingesteckt ist. Geben Sie hierfür den Betriebszustand des Rufgerätes an.

b) Beschreiben Sie die Arbeitsweise der Schaltung, wenn ein Telefon eingesteckt ist und ein Rufsignal ankommt.

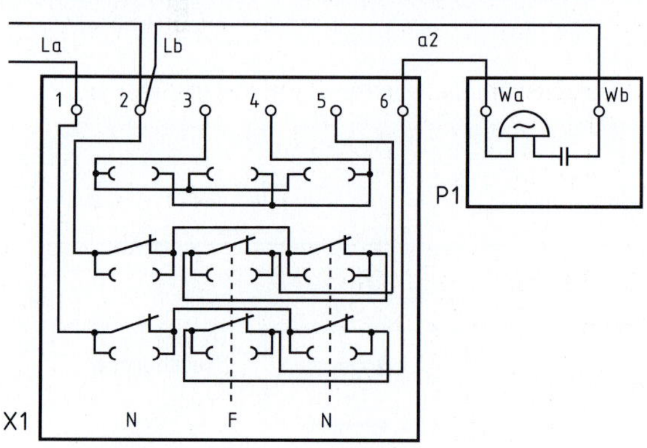

3.1.3 Anschluss eines Faxgerätes

In einer TAE 6N steckt ein Faxgerät (N-Codierung). Von dieser Dose wird das Signal an eine TAE 6F über eine Leitung weitergegeben. Beim Stecker des Faxgerätes sind die Anschlüsse 1, 2, 5 und 6 belegt und beim Telefon 1 und 2.

a) Zeichnen Sie den Stromlaufplan für beide Dosen, wenn das Faxgerät und das Telefon eingesteckt sind.

b) Durch die schaltungstechnischen Maßnahmen in den Dosen und durch den inneren Aufbau des Faxgerätes ist gewährleistet, dass das Telefon jederzeit genutzt werden kann. Zeichnen Sie dafür den Signalfluss für das Telefon durch das Faxgerät ergänzend in den Stromlaufplan von a).

3.1.4 Zusatzwecker und Telefon mit W-Ader

Der Zusatzwecker P1 und das eingesteckte Telefon befinden sich in getrennten Räumen und sind entsprechend dem Stromlaufplan verschaltet.

a) Beschreiben Sie den Signalweg bei eingehendem Rufsignal.

b) Was wird über die W-Leitung bewirkt? Kennzeichnen Sie den Signalfluss in der Schaltung.

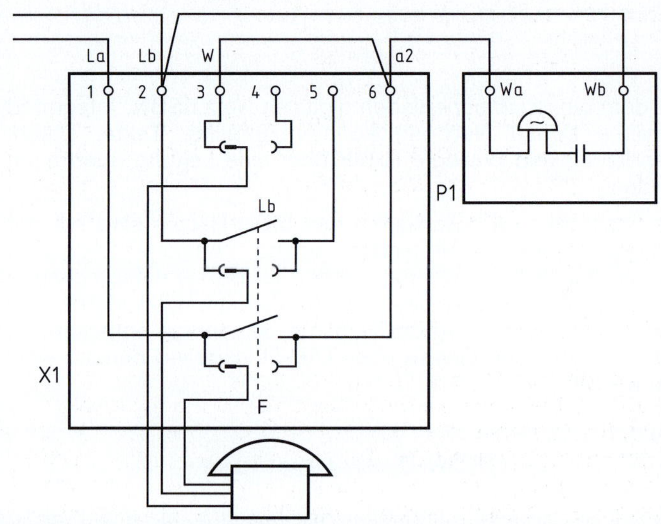

3.1.5 Anrufbeantworter

Automatische Telefonanrufbeantworter sind in der Lage,

- die Rufnummer zu erkennen (Ruferkennung),
- wenn der Telefonhörer abgehoben ist, den Stromfluss durch das Telefon zu erkennen (Schleifenstromerkennung) und
- die Ansage nach einem Signalton aufzuzeichnen.

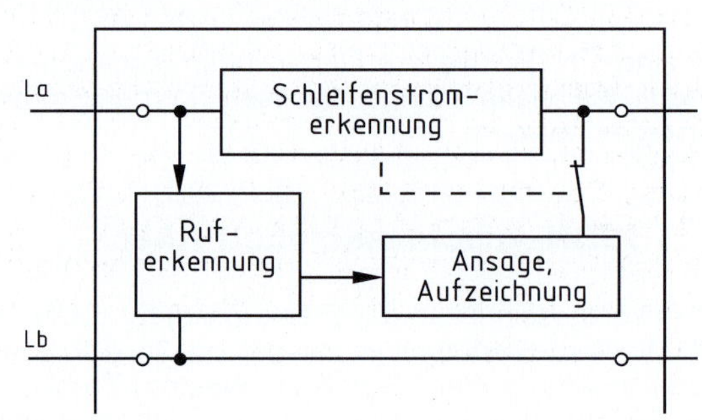

Prinzip eines Anrufbeantworters

Dieser Anrufbeantworter soll an eine bereits vorhandene TAE 6F angeschlossen werden.

a) Zeichnen Sie den Stromlaufplan einer TAE 6F bei eingestecktem Telefon.

b) An welche Anschlüsse der TAE 6F müsste der Anrufbeantworter angeschlossen werden?
Zeichnen Sie die prizipielle Anschlussmöglichkeit und begründen Sie.

c) Der Anrufbeantworter ist mit einem TAE-Stecker in N-Codierung versehen und soll mit einem Telefon an einer TAE-3 x 6NFN betrieben werden. Zeichnen Sie den Stromlaufplan.

Anwendungsbeispiel • Anwendungsbeispiel • Anwendungsbeispiel • Anwendungsbeispiel • Anwendungsbeispiel

An einen vorhandenen ISDN-Anschluss (NTBA) in einem Wohnraum sollen über getrennte Steckdosen ein weiteres ISDN-Telefon (X1) und ein PC (X2) angeschlossen werden.

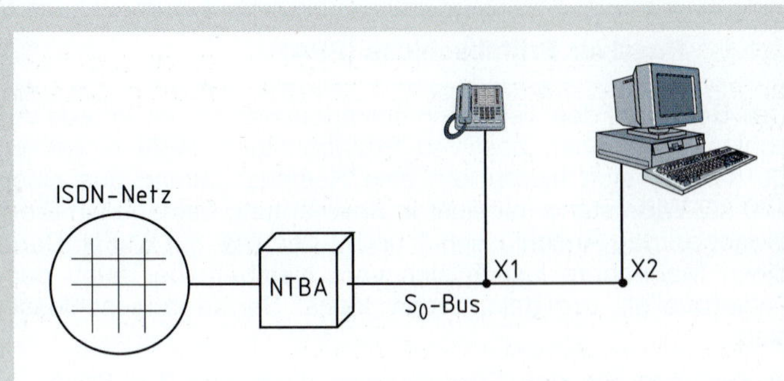

Mit dem diensteintegrierenden digitalen Netz (**ISDN**: **I**ntegrated **S**ervices **D**igital **N**etwork) können Sprache, Texte, Daten, Standbilder und bewegte Bilder über eine Leitung übertragen werden.

Die besonderen Möglichkeiten des ISDN-Netzes sind nur mit entsprechenden ISDN-Geräten nutzbar. Analoge Endgeräte können nur dann verwendet werden, wenn sie entsprechende Adapter (a/b-Adapter) besitzen. In Vermittlungseinrichtungen sind die a/b-Adapter in der Regel in der Anlage enthalten, so dass die analogen Geräte über TAE-Steckdosen benutzt werden können.

ISDN-Basisanschluss

Die kleinste Ausführung eines ISDN-Anschlusses ist der ISDN-Basisanschluss. Vom Netzbetreiber wird dafür ein Netzabschlusskasten (**NTBA: N**etwork-**T**erminator ①, Netzabschlussgerät für ISD-**Ba**sisanschluss) mit Anschlussdosen ② (Western-Steckverbindung) für ISDN-Geräte installiert (Abb. 1). Der Netzabschluss besitzt eine eigene Stromversorgung ③. Durch sie wird bei einem lokalen Stromausfall ein ISDN-Gerät notgespeist.

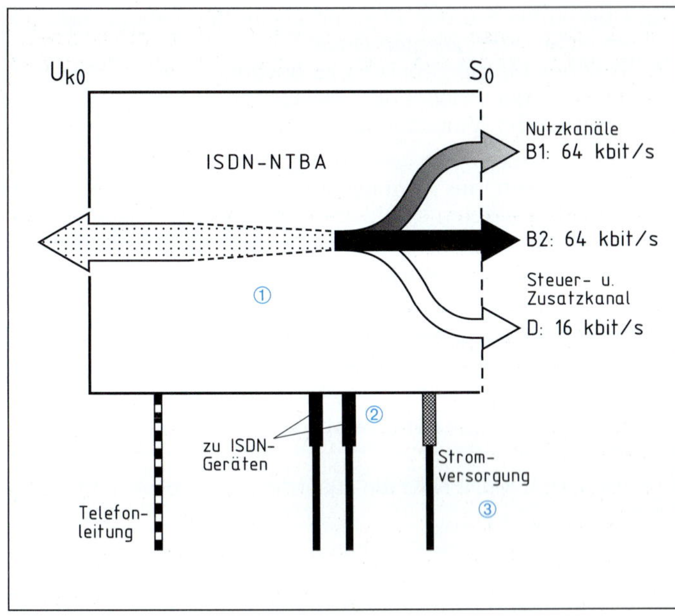

Abb. 1: Signalfluss in einem NTBA

Die netzseitige Schnittstelle wird mit U_{k0}- und die auf der Benutzerseite liegende mit S_0-Schnittstelle bezeichnet.

Sollen an einem NTBA weitere Geräte über Steckdosen (**IAE**: **I**SDN-**A**nschluss**e**inheiten) angeschlossen werden, muss der S_0-Bus erweitert werden.

ISDN-Anschlusseinheit (IAE)

Die ISDN-Anschlusseinheiten (S_0-Steckdosen) für ISDN-Geräte werden in Western-Stecktechnik ausgeführt. In Abb. 2 ist die Verdrahtung innerhalb einer 8-poligen Western-Steckdose ④ dargestellt (IAE 8). Nur die vier mittleren Anschlüsse sind belegt.

Der S_0-Bus benötigt für die beiden Übertragungsrichtungen jeweils eine Kupferdoppelader (vierdrähtiges Kabel, Sternvierer). Beispiel von Leitungsbezeichnungen:

J-Y(St)Y 2x2x0,6 Lg; A-2Y(St)2Y 2x2x0,6 St III Bd;
J-2Y(St)Y 2x2x0,6 St III Bd.

Eine IAE besitzt somit vier Anschlussklemmen, die mit den Kontakten der Western-Buchse in Verbindung stehen. Die Anschlüsse müssen wie folgt belegt werden:

- 1a und 1b: Sendeadern
- 2a und 2b: Empfangsadern

Für die Leitungsverlegung vom NTBA aus muss die Busstruktur eingehalten werden.

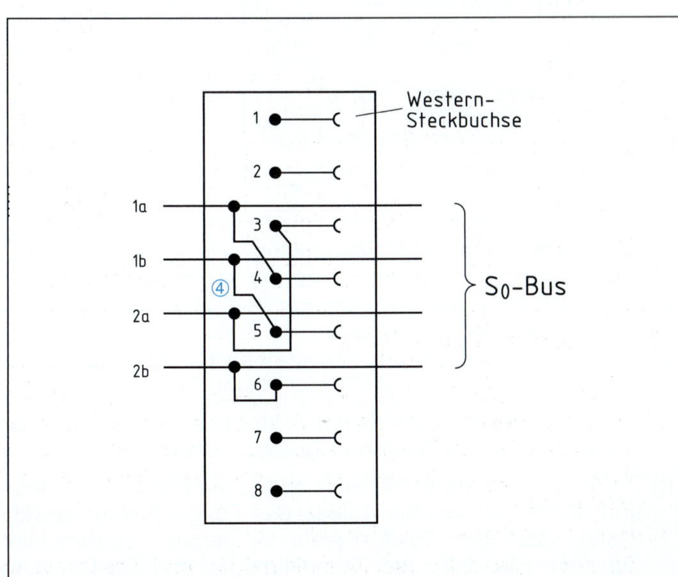

Abb. 2: IAE 8

Anwendungsbeispiel • Anwendungsbeispiel • Anwendungsbeispiel • Anwendungsbeispiel • Anwendungsbeispiel

Für den ISDN-Basisanschluss gilt:

- 12 IAE sind möglich, 8 ISDN-Endgeräte könen gleichzeitig angeschlossen werden, zwei können gleichzeitig betrieben werden.
- Die IAE müssen in Reihe geschaltet werden.
- Die Gesamtlänge des Busses darf 130 m nicht überschreiten.
- Die Anschlussleitung für ein Gerät darf 10 m nicht überschreiten.
- Die Leitung in der letzten IAE muss mit 100 Ω +/-5% ⑤ (Abb. 3) Widerständen abgeschlossen werden.
- An einen NTBA können auch mehrere Busse angeschlossen werden. In diesem Fall muss jeder Bus mit Widerständen abgeschlossen werden.

Abb. 3. zeigt, dass vom NTBA lediglich eine Kupferdoppelader zu den IAEs geführt wird und die letze Dose mit Widerständen abgeschlossen ist.

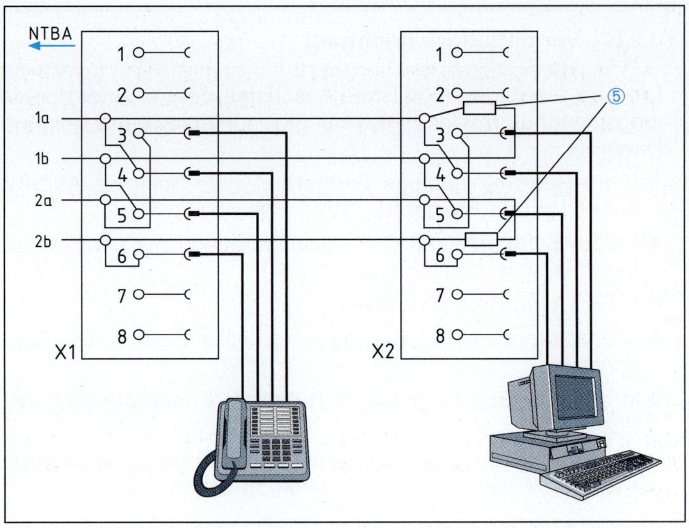

Abb. 3: Erweiterter S_0-Bus um zwei IAE

Aufgaben • Aufgaben • Aufgaben • Aufgaben • Aufgaben • Aufgaben • Aufgaben

3.2.1 Büroetage

Die Geräte in der abgebildeten Büroetage werden über einen NTBA aufgrund einer sonst ungünstigen Leitungsführung von zwei S_0-Bussen gespeist.

a) Benennen Sie die Geräte in der Reihenfolge, wie sie an die jeweiligen Busleitungen angeschlossen sind.

b) Wie viele Geräte können gleichzeitig betrieben werden?

c) Wie viele Widerstände befinden sich in welchen Dosen und wie sind sie angeschlossen?

d) Wie viele ISDN-Geräte können noch zusätzlich angeschlossen werden?

e) Der Raum C soll mit einem PC und einem ISDN-Anschluss versehen werden. Welche Anschlussmöglichkeiten bestehen? Begründen Sie die Vorschläge! Erörtern Sie Vor- und Nachteile! Was ist an der bestehenden Anlage zu verändern?

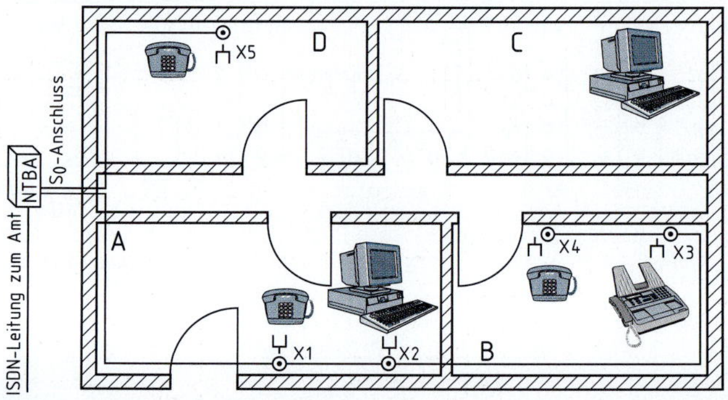

3.2.2 S_0-Bus-Überprüfung

An einem NTBA sind über einen S_0-Bus 8 ISDN-Endgeräte über IAEs angeschlossen. In der Anlage wird ein Isolationsfehler bzw. Anschlussfehler vermutet. Zur Überprüfung ist es erforderlich, die Leitungen bei herausgezogenen Gerätesteckern zu überprüfen.

a) Warum ist dieses erforderlich?

b) Schreiben Sie die verschiedenen möglichen Messergebnisse für einen funktionsfähigen S_0-Bus von dem NTBA aus auf.

3.2.3 Etage eines Wohnhauses

In dem Grundriss einer Etage eines Wohnhauses sollen an den angegebenen Stellen 5 IAEs für ISDN-Endgeräte installiert werden. Es ist ein NTBA mit zwei Ausgängen vorhanden.

a) Geben Sie die Leitungsführung an, wenn ein bzw. zwei Busse verwendet werden. Erörtern Sie Vor- und Nachteile der Leitungswege.

b) Zeichnen Sie eine mögliche Leitungsverlegeart für zwei S_0-Bus-Leitungen.

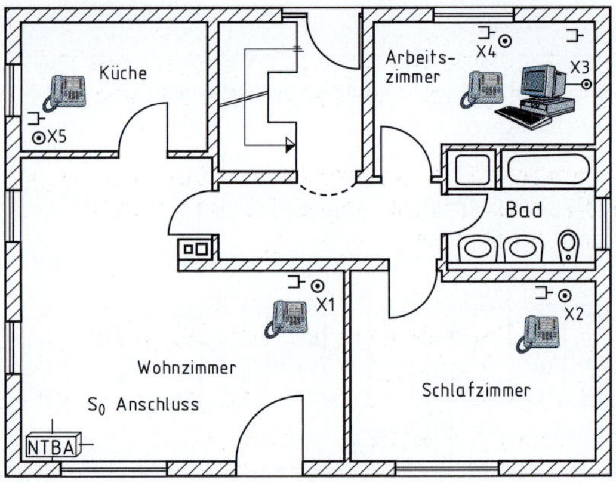

3.2.4 Schaltung einer IAE 2 x 8 (4)

Die Abbildung zeigt die Klemmen für den S_0-Bus sowie die zwei Buchsen für die Stecker von ISDN-Geräten (8-polig mit 4 Buchsenkontakten). Wie sind die Klemmen mit den Buchsen zu verbinden (Stromlaufplan zeichnen)?

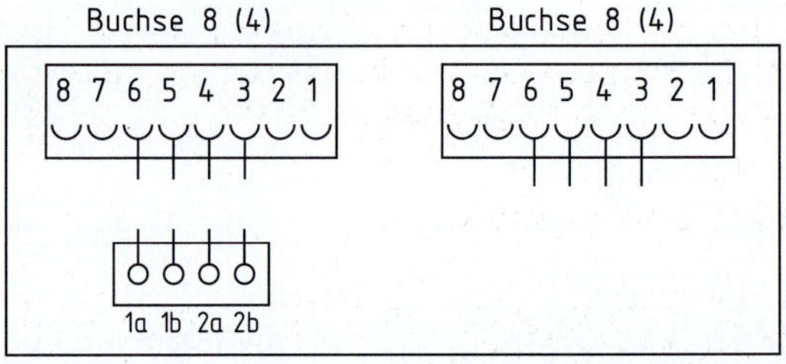

3.2.5 Vermittlungseinrichtung

Die Abb. 1 zeigt ein mögliches Anschlussschema einer Vermittlungseinrichtung. Der Hersteller gibt zur Anlage u.a. folgende Hinweise:

- 8 a/b-Ports für analoge Endgeräte, z.B. Telefone, Anrufbeantworter und Faxgeräte, IWV/MFW
- 1 V.24-Schnittstelle (PC zur Konfiguration oder Drucker zum Verbindungsdaten-Sofortausdruck)
- 1 TFE-Anschluss (Doorline)
- 4 Schaltkontakte (Steuerung elektrischer Geräte, z.B. Garagentor
- Interner S_0-Bus für maximal 8 digitale Endgeräte (Telefone, PC)

In Abb. 2 sind die Steckverbindungen bzw. Anschlussklemmen mit einigen Anschlussmöglichkeiten zu sehen.

Installationshinweise:

- Senkrechte Montage, Anschlussseite nach unten.
- Mindestabstand des Gehäuses zu anderen Begrenzungen oben und unten: 50 mm.
- Abstand zur 230 V Netzsteckdose und zur IAE-Steckdose sollte nicht größer als 1 m sein (Länge des Netzkabels ca. 1,20 m).
- Leistung ca. 40 W.
- Fernmeldebetriebserde müssen Sie anschließen. Dieses darf nicht der Schutzleiter sein. Anschluss an den Potentialausgleich. (BE = Betriebserde; 1,5 mm^2 Litze)
- Der Türöffner kann nur nach Anschluss eines externen Klingeltransformators betätigt werden. Die Wechselspannung darf nicht größer als 24 V sein.

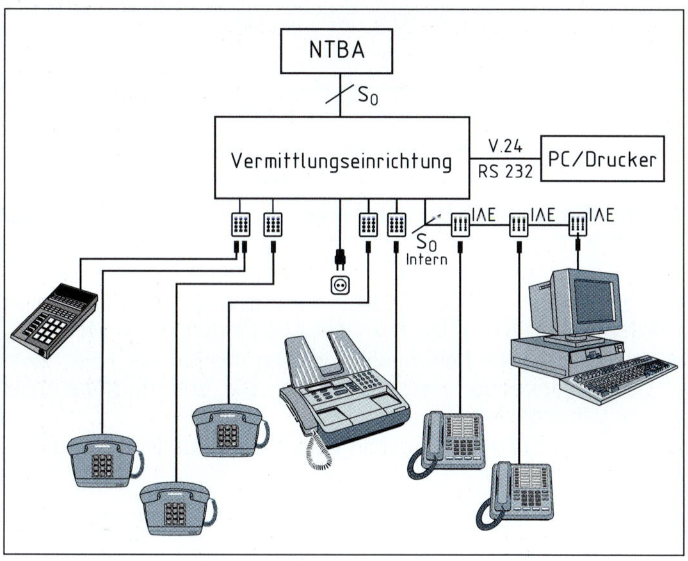

Abb. 1: Beispiel für einen Mehrgeräteanschluss einer Vermittlungseinrichtung

a) Wie viele analoge Endgeräte sind im Anschlussbeispiel der Abb. 1 vorgesehen? Wieviele TAE-Anschlussdosen müßten dafür installiert werden. Welche Codierung würden Sie wählen?

b) Wie viele ISDN-Anschlussdosen sind in Abb. 1 vorgesehen? In welcher IAE müssen die Abschlusswiderstände installiert werden?

c) Welche Anschlussklemmen bzw. Ports sind für den Anschluss von Systemtelefonen (s. Text in Abb. 2) vorgesehen?

d) Wie viele analoge Endgeräte (a/b-Geräte) können an welche Klemmen bzw. Ports angeschlossen werden?

e) Der externe S_0-Bus wird mit einem Westernstecker der Anlage zugeführt. Welche Steckverbindung ist dafür vorgesehen?

f) Beschreiben Sie die Anschlussmöglichkeiten über X4 (Türfreisprechen: TFE).

g) Welche Möglichkeiten bieten die Klemmen X2 und X3?

h) An welche Klemme werden ISDN-Geräte (interner S_0-Bus) angeschlossen?

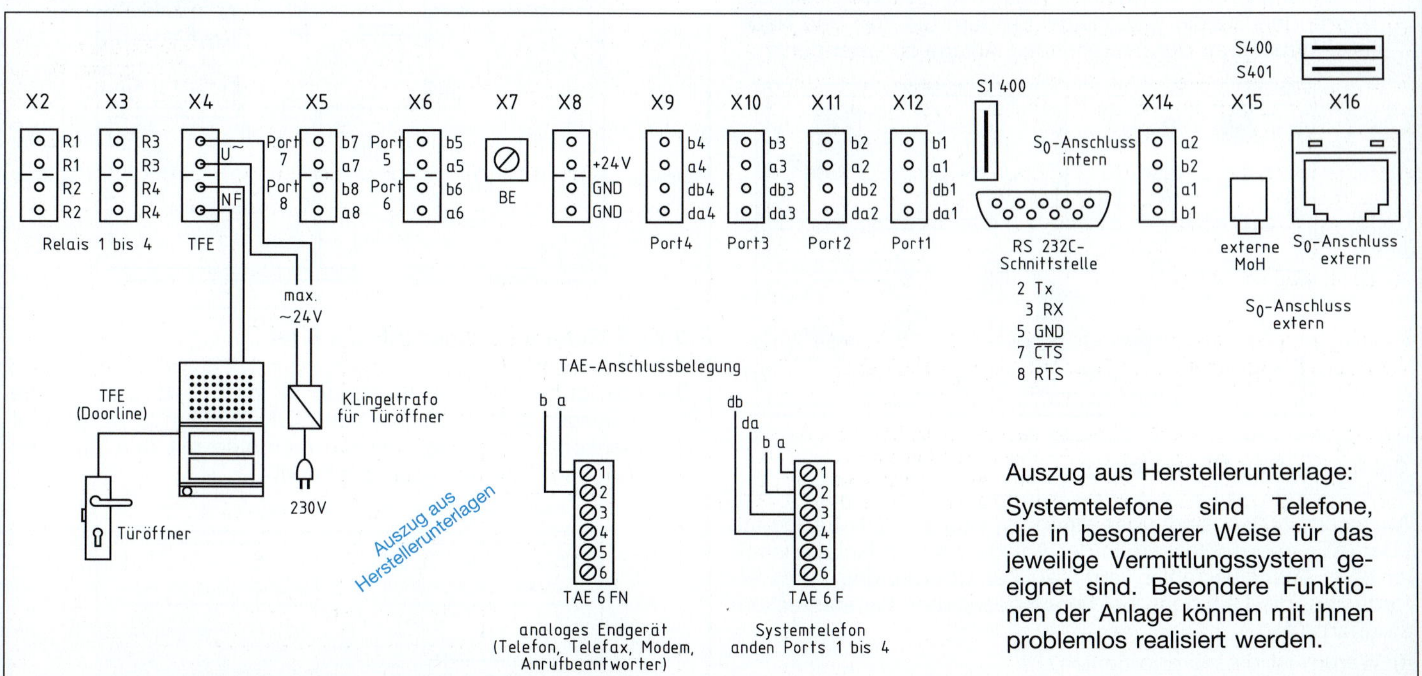

Auszug aus Herstellerunterlage:

Systemtelefone sind Telefone, die in besonderer Weise für das jeweilige Vermittlungssystem geeignet sind. Besondere Funktionen der Anlage können mit ihnen problemlos realisiert werden.

Abb. 2: Anschlussbelegung der Vermittlungseinrichtung von Abb. 1

Bei jeder Gebäudesprechanlage muss von der Person, die eine Sprechverbindung herstellen will, zunächst ein Rufsignal (Rufstromkreis) ausgesendet werden. Will z.B. jemand von der **Torstation** (in der Regel der Eingangsbereich des Hauses bzw. der Wohnung) eine Verbindung zu einer **Hausstation** herstellen, ertönt dort nach Betätigung eines Tasters ein eingebauter Summer oder ein externer Gong bzw. Läutewerk.

Wechselsprechanlagen (Abb.1)

Durch Betätigen der **Sprechtaste** S1 ① stellt der Hausbewohner (Hausstation) die Sprechverbindung her (Sprechstromkreis). Nach Loslassen der Sprechtaste kehrt sich die Sprechrichtung um. Der Besucher hat die Möglichkeit zu antworten.

☺ Die Umschaltung zwischen Hören und Sprechen oder umgekehrt kann auch durch elektronische Schalter erfolgen.

In der Tor- und in den Hausstationen befinden sich Lautsprecher ②. Sie arbeiten je nach Stellung der Sprechtaste auch als Mikrofon. Diese Sprechsignale geringer Leistung müssen durch einen Verstärker ③ an den Lautsprecher angepasst werden. Es gibt auch die Möglichkeit, die Wechselspannungsquelle (Mikrofon, Lautsprecher) mit einer Gleichspannungsquelle in Reihe zu schalten.

Bei Wechselsprechanlagen wird die Richtung der Sprechverbindung vom Teilnehmer in der Hausstation bestimmt (Sprechtaste).

☺ Bei Wechselsprechanlagen mit mehreren Hausstationen besteht immer nur eine Verbindung zwischen zwei Gesprächsteilnehmern. Andere Teilnehmer können sich nicht in eine bestehende Verbindung einschalten.

Gegensprechanlagen (Abb.2)

In der Torstation befindet sich ein Lautsprecher B2 ④ und ein Mikrofon B1 (Abb. 2 ⑤). Das Gespräch wird durch Abnehmen des **Handapparates** A1 (Abb. 2 u. 3 ⑥) von der Hausstation eingeleitet. Im Handapparat befindet sich ein Mikrofon (Sprechkapsel) und ein Hörer (Hörkapsel). Da der Hörer direkt am Ohr liegt, reicht eine Reihenschaltung zwischen dem Mikrofon der Torstation mit dem Hörer des Handapparates aus, um die Sprechsignale im Hörer wahrnehmen zu können. Für die Signale des Mikrofons im Handapparat der Hausstation ist in der Regel ein Verstärker ③ erforderlich.

Bei Gegensprechanlagen besteht auch die Möglichkeit, zwischen den einzelnen Hausstationen Gespräche zu führen. Eingeleitet wird die Verbindung durch ein internes Rufsignal (zusätzlicher Summer). Die Sprechverbindung zur Torstation wird dann abgeschaltet.

Bei Gegensprechanlagen besteht für beide Teilnehmer die Möglichkeit, gleichzeitig zu Sprechen und zu Hören.

☺ Sind in einem Gebäude mehrere Hausstationen vorhanden, können sich alle Teilnehmer durch Abheben des Handapparates in ein fremdes Gespräch mit der Torstation einschalten. Die einzelnen Hausstationen liegen dann parallel. Es besteht eine **Mithörmöglichkeit,** wenn diese nicht durch eine Mithörsperre verhindert wird.

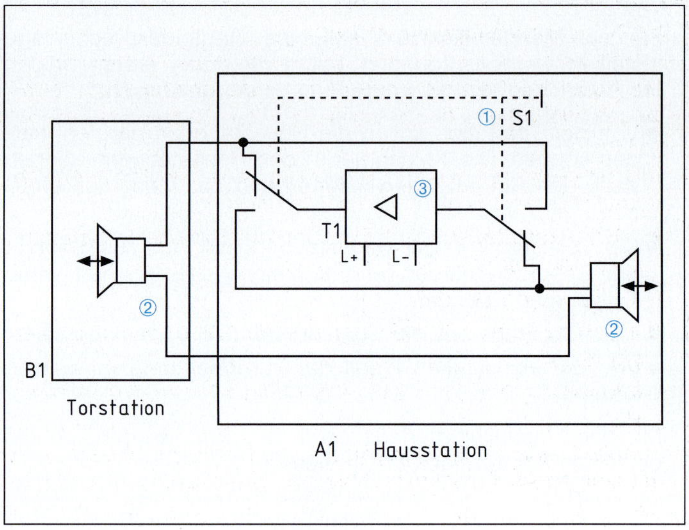

Abb. 1: Prinzip einer Wechselsprechanlage

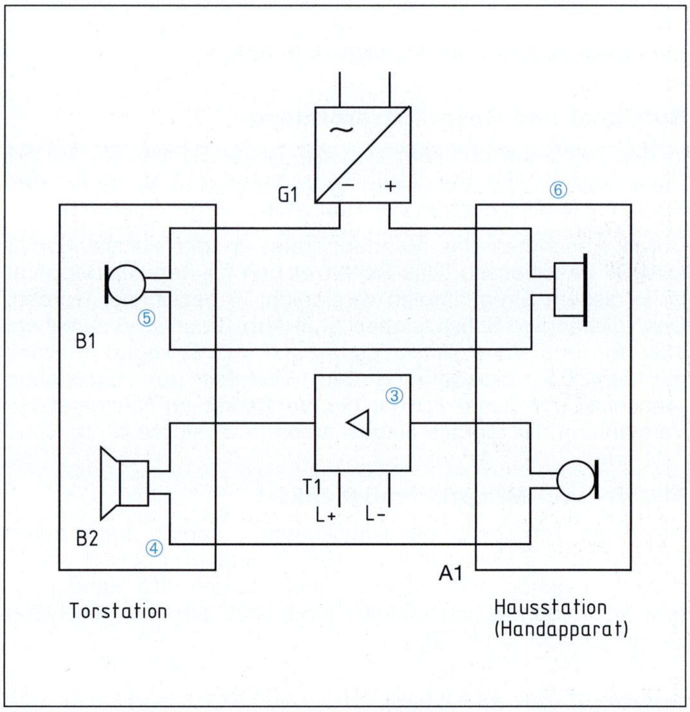

Abb. 2: Prinzip einer Gegensprechanlage

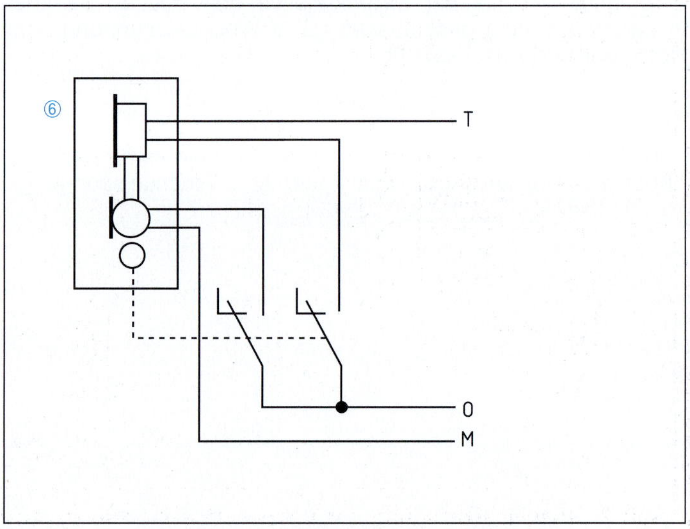

Abb. 3: Handapparat und Umschalter (Schaltzeichen)

Für ein Mehrfamilienhaus soll eine Gebäudesprechanlage installiert werden. Von den Teilnehmern der ersten beiden Hausstationen sind folgende Funktionen gewünscht:

- Von der Torstation sollen die Hausstationen gerufen werden können. Die Teilnehmer in den Hausstationen können dann den Ruf entgegen nehmen und das Gespräch eröffnen.
- Der Teilnehmer in der Hausstation 2 will sich zusätzlich in das Gespräch mit der Torstation einschalten können, wenn Teilnehmer 1 spricht.
- In der 1. Etage soll ein Etagentaster (ET) vorhanden sein.
- Von der Hausstation 1 soll der Türöffner betätigt werden können.

Mit den Herstellerunterlagen soll überprüft werden, ob die gestellten Forderungen erfüllt werden.

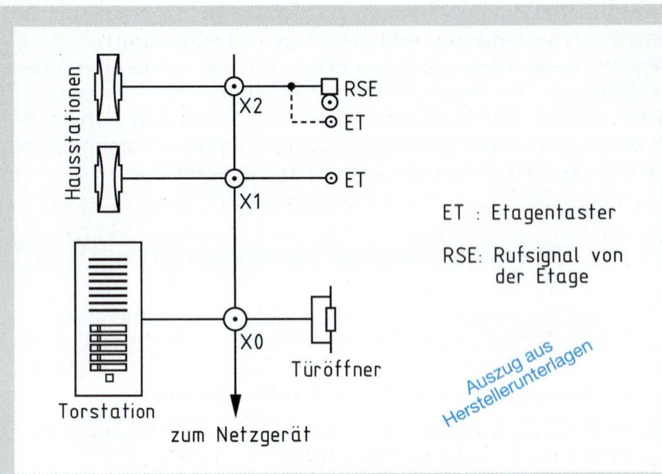

Der Übersichtsschaltplan für die Hausstation mit den beiden Torstationen reicht nicht aus, um die gewünschten Funktionen überprüfen zu können. Herangezogen wird der Auszug aus dem Stromlaufplan des Herstellers in Abb. 1.

Rufsignal und Gesprächseröffnung

In der Torstation befinden sich die Taster S1 bis S5. Mit S1 (Anschluss I) wird der Wechselstromkreis (12 V, R) für den Summer (Anschluss 0) in der Hausstation 1 geschlossen.

Durch Abnehmen des Handapparates in der Hausstation 1 wird S6 geschlossen. Das Schaltzeichen für den Handapparat ist in diesem Stromlaufplan vereinfacht ① gezeichnet worden. Das vollständige Schaltzeichen ist in Abb. 3 auf S. 43 zu sehen. Mikrofon und Hörer (Anschlüsse M, 0 und T) liegen in Reihe mit dem Lautsprecher und dem Mikrofon der Hausstation (Anschluss U). Zusätzlich ist der Verstärker im Netzgerät zur Verstärkung der Signale eingeschaltet (Anschlüsse M, 0, B).

Mithör- und Mitsprechmöglichkeit

Wenn der Teilnehmer der Hausstation 1 spricht, kann durch Abnehmen des Handapparates (S9 ist betätigt) in der 2. Hausstation mitgehört und mitgesprochen werden. Die Handapparate in beiden Hausstationen sind jetzt parallel geschaltet (Anschlüsse M, 0 und T).

Rufsignal von der Etage

In der ersten Etage befindet sich der Etagentaster S8. Wenn er betätigt wird, ist der Stromkreis für den zweiten Summer in der Hausstation geschlossen (12 V Wechselspannung vom Netzgerät und Anschluss 0).

Türöffner

Von der Hausstation 1 wird mit S7 der Stromkreis für den Türöffner geschlossen (Anschluss 1 und 12 V Wechselspannung).

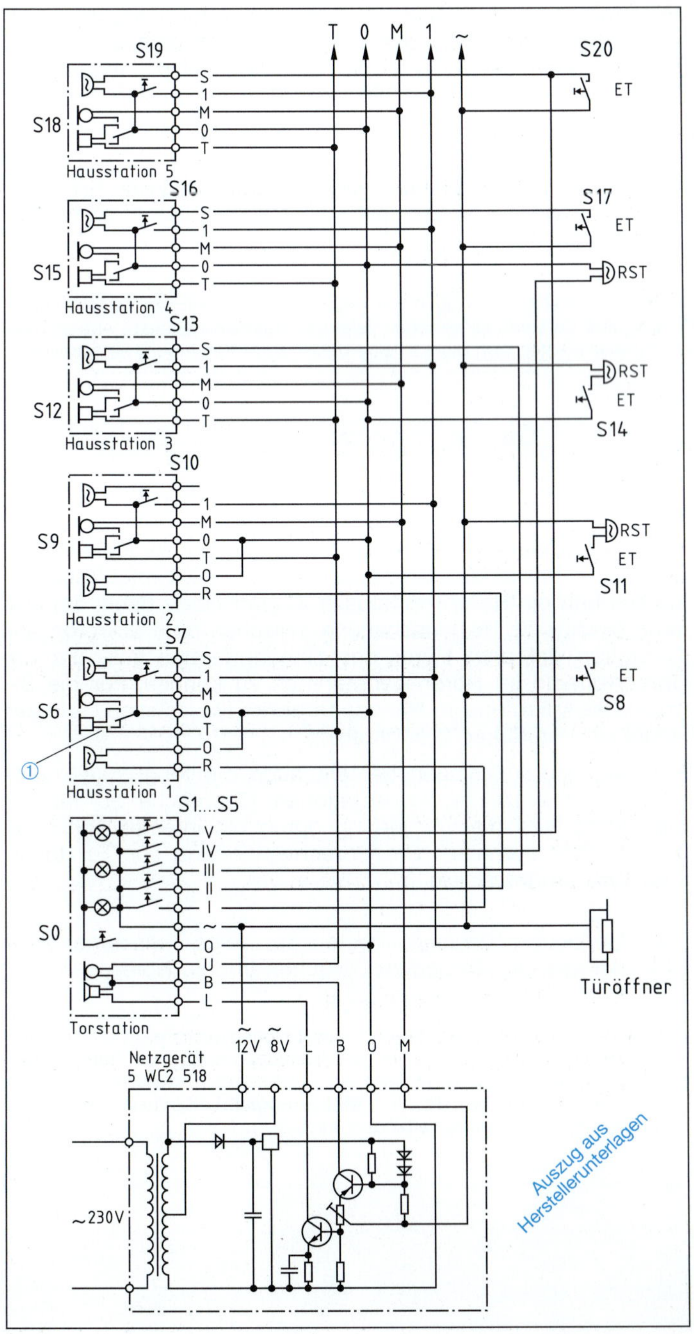

Abb. 1: Gegensprechanlage

3.3.1 Gegensprechanlage mit zwei Teilnehmern

Die einfache Gegensprechanlage kommt ohne einen Verstärker aus. Der Gleichstrom aus der Gleichspannungsquelle wird durch die Mikrofone beeinflusst und dadurch in den jeweiligen Hörern in Schallschwingungen umgewandelt.

a) Was muss Teilnehmer 1 tun, um Teilnehmer 2 anzurufen? Was muss Teilnehmer 2 tun, um Teilnehmer 1 anzurufen?

b) Beschreiben Sie die Arbeitsweise, wenn ein Handapparat ausgehängt und der andere nicht ausgehängt ist.

c) Wie sind die beiden Handapparate geschaltet, wenn zwischen beiden eine Sprechverbindung besteht?

d) Zeichnen Sie den Stromlaufplan in aufgelöster Darstellung, wenn beide Handapparate ausgehängt sind.

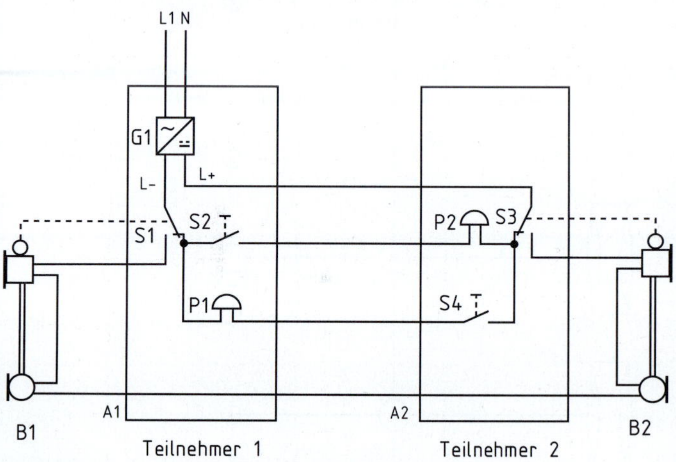

3.3.2 Erweiterung der Gegensprechanlage

Beantworten Sie zu der Gegensprechanlage von Abb. 1 die folgenden Fragen:

a) Welche Aufgabe hat der Taster S0?

b) An welchen Elementen in der Torstation ist erkennbar, für wie viele Hausstationen die Anlage insgesamt ausgelegt ist?

c) Welche verschiedenen Signale mit welchen Bedeutungen können in der 1. Hausstation eintreffen?
Von wo aus werden sie mit welchen Tastern ausgelöst?

d) Welche verschiedenen Signale mit welchen Bedeutungen können von der 2. Hausstation ausgelöst werden?

e) Welche Umschaltungen werden durch Abnehmen der Handapparate vorgenommen?

f) Welche Betriebsmittel zum Rufen befinden sich in der 4. Hausstation?
Welche Funktion besitzen sie?

g) Die 5. Hausstation besitzt nur einen Summer.
Welcher Nachteil ergibt sich hierbei u. U. für den Teilnehmer?

3.3.3 Wechselsprechanlage

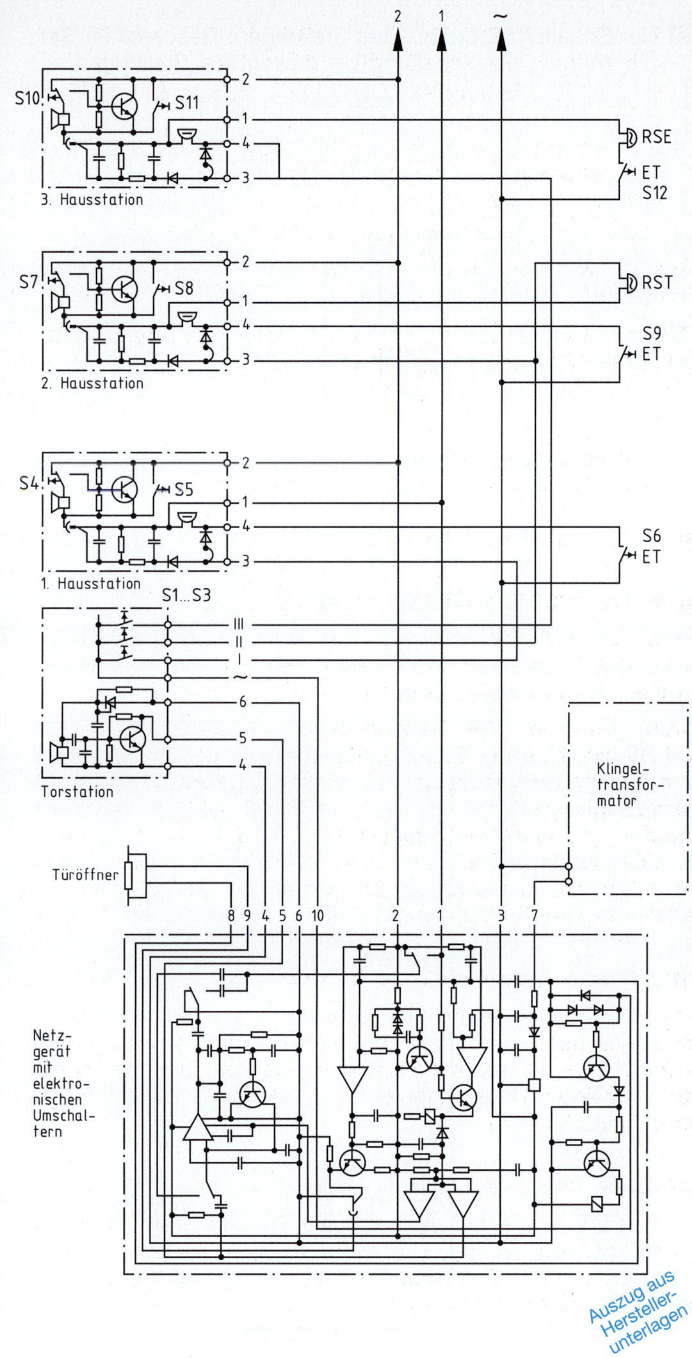

a) Welche Funktion besitzen die Taster S1 bis S3?

b) In der ersten Hausstation befindet sich ein Summer. Von wo aus kann dieser betätigt werden?

c) Welche Funktion haben die Taster S6, S9 und S12?

d) In der zweiten Etage befindet sich ein externes Läutewerk (RST). Wozu dient dieses?

e) Mit welchen Tastern wird in den Hausstationen die Sprechrichtung umgeschaltet?

f) Mit welchen Tastern wird der Türöffner betätigt?

g) Worin unterscheiden sich die externen Läutewerke in den Hausstationen 2 und 3? Von wo aus werden sie betätigt?

3.3.4 Funktionsbeschreibung

a) Welche Funktion hat der Schalter S1?

b) Der Schalter S2 besitzt drei Stellungen. Beschreiben Sie die Wirkung der Schaltung bei diesen drei Stellungen.

c) Beschreiben Sie die Unterschiede zwischen B1 und B2.

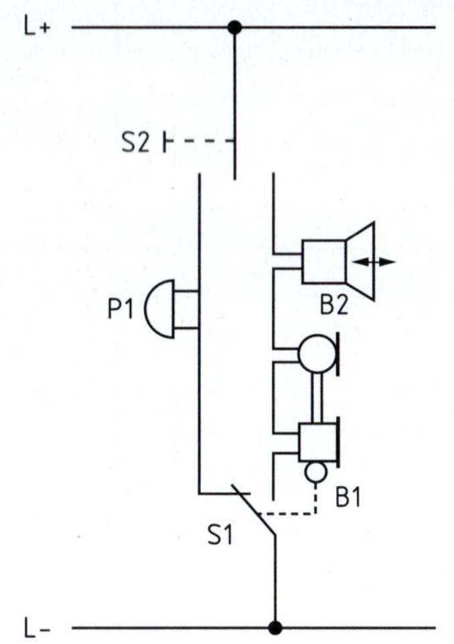

3.3.5 Übersichtsschaltplan 1

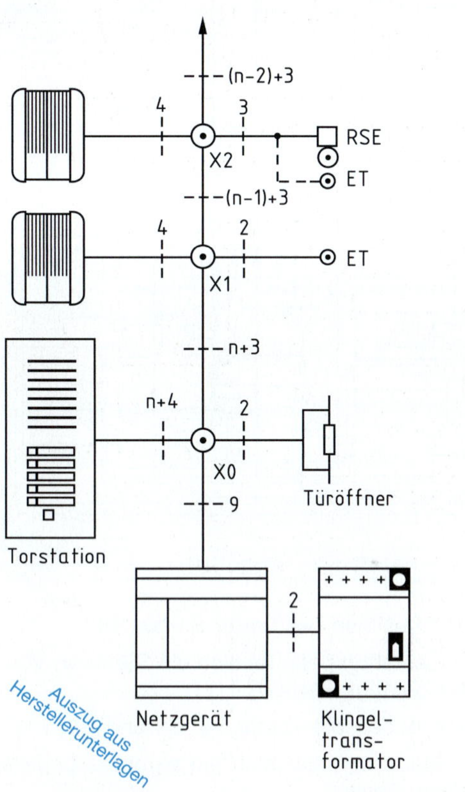

a) Um welchen Sprechanlagentyp handelt es sich hierbei?

b) Für wieviele Teilnehmer ist die Anlage ausgelegt?

c) Die Anlage wird auf 6 Teilnehmer erweitert. Wieviele Adern müßten von der Verteilerdose X5 weitergeführt werden?

d) Welche Funktion hat der Etagentaster (ET)?

3.3.6 Übersichtsschaltplan 2

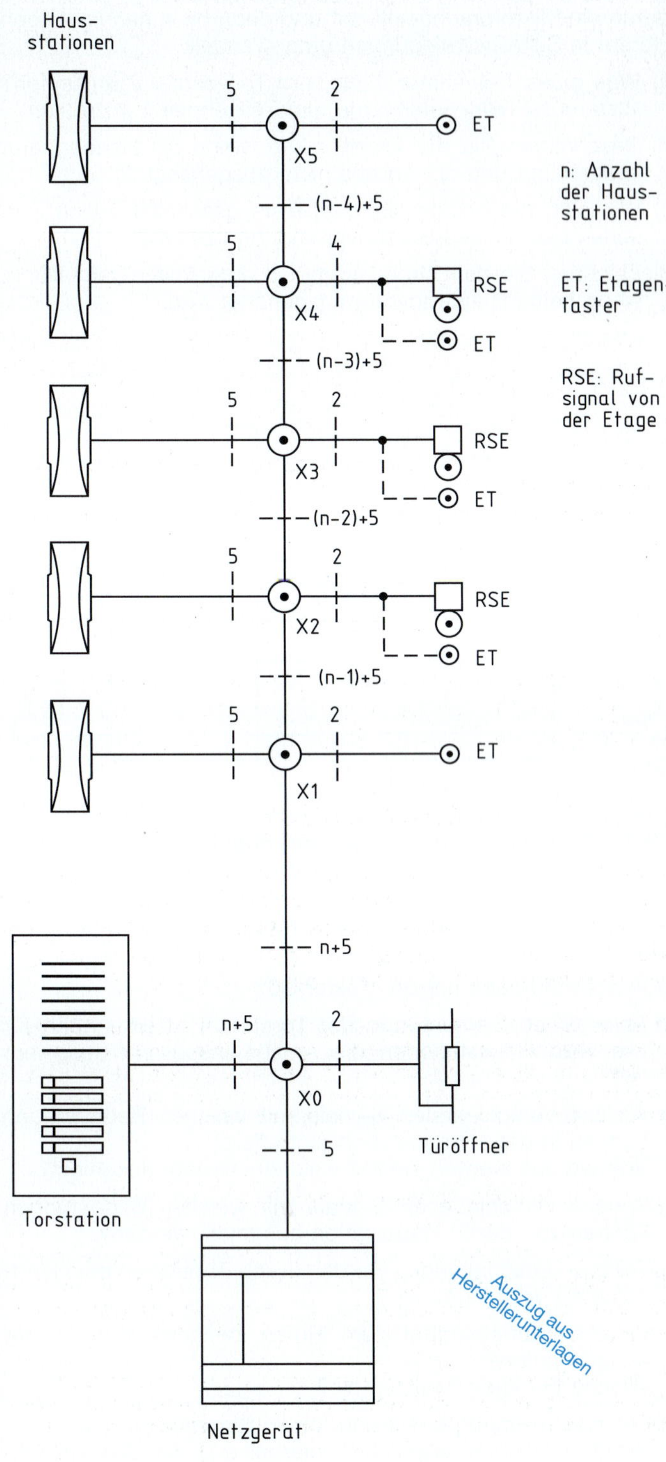

a) Um welchen Sprechanlagentyp handelt es sich hierbei?

b) Wieviele Teilnehmer versorgt die Anlage?

c) Wieviele Adern besitzt die Leitung, die von der Hauptverteilerdose X0 zur Verteilerdose in der 1. Etage geht?

d) Was ist den beiden Hausstationen 3 und 4 gemeinsam und was ist unterschiedlich?

Der abgebildete Stromlaufplan zeigt das Netzgerät der Türsprechanlage (vgl. Anwendungsbeispiel in 3.3). Das Netzgerät besteht aus dem Netzteil und einem Verstärker.

Aus dem Stromlaufplan soll herausgefunden werden, welche Funktionseinheiten und Bauelemente zu diesem Netzteil gehören.

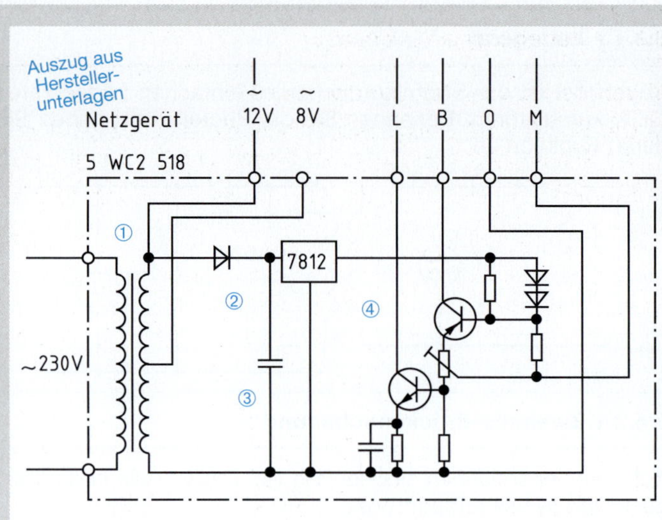

Ein Netzteil für elektronische Schaltungen hat die Aufgaben, aus der Netzwechselspannung durch Heruntertransformieren, Gleichrichten und Stabilisieren die Betriebsspannung zu erzeugen (Abb. 1).

Transformator

Türsprechanlagen sind für kleine Betriebsspannungen ausgelegt. Aus diesem Grunde muss die Wechselspannung von 230 V auf 12 V und 8 V herunter transformiert werden ①.

Gleichrichtung

Elektronische Schaltungen benötigen immer Gleichspannungen. Deshalb muss die Wechselspannung in eine Gleichspannung umgewandelt werden. Diese Aufgabe übernimmt die **Diode** ②. Sie lässt Wechselspannungen nur in eine Richtung passieren **(Einpuls-Mittelpunktschaltung M1,** Abb. 2).

☺ Mit einer **Zweipuls-Brückenschaltung B2** (Abb. 3) lassen sich beide Halbschwingungen der Wechselspannung ausnutzen. Die gleichgerichtete Spannung hat im Vergleich zur Einpuls-Mittelpunktschaltung M1 die doppelte Pulsfrequenz. Die nachfolgenden Glättungsschaltungen können deshalb einfacher sein. Es werden vier Dioden benötigt.

Glättung und Stabilisierung

Die pulsierende Spannung muss geglättet werden. Es können hierfür Kondensatoren ③, Spulen oder wie in diesem Fall komplette elektronische Schaltungen (④ **Festspannungsregler)** verwendet werden.

☺ Für die Stabilisierung von Gleichspannungen können einzelne Bauteile (z.B. Z-Diode) oder komplette Regelschaltungen verwendet werden. Integrierte Festspannungsregler gibt es für verschiedene Spannungswerte.

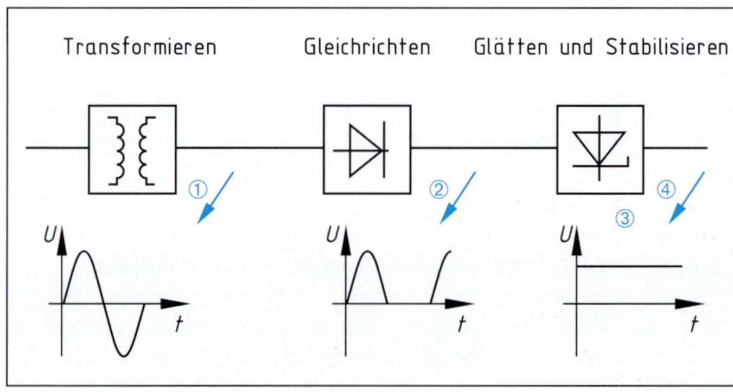

Abb. 1: Funktionseinheiten eines Netzteils

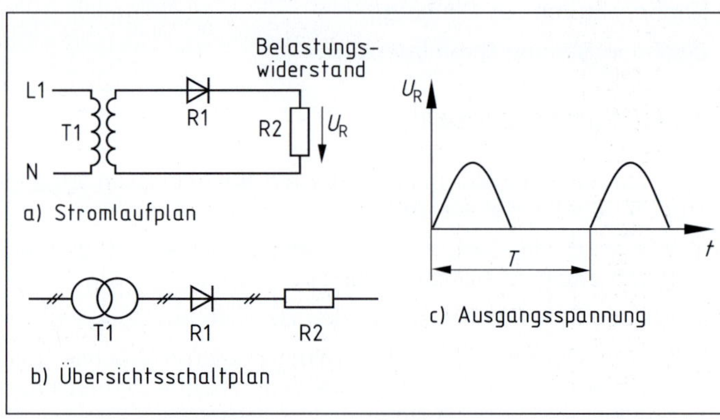

Abb. 2: Einpuls-Mittelpunktschaltung M1

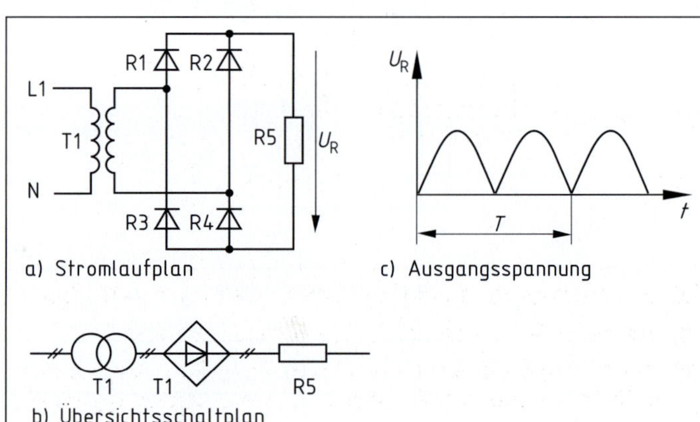

Abb. 3: Zweipuls-Brückenschaltung B2

3.4.1 Ladegerät

Abgebildet ist der Stromlaufplan eines einfachen Ladegerätes für Akkumulatoren. Benennen Sie die Bauteile und geben Sie deren Funktion an.

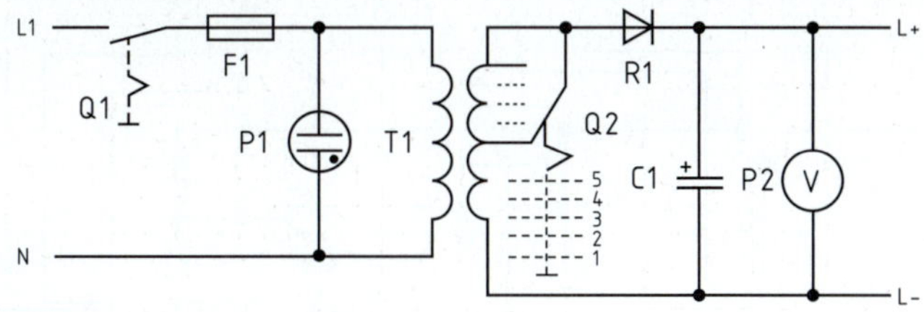

3.4.2 Zweipuls-Brückenschaltung

Auf zwei Leiterplatinen sind jeweils vier Dioden wie in der dargestellten Weise angegordnet.

Übernehmen Sie diese Anordnung und ergänzen Sie diese so, dass Stromlaufpläne für Zweipuls-Brückenschaltungen entstehen.

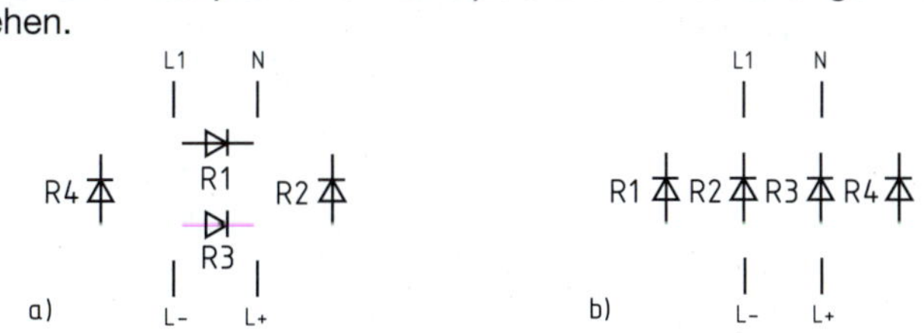

3.4.3 Gleichspannungsversorgung für ein Relais

Für die Energieversorgung einer Relaisschaltung soll ein Gleichspannungs-Netzteil mit folgenden Bauelementen gebaut werden:

Transformator, vier Dioden in Zweipuls-Brückenschaltung, ein Kondensatoren zur Glättung.

Zeichnen Sie den Stromlaufplan.

3.4.4 Kompaktnetzteil

Mit Hilfe der Herstellerunterlage für ein Netzteil sollen folgende Fragen beantwortet werden:

a) Wie wird die Gleichrichterschaltung bezeichnet und wodurch erfolgt die Stabilisierung?

b) Welche Funktion haben die drei Bauteile am Ausgang?

c) Der Netzteiltyp 4FC8 soll an einer primären Wechselspannung von 115 V betrieben werden. Welche Schaltverbindungen sind herzustellen?

d) Wie groß ist die Ausgangsspannung zwischen den Anschlüssen 33 und 34 beim Typ 4FC9?

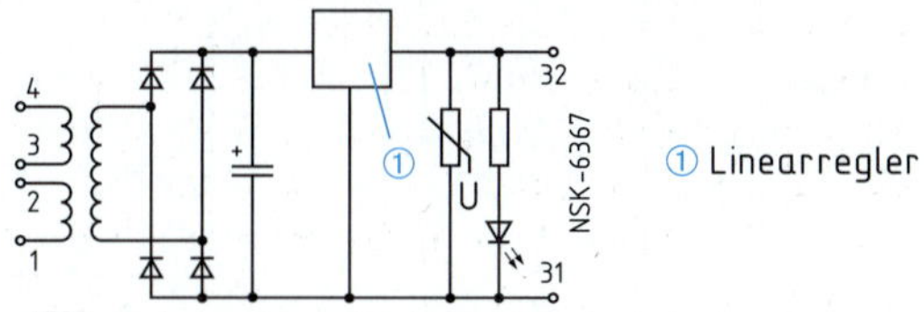

	Klemmenbezeichnungen 4FC8 Anschluss	Schaltverbindungen	4FC9 Anschluss	
Eingang L1, N 230 (240) V 115 (120) V	1-4 1-4	2-3 1-3; 2-4	1-2 -	
			5V	24V
Ausgang L+ L-	32 31	- -	32 31	34 33

3.4.5 Belastungskennlinie

Die abgebildete Kennlinie zeigt das Spanungsverhalten am Ausgang eines Netzteiles in Abhängigkeit von der Belastungsstromstärke.

Erklären Sie die Bedeutung der in der Kennlinie angegebenen drei Punkte.

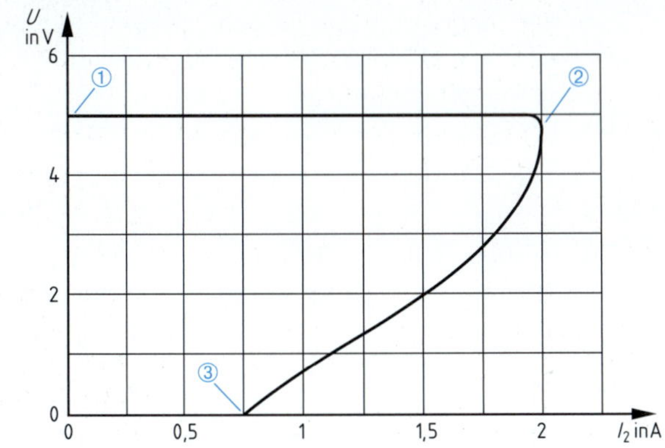

3.4.6 Ausgangsspannung

Schaltnetzteile geben besonders stabile Ausgangsspannungen ab. Die abgebildete Kennlinie zeigt die Ausgangsspannung in Abhängigkeit von der Belastungsstromstärke.

a) Ermitteln Sie die Ausgangsspannung bei den Belastungen von 2 A und 4 A.

b) Berechnen Sie die Abweichungen in % bei 2 A und 4 A, wenn für 230 V der Wert 100 % angenommen wird.

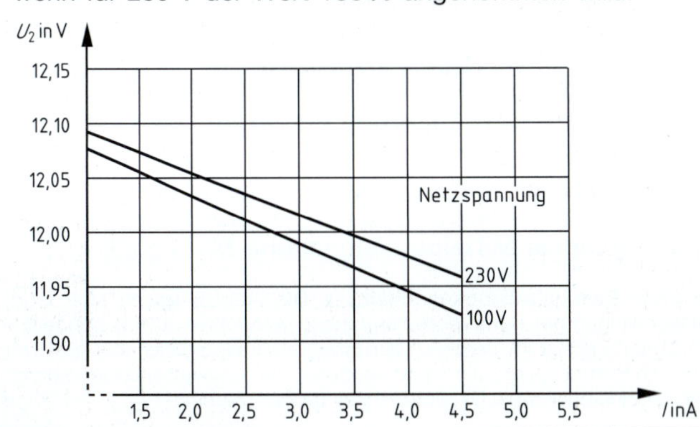

3.4.7 Wirkungsgrad

a) Ermitteln Sie die maximalen Wirkungsgrade des Schaltnetzteiles bei Netzspannungen von 100 V und 230 V.

b) Ermitteln Sie den Unterschied der Wirkungsgrade bei einer Belastung von 20 W und den Netzspannungen von 100 V und 230 V.

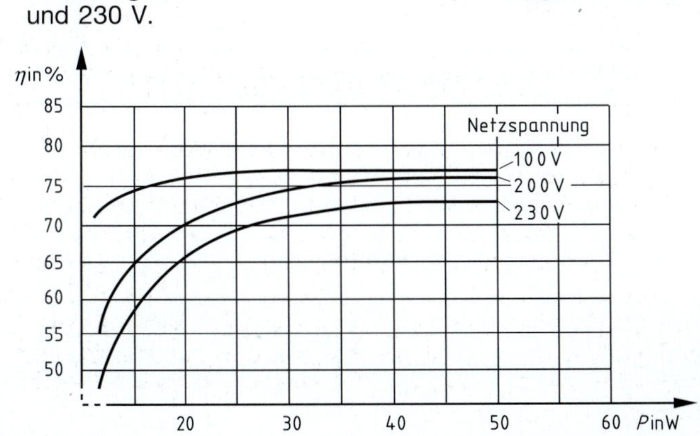

In Gegensprechanlagen sind die Mikrofonsprechsignale zu klein, um die Membran eines Lautsprechers in entsprechende Schwingungen zu versetzen. Die Mikrofonsignale müssen deshalb verstärkt werden (s. Abb. 1).

Verwendet werden hierzu elektronische Bauteile (Transistoren, Operationsverstärker). Im Stromlaufplan des Netzgerätes arbeitet der Transistor K1 als Verstärker (s. Ausschnitt aus einer Gegensprechanlage, rechts).

Es soll herausgefunden werden, welche wesentlichen Bauteile zum Verstärker gehören.

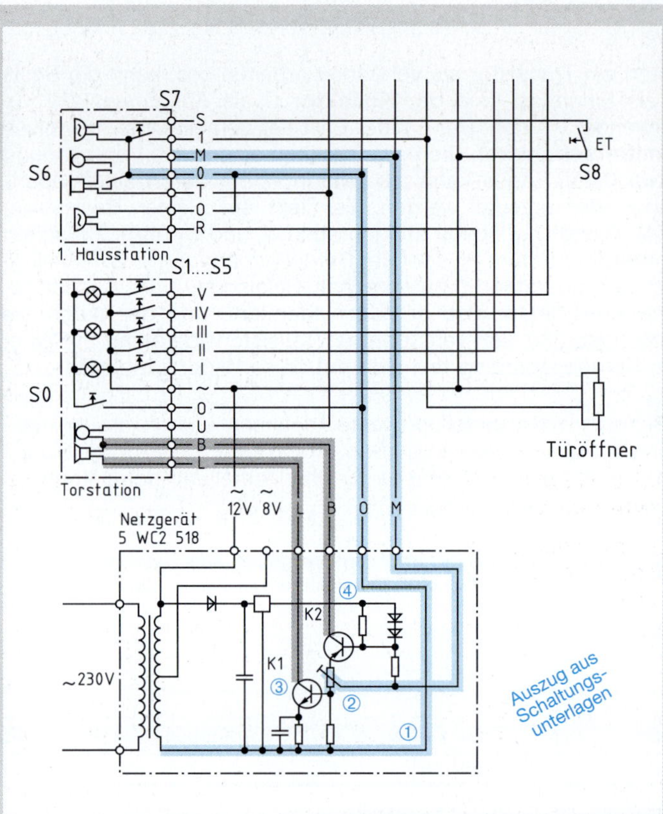

Mikrofonstromkreis (blau unterlegte Leitung)

Annahme: Der Handapparat ist abgenommenen und der Schalter S6 ist geschlossen.

Ein Anschluss des Mikrofons liegt jetzt am Anschluss 0 (gemeinsamen Masse der Anlage ①). Der andere Mikrofonanschluss ist mit M und dem Einstellwiderstand an der Basis ② des Transistors K1 verbunden.

Lautsprecherstromkreis (grau unterlegte Leitung)

Ein Anschluss des Lautsprechers in der Torstation liegt über Anschluss L am Kollektor des Transistors K1 ③. Der andere ist über B mit dem Netzteil verbunden ④.

Der Emitter des Transistors K1 liegt über eine *RC*-Kombination an Masse. Sie kann für die weitere Betrachtung vernachlässigt werden.

Der Transistor K2 und die an ihn angeschlossenen Widerstände und Dioden bilden die Spannungsversorgung ⑤ für den Transistor K1.

Es ergibt sich somit das vereinfachte Schaltbild eines Verstärkers in Abb. 1.

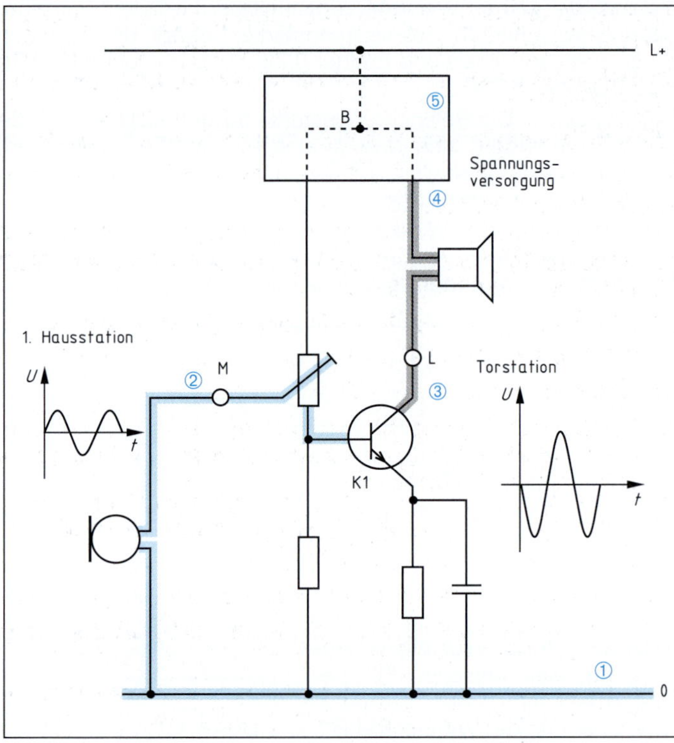

Abb. 1: Verstärkung in einer Gegensprechanlage

Verstärkungsprinzip

Verstärker sorgen dafür, dass das Ausgangssignal größer als das Eingangssignal wird (Abb. 1). Sie benötigen dazu elektrische Energie. Die Eingangsgröße (z. B. Schallschwingungen des Mikrofons) steuert den Stromfluss im Ausgangsstromkreis (z. B. den Strom durch den Lautsprecher).

Bei Verstärkern wird mit der Eingangsgröße im Steuerstromkreis der Stromfluss im Ausgangsstromkreis entsprechend der Eingangsgröße verändert. Das Ausgangssignal ist größer als das Eingangssignal.

3.5 Verstärker

Verstärkerschaltung

Wenn ein Transistor als Verstärker arbeiten soll, kann die Basis B als Eingangs- und der **Kollektor** C als Ausgangselektrode verwendet werden. Der Emitter E ist der gemeinsame Anschluss **(Emitterschaltung).** Die Basis benötigt eine kleine Vorspannung (etwa 0,7 V). Diese kann z.B. wie in Abb.1 durch einen Spannungsteiler erzeugt werden. Es fließt ein kleiner Basisstrom (mA). Wenn U_{BE} steigt, steigen auch I_B und I_C (mA). Zwischen Kollektor und dem Pluspol der Betriebsspannung (z.B. 10 V) liegt der Lastwiderstand (Lautsprecher, Relais usw.). Im Ausgangsstromkreis liegen also der Lastwiderstand und der durch die Eingangsgröße sich verändernde Transistorwiderstand in Reihe. Die Betriebsspanung teilt sich auf diese Widerstände auf.

Bei einem Transistor in Emitterschaltung steuert ein kleiner Basisstrom I_B einen großen Kollektorstrom I_C. Im Ausgangsstromkreis kommt es zu einer Aufteilung der Betriebsspannung (Spannungsteiler).

☺ Zwischen dem Mikrofon und dem Verstärker oder zwischen einzelne Transistorstufen werden oft Kondensatoren geschaltet. Sie sorgen dafür, dass nur Wechselspannungen weitergegeben und Gleichspannungen gesperrt werden.

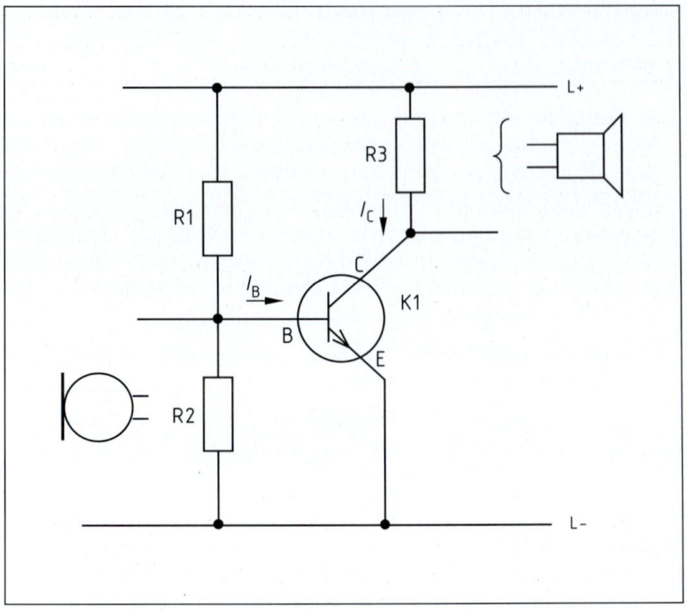

Abb.1: Transistor als Verstärker in Emitterschaltung

3.5.1 Helligkeitssteuerung

Mit Hilfe des lichtabhängigen Widerstandes B1 (LDR) lässt sich die Helligkeit der Lampe P1 steuern. Der LDR ist ein Widerstand, der seinen Wert mit zunehmender Helligkeit verringert. Bei einer mittleren Beleuchtungsstärke beträgt die Spannung z.B. zwischen Basis und Emitter 0,72 V und zwischen Kollektor und Emitter 8,3 V.

a) Annahme: Die Beleuchtungsstärke für den LDR wird größer. Wie verändern sich U_{BE}, I_C und U_{CE} (größer, kleiner oder konstant angeben)?

b) Anstelle von R1 wird ein LDR eingefügt und für B1 ein entsprechender Widerstand eingebaut. Welches Verhalten zeigt die Lampe, wenn sich die Beleuchtungsstärke vergrößert? Wie verändern sich U_{BE} und I_C ?

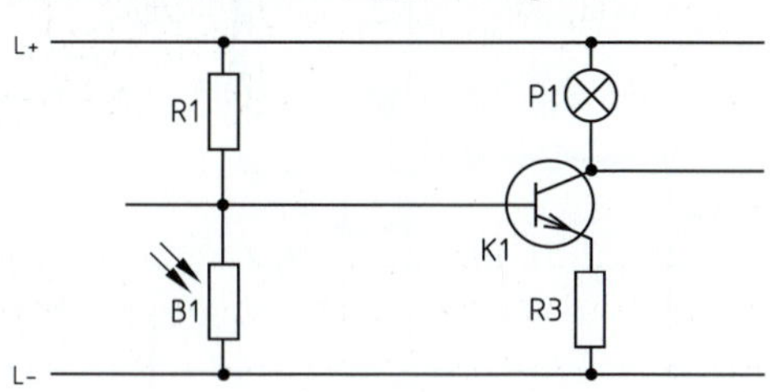

3.5.2 Elektronisches Temperaturmessgerät

Die Schaltung zeigt ein vereinfachtes elektronisches Temperaturmessgerät. Der Temperatursensor ist der Widerstand B1. Es handelt sich um einen NTC. Wenn die Temperatur sinkt, steigt der Wert des Widerstandes und umgekehrt.

In welche Richtung verändert sich der Zeigerausschlag (größer bzw. kleiner), wenn sich die Temperatur verringert?

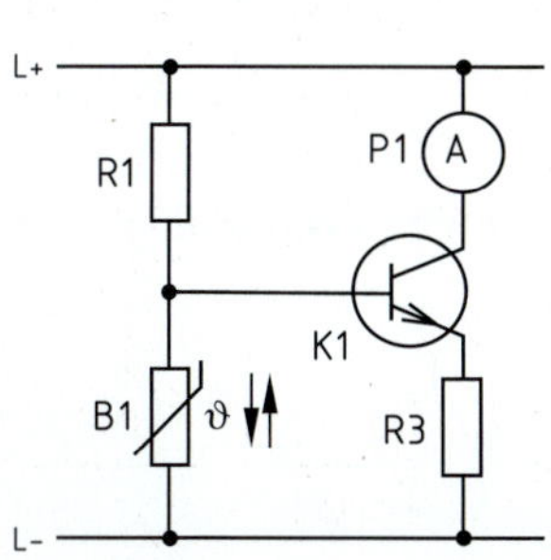

3.5.3 Zweistufige Sprechanlage

Um die Verstärkungen in einer Sprechanlage zu erhöhen, werden zwei Transistoren hintereinander geschaltet. Da nur die Sprechwechselspannung verstärk werden soll, sind zwischen die einzelnen Stufen Kondensatoren geschaltet. Sie lassen Wechselspannungen passieren und sperren Gleichspannungen.

Zur Untersuchung der Schaltung wird eine kleine sinusförmige Wechselspannung an den Eingang gelegt und mit einem Oszilloskop an den Messpunkten ① bis ④ die Spannungen gemessen.

Zeichnen Sie qualitativ den Verlauf der Spannungen an den Messpunkten unter Berücksichtigung der stattfindenden Verstärkung.

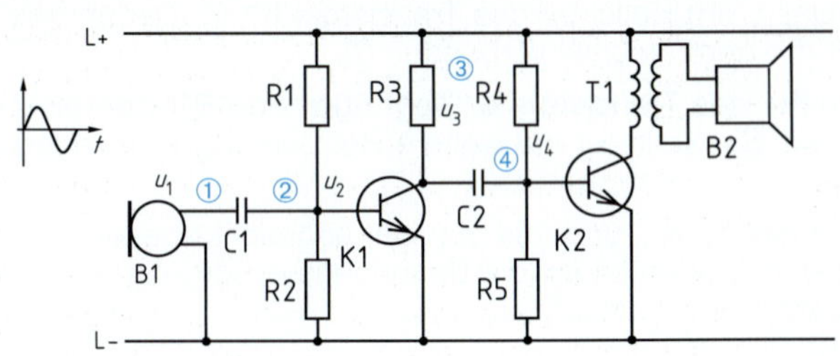

3.5.4 Lichtschranke

Der Eingangsverstärker einer Lichtschranke besteht aus der abgebildeten Stufe. Zur Vergrößerung der Verstärkung soll sie durch eine zweite Stufe erweitert werden. Vorgesehen ist ein NPN-Transistor in Emitterschaltung mit einem Spannungsteiler im Eingangsbereich. Im Kollektorkreis befindet sich ein Relais zur Ausführung eines Schaltvorganges. Zeichnen Sie den Stromlaufplan.

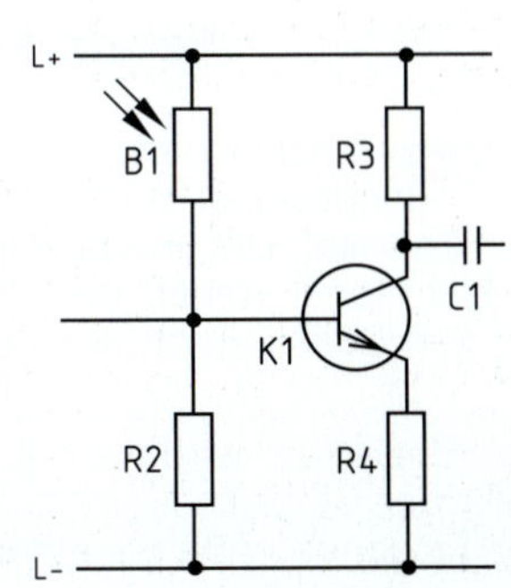

4 Alarm- und Überwachungsanlagen

4.1 Bewegungsmelder

Die Lampe für die Beleuchtung einer Kellertreppe innerhalb eines Wohnhauses soll durch einen Bewegungsmelder geschaltet werden.

Mit Hilfe der Firmenunterlagen sollen die Schaltung installiert und erforderliche Einstellungen vorgenommen werden.

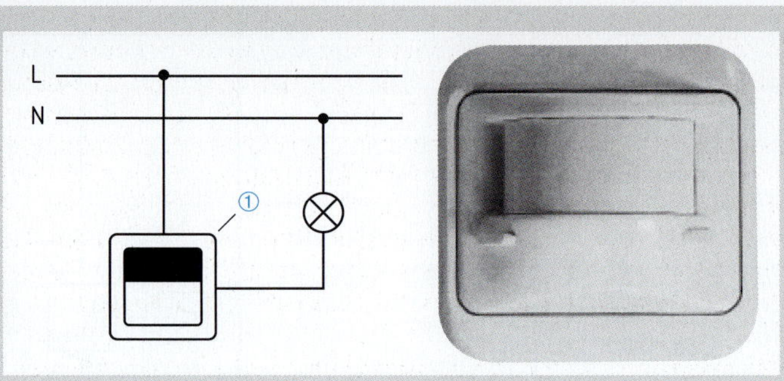

Der Bewegungsmelder enthält einen **Sensor** und einen **elektronischer Schalter,** der die unsichtbare und sich ändernde infrarote Wärmestrahlung (IR) von z.B. Lebewesen erfasst und ein Schaltsignal auslöst. Geschaltet werden in der Regel Lampen.

Montagehinweise

Der Melder muss fest eingebaut werden, da jede Eigenbewegung wie eine erfasste, infrarote Wärmestrahlung wirkt. Durch gezieltes Abdecken der Linse (Abb. 2a) können der Erfassungswinkel und die Reichweite reduziert werden (Überwachungsbereich). Infrarotstrahlen können keine festen Gegenstände wie z.B. Glas durchdringen.

Elektronischer Schalter

Der elektronische Schalter ① im Bewegungsmelder liegt wie ein mechanischer Schalter in Reihe mit einer Lampe. Er schaltet nur dann ein, wenn sich die Infrarotstrahlung im einstellbaren ③ Einflussbereich ④ verändert (Abb. 2a). Die Einschaltdauer kann zwischen 5 und 320 Sekunden ⑤ (s. Abb. 1 u. 2b) eingestellt werden. Der schaltbare Leistungsbereich liegt zwischen 40 W und 400 W ②.

Dämmerungsschalter

Bewegungsmelder sollen erst ab einer bestimmten Resthelligkeit (Beleuchtungsstärke *E*) aktiv werden. Deshalb ist zum elektronischen Schalter ein weiterer Schalter in Reihe geschaltet (Dämmerungsschalter), der beim Erreichen einer bestimmten minimalen Beleuchtungsstärke schließt. Die Grenze ist einstellbar ⑥ (s. Abb. 1 u. 2b).

Der Bewegungsmelder lässt sich also in seinem inneren Aufbau wie die Reihenschaltung aus zwei Schaltern vorstellen (logische UND-Verknüpfung, Abb. 3a). Der Dämmerungsschalter ⑦ gibt ab einer eingestellten minimalen Beleuchtungsstärke (E_{min}) den Stromweg frei für einen Schalter, mit dem dann bei Änderung der Infrarotstrahlung (ΔIR) eine Lampe geschaltet wird. Die beiden Funktionen dieses Melders lassen sich in einem Schaltzeichen zusammenfassen (⑧ Abb. 3b).

Ein Bewegungsmelder ist ein elektronischer Schalter, der bei Änderung der Infrarotstrahlung in seinem Überwachungsbereich schaltet. Einstellbar sind in der Regel der Überwachungsbereich, die Einschaltdauer sowie die minimale Beleuchtungsstärke, bei der der Schalter aktiv werden kann.

☺ Bewegungsmelder werden auch als **Passiv-Infrarot-Melder (PIR)** bezeichnet. Die Kennzeichnung „passiv" soll verdeutlichen, dass der Melder nicht ständig oder in bestimmten Zeitabständen einen Bereich durch z.B. eigenes Aussenden von Signalen überwacht. Er gibt erst dann eine Meldung ab, wenn sich die Infrarotstrahlung in seinem Überwachungsbereich ändert.

Netzschaltung:	230 V AC, ± 5%, 50-60 Hz
Schaltleistung:	min. 40 W, max. 400 W ②
Leistungsaufnahme:	ca. 1 Watt
Einschaltdauer:	ca. 5 (Linksanschlag) bis 320 (Rechtsanschlag) ⑤ Sekunden (50 Hz) Zwischenstufen 5 – 40 – 80 – 160 – 320 s, bei 60 Hz entsprechende Zeitreduzierung.
Dämmerungssensor:	Tag-, Dämmerungs- oder Nachteinschaltanpassung ⑥ stufenlos einstellbar, Tagbetrieb = Rechtsanschlag Nachtbetrieb = Linksanschlag
Überwachungsbereich:	1 Ebene, ca. 180 Grad ④
Reichweite:	ca. 6 m
Betriebstemperatur:	0 bis 50 Grad Celsius
Schutzart:	IP 40
Geräteschutz:	Sicherung T 1,6 A

Abb. 1: Technische Daten eines Bewegungsmelders

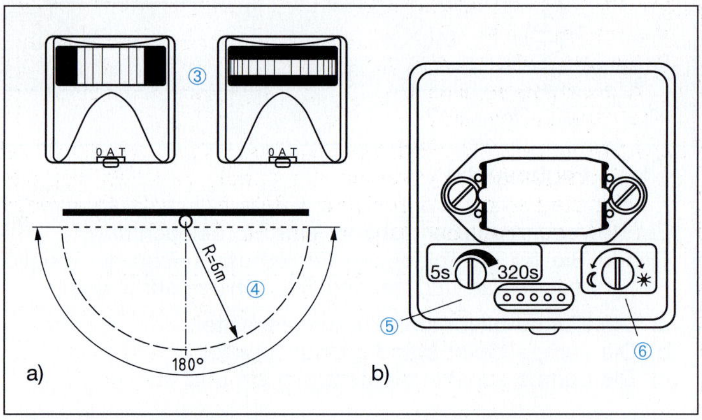

Abb. 2: Einstellmöglichkeiten beim Bewegungsmelder

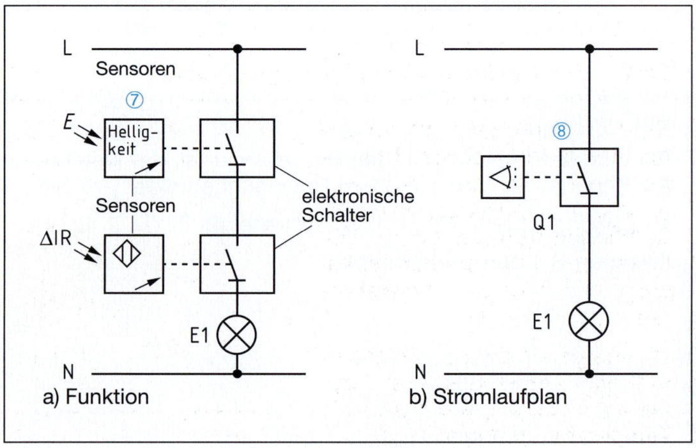

Abb. 3: Bewegungsmelder im Stromkreis

4.1.1 Grundschaltungen

Erklären Sie die Aufgabe der folgenden Schaltungen.

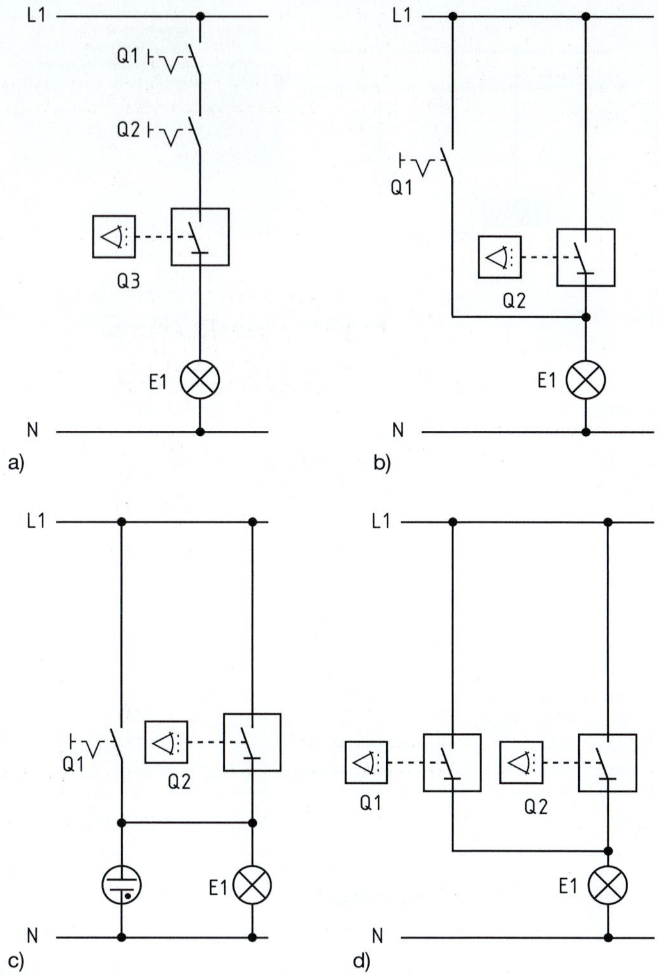

4.1.2 Fehlersuche

Ein Bewegungsmelder schaltet eine Hofbeleuchtung. Geben Sie für die folgenden Fehlerbeschreibungen mögliche Fehlerursachen an und nennen Sie Abhilfemaßnahmen.

a) Die Lampe bleibt ständig ausgeschaltet.
b) Die Lampe bleibt ständig eingeschaltet.
c) Die Lampe schaltet sich ständig ein und aus.

4.1.4 Ausschnitt aus einer Alarmanlage

Der Installationsplan zeigt einen Ausschnitt aus einer Alarmanlage. Beantworten Sie dazu folgende Fragen:

a) Wie arbeitet die Anlage, wenn sich die Schalter in der gezeichneten Stellung befinden?

b) In der Anlage wird K1 geschaltet. Wie arbeiten dann der Bewegungsmelder Q2 und E1?

c) Wie sind der Kontakt K1, Q1 und Q2 miteinander geschaltet?

d) Welche Aufgabe kann Q1 erfüllen?

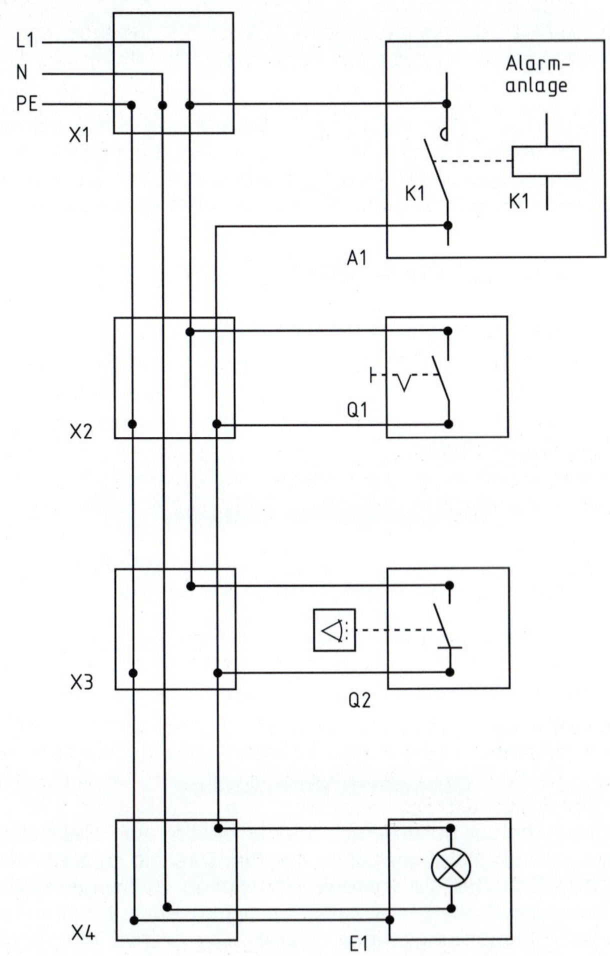

4.1.3 Wohnhaus mit 4 Bewegungsmeldern

Ein Wohnhaus soll entsprechend der Skizze mit vier Bewegungsmeldern und vier Strahlern gesichert werden.

Für die Installation sollen keine Verteilerdosen verwendet werden.

Die Verdrahtung erfolgt in den Betriebsmitteln. Der Neutral- und der Schutzleiter wird zu jedem Bewegungsmelder geführt.

Als Leitung ist eine Ringleitung zu verlegen (NYM-J 4).

Zeichnen Sie den Stromlaufplan.

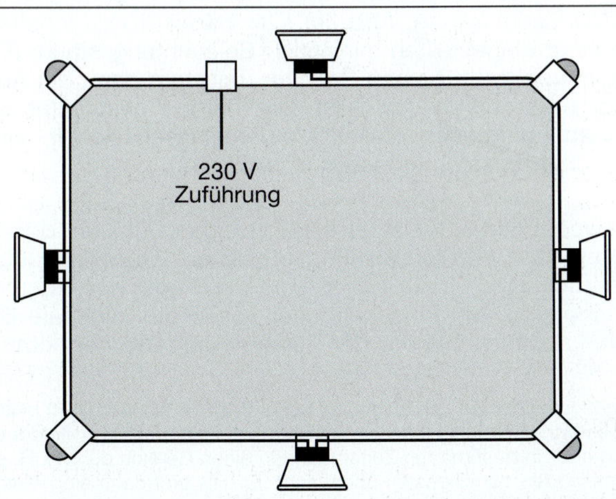

Ein Elektroinstallateur erhält den Auftrag, zwei Fenster gegen Einbruch zu sichern.

Verwendet werden sollen

- Melder mit Magnetkontakten, die das unerwünschte Öffnen des Fensters signalisieren und
- Melder, die eine zerbrochene oder beschädigte Glasscheibe anzeigen (Glasbruchmelder).

Die Signale der Melder werden in einer Alarmzentrale verarbeitet.

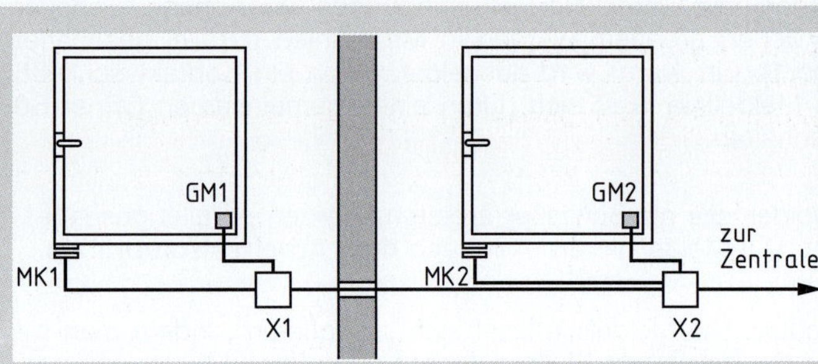

Einbruch-Meldeanlagen bestehen im Wesentlichen aus einer Alarmzentrale und Meldern und/oder Sensoren, die bei Einbruch Signale an die Zentrale abgeben. Ein **Sensor** besitzt keine mechanischen oder elektronischen Meldekontakte. Das Signal wird von der Zentrale ausgewertet. **Melder** dagegen besitzen interne mechanische oder elektronische Kontakte, die im Alarmfall öffnen oder schließen.

☺ Die hier verwendeten Symbole zur Kennzeichnung der Melder (MK, GM usw.) sind vom **V**erband **d**er **S**chadensversicherer (**VdS**) festgelegt.

Melder mit Magnetkontakten (MK)

Diese Melder bestehen aus zwei Teilen (Abb. 1a):

- Permanentmagnet (Montage auf beweglichem Fensterflügel),
- Reedkontakte (Montage auf dem festen Fensterrahmen).

Reedkontakte sind in ein Glasrohr eingeschmolzene eiserne Kontaktzungen (Abb. 1b). Durch den Permanentmagneten werden die Kontaktzungen magnetisiert und ziehen sich an. Der Kontakt bleibt solange geschlossen, bis der Magnet entfernt wird.

☺ Kontakte die im Normalfall geschlossen sind (Öffner), werden häufig auch als **NC**-Kontakte bezeichnet (engl.: **n**ormally **c**losed).

Die einzelnen Kontakte von Meldern werden in der Regel nicht einzeln mit der Zentrale verdrahtet, sondern zu **Meldelinien** zusammengefasst.

Bei Meldern mit Reedkontakten werden alle Öffner in Reihe geschaltet (Abb. 2). Ein Alarm erfolgt, wenn mindestens ein Kontakt geöffnet wird. Abschalten lässt sich die Meldelinie durch Schließen des Schalters S0.

Melder, die als Öffner arbeiten, werden in Reihe geschaltet. Die Meldelinie arbeitet dann nach dem **Ruhestromprinzip.**

Nachteil: Die Meldelinie lässt sich „sabotieren“, indem man die einzelnen Melder oder die beiden Leitungen der Meldelinie zwischen den Punkten A und B überbrückt.

Glasbruchmelder (GM)

Glasbruchmelder gibt es in verschiedensten Ausführungen. Sie können in der Regel die typischen Schallschwingung beim Ritzen oder Zerspringen von Glas durch einen Piezokristall aufnehmen und das Signal direkt in eine Schaltfunktion umwandeln. Diese Melder wirken wie ein offener Kontakt (Abb. 3b), der im Alarmfall schließt.

Zur Auswertung der Schallsignale ist oft eine elektronische Schaltung im Melder erforderlich, so dass diesen Meldern eine Gleichspannung zugeführt werden muss.

Damit bei einem Einbruchsversuch genau der Ort lokalisiert werden kann, befinden sich in den Meldern oft Speicher, deren Zustand durch eine Leuchtdiode angezeigt wird (Abb. 3a).

☺ Kontakte, die im Normalfall geöffnet sind (Schließer), werden auch als **NO**-Kontakte bezeichnet (engl.: **n**ormally **o**pen).

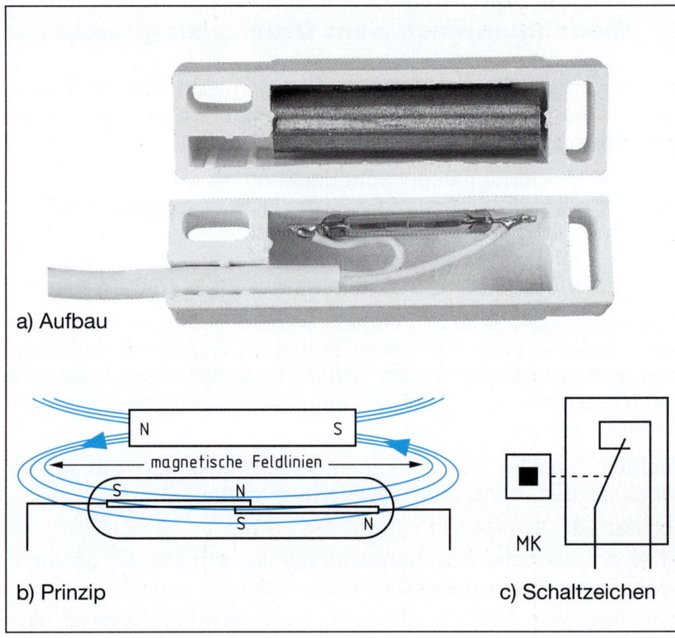

Abb. 1: Melder mit Magnetkontakt

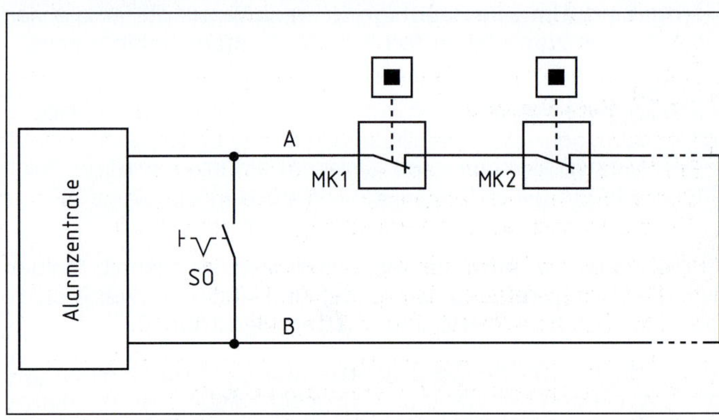

Abb. 2: Melder in Meldelinie nach dem Ruhestromprinzip

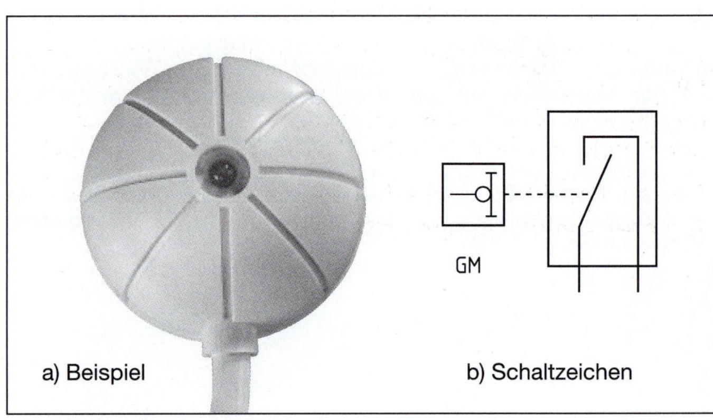

Abb. 3: Glasbruchmelder

Melder, die unter Normalbedingungen wie offene Schalter (Schließer) arbeiten, werden in Meldelinien parallel geschaltet (Abb. 1). Ein Alarm wird ausgelöst, wenn ein Kontakt schließt. Die Meldelinie lässt sich durch einen gemeinsamen Öffner S0 abschalten.

Melder, die als Schließer arbeiten, werden parallel geschaltet. Die Meldelinie arbeitet nach dem **Arbeitsstromprinzip.**

Nachteil: Die Meldelinie lässt sich „sabotieren“, indem man sie an einer beliebigen Stelle auftrennt oder einen Melder entfernt.

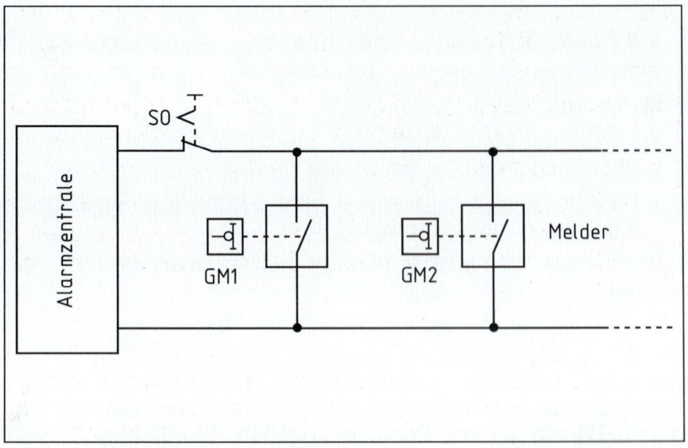

Abb. 1: Melder in Meldelinie nach dem Arbeitsstromprinzip

Meldelinien nach dem Differenzialprinzip

Die Sabotagemöglichkeiten in Meldelinien lässt sich verringern, wenn in die Meldelinien Widerstände eingefügt werden **(Differenzialprinzip).**

In diesen Meldelinien überwacht die Zentrale den für die Meldelinie festgelegten Widerstand z.B. mit Hilfe einer Brückenschaltung und reagiert bereits bei prozentualen Abweichungen (Abb. 2). Der Leitungswiderstand kann vernachlässigt werden, da der Wert des Abschlusswiderstandes im kΩ-Bereich liegt.

Unterschiedliche Melder (Öffnern und Schließer) können auch gemeinsam in einer Meldelinie betrieben werden. Eine Sabotage durch Überbrücken der beiden Meldeleitungen oder eine Unterbrechung der Leitung an einer beliebigen Stelle wird als Alarmfall gewertet.

Nachteil: Einzelne Melder können überbrückt bzw. herausgetrennt werden, ohne dass ein Alarm erfolgt.

Abhilfe:

- Der erforderliche Abschlusswiderstand wird auf die gesamte Meldelinie in Form von Einzelwiderständen verteilt.
- Anstelle von zwei Anschlüssen an jedem Melder wird eine **4-Leiter-Verdrahtung** vorgenommen (Abb. 3). Die gesamte Meldelinie mit Hin- und Rückleiter wird dann über jeden Melder geführt. Um eine Sabotage zu erschweren, dürfen die vier Zuleitungen zum Melder farblich nicht unterscheidbar sein.

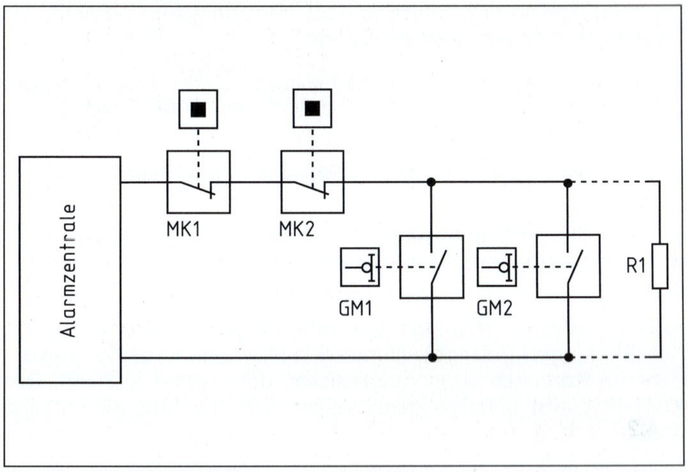

Abb. 2: Meldelinie mit Öffner und Schließer nach dem Differenzialprinzip

Die Kontakte von Meldern werden in Alarm- und Überwachungsanlagen in Meldelinien zusammengeschaltet. Bei einer Meldelinie nach dem Differenzialprinzip wird in die Meldelinie ein genau festgelegter Widerstand geschaltet.

Für die Fenster im Anwendungsbeispiel werden deshalb Melder mit 4-Leiter-Verdrahtung verwendet und diese in zwei Meldelinien nach dem Differenzialprinzip installiert (Abb. 3).

Die **Meldelinie für die Glasbruchmelder** ① ist durch einen genau festgelegten Widerstand ② abgeschlossen, der im Alarmfall überbrückt wird.

Auch die **Meldelinie für die Magnetkontakte** ③ besitzt durch den Abschlusswiderstand einen bestimmten Widerstand ④. Im Alarmfall (Unterbrechung der Leitung) steigt der Widerstandswert der Meldelinie auf den Wert des Isolationswiderstandes der Leitung an.

☺ Die Leitungen der einzelnen Meldelinien laufen an der Zentrale zusammen. Oft wird vor der Zentrale in einem Verteiler (Rangierverteiler) eine Zusammenschaltung von Leitungen von Meldern oder Meldelinien vorgenommen.

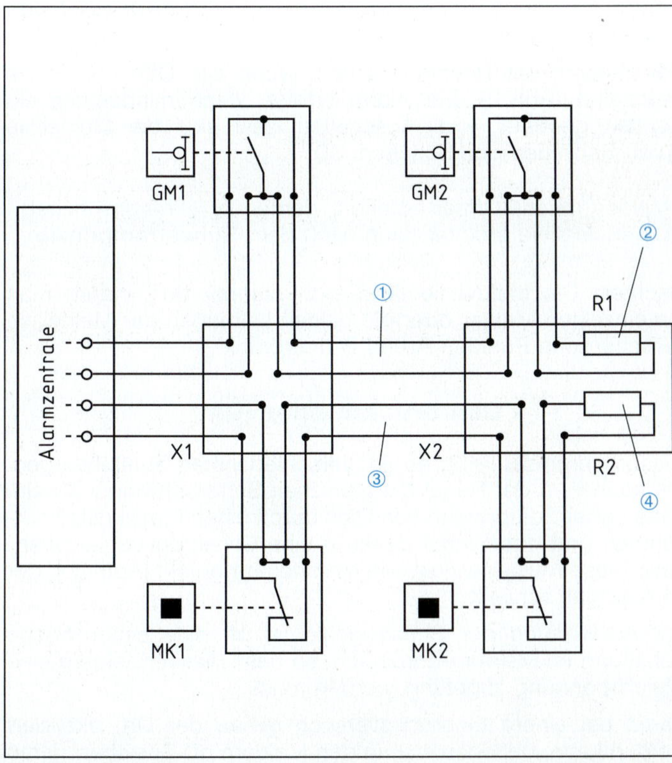

Abb. 3: Meldelinien für zwei Fenster in 4-Leiter-Verdrahtung und Differenzialprinzip (Anwendungsbeispiel)

4.2.1 Meldelinie

a) Welche Meldertypen werden in der Meldelinie verwendet und auf welche Weise erfolgt die Alarmmeldung?

b) Nach welchem Prinzip ist die Meldelinie eingerichtet?

c) Der Abschlusswiderstand der Meldelinie beträgt 10 kΩ. Er soll durch zwei Einzelwiderstände von jeweils 5 kΩ für jeden Melder ersetzt werden. Zeichnen Sie den Stromlaufplan.

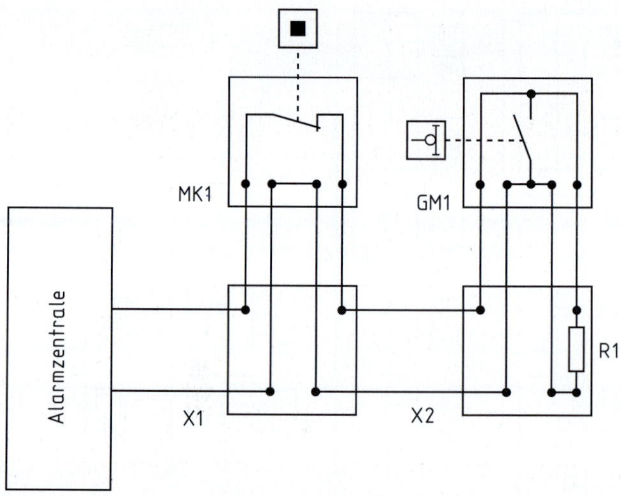

4.2.2 Eine Meldelinie für vier Melder

Die Melder in Abb. 3 auf S. 54 sollen an einer einzelnen Meldelinie nach dem Differenzialprinzip betrieben werden. Der Gesamtwiderstand von 10 kΩ wird auf zwei Widerstände von jeweils 5 kΩ. aufgeteilt. Es sind zwei Verteilerdosen zu verwenden.

Zeichnen Sie den Stromlaufplan.

4.2.3 Analyse einer Meldelinie

Beantworten Sie zu der abgebildeten Meldelinie und den Meldern eines einzelnen Wohnraumes folgende Fragen:

a) Nach welchem Prinzip arbeitet die Meldelinie?

b) Wie groß ist der Gesamtwiderstand der Meldelinie?

c) Welche Überwachungsfunktionen übernehmen die Melder?

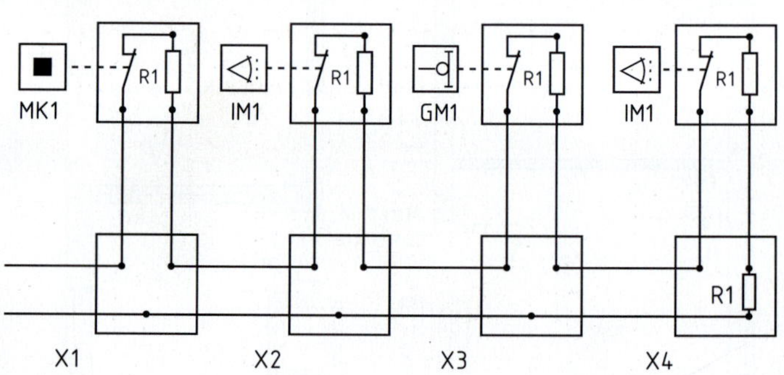

R_1 = 2,2 kΩ

4.2.4 Melder mit Betriebsspannung

Die abgebildeten Glasbruchmelder benötigen eine Versorgungsspannung von 12 V. Die Verdrahtung eines Melders in einer Verteilerdose ist dargestellt.

Die Anlage soll jetzt zur Überwachung von zwei weiteren Fenstern um zwei gleichartige Melder erweitert werden.

Die Meldelinie soll in X3 durch einen Widerstand abgeschlossen werden.

Zeichnen Sie den Stromlaufplan.

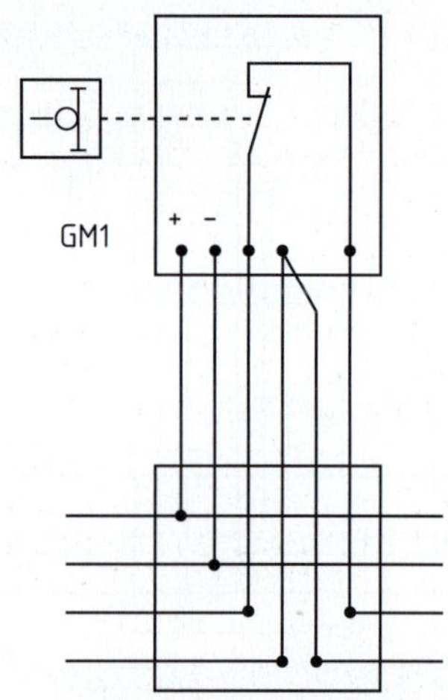

4.2.5 Verdrahtung von Bewegungsmeldern

In einem Wohnraum sollen zur Raumüberwachung ein Ultraschall-Bewegungsmelder und ein PIR-Melder installiert werden. Beide besitzen NC-Kontakte.

Im Prinzip können die Melder wie abgebildet verdrahtet und in eine Meldelinie eingefügt werden.

a) Worin unterscheiden sich die beiden Schaltungsarten hinsichtlich ihres Logik- bzw. Meldeverhaltens?

b) Erörtern Sie Vor- und Nachteile der Schaltungen unter dem Überwachungsgesichtspunkt.

A)

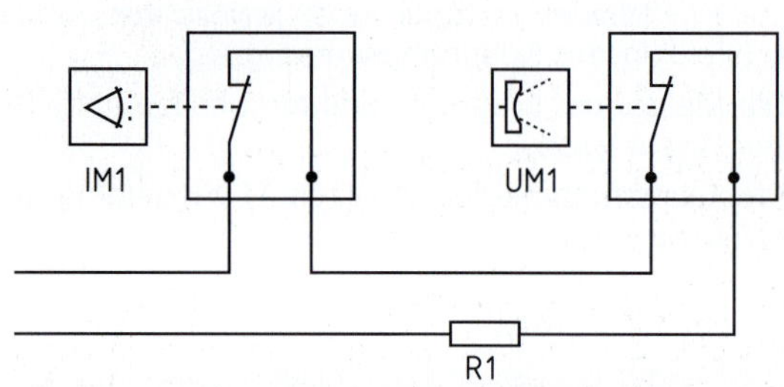

B)

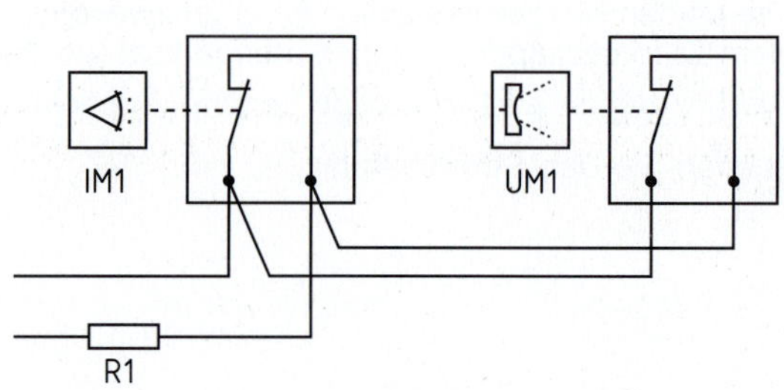

4.2.6 Vibrationsmelder mit Deckelkontakt

Vibrationsmelder nehmen Erschütterungen auf und öffnen bei Erreichen einer bestimmten Intensität einen Kontakt.

Die drei Vibrationsmelder im Stromlaufplan sind zusätzlich mit einem Deckelkontakt (NCD) versehen. Bei Öffnung des Deckels wird ein Kontakt geöffnet.

Beschreiben Sie die Arbeitsweise der Meldelinien A und B.

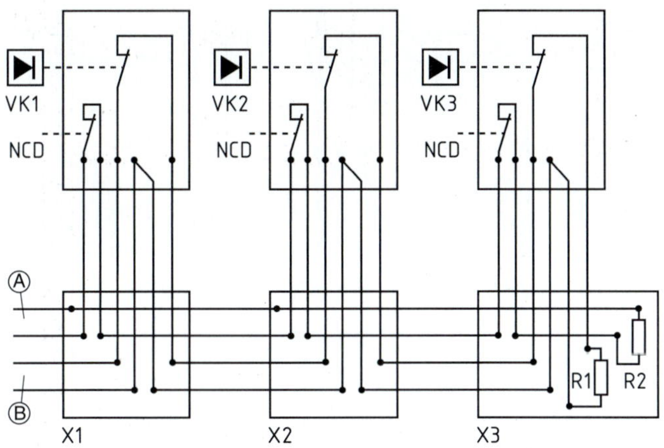

4.2.8 Verbindung von Meldern in Meldelinien

In einem Wohnhaus sind in vereinfachter Darstellung die abgebildeten Melder installiert.

a) Welche Überwachungsfunktion übernehmen die Melder?

b) In der Verteilerdose X1 werden die in Linien zusammengefassten Melder verschaltet. Von der Alarmzentrale werden zwei Differentialmeldelinien zur Verfügung gestellt. Welche Verbindungen in X1 müssen hergestellt werden und welche Bauteile müssen unter Umständen eingefügt werden?

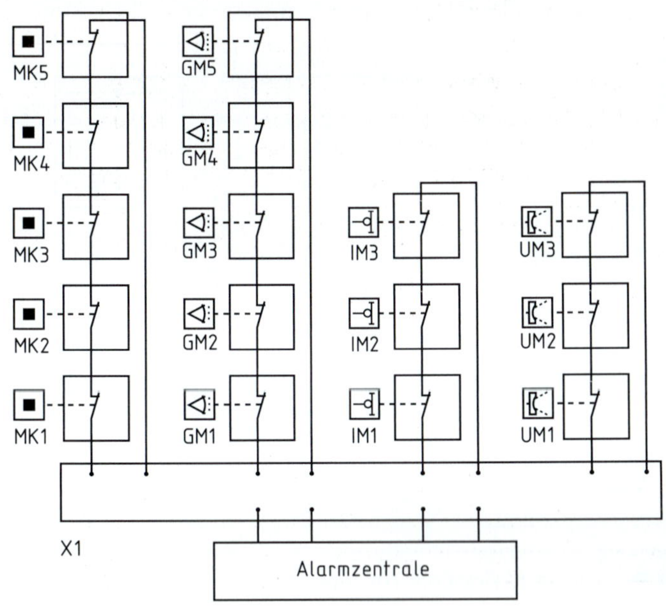

4.2.7 Überwachung einer Etagenwohnung

Die im Installationsplan eingetragenen Melder sollen zur Sicherung einer Etagenwohnung installiert werden.

Angaben zu den Meldern:

- Die PIR-Infrarotbewegungsmelder (IM) benötigen eine Betriebsspannung von 12 V.
- Die Öffner der PIR-Melder sollen über eine einzelne Meldelinie zusammen geschaltet werden.
- Die PIR-Melder verfügen über jeweils vier Anschlüsse (einschließlich der Spannungsversorgung)
- Die Melder mit Magnetkontakten besitzen NC-Kontakte und vier Anschlüsse.
- Die Glasbruchmelder besitzen NO-Kontakte und vier Anschlüsse.
- Beide Melderarten sollen über eine gemeinsame Meldelinie geschaltet werden.
- Die Melder werden in den Dosen X1, X2 und X3 zusammengeschaltet.
- Die beiden Meldelinien sollen in X4 zu zwei Meldelinien nach dem Differenzialprinzip zusammengefasst werden.
- Als Leitung ist eine vierpolige Leitung zu verwenden.

Zeichnen Sie den Stromlaufplan.

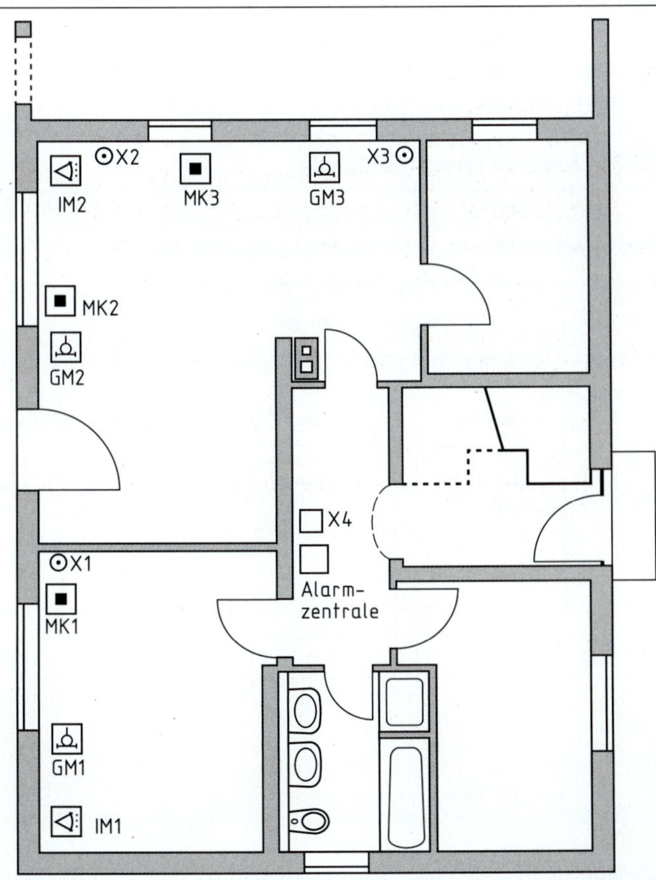

4.2.9 Lageplan für eine Alarmanlage

Der Verband der Sachversicherer e.V. (VdS) gibt Richtlinien für Einbruchmeldeanlagen heraus. Der abgebildete Lageplan ist ein Beispiel des Verbandes für eine fachgerecht aufgebaute Anlage.

Beantworten Sie dazu die folgende Fragen:

a) Wie viele Glasbruchmelder, Melder mit Magnetkontakten und Bewegungsmelder sind vorgesehen?

b) Wo befindet sich die Alarmzentrale und die Enegierversorgung für die Anlage?

c) Wie viele Verteiler sind vorgesehen?

d) In welcher Weise wird die Eingangstür gesichert?

e) Die Signale der Glasbruchmelder und der Melder mit Magnetkontakten sollen in getrennten Meldelinien verarbeitet werden. Zusätzlich ist in jedem Verteiler ein Deckelkontakt vorgesehen.
Wie viele Meldelinien sind dann für das Fenster 2 erforderlich?

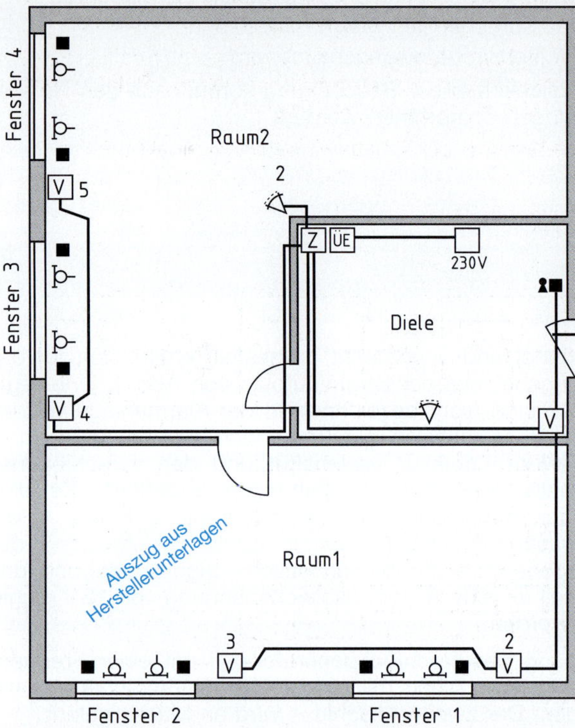

4.2.10 Verteilerverdrahtung

Der Stromlaufplan zeigt den Verteiler 4 aus Aufgabe 4.2.9. und die angeschlossenen Melder.

Beantworten Sie hierzu die folgenden Fragen:

a) Welche Melderarten werden eingesetzt?

b) Wie viele Meldelinien führen zum Verteiler?

c) Welche Melder sind in welchen Meldelinien verschaltet?

d) Welche Arten von Meldelinien werden eingesetzt?

e) Wie viele Adern muss die Leitung mindestens besitzen?

f) Wodurch ist der Verteiler gegen Sabotage gesichert?

g) Beschreiben Sie den Signalweg für die Glasbruchmelder.

h) Beschreiben Sie den Signalweg für die Melder mit Magnetkontakten.

i) Der Deckelkontakt für die Sabotagemeldung soll in die Meldelinien für die Melder mit Magnetkontakt einbezogen werden.
   1. Beschreiben Sie, welche Veränderungen im Verteiler vorzunehmen sind.
   2. Wie viele Adern sind in diesem Fall für die Zuleitung erforderlich?

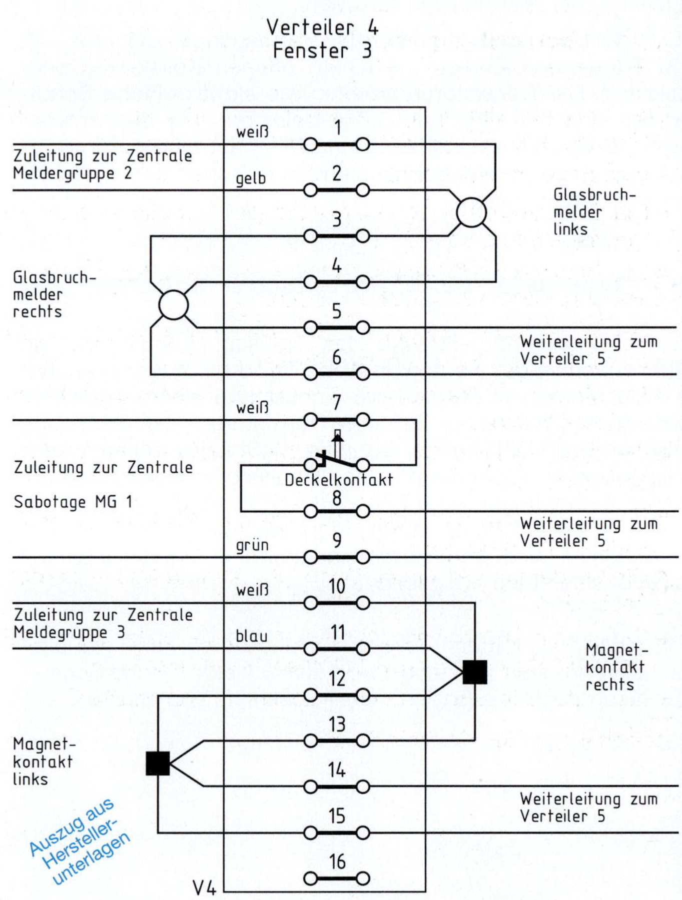

Die Ausgänge der Alarmanlage sollen so beschaltet werden, dass bei Alarm

- die in der Anlage bereits vorhandenen LED leuchtet,
- ein Lautsprecher den Alarm meldet und
- eine Außensirene eingeschaltet wird.

Die Möglichkeiten der Beschaltung können aus den Herstellerunterlagen entnommen werden.

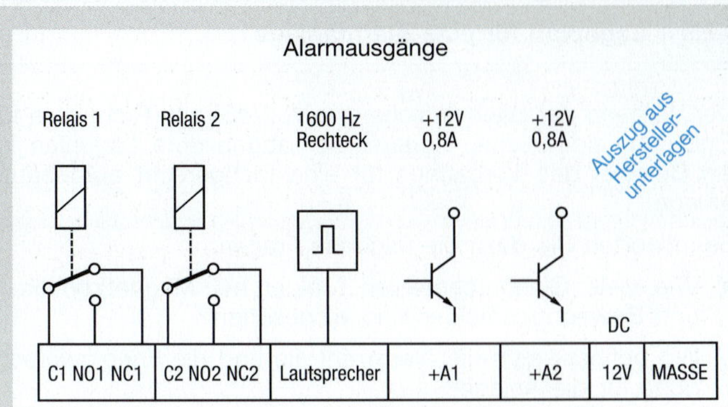

Umgezeichnet und vereinfacht dargestellt ergibt sich für das Anwendungsbeispiel der Stromlaufplan von Abb. 1. Unbelegte Anschlüsse sind nicht gezeichnet. In der Alarmanlage werden die von den Meldelinien ankommenden Alarmmeldungen in einer Auswerte-Logik ① verarbeitet und den verschiedenen Ausgabebausteinen bzw. -schaltungen zugeführt. Es sind das für das Anwendungsbeispiel erforderliche Relais 1, der Transistorausgang +A1 (Kollektor) sowie der Ausgang des Rechteckgenerators für die akustische Signalerzeugung und das Netzteil für eine Ausgangsgleichspannung von 12 V eingezeichnet worden.

Der Ausgang des Rechteckgenerators ② mit einer Frequenz von 1,6 kHz kann direkt mit einem Alarmlautsprecher verbunden werden. Der zweite Anschluss wird an Masse gelegt.

Im Alarmfall fließt durch die Relaisspulen Strom und der Wechsler mit den Anschlüssen C1, NO1 und NC1 wird betätigt. Die Anschlüsse werden in diesem Fall für die Alarmsirene ③ verwendet. Die Betriebsspannung von 12 V wird aus dem Netzteil ④ der Alarmanlage bezogen.

Die in der Alarmanlage vorhandenen Ausgänge +A1 und +A2 sind Transistorausgänge mit einem offenen Kollektor (Open-Collektor). Die Transistoren arbeiten wie **elektronische Schalter.** Sie sind mit 12 V und 0,8 A belastbar. Für den Anwendungsfall wird eine Leuchtdiode (LED ⑤) mit einem Vorwiderstand zur Anzeige des Alarmzustandes zwischen dem Kollektor und +12 V geschaltet.

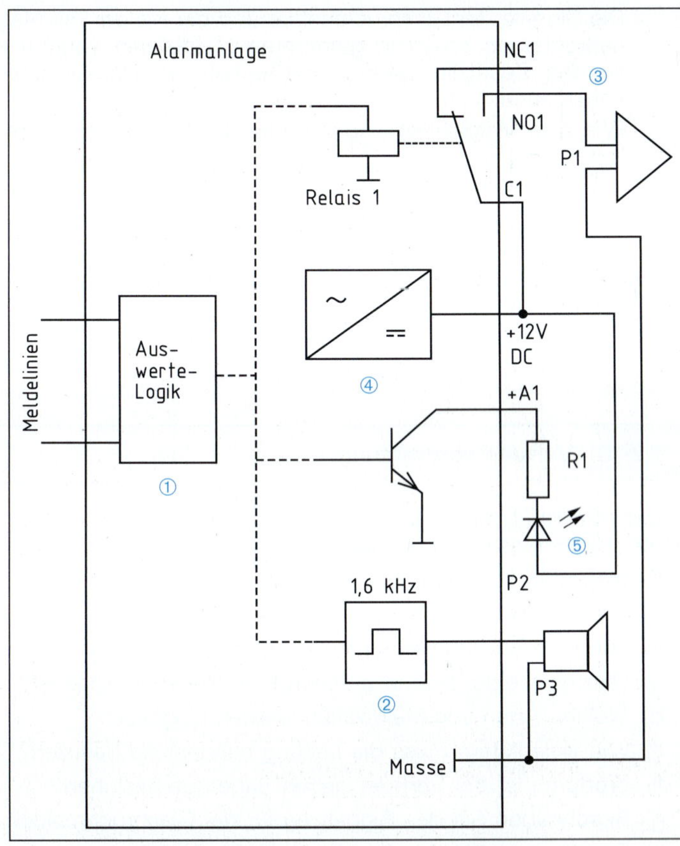

Abb. 1: Ausgangsbeschaltung einer Alarmanlage

Transistor als elektronischer Schalter

Die Kollektor-Emitter-Strecke des Transistors kann wie ein Schalter verwendet werden. In Abb. 2 sind die Zusammenhänge zwischen einem Relais bzw. Schütz und einem Transistor verdeutlicht. Wenn bei Silicium-Transistoren die Spannung zwischen Basis und Emitter 0 V wird, fließt kein nennenswerter Kollektorstrom (Sperrstrom des Transistors vernachlässigt). Erst bei Spannungen ab 0,7 V fließt ein Strom durch die Transistorstrecke und damit durch den Arbeitswiderstand. Im Anwendungsfall wird der Arbeitswiderstand durch die LED mit dem Vorwiderstand R1 gebildet.

Die Kollektor-Emitterstrecke von Transistoren kann wie ein Schalter arbeiten. Gesteuert wird dieser elektronische Schalter durch die kleine Basis-Emitter-Spannung von etwa 0,7 V.

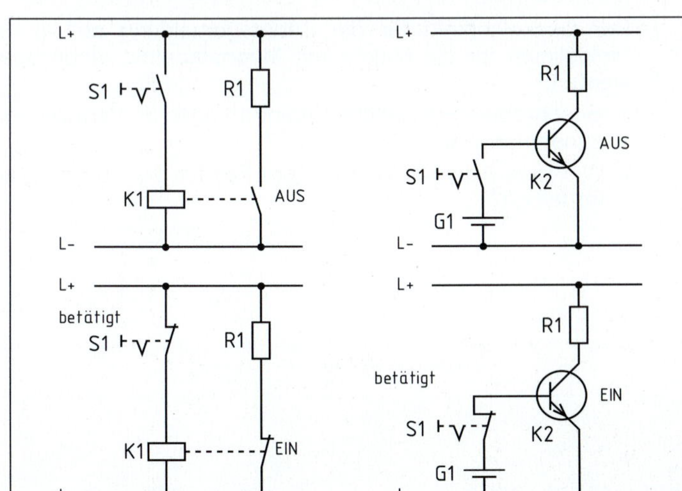

Abb. 2: Vergleich zwischen Schütz und Transistor

4.3.1 Ausgänge von Alarmanlagen

Eine Alarmanlage besitzt für den Außen- und Innenbereich abschaltbare und getrennte Melder. In der Alarmanlage werden die Signale als interner und externer Alarm verarbeitet und mit verschiedenen Signalgebern angezeigt. Als Ausgang für die elektronischen Schalter wird der Emitter eines Transistors verwendet. Der Kollektor wird intern mit Spannung versorgt.

Beschreiben Sie die Arbeitsweise der Schaltung, wenn

a) S1 betätigt und
b) S1 nicht betätigt ist.

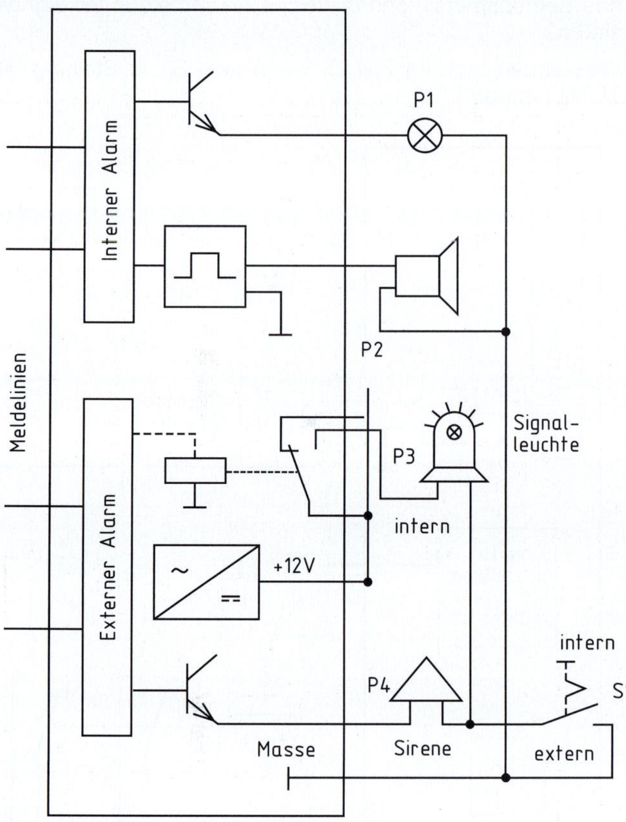

4.3.2 Alarmanzeige mit einer LED

Der Schaltungsauszug zeigt einen beschalteten Ausgang einer Alarmanlage. Im Logikbaustein K2 werden die Signale der Meldelinien ausgewertet und mit der LED angezeigt.

Beschreiben Sie die Funktion.

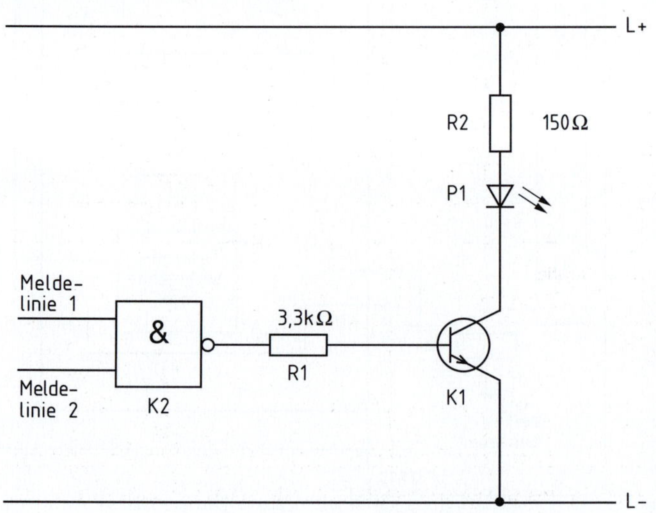

4.3.3 Diodenüberprüfung

Beschreiben Sie die Funktion der Dioden P1 und P2, wenn R1

a) mit verschiedenen Polaritäten,
b) mit Unterbrechung und
c) mit Kurzschluss eingesteckt wird?

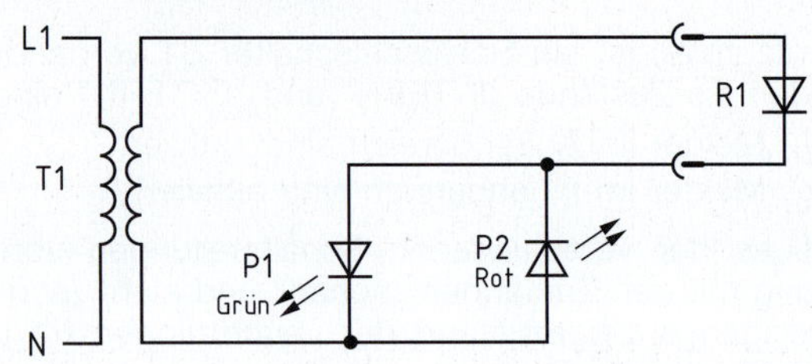

4.3.4 Externe Beschaltung

Der Auszug des Stromlaufplanes eines Herstellers zeigt Ausgänge einer Alarmanlage. Sie können durch Beschalten mit externen Bauteilen den Erfordernissen angepasst werden.

a) Benennen Sie die Bauelemente und beschreiben Sie die Funktion der Ausgänge.

b) Zeichnen Sie einen Stromlaufplan mit folgenden Bedingungen:

1. Der interne Alarm soll durch die in der Alarmanlage vorhandene Leuchtdiode angezeigt werden.
2. Mit dem externen Alarm soll das Relais geschaltet und mit den Kontakten des Relais eine 12 V Signallampe eingeschaltet werden.

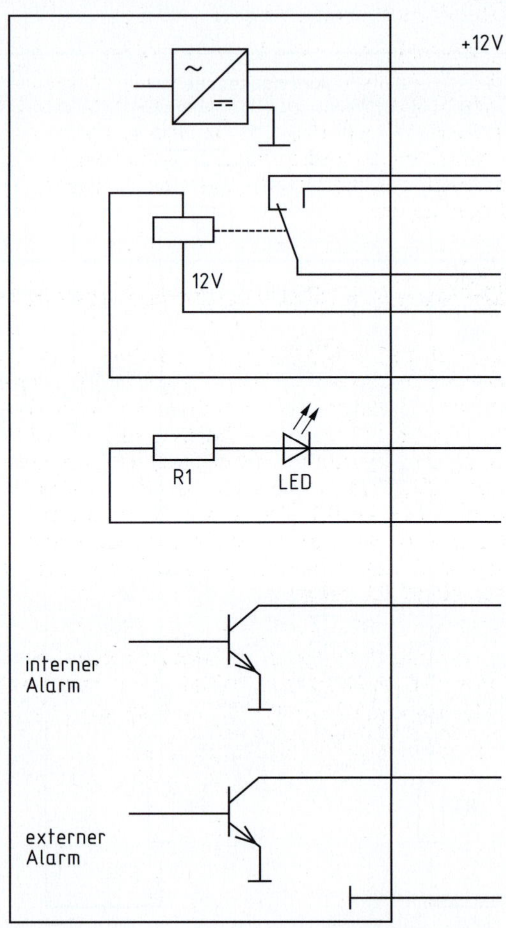

4.3.5 Scharfeinstellung

Wenn bei einer Alarmanlage die Alarmfunktion aktiviert ist, befindet sie sich im „scharfen" Zustand. Im abgebildeten Ausschnitt des Stromlaufplanes einer Anlage wird dieses durch die Spannung von 12 V am Anschluss A erreicht. Bei 0 V an diesem Anschluss befindet sich die Anlage im nicht „scharfen" Zustand.

Im Stromlaufplan ist ein Schlüsselschalter S1 vorhanden. Mit ihm werden die Zustände „INTERN" und „EXTERN" eingestellt.

EXTERN: Melder im Außenbereich sind aktiviert.
INTERN: Melder im Innenbereich sind aktiviert.

Der Einfluss der verschiedenen Schaltstellungen von S1 in Verbindung mit den Zuständen „scharf" und nicht „scharf" auf den jeweiligen Anzeigezustand der Leuchtdioden P1 und P2 soll ermittelt werden.

Beschreiben Sie dazu die vier verschiedenen Fälle und stellen Sie diese zusätzlich in einer Tabelle dar.

Zustand		**--S1**		**P1 Grün**	**P2 Rot**
scharf	nicht scharf	EXTERN	INTERN		
	✖	✖			
	✖		✖		
✖		✖			
✖			✖		

✖ Zustand „scharf" oder nicht „scharf"; Schalter geschlossen
● Lampe leuchtet
❍ Lampe leuchtet nicht

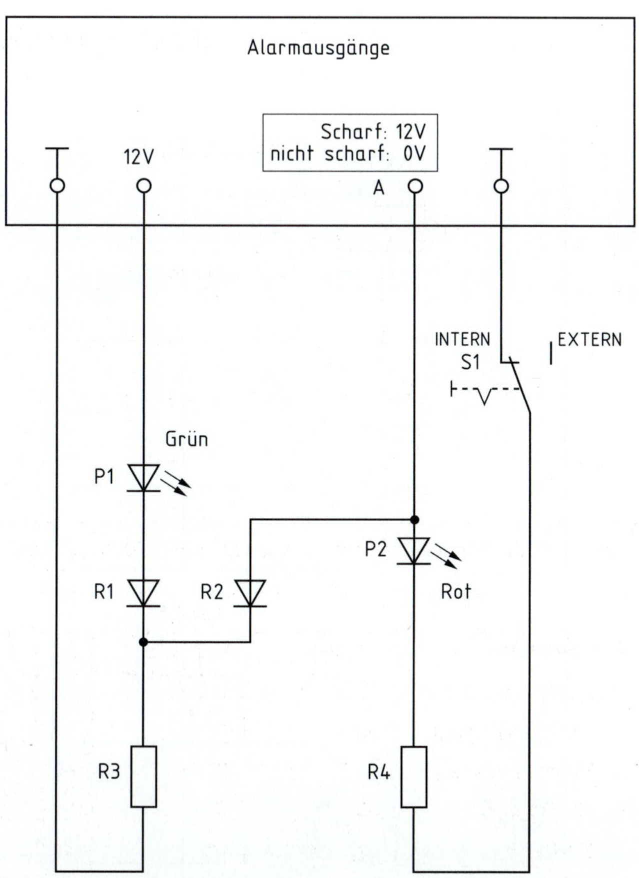

4.3.6 Extern und intern

Der Schaltungsauszug zeigt die Ausgangsbeschaltung einer Alarmanlage.

Beantworten Sie dazu die folgenden Fragen:

a) Welche Betriebsmittel signalisieren einen internen Alarm?

b) Wodurch wird die Anlage „scharf" bzw. nicht „scharf" geschaltet?

c) Annahme: Die Anlage ist durch die 12 V Spannung „scharf" geschaltet und S1 befindet sich in Stellung EXTERN. Welche Betriebsmittel können welche Alarmmeldungen signalisieren?

d) Was ändert sich im Fall c), wenn sich S1 in Stellung INTERN befindet?

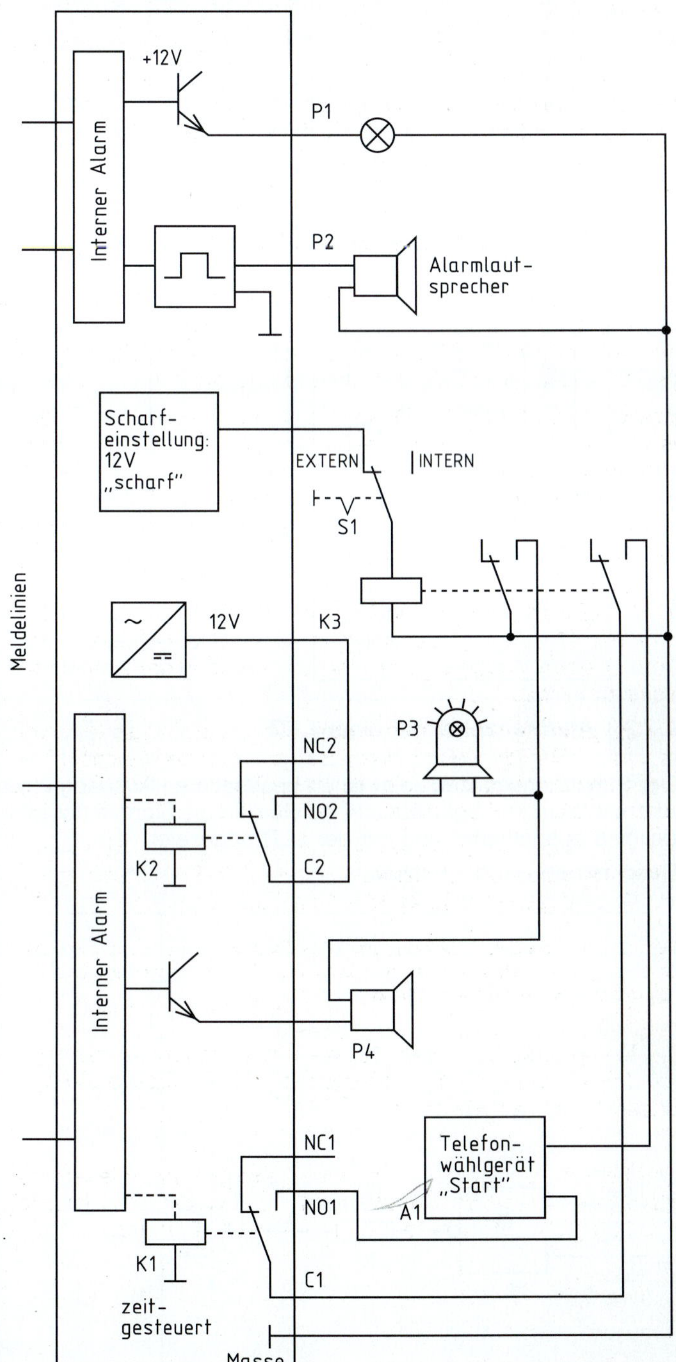

Die Antennenanlage mit der Antennensteckdose X1 ① ist durch eine zweite Antennensteckdose X2 ② im Schlafzimmer erweitert worden. Die Qualität des empfangenen Bildes an der zweiten Dose ist jedoch unbefriedigend.

Der Elektroinstallateur soll die Anlage durch Messung überprüfen und die notwendigen Änderungen bzw. Verbesserungen vornehmen.

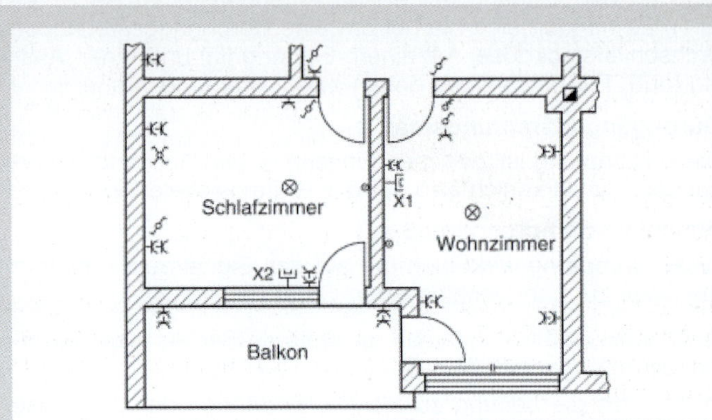

Um sich einen Überblick über das Problem zu verschaffen, überprüft der Elektroinstallateur zunächst die Betriebsmittel der Anlage (Abb. 2) und misst die Signale.

Aufbau der Anlage

Die Anlage besteht aus den drei Antennen: UKW, VHF mit Kanal 5 und UHF mit Kanal 39. Die einzelnen Signale werden in einer Antennenweiche X0 (Abb. 2) zusammengeführt. Für alle Signale ist jetzt nur noch eine Leitung erforderlich.

Betriebsmittel (Weichen, Dosen, Leitungen usw.) verringern das von der Antenne gelieferte Empfangssignal. Es findet eine **Dämpfung** statt. Angegeben wird diese Dämpfung durch das logarithmische **Dämpfungsmaß** *a* in dB (Dezibel). Das Dämpfungsmaß ist eine logarithmische Verhältniszahl. Der Vorteil der logarithmischen Angaben liegt darin, dass die verschiedenen Dämpfungsmaße der Anlage addiert werden können.

Für die verwendete Antennenweiche X0 wird z.B. vom Hersteller das Durchgangsdämpfungsmaß 2 dB angegeben. Das Antennensignal verringert sich also am Ausgang der Antennenweiche um 2 dB.

Zur Überprüfung der Anlage misst der Elektroinstallateur am Eingang ③ (Abb. 2) und am Ausgang der Antennenweiche X0 ④ die Signale der einzelnen Kanäle bzw. Bereiche. Am Ausgang sind die Zahlen wie erwartet um den Wert 2 geringer (Abb. 2).

Allerdings findet er auf dem Antennenmessgerät die Dämpfungmaß-Angabe dBμV. Obwohl die Einheiten unterschiedlich sind (dB und dBμV), können die Werte addiert werden.

☺ Bei der Angabe eines Dämpfungsmaßes in dBμV wird die gemessene Spannung durch die festgelegte Spannung von 1μV dividiert und als logarithmische Verhältniszahl angezeigt.

Die Dämpfungsmaße der Betriebsmittel von Antennenanlagen in dB oder in dBμV können zu einem Gesamtdämpfungsmaß addiert werden.

Auch die nach der Weiche folgenden Leitungen und die Antennendosen verursachen Dämpfungen. Es ergeben sich jeweils am Eingang die Messwerte ⑤ und ⑥ in Abb. 2 und 3.

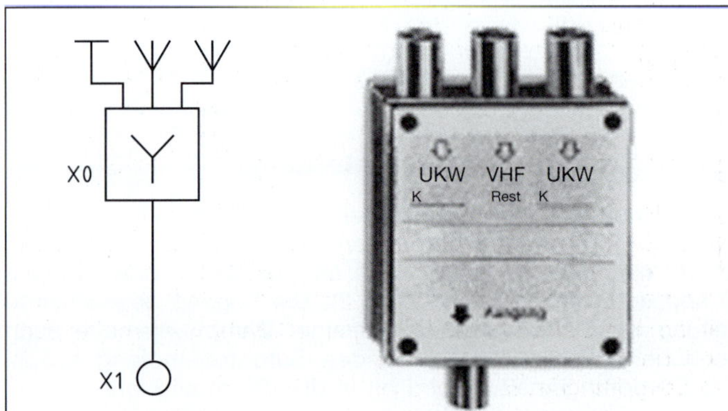

a) Ausgangsplan b) Antennenweiche

Abb. 1: Übersichtsschaltplan der ursprünglichen Antennenanlage

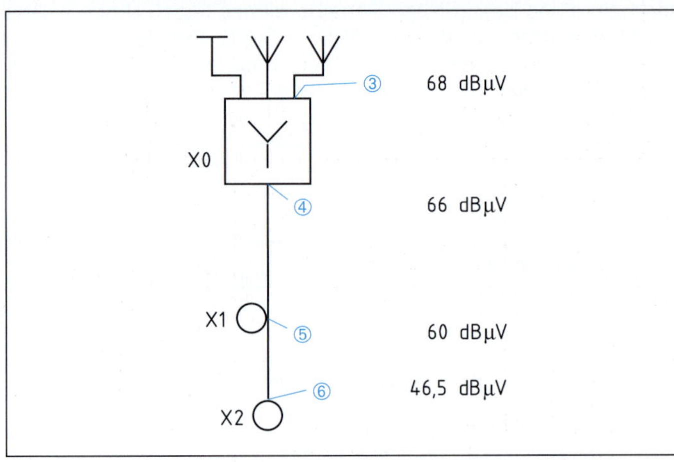

Abb. 2: Geänderte Antennenanlage mit UHF-Messwerten

Messpunkte	Kanäle		
	UKW in dBμV	**VHF K 5** in dBμV	**UHF K 39** in dBμV
③ Weicheneingang	65	63	68
④ Weichenausgang	63	61	66
⑤ X1-Eingang	58	55	60
⑥ X2-Eingang	37	41	46,5

Abb. 3: Messergebnisse

Antennensteckdosen

Von der Weiche gelangt das Antennensignal über eine Koaxialleitung an den Eingang der ersten Antennensteckdose X1 (① Abb. 1). Es handelt sich hierbei um eine Durchgangssteckdose (Durchschleifsteckdose) mit einem Eingang (in) und einen Ausgang (out). Für diese Dose gelten zwei Dämpfungsmaße:

- **Durchgangsdämpfungsmaß a_D**
  Diese Dämpfung ist zwischen Eingang ① und Ausgang ② vorhanden. Sie wirkt sich also auf das weitergeleitete Signal aus.
- **Anschlussdämpfungsmaß a_A**
  Diese Dämpfung wirkt sich nur auf das Signal aus, das über die Dose zum angeschlossenen Gerät gelangt ③.

Das Anschlussdämpfungsmaß ist stets größer als das Durchgangsdämpfungsmaß (Abb. 6).

Von X1 führt die Leitung zu X2. Die Enddose oder Stichdose X2 verfügt nur über einen Eingang. Um Störungen durch eine Signalreflexion zu vermeiden, muss sie mit einem Widerstand von 75 Ω (Wellenwiderstand der Leitung) abgeschlossen werden.

Enddosen müssen mit einem Widerstand von 75 Ω abgeschlossen werden.

Antennenleitung

Die Annensteckdosen sind durch eine abgeschirmte Leitung **(Koaxialkabel)** miteinander verbunden und hintereinander geschaltet. Je nach Anforderungen gibt es einfache ④ oder doppelt ⑤ abgeschirmte Leitungen (Abb. 2). Die doppelt abgeschirmte Leitung lässt sich aufgrund günstiger Dämpfungsmaße auch bei höheren Frequenzen verwenden (Satellitenempfang, s. 5.3). Das Dämpfungsmaß a_L wird oft in dB/100 m angegeben.

Pegelvergleich

Für einen optimalen Empfang muss das Signal am Empfänger innerhalb eines bestimmten Pegelbereiches liegen (Abb. 3). Aus den Messwerten der Anlage (Abb. 3, S. 61) und dem Vergleich mit dem Mindestpegel wird deutlich, dass an der Dose X2 die Pegel nicht ausreichend sind (s. untere Tabelle). Sie liegen unter dem Mindestpegel ⑥. Das Signal muss also verstärkt werden.

Bereich bzw. Kanal	UKW	VHF 5	UHF 39
gemessenener Pegel in dBμV	37	41	46,5
Mindestpegel in dBμV	50	54	57
Differenz in dBμV ⑥	−13	−13	−10,5

Verstärker

Geeignet ist z.B. der Verstärker VS 57, dessen Kenngrößen aus Abb. 4 zu entnehmen sind. Er wird anstelle der Weiche eingebaut. Die Verstärkung reicht von 18 bis 21 dB (Abb. 4 ⑦). Somit würden sich für die Dose X2 mit dem eingebauten Verstärker (Abb. 4) die folgenden Pegel ergeben ⑧:

Bereich bzw. Kanal	UKW	VHF 5	UHF 39
Pegel in dBμV an X2 ohne Verstärker und ohne Weiche	39	43	48,5
Verstärkung durch VS 37 in dB	18	18	21
Pegel in dBμV an X2 mit Verstärker	57 ⑧	61 ⑧	69,5 ⑧

Der gemessene Pegel liegt zwischen dem Mindest- und Höchstpegel. Eine Reserve ist vorhanden (üblich etwa 6 dB).

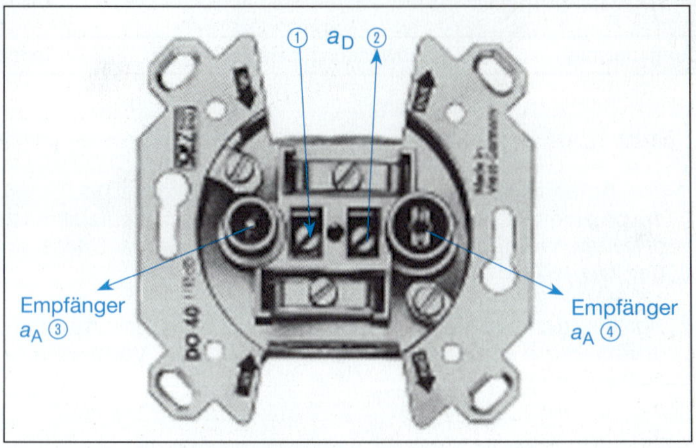

Abb. 1: Durchgangssteckdose

Koaxialkabel		
Frequenz in MHz	MK 04 Dämpfungsmaß a_L in dB/100 m ④	MK 90 Dämpfungsmaß a_L in dB/100 m ⑤
50	12,5	4,7
100	16,5	6,0
200	22,0	8,3
300	27,0	10,2
500	34,5	13,7
800	45,0	17,9
1000	–	20,1
1400	–	24,2
1750	–	27,3
1800	–	28,1

Abb. 2: Dämpfungsmaße von Koaxialkabel

Bereich	UKW (FM)	FS I (VHF)	FS II (VHF)	FS III/IV (VHF, UHF)
Mindestpegel in dBμV ⑤	50	52	54	57
Höchstpegel in dBμV	80	84	84	84

Abb. 3: Erforderliche Pegelbereiche für Eingänge von Empfängern

Bezeichnung	VS 57			
Bereich **Frequenz in MHz**	FM 87-108	VHF I 47-68	VHF II 174-230	UHF 470-860
Kanäle		2-4	5-12	21-69
Verstärkung in dB	18 ⑦	18 ⑦	18 ⑦	21 ⑦

Abb. 4: Kenngröße eines Verstärkers

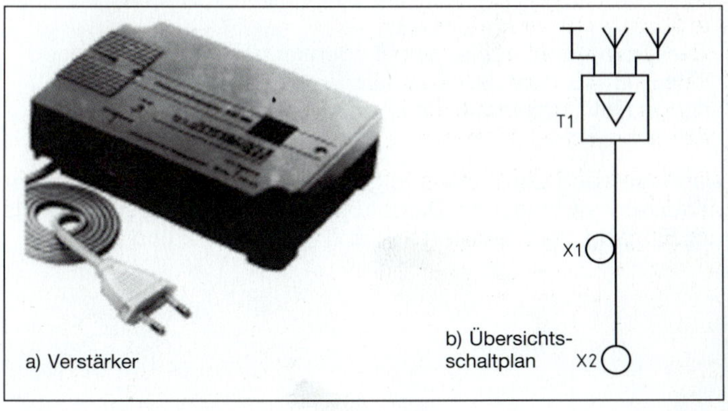

Abb. 5: Antennenanlage mit Verstärker

Frequenzbereiche	Durchgangsdosen					Enddose	
	DO 40 (GA-Anlagen)			DO 18 (Einzel-, GA- und BK-Anlagen)		DO 17 (Einzel-, GA- u. BK-Anlagen)	
	Durchgangs-dämpfungsmaß a_D in dB	Anschlussdämpfungsmaß a_A in dB		Durchgangs-dämpfungsmaß a_D in dB	Anschlussdämpfungsmaß a_A in dB		Anschlussdämpfungsmaß a_A in dB	
		Radio	TV		Radio	TV	Radio	TV
47,0 – 68 VHF I (K2-4)	1,8	16,3	13,5	1,8	7,5	8,0	7,2	2,0
87,5 – 108 FM	1,9	14,4	13,3	1,8	7,5	8,0	7,2	2,0
125 – 174 USB (S4 – S10)	2,1	–	13,3	1,8	–	7,5	–	2,0
174 – 230 VHF III (K5 – K12)	1,9	–	13,3	1,8	–	7,5	–	2,0
230 – 300 OSB (S11 – S20)	1,5	–	13,0	1,9	–	7,5	–	2,0
300 – 450 ESB (S21 – S38)	1,3	–	12,6	2,0	–	7,5	–	2,0
470 – 620 UHF IV (K21 --K39)	1,0	–	12,2	2,1	–	7,5	–	2,5
620 – 680 UHF V (K40 – K69)	1,0	–	12,0	2,2	–	7,5	–	2,5

Abb. 6: Dämpfungsmaße von Antennensteckdosen

5.1.1 Erweiterung der Stammleitung

Die Anlage des Anwendungsbeispiels wird erweitert. Es sollen durch Verlängerung der Stammleitung zwei zusätzliche Antennensteckdosen X3 und X4 in der Küche und im Kinderzimmer installiert werden.

a) Ermitteln Sie die Pegel an X4.

b) Werden die Mindestpegel erreicht?
Wenn nicht, schlagen Sie Änderungen vor.

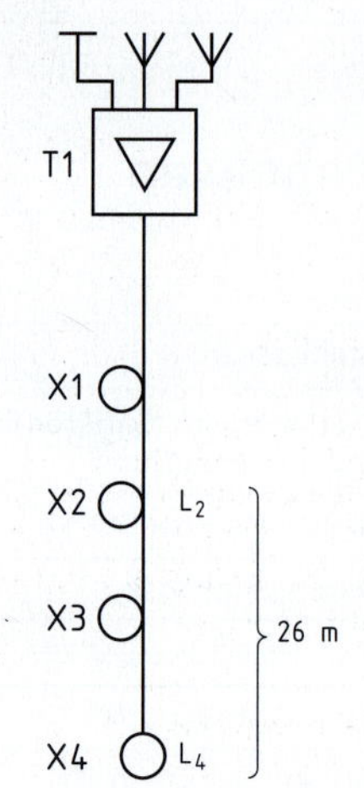

5.1.2 Zwei Stammleitungen

Die Anlage des Anwendungsbeispiels wird erweitert. Es sollen entsprechend dem Übersichtsschaltplan zwei Stammleitungen verwendet werden. Die Trennung erfolgt durch den Verteiler X5, der ein Durchgangsdämpfungsmaß für alle Bereiche von 6 dB besitzt.

a) Ermitteln Sie die Pegel an X4.

b) Kann die erwünschte Reserve von 6 dB eingehalten werden?

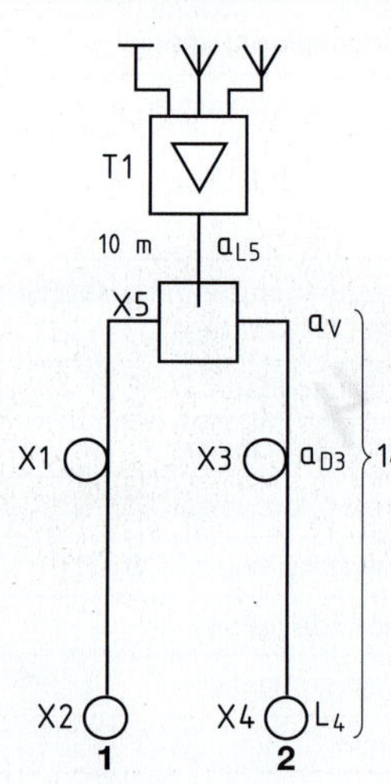

5.1.3 Installation einer Antennenanlage

Für eine Wohnung (s. Grundriss) soll eine Antennenanlage installiert werden.

Es sind die folgenden Bedingungen einzuhalten:

- Vier Antennen sind für folgende Bereiche zu verwenden: UKW (FM), VHF I, VHF III, UHF IV.
- Alle Antenneneingänge werden auf eine Weiche mit einem Durchgangsdämpfungsmaß von 2 dB gegeben.
- Ein Verstärker soll nicht verwendet werden.
- Als Leitung soll eine Stammleitung verwendet werden.
- Folgende Steckdosen sind einzubauen: zwei im Wohnzimmer, eine im Schlafzimmer, eine auf dem Balkon.

a) Zeichnen Sie den Übersichtsschaltplan.

b) Wählen Sie aus den Unterlagen (S. 61 bis 65) die geeigneten Betriebsmittel aus.

c) Ermitteln Sie die Gesamtdämpfungsmaße für die Frequenzbereiche an der letzten Dose. Hinweise: Leitungslänge von der Weiche bis X1: 6m. Die übrigen Leitungslängen können durch Abschätzung aus dem Grundriss entnommen werden.

d) Ermitteln Sie die notwendigen Eingangspegel an den Antennenausgängen, wenn die Mindestpegel eingehalten und eine Reserve von 6 dB vorhanden sein soll.

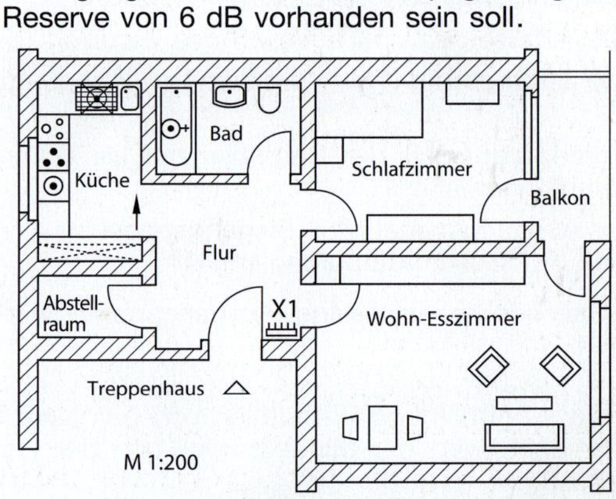

In einem 4stöckigen Haus befindet sich im Keller hinter dem Übergabepunkt für das BK-Netz (**B**reitband**k**ommunikationsnetz) ein Hausanschlussverstärker. Für 8 Wohnungen sollen entsprechend dem Übersichtsschaltplan Antennensteckdosen installiert werden. Der Abzweiger X02 befindet sich im 2. Stock. Von dort aus gehen Stichleitungen in jede Wohnung.

- Jede Wohnung erhält eine Antennensteckdose.
- Als Leitung wird das Koaxialkabel MK 04 (s. S. 62) verwendet.
- Die Reserve soll 3 dBµV betragen.
- Für die Kalkulation und Überpüfung der Funktion der Anlage sollen Pegelpläne erstellt werden.

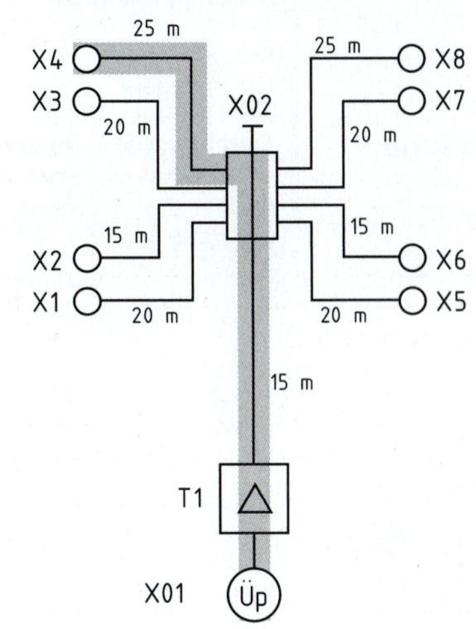

Für jede Steckdose muss der Empfangspegel zwischen dem Mindest- und dem Höchstpegel liegen (Abb. 1). Es ist üblich, die Pegel mit Formblättern oder Tabellen zu ermitteln.

Bereich	Mindestpegel in dBµV	Höchstpegel in dBµV
FM (UKW)	56	80
FS I, II, III	60	84

Abb. 1: Pegel-Anforderungen für Empfänger-Eingänge bei BK-Hausverteilanlagen

Ermittlung des Mindestpegels (Abb. 2)

- Eingangspegel für Tonrundfunk ① und Fernsehrundfunk ② am Übergabepunkt (Üp) messen.
- Anschlussdämpfungsmaß ③ der Steckdosen ermitteln.
- **Größtes Abzweigdämpfungsmaß** des Verteilers ④ (17,5 dB) ansetzen.
- **Längste Kabellänge** ermitteln (hier 40 m) und mit Dämpfungsmaß/Meter multiplizieren (Kabeldämpfungsmaß ⑤).
- Gesamtdämpfungsmaß der Betriebsmittel als Summe ermitteln ⑥.
- **Mindestpegel** aus Tabelle (Abb. 1) entnehmen ⑦.
- Erforderlichen Ausgangspegel (einschließlich Reserve) als Summe ermitteln ⑧.
- **Notwendiges Verstärkungsmaß** ⑨ aus der Differenz des erforderlichen Ausgangspegels mit dem Eingangspegel (⑧ – ① = ⑨ und ⑧ – ② = ⑨) ermitteln.
- Verstärker mit entsprechender Verstärkung ⑩ auswählen.

Ergebnis: Der vorgeschriebene Mindestpegel wird gerade erreicht.

Pegelplan	Datum:	Name:		
	Ort:	Straße:		
	Pegel am Übernahmepunkt: FM: 64 dBµV ①	VHF: 67 dBµV ②		
Steckdosen: 8	Verteiler: 1	Abzweiger: 1		

Dämpfung im **längsten/kürzesten** Stamm/Stich/Stern	Anzahl	Pegel in dBµV FM	VHFI	VHF III
Anschlussdose DO 17	1	7,2	2	2
Durchgangsdose				
Verteiler/Abzweiger DM 80 A (max.) ④	1	17,5	17,5	17,5
Kabeldämpfung MK 04 ⑤	40 m	6,6	5,0	8,8
Gesamtdämpfung ⑥		31,3	24,5	28,3
Mindestpegel ⑦		56	60	60
Erforderlicher Ausgangspegel + 3 dB ⑧		90,3	87,5	91,3
Notwendige Verstärkung ⑨		26,3	20,5	24,3
Gewählter Verstärker, z. B. VX 63 ⑩		27	21	25

Abb. 2: Ermittlung des Mindestpegels

Ermittlung des Höchstpegels (Abb. 3)

Der Höchstpegel entsteht an der kürzesten Stichleitung und durch das kleinste Abzweigdämpfungsmaß des Verteilers.

- Anschlußdämpfungsmaß der Dose ⑪.
- **Kleinstes Abzweigdämpfungsmaß** des Verteilers ⑫.
- **Kürzeste Stichleitung** (15 m) mit dem Leitungsdämpfungsmaß ⑬.
- Gesamtdämpfungsmaß der Betriebsmittel als Summe der Einzeldämpfungsmaße ⑭.
- Höchster Ausgangspegel ⑯ = Eingangspegel ⑮ + Verstärkungsmaß ⑩ - Gesamtdämpfungsmaß ⑭.

Ergebnis: Der höchste zulässige Ausgangspegel wird nicht überschritten.

Dämpfung im **längsten/kürzesten** Stamm/Stich/Stern	Anzahl	Pegel in dBµV FM	VHFI	VHF III
Anschlussdose DO 17 ⑪	1	7,2	2	2
Durchgangsdose				
Verteiler/Abzweiger DM 80 A (min.) ⑫	1	14	14	14
Kabeldämpfung MK 04 ⑬	30 m	5	3,8	6,6
Gesamtdämpfung ⑭		26,2	19,8	22,6
Eingangspegel ⑮		64	67	67
Ausgangspegel ⑯		64,8	68,2	69,4

Abb. 3: Ermittlung des Höchstpegels

Für Planung, Kontrolle und Kalkulation von Gemeinschafts-Antennenanlagen wird der Mindestpegel und der Höchstpegel ermittelt.

Verstärker						
Bezeichnung	**VS 88**				**VX 63**	**X 64**
Bereich Frequenz in MHz	FM 87-108	VHF I 47-68	VHF III 174-230	UHF 470-862	47-860	
Kanäle	–	2-4	5-12	21-69		
Verstärkung in dB	29 einstellbar	25 einstellbar	25 einstellbar	28 einstellbar	28-31 –18 dB einstellbar	18-22 –10 dB einstellbar

Verteiler			**Abzweiger**			
-Typ	**Frequenz**	**Verteilungs-dämpfungsmaß in dB**	**Typ**	**Frequenz**	**Durchgangs-dämpfungsmaß in dB**	**Abzweigungs-dämpfungsmaß in dB**
DM 75 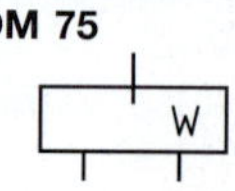	AM VHF UHF	6,0 6,0 6,0	**DM 64** 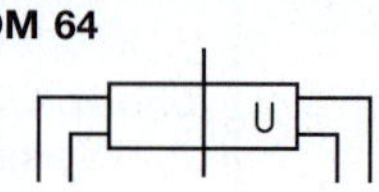	AM VHF UHF	2,0 2,25 2,25	15,0 16,5 18,5
DM 76 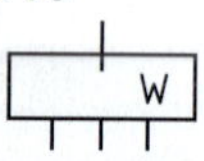	AM VHF UHF	10,0 10,0 10,0	**DM 80 A** 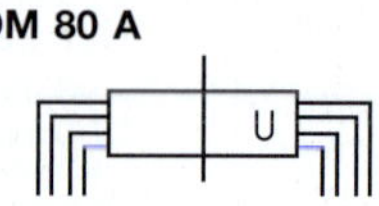	40 – 450 MHz 470 – 860 MHz	4,0 5,0	14/14,5/15/15,5/ 16/16,5/17/17,5 (je nach Ausgang)

Abb. 4: Kenngrößen elektrischer Betriebsmittel für die Installation von Antennen-Anlagen

5.2.1 Mehr-Familienhaus

In einem Wohnhaus mit 8 Wohnungen soll eine Antennenanlage installiert werden.

Bekannt sind die folgenden Kenngrößen und Daten der gewünschten Anlage:

- Antennenausgänge:
  UKW bei 100 MHz: 65 dBµV
  Kanal 8 bei 200 MHz: 66 dBµV
  Kanal 34 bei 500 MHz: 71 dBµV
- Der Verstärker ist ein Mehrbereichs-Verstärker. Er ist unter dem Dach am Mast befestigt.
- Es sollen zwei Stammleitungen mit je vier Steckdosen verwendet werden.
- Der Verteiler soll zwei Ausgänge besitzen (s. Abb. 4).
- Als Leitung soll MK 90 verwendet werden. Bis zur letzten Dose sind 20 m zu verlegen.

a) Zeichnen Sie den Übersichtsschaltplan der Anlage.

b) Berechnen bzw. ermitteln Sie mit Hilfe der Angaben über die Betriebsmittel (S. 62 bis 65) folgende Werte der am schlechtesten versorgten Dose.
- Verteilungsdämpfungsmaß
- Leitungsdämpfungsmaß
- Durchgangsdämpfungsmaß
- Anschlussdämpfungsmaß der letzten Dose

c) Berechnen Sie die erforderliche Verstärkung, die für die Einhaltung des Mindestpegels und unter Beachtung der Reserve von 6 dB notwendig ist.

d) Wählen Sie den entsprechenden Verstärker aus.

e) Überprüfen Sie, ob die geforderten Maximalwerte an der am besten versorgten Dose eingehalten werden.
Hinweis: Leitungslänge ca. 5 m.

Pegelplan	Datum:		Name:			
	Ort:		Str:			
	Pegel am ÜP Tn: 64		TV: 67			
Steckdosen:	Verteiler:		Abzweiger:			
Dämpfung im **längsten** Stamm/Stich/Stern	Typ	Anzahl	Pegelwerte FM	VHF I	VHF III	
Anschlussdose						
Durchgangsdose						
Verteiler/Abzweiger						
Kabeldämpfung/ Länge						
Gesamtdämpfung						
Mindestpegel/FTZ 1 R 8–15						
Erforderlicher Ausgangspegel +3 dB						
Eingangspegel						
Notwendige Verstärkung						
gewählte Verstärkung						

Dämpfung im **kürzesten** Stamm/Stich/Stern						
Anschlussdose						
Verteiler/Abzweiger						
Kabeldämpfung/ Länge						
Gesamtdämpfung						
Eingangspegel						
Ausgangspegel						

5.2.2 Schaltungsanalyse

Die abgebildete Schaltung entstammt den Unterlagen eines Herstellers von Betriebsmitteln für Antennenanlagen.

a) Zeichnen Sie den Plan normgerecht und benennen Sie die Betriebsmittel.

b) Analysieren Sie die Anlage und beantworten Sie folgende Fragen:

1. Ist der obere Verstärker ein Mehrbereichs-Verstärker?
2. Welches Betriebsmittel ist unterhalb dieses Verstärkers angebracht?
3. Welche beiden Betriebsmittel befinden sich oberhalb des unteren Verstärkers?
4. Welche Betriebsmittel müssen mit einem Widerstand abgeschlossen werden?
5. Welche Betriebsmittel befinden sich an den Enden der Leitungen, die vom unteren Verstärker ausgehen?

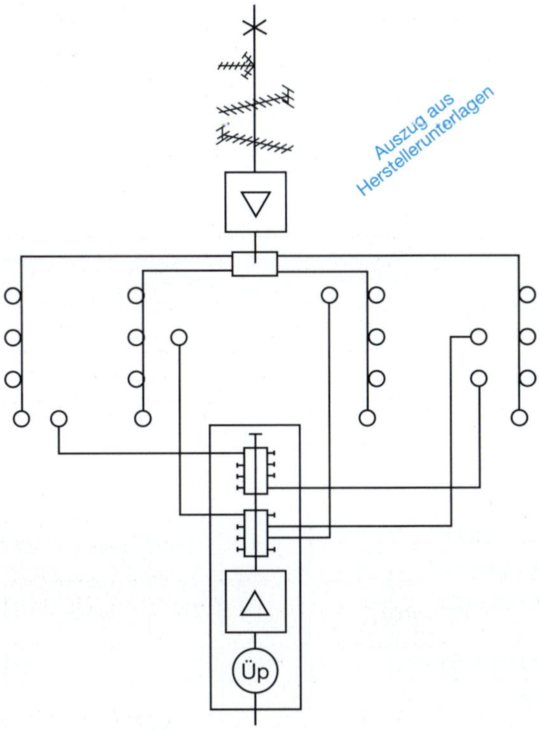

5.2.3 Stichleitungsverteilung

In einem Wohnhaus mit drei Stockwerken soll folgende Antennenanlage installiert werden:

- Dach: Weiche mit 2 dB Durchgangsdämpfungsmaß.
- In jedem Stockwerk: Vierfach-Abzweiger mit vier Stichdosen.
- Koaxialkabel MK 90: l_{min} = 7 m; l_{max} = 29 m

a) Zeichnen Sie den Übersichtsschaltplan.

b) Berechnen Sie das kleinstmögliche und größtmögliche Dämpfungsmaß.

c) Überprüfen Sie, ob die geforderten Pegel eingehalten werden können, wenn folgende Werte an den Weichen-Eingängen gemessen werden:

d) UKW: 60 dBµV; Kanal 21: 68 dBµV; Kanal 44: 70 dBµV

5.2.4 Gemeinschafts-Antennenanlage ❑

a) Zeichnen Sie einen Übersichtsschaltplan für folgende BK-Antennen-Anlage:

- Verstärker der Reihe VX.
- Zwei hintereinander geschaltete Abzweiger DM 80 A.
- 16 Stichdosen DO 17
- Koaxialkabel MK 04: l_{min} = 5 m; l_{max} = 30 m

b) Berechnen Sie für UKW (100 MHz) und die Kanäle 2, 5 und 21 das jeweils maximale Dämpfungsmaß.

c) Stellen Sie fest, welcher Verstärker zur Einhaltung der geforderten Mindestpegel und einer Reserve von 3 dB ausreicht, wenn am Übergabepunkt für TV 68 dBµV und UKW (Ton) 65 dBµV vorhanden sind.

d) Ermitteln Sie, ob sich der Verstärkertyp ändern muss, wenn Koaxialkabel MK 90 statt MK 04 verlegt wird.

e) Ermitteln Sie, ob die vorgeschriebenen Maximalpegel an der bestversorgten Dose eingehalten werden.

Dämpfung im **längsten** Stamm/Stich/Stern	Typ	Anzahl	Pegelwerte			
			UKW	K2	K5	K21
Anschlussdose						
Durchgangsdose						
Abzweiger						
Kabeldämpfung/ Länge						
Gesamtdämpfung/						
Mindestpegel/FTZ 1 R 8-15						
Erforderlicher Ausgangspegel +3dB						
Eingangspegel						
Notwendige verstärkung						
gewählte Verstärkung						

Dämpfung im **längsten** Stamm/Stich/Stern	Typ	Anzahl	Pegelwerte			
			UKW	K2	K5	K21
Anschlussdose						
Durchgangsdose						
Abzweiger						
Kabeldämpfung/ Länge						
Gesamtdämpfung/						
Mindestpegel/FTZ 1 R 8-15						
Erforderlicher Ausgangspegel +3dB						
Eingangspegel						
Notwendige verstärkung						
gewählte Verstärkung						

Dämpfung im **kürzesten** Stamm/Stich/Stern						
Anschlussdose						
Durchgangsdose						
Abzweiger						
Kabeldämpfung/ Länge						
Gesamtdämpfung/						
Mindestpegel/FTZ 1 R 8-15						
Erforderlicher Ausgangspegel +3dB						
Eingangspegel						
Notwendige verstärkung						
gewählte Verstärkung						

zul. Höchstpegel = zulässig

Eine für den terrestrischen Empfang von Fernseh- und Radiosendungen ausgelegte Einzelantennenanlage soll durch eine Satelliten-Antenne erweitert werden.

Mit der Satelliten-Antenne sollen nur die analogen Signale von 10,7 bis 11,7 GHz (unteres Band) empfangen werden.

Zum Empfang ist ein Empfangsgerät (Sat-Receiver) notwendig. Er liefert über die Antennenbuchse die für die Antenne notwendigen Umschaltspannungen von 14 V und 18 V.

Für die Installation der Anlage steht ein Anschlussschema des Herstellers zur Verfügung.

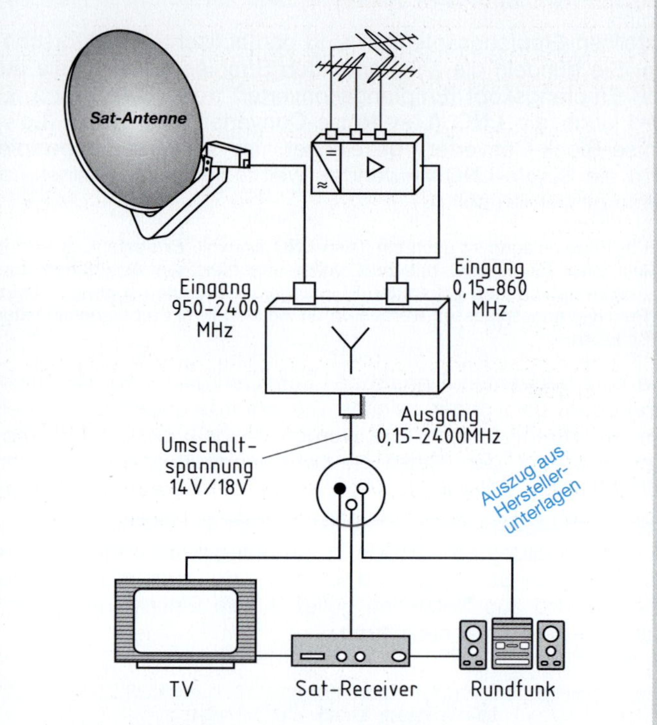

Empfangssignale und Umschaltung

Die Frequenzen der Sender in den Satelliten reichen von 10,7 bis 12,75 GHz. Dabei wird ein unteres Band (Low-Band, Abb.1 ①) und ein oberes Band (High-Band, ②) unterschieden. Analoge Programme werden vorwiegend im unteren Band, digitale Programme nur im oberen Band ausgestrahlt.

Um möglichst viele Sender ohne gegenseitige Störungen unterbringen zu können, werden die Signale in horizontaler bzw. vertikaler Richtung abgestrahlt **(Polarisation,** Abb. 2).

Damit der Empfänger den gewünschten Sender des jeweiligen Bandes mit der entsprechenden Polarisation empfangen kann, muss in der Antenne eine Signalumschaltung vorgenommen werden. Im Anwendungsfall ist die Antenne nur für das untere Band ausgelegt. Es wird deshalb vom Sat-Receiver aus lediglich zwischen vertikal und horizontal polarisierten Sendern umgeschaltet **(V/H-Schalter).**

Als **Umschaltspannungen** werden Gleichspannungen von etwa 14 V bzw. 18 V ③ verwendet. Diese Spannungen werden vom Empfänger über die Antennenleitung zur Antenne geführt.

Zum Umschalten auf einen Sender im oberen Band wird eine Wechselspannung von 22 kHz (Abb.1 ④) verwendet **(Bandschalter).** Sie wird zusätzlich auf die Antennenleitung gegeben.

Die Auswahl der Sat-Bänder mit entsprechender Polarisation erfolgt vom Sat-Receiver aus mit Schaltspannungen (Gleich- bzw. Wechselspannungen).

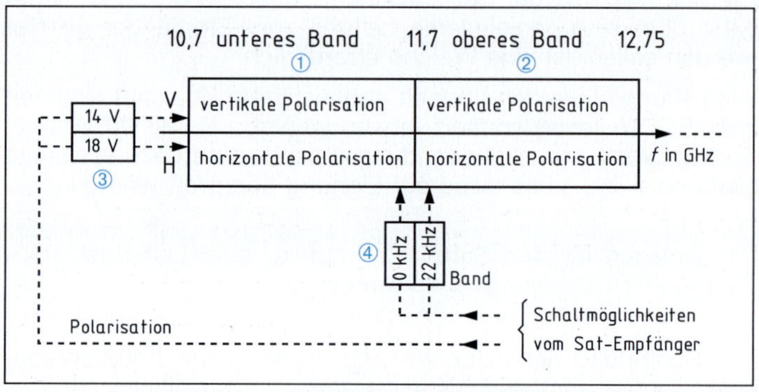

Abb.1: Frequenzen des Satelliten-Empfangs mit Umschaltung

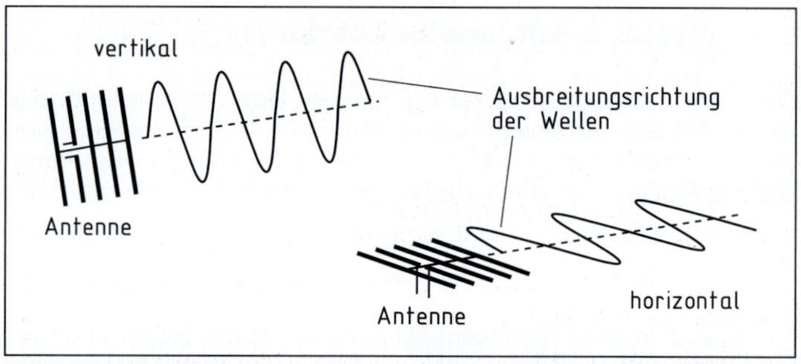

Abb. 2: Polarisation

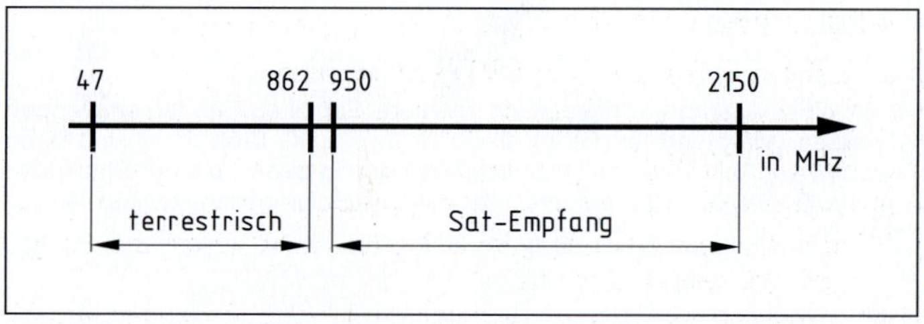

Abb. 3: Frequenzen auf Antennenleitungen bei terrestrischem Empfang und Satelliten-Empfang

Satelliten-Empfangsantenne

Satelliten-Empfangsantennen sind parabolische Reflektorschalen. Sie bündeln die ankommenden Strahlen so, dass sie auf den Empfangskopf (Empfangskonverter) treffen (Abb.1 ①). Er wird auch als **LNC** (**L**ow-**N**oise-**C**onverter) oder **LNB** (**L**ow-**N**oise-**B**lock-Converter) bezeichnet. Im Anwendungsbeispiel wird ein **Single-LNC** verwendet, weil lediglich ein Teilnehmer versorgt werden soll.

☺ Für Einzelanlagen ist auch ein **Twin-LNC** sinnvoll. Er besteht im Prinzip aus zwei Single-LNC mit zwei völlig unabhängigen Ausgängen zum Anschluss von zwei getrennten Empfängern. Es können aber auch Twin-Receiver angeschlossen werden, in denen sich zwei Empfängereinheiten befinden.

Die hochfrequenten Signale der Satellitensender werden nicht direkt zum Empfänger geleitet. Die Anforderungen an die Leitungen wären zu hoch. Sie werden deshalb bereits im Empfangskopf auf den Satelliten-Zwischenfrequenz-Bereich von 950 MHz bis 2150 MHz (Abb. 3, S. 67) herabgesetzt. Eine Übertragung mit Koaxial-Leitungen ist dann möglich.

Die Umwandlung der Signale im Empfangskopf erfolgt mithilfe elektronischer Schaltungen. Die dafür erforderliche elektrische Energie wird aus Netzteilen geliefert. Die Einspeisung erfolgt auch über die Antennenleitung.

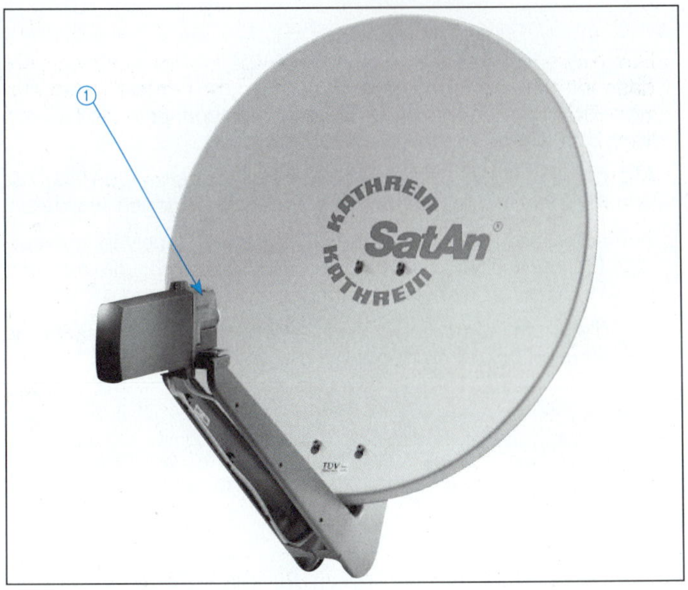

Abb.1: Satelliten-Empfangsantenne mit LNC

Weichen und Leitungen

Da im Anwendungsbeispiel die terrestrischen Signale von 47 bis 862 MHz mit der Sat-Zwischenfrequenz von 950 bis 2150 MHz über eine gemeinsame Leitung zum Empfänger geleitet werden sollen, ist eine Weiche erforderlich.

Als Leitungen werden doppelt abgeschirmte Koaxial-Leitungen mit 75 Ω Wellenwiderstand verwendet (vgl. z.B. MK 90, Abb. 2, S. 62). Wenn wie im Anwendungsbeispiel eine Leitung bereits vorhanden ist, muss diese auf Eignung überprüft werden.

In Anlagen für den Satelliten-Empfang sind Leitungen mit doppelter Schirmung zu verwenden.

Die Schirmung der Koaxialleitung muss an die Potenzialausgleichsschiene angeschlossen werden.

Abb.2: Antennensteckdose mit Sat-Anschluss (Enddose)

Antennensteckdosen

Die im Anwendungsbeispiel verwendete Dose ist eine Enddose mit einem Abschlusswiderstand von 75 Ω. An die drei Buchsen (Abb. 2) können ein FS-Gerät für den terrestrischen Empfang, ein Sat-Receiver und ein Radio-Gerät angeschlossen werden.

Nach DIN EN 50083, Teil 7 werden folgende Pegel an der Antennensteckdose gefordert:

Frequenz in MHz	Mindespegel in dBµV	Höchstpegel in dBµV
47 … 862	60	80
950 … 2150	47	77

☺ Mit einer Antenne können auch mehrere Satelliten-Sender empfangen werden (**Multifeed**-Empfang). Bei z.B. zwei LNC (Abb.3 ②) sind dann auch zwei Ableitungen erforderlich. Sie können direkt zu einer Steckdose mit z.B. vier Buchsen geführt oder mit 22 kHz umgeschaltet werden.

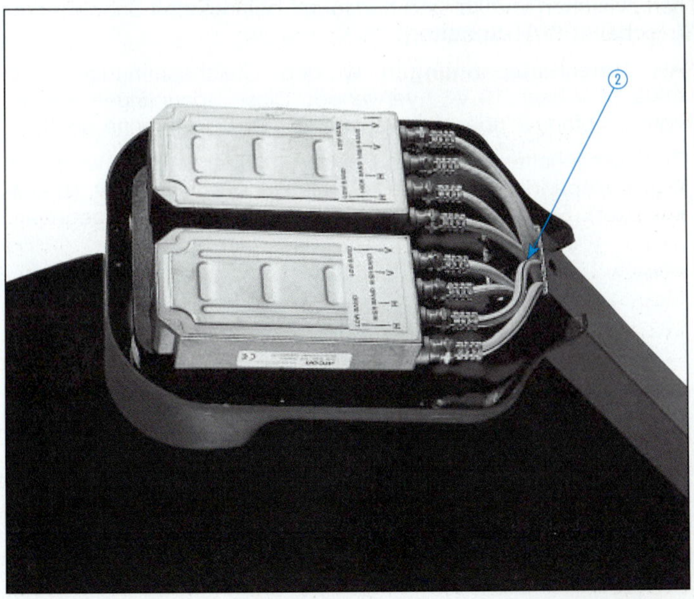

Abb.3: Zwei LNC zum Empfang von zwei Satelliten-Sendern

Das Anwendungsbeispiel von S. 67 soll so erweitert werden, dass neben dem unteren auch das obere Satelliten-Band zum Empfang digitaler Fernsehsendungen angewählt werden kann.

Als Installationshilfe steht das Anschlussschema des Herstellers zur Verfügung.

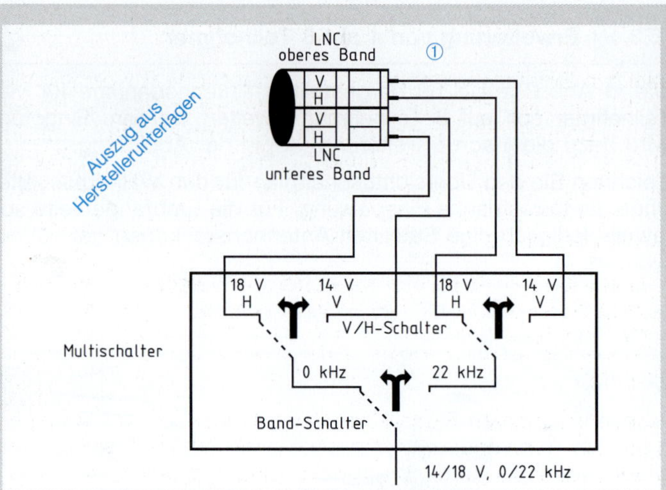

Der in der Anlage ursprünglich vorhandene Single-LNC kann nur das untere Band empfangen. Er muss deshalb gegen einen **Universal-LNC** (Quattro LNC) ausgetauscht werden. Dieser Konverter besitzt für jedes Band zwei Ausgänge, sodass insgesamt vier Anschlüsse für die horizontale und vertikale Polarisation vorhanden sind (Abb. 1, ①). Damit die Anlage auch weiterhin nur mit einer Leitung betrieben werden kann, sind Umschalter in der Nähe der Antenne erforderlich. Sie werden als **Multischalter** (Koaxialrelais, Multiswitch, Umschaltmatrizen) bezeichnet.

Multischalter

Die grundsätzliche Arbeitsweise eines Multischalters wird in Abb. 1 verdeutlicht. Die horizontal und vertikal polarisierten Signale der beiden Bänder werden mit Koaxial-Leitungen an zwei V/H-Schalter ② geführt. In dem gezeichneten Beispiel wird vom Sat-Receiver eine Steuerspannung von 14 V geliefert, sodass die horizontale Polarisation gewählt ist. Da gleichzeitig vom Empfänger keine Wechselspannung von 22 kHz in die Koaxial-Leitung eingespeist wird (0 Hz), ist das untere Band über den Bandschalter ③ ausgewählt. Entsprechende Änderungen treten ein, wenn als Gleichspannung 18 V und/oder 22 kHz Wechselspannung eingespeist werden.

In Multischaltern werden die Steuersignale des Sat-Receivers (Gleichspannung etwa 14 V/18 V und 0/22 kHz Wechselspannung) zur Umschaltung verwendet.

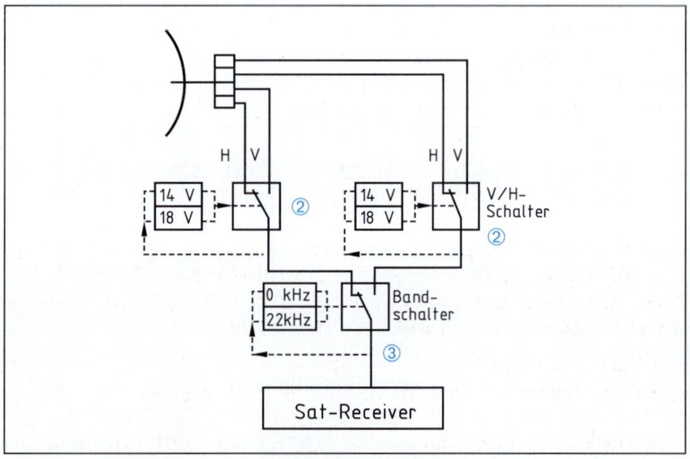

Abb. 1: Umschalter für Polarisation und Bänder

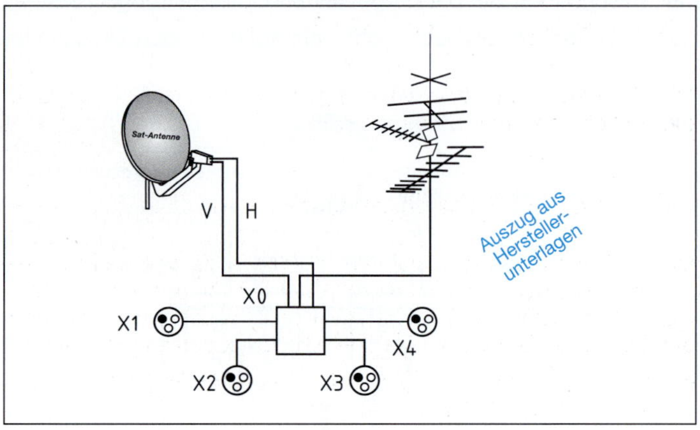

Abb. 2: Anlage für vier Teilnehmer

Anlagen für mehrere Teilnehmer

Wenn mehrere Geräte an einer Antenne betrieben werden sollen (mehrere Geräte in einer Wohnung oder mehrere Teilnehmer in einer Gemeinschafts-Anlage), werden auch Multischalter verwendet. Üblich sind Vierfach-, Sechsfach- und Achtfach-Multischalter.

In Bild 2 ist das prinzipielle Anschlussschema mit vier Antennendosen zu sehen. Die Satelliten-Antenne liefert horizontal und vertikal polarisierte Signale an den Vierfach-Multischalter X0.

Der umgezeichnete Vierfach-Multischalter (Übersichtsschaltplan) befindet sich in Abb. 3. Von jeder Antennendose (X1 bis X4) können mit den Receivern über die Umschaltspannungen 14 V bzw. 18 V die Sender mit horizontaler bzw. vertikaler Polarisation angewählt werden. Jeder Teilnehmer in der Anlage besitzt damit individuelle Empfangsmöglichkeiten. Es kann nur ein Gerät angeschlossen werden.

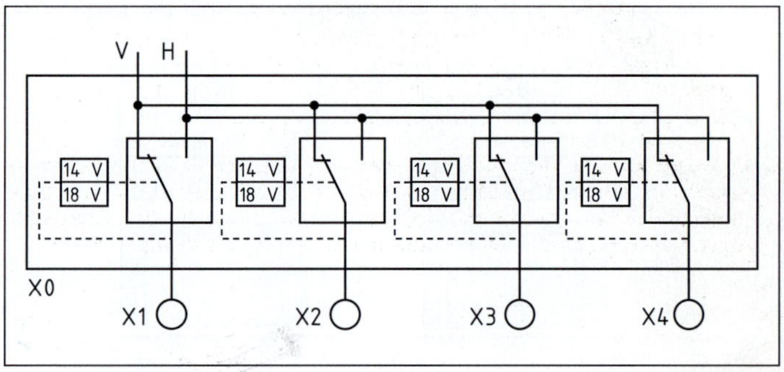

Abb. 3: Übersichtsschaltplan des Multischalter (V/H)

5.3.1 Erweiterung von 4 auf 8 Teilnehmer

Die in Abb. 2 auf S. 69 dargestellten Antennenanlage für vier Teilnehmer soll auf 8 Teilnehmer erweitert werden. Eingefügt wird dazu die 4fach-Erweiterung (X5) in der Abbildung.

Zeichnen Sie den Übersichtsschaltplan für den V/H-Umschalter ohne die terrestrische Einspeisung. Für die Empfängerseite soll jeweils lediglich eine Satelliten-Antennensteckdose gezeichnet werden.

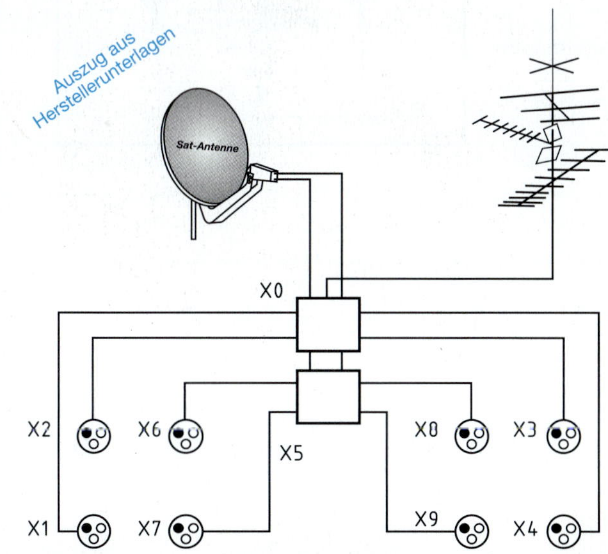

5.3.2 Empfang von zwei Satelliten

Die Satelliten-Antenne besitzt zwei LNC zum Empfang von zwei Sendern.

a) Beschreiben Sie die dargestellten Umschaltmöglichkeiten.

b) Zeichnen Sie den Übersichtsschaltplan für den Umschalter.

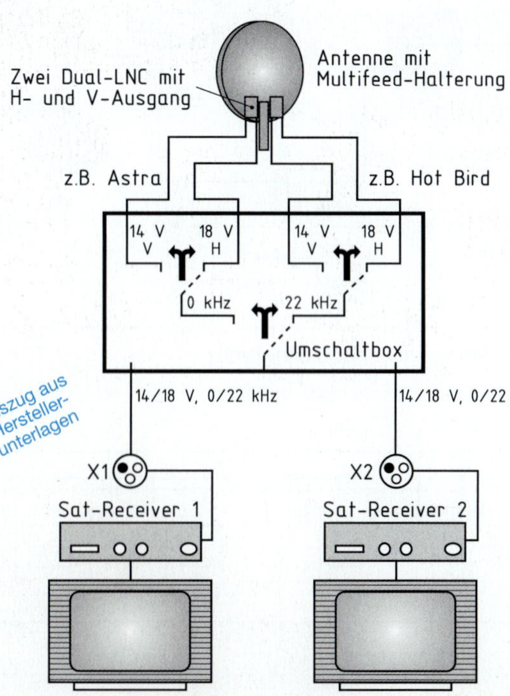

5.3.3 Analoger und digitaler Satellitenempfang

Die Arbeitsweise der Anlage soll mit dem vorliegenden Anschlussschema ermittelt werden.

a) Wie ist der grundsätzliche Aufbau des LNC und welche Empfangsmöglichkeiten bietet er?

b) Welche Umschaltungen übernimmt der Multischalter und welche Signale werden dazu verwendet?

c) Welche Geräte sind angeschlossen?

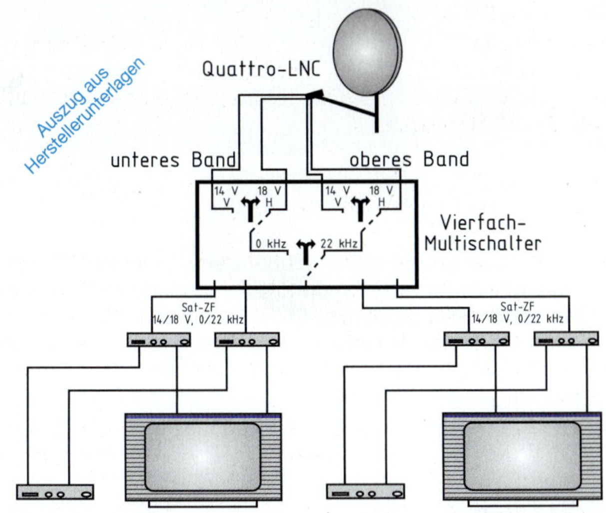

5.3.4 Twin-Receiver

Beschreiben Sie die Arbeitsweise der skizzierten Anlage.

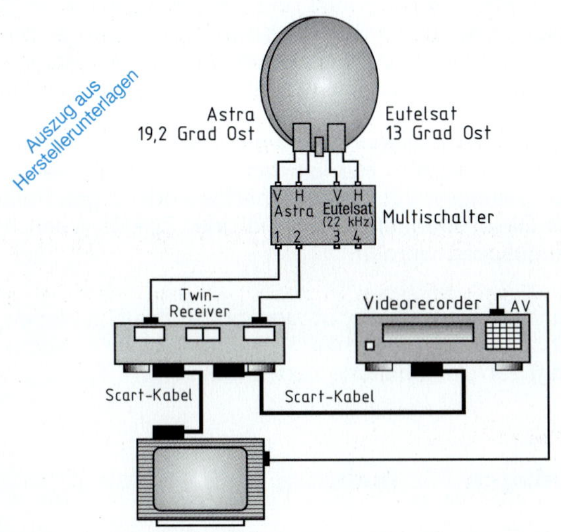

5.3.5 Zwei Sat-Antennen für 8 Teilnehmer

Eine Antennenanlage besteht aus zwei Satelliten-Antennen. Sie sind auf unterschiedliche Satelliten ausgerichtet.

- Die von den Antennen gelieferten horizontal und vertikal polarisierten Signale werden in Verteiler mit zwei Ausgängen gegeben.
- Zur Umschaltung stehen vier Vierfachschalter mit jeweils vier Ausgängen zur Verfügung.
- Zu den Empfängern werden jeweils zwei Antennenleitungen an eine Enddose geführt.

Zeichnen Sie den Stromlaufplan.

6 Schützensteuerungen

6.1 Schütze

Schütze sind elektromagnetisch betätigte Schalter. Sie werden verwendet, wenn

- elektrische Maschinen oder Geräte über Steuerschalter oder von mehreren Stellen aus betätigt,
- Bedienungs- und Überwachungseinrichtungen logisch miteinander verknüpft,
- bestimmte Betriebzustände durch Signalleuchten oder andere Geräte gemeldet werden sollen.

Die Magnetspulen der Schütze können sowohl für Wechselstrom- als auch für Gleichstrombetätigung von den Herstellern geliefert werden. Die bevorzugten Spannungswerte sind dabei 24 V, 48 V, 110 V und 230 V.

Hauptschütze

Für das unmittelbare Ein- und Ausschalten von elektrischen Maschinen oder elektrischen Geräten werden Hauptschütze (Lastschütze) verwendet. Sie sind je nach Hauptstromkreis mit 2, 3 oder 4 Hauptschaltgliedern (Hauptkontakten) ② ausgerüstet und werden in mehreren Leistungsstufen von den Herstellern angeboten.

Zur Einbindung in den Steuerstromkreis sind Hauptschütze zusätzlich mit mehreren Hilfsschaltgliedern (Belastbarkeit in der Regel bis 10 A) bestückt, die entweder als Schließer ① und/oder als Öffner ④ ausgeführt sind.

Hilfsschütze

Hilfsschütze (Steuerschütze) haben den gleichen Aufbau wie Hauptschütze. Sie besitzen aber nur Hilfsschaltglieder (Hilfskontakte), die je nach Typ nur mit Strömen bis 10 A bzw. 16 A belastet werden können. Meist werden Hilfsschütze mit vier oder acht Schaltgliedern verwendet, die dann alle Kombinationen von Schließern und Öffnern haben können.

Anschlussbezeichnungen

Die Anschlussbezeichnungen der Schütze sind wie folgt genormt:

Spule:		A1/A2	③, ⑦
Hauptschaltglieder:		1/2	②
		3/4	
		5/6	
		7/8	
Hilfsschaltglieder:	z.B.	21 / 22	für einen Öffner ④, ⑤
	z.B.	13 / 14	für einen Schließer ①, ⑥

Die Ziffer an der Einerstelle ist die Funktionsziffer. An dem Funktionsziffernpaar 1-2 sind alle Öffner, an dem Funktionsziffernpaar 3-4 alle Schließer zu erkennen.

Auf der Zehnerstelle steht die Ordnungsziffer. Sie gibt den Platz an, an dem das Schaltglied montiert ist. Die Nummerierung erfolgt fortlaufend von links nach rechts, beginnend mit der unteren Schaltglied-Etage (Abb. 2).

Hauptschaltglieder sind durch einziffrige, Hilfsschaltglieder durch zweiziffrige Anschlussbezeichnungen gekennzeichnet.

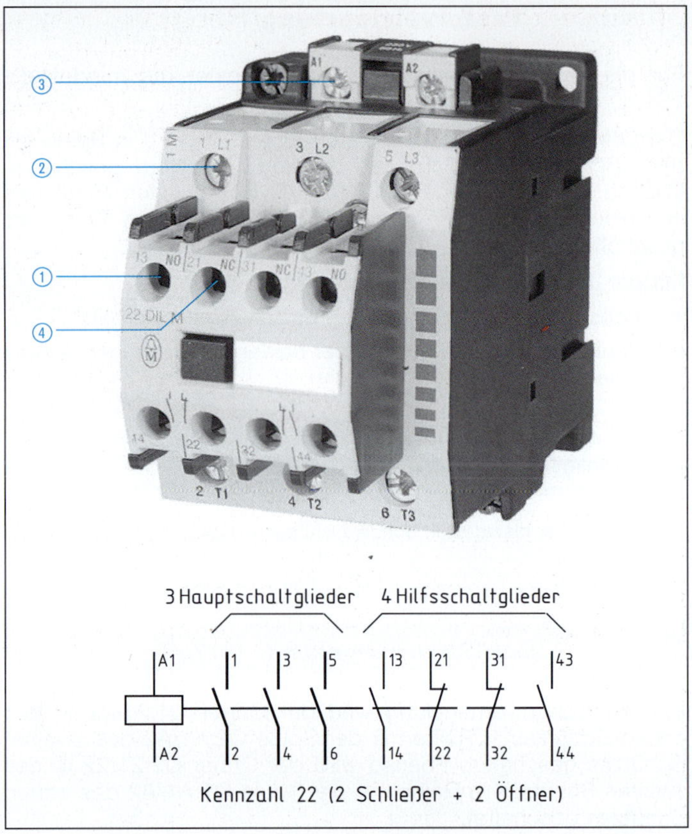

Abb.1: Hauptschütz mit 3 Hauptschaltgliedern und 4 Hilfsschaltgliedern (2S + 2Ö).

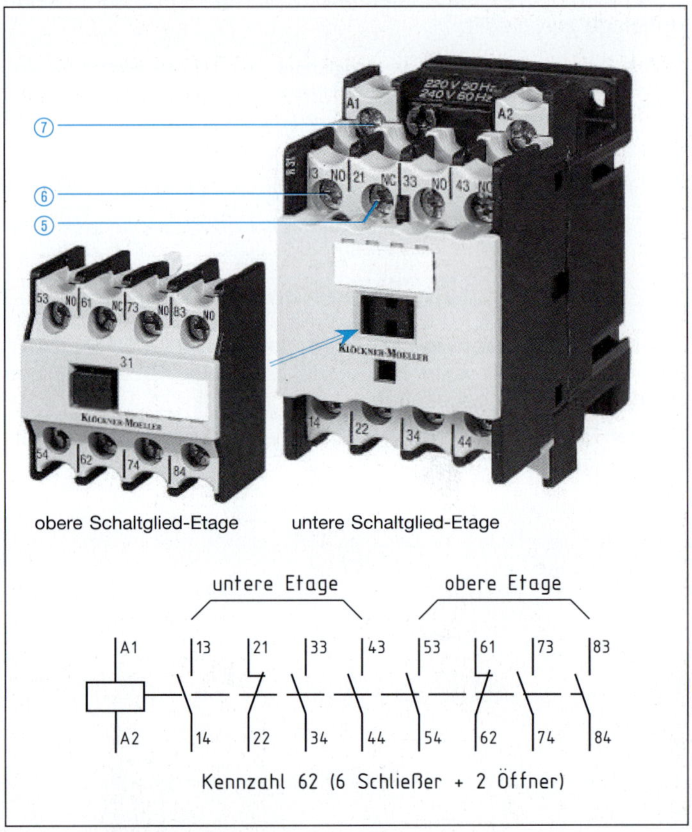

Abb.2: Hilfsschütz mit 3 S + 1 Ö in der unteren Etage und 3 S + 1 Ö in der oberen Etage.

Verriegelungen sind Schaltungsverknüpfungen, die unerwünschte Schaltzustände der Schütze verhindern.

Tasterverriegelung (Abb. 1)

Für die Tasterverriegelung müssen Eintaster mit mindestens 1S+1Ö verwendet werden.

Der Öffner S2:21/22 ② des ersten Eintasters wird in Reihe mit dem Schließer S4:13/14 des zweiten Eintasters geschaltet. Ebenso wird der Öffner S4:21/22 ① des zweiten Eintasters in Reihe mit dem Schließer S2:13/14 des ersten Eintasters geschaltet.

Mit der Tasterverriegelung wird erreicht, dass

- höchstens nur ein Schütz den Einschaltbefehl erhält,
- bei gleichzeitiger Betätigung der beiden Eintaster kein Schütz eingeschaltet wird.

Bei Tastern und Schützen öffnen zuerst die Öffner, bevor die Schließer schließen.

☺ Die Hersteller bieten auch Sonderausführungen an, die von dieser Regel abweichen.

Schützverriegelung (Abb. 2)

Bei der Schützverriegelung wird der Öffner Q1:21/22 ④ des ersten Schützes in Reihe mit der Spule Q2:A1/A2 des zweiten Schützes geschaltet. Ebenso wird der Öffner Q2:21/22 ③ des zweiten Schützes in Reihe mit der Spule Q1:A1/A2 des ersten Schützes geschaltet.

Die Schützverriegelung verhindert das Einschalten eines Schützes, wenn das andere Schütz durch einen Gerätefehler (Verschweißen der Kontakte, Mechanik klemmt) nicht mehr in seine Ruhelage zurückfällt.

☺ Obwohl es noch andere Verriegelungen mit Hilfsschaltgliedern von Schützen gibt, wird nur für die beschriebene Schaltung der Fachbegriff „Schützverriegelung" verwendet.

Einschaltverriegelung (Abb. 3)

Bei der Einschaltverriegelung wird der Schließer Q1:23/24 ⑤ des ersten Schützes in Reihe mit der Spule Q2:A1/A2 des zweiten Schützes geschaltet.

Mit der Einschaltverriegelung wird eine gewünschte Einschaltreihenfolge erzwungen.

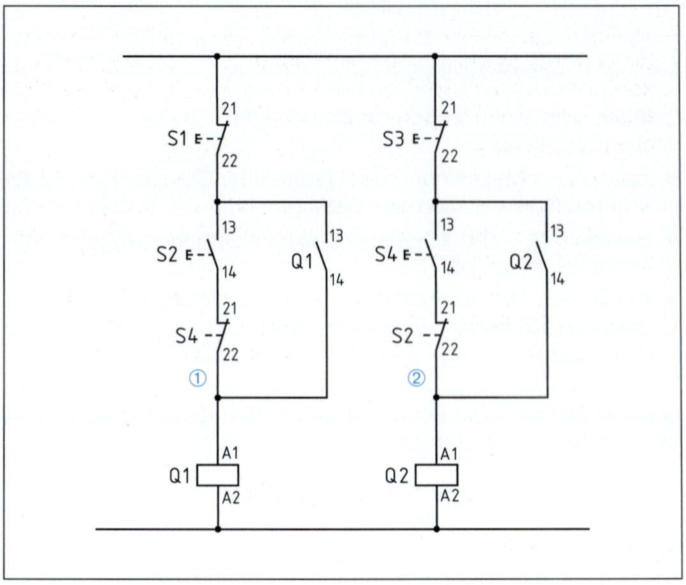

Abb. 1: Tasterverriegelung

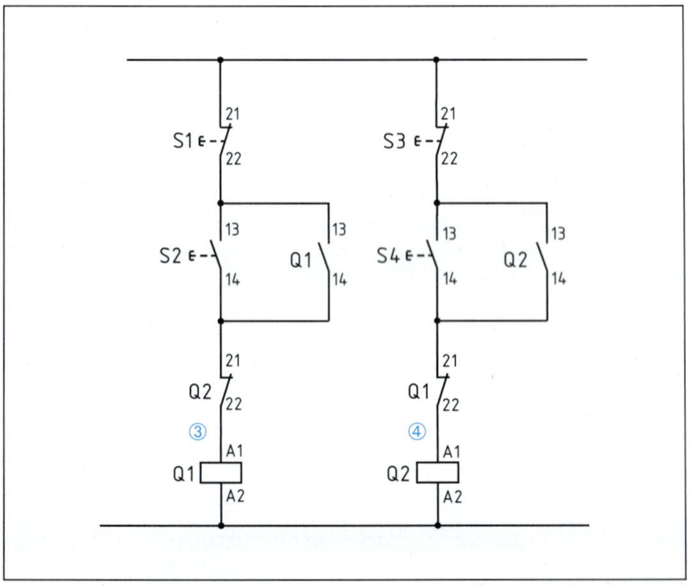

Abb. 2: Schützverriegelung

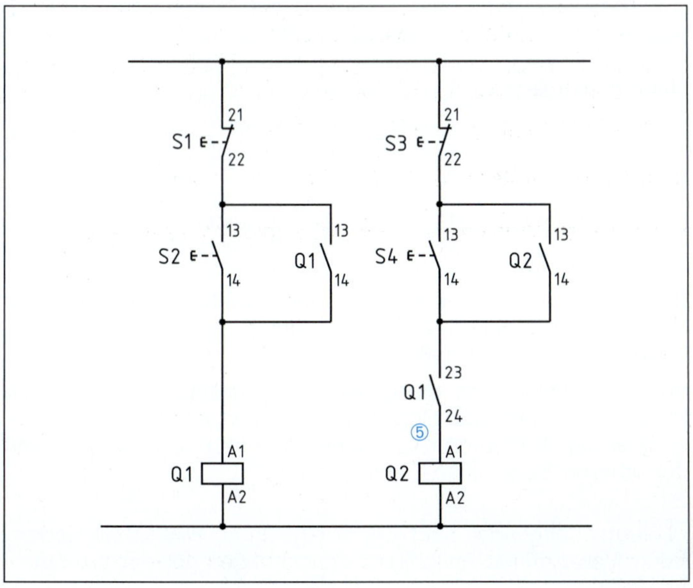

Abb. 3: Einschaltverriegelung

In einer Töpferwerkstatt werden zwei baugleiche elektrisch beheizte Brennöfen aufgestellt. Jeder Ofen wird mit einer komplett verdrahteten Schützensteuerung mit Zweifachdrucktaster und Meldeleuchte geliefert.

Wegen der langen Abkühlzeit des Brenngutes ist vorgesehen, dass die Öfen nur nacheinander abwechselnd beheizt werden. Dieser Betriebsablauf bietet darüber hinaus den Vorteil, dass der vorhandene leistungsschwache Netzanschluss nicht erneuert werden muss.

Der Elektroinstallateur erhält den Auftrag, beide Öfen an das Netz anzuschließen. Die Einzelsteuerungen sind so zu verriegeln, dass ein gleichzeitiger Betrieb der Öfen verhindert wird.

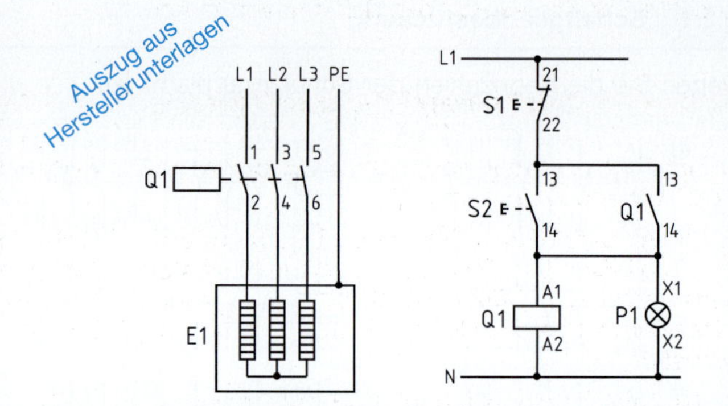

Schaltungsaufbau

Hauptstromkreise (Abb. 4)

Die Einspeisung erfolgt über das TN-S-System, 400 V, 50 Hz. Die Schmelzsicherungen F1 bzw. F2 schützen die Zuleitungen gegen Überlastung und bei Kurzschluss.

Der Schutzleiter PE bildet in Verbindung mit den Sicherungen F1 bzw. F2 den Personenschutz bei indirekter Berührung.

Steuerstromkreis (Abb. 5)

Beide Schützensteuerungen haben einen gemeinsamen Steuerstromkreis. Er liegt an 230-V-Wechselspannung und ist mit dem LS-Schalter F3 abgesichert.

Jeder Ofen wird über die eigene Drucktasterkombination S1, S2, P1 bzw. S3, S4, P2 betätigt.

Im Stromlaufplan des Steuerstromkreises wird unterhalb jeder Schützspule die Kontaktbestückung des Schützes angegeben **(Kontaktspiegel).** An jedem verwendeten Schaltglied des Kontaktspiegels wird der Strompfad vermerkt, in dem sich das Schaltglied befindet ①.

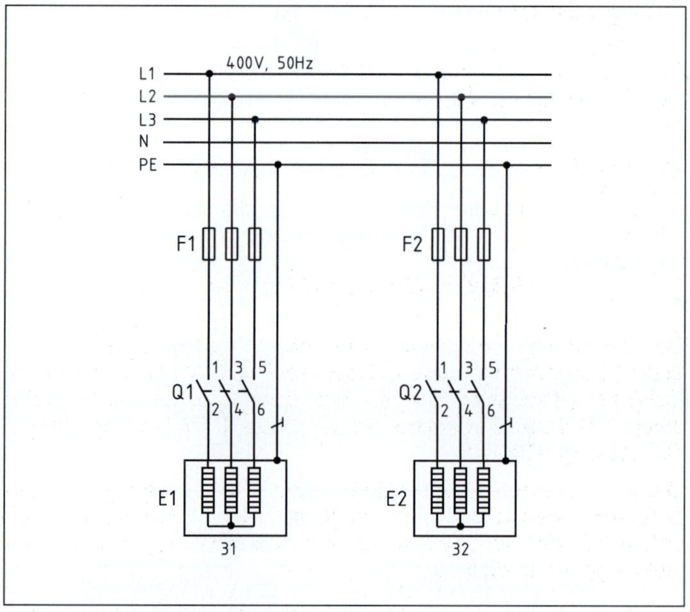

Abb. 4: Hauptstromkreise

Funktionsanalyse

a) **Q1 einschalten:**

- S2:13/14 schließt Strompfad 1, wenn Austaster S1:21/22 nicht betätigt UND Eintaster S4:21/22 nicht betätigt UND Hauptschütz Q2 nicht eingeschaltet sind.
- Q1 zieht an und schaltet die Selbsthaltung Q1:13/14 ein und öffnet die Schützverriegelung Q1:21/22.
- Gleichzeitig mit Q1 erhält P1 Spannung und leuchtet auf.

b) **Q1 ausschalten:** S1:21/22 öffnet Strompfad 1.

Das Ein- und Ausschalten von Q2 erfolgt entsprechend.

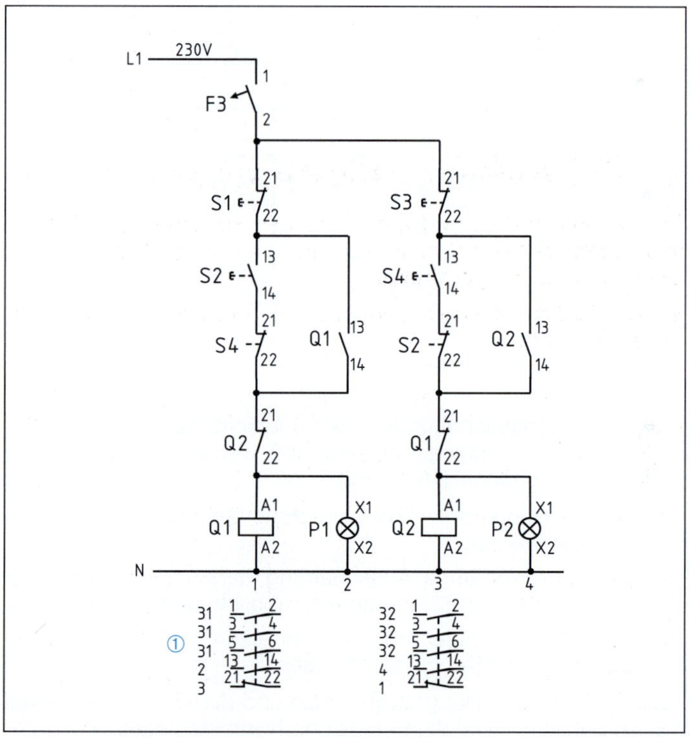

Abb. 5: Steuerstromkreis mit Taster- und Schützverriegelung

6.2 Verriegelungsschaltungen

6.2.1 Schaltgliedbestückung

Geben Sie die Kennzahlen der Schütze a) bis h) an.

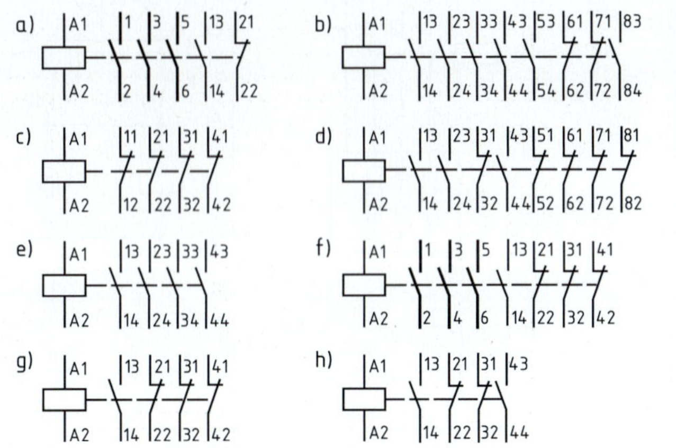

6.2.2 Funktionsvergleich

Geben Sie für die Schaltungen 1) bis 3) an, in welcher Funktion sich die Ausführungen a und b voneinander unterscheiden.

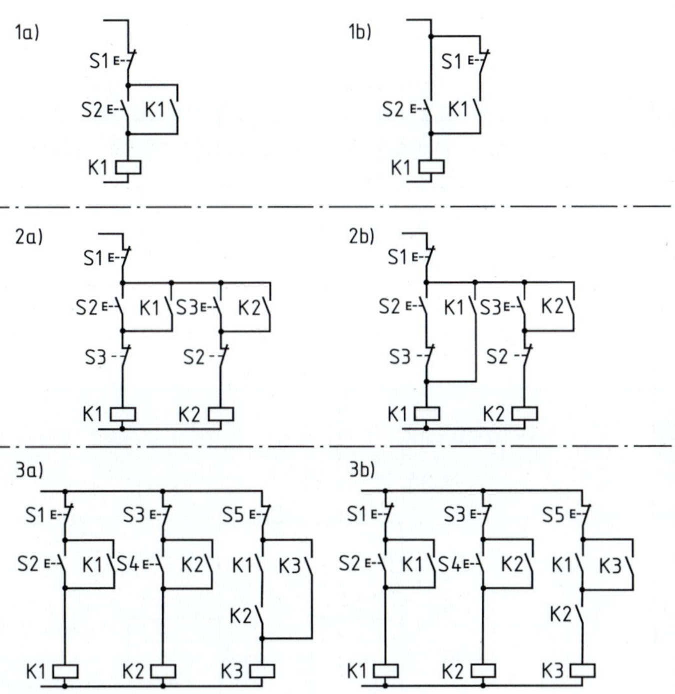

6.2.3 Ausschaltreihenfolge

Die Selbsthalteschaltungen der Flutlichtstrahler E11, E21, E31 sollen so miteinander verknüpft werden, dass folgende Schaltbedingungen erfüllt sind:

1. Alle Flutlichtstrahler können ohne Einschränkung eingeschaltet werden.
2. Die betriebsmäßige Ausschaltung darf nur in abfallender Reihenfolge der Zählnummern möglich sein.
3. Alle Flutlichtstrahler müssen über einen Nottaster unmittelbar abgeschaltet werden können.

Zeichnen Sie die Hauptstromkreise und den Steuerstromkreis in aufgelöster Darstellung (einschl. Kontaktspiegel).

6.2.4 Schaltungsauflösung

Zeichnen Sie die Steuerung der Heizungsanlage als Stromlaufplan in aufgelöster Darstellung. (Die blauen Pfeile mit den Strompfadnummern dienen als Lösungshilfe.)

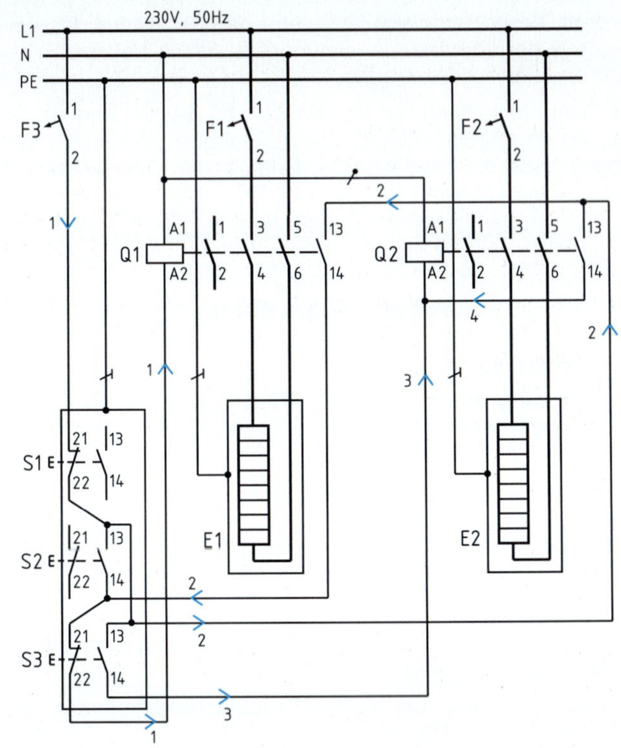

6.2.5 Verdrahtungsplan

Ein elektrisch beheizter Ofen wird über den dargestellten Schaltschrank betätigt und geschaltet.

a) Zeichnen Sie den Stromlaufplan des Steuerstromkreises in aufgelöster Darstellung. (Die blauen Pfeile mit den Strompfadnummern dienen als Lösungshilfe.)

b) Der angeschlossene Elektroofen soll zusätzlich von einer zweiten Bedienungsstelle betätigt werden. Geben Sie die notwendigen Verbindungen zwischen der zusätzlichen Bedienungsstelle S3 (EIN), S4 (AUS), P2 (EIN) und den Klemmen des Schaltschrankes an.

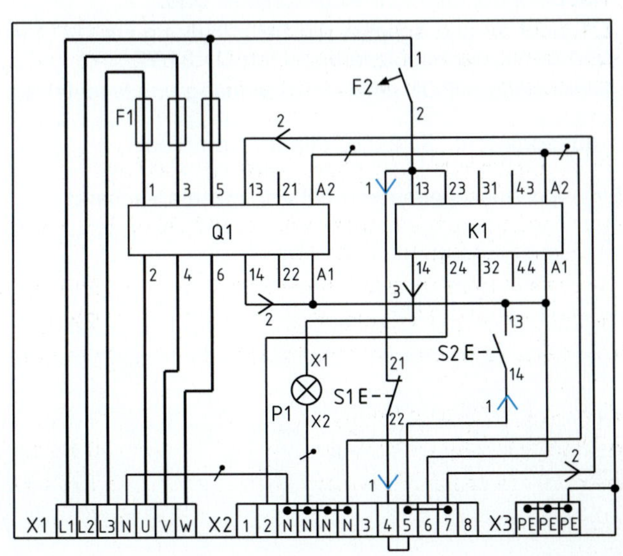

Bei Stromkreisen unterscheidet man zwischen Haupt- und Hilfsstromkreisen. Der **Steuerstromkreis** ist, wie z. B. der Messstromkreis, ein Unterbegriff des Hilfsstromkreises.

☺ Für Steuerstromkreise sind folgende Normen zu beachten:
DIN EN 60 204 (VDE 0113) - 1 für Maschinensteuerungen
DIN VDE 0100-725 für Steuerungen ohne elektrische Maschinen.

Erzeugung der Steuerspannung

Spannung direkt vom Netz (Abb.1)

Die Steuerspannung wird direkt vom Hauptstromkreis abgezweigt. Diese einfache und preiswerte Art der Steuerstromversorgung darf jedoch nur für Steuerungen ohne elektr. Maschinen angewendet werden. Für Maschinensteuerungen ist sie bis auf zwei Ausnahmen verboten:

- bei Maschinen mit einer Bemessungsleistung von weniger als 3 kW mit einem einzigen Motoranlasser und höchstens zwei äußeren Steuergeräten und
- bei Haushalts- und ähnlichen Maschinen, bei denen sich die elektrische Ausrüstung innerhalb des Maschinengehäuses befindet.

Spannung über Steuertransformator (Abb. 2)

Steuertransformatoren werden vorzugsweise zwischen zwei Außenleitern angeschlossen, damit sie unabhängig vom jeweiligen Netzsystem verwendet werden können.

Auf der Sekundärseite können die Steuerstromkreise „einseitig geerdet“ oder „ungeerdet mit Isolationsüberwachung“ betrieben werden.

Die einseitige Erdung ist einfach und preiswert und wird deshalb in den meisten Fällen angewendet. Bei einem Erdschluss spricht das Schutzorgan sofort an, und die Steuerspannung wird abgeschaltet.

Überstromschutz

Die Überstromschutzorgane eines Steuerstromkreises sind nach folgenden Gesichtspunkten auszuwählen:

- Der Bemessungsstrom muss auf die Belastbarkeit der Hilfsschaltglieder abgestimmt werden, damit ein Verschweißen der Kontakte verhindert wird (Herstellerangaben beachten!).
- Die Abschaltzeit bei Kurzschluss muss unter einer Sekunde liegen, damit keine undefinierten Steuerungszustände auftreten.
- Bei Primär- und Sekundärabsicherung müssen die Schutzorgane zueinander selektiv sein, damit nur der fehlerbehaftete Steuerstromkreis abgeschaltet wird.

Leiterfarben und -querschnitte

Einadrige Steuerleitungen müssen nach DIN EN 60 204-1 in folgenden Farben verlegt werden:

- Steuerstromkreise für Wechselstrom : **Rot**
- Steuerstromkreise für Gleichstrom : **Blau**
- Stromkreise, die von außerhalb gespeist werden : **Orange**

Die Mindestquerschnitte betragen:

- Innerhalb von Steuerschränken : 0,75 mm²
- Außerhalb bei fester Verlegung : 1,5 mm²

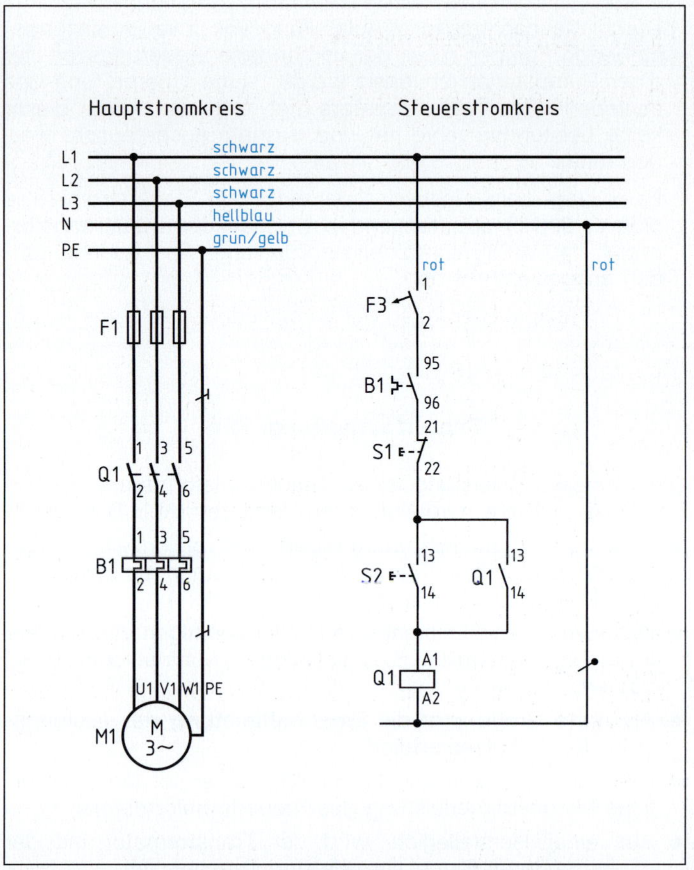

Abb.1: Direkte Abnahme der Steuerspannung vom Netz

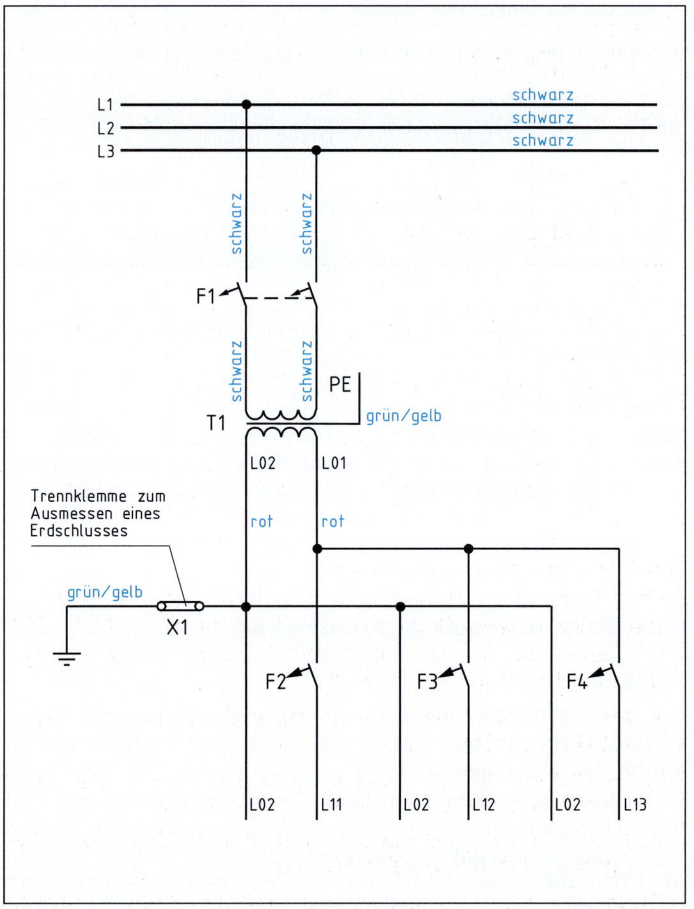

Abb. 2: Geerdete Steuerstromkreise mit Primär- und Sekundärabsicherung

Durch die nachträgliche Aufstellung von zwei schützengesteuerten Pumpen muss der vorhandene Steuerungsverteiler einer Pumpstation erweitert werden. Eine Überprüfung des zentralen Steuertransformators hat ergeben, dass dieser keine Leistungsreserve hat und deshalb ausgetauscht werden muss.

Es soll der Leistungsbedarf der einzelnen Steuerstromkreise (230 V, 50 Hz) ermittelt und ein passender Steuertransformator, 440 V/230 V, mit den erforderlichen Schutzeinrichtungen ausgewählt werden.

Die Schützensteuerungen der verschiedenen Antriebe bestehen aus folgenden Schützen (Gebrauchskategorie AC-3) und Signallampen (230 V, 5 W):

Antrieb 1: 1 Hauptschütz: (400 V; 4 kW), 1 Signallampe.

Antrieb 2: 1 Hauptschütz: (400 V; 5,5 kW), 2 Signallampen, 2 Hilfsschütze.

Antrieb 3: 2 Hauptschütze: (400 V; 4 kW), 2 Signallampen, 3 Hilfsschütze.

Antrieb 4: 1 Hauptschütz: (400 V; 7,5 kW), 1 Signallampe.

Antrieb 5: 1 Hauptschütz: (400 V; 4 kW), 1 Signallampe.

Transformatorgröße

Die Bemessungsleistung eines Steuertransformators wird in der Praxis mit einem vereinfachten Verfahren (Abb.1) ermittelt.

- Man addiert die **Halteleistungen** aller gleichzeitig eingeschalteten Schütze. (Für ein Hilfsschütz kann als Einschalt-/Halteleistung 25/5 VA angenommen werden.)
- Dazu werden die Leistungswerte aller sonstigen Verbraucher im Steuerstromkreis (z.B. Signallampen, Magnetventile usw.) addiert.
- Als dritte Größe wird die **Einschaltleistung** des leistungsstärksten Schützes addiert.
- Die Gesamtsumme mit 0,8 multipliziert ergibt die erforderliche Mindestdauerleistung des Steuertransformators.
- Aus einer Herstellerliste wird der Transformator mit der nächstgrößeren Bemessungsleistung ausgewählt.

☺ Die Einschalt- und Halteleistungen von Hauptschützen müssen einer Herstellerliste entnommen werden.

Aus Abb.1 ergibt sich eine Bemessungsleistung von 200 VA.

Überstromschutz (Abb.2)

Die Auslösecharakteristik der Überstromschutzorgane ist so zu wählen, dass die hohen Einschaltstromspitzen der induktiven Verbraucher nicht zum ungewollten Ausschalten führen.

☺ Mindestens Charakteristik K oder Motorschutzschalter oder Schmelzsicherung wählen!

Sekundärschutz

Dem sekundären Strom von 0,87 A ② ist der LS-Schalter F2 mit 1 A Bemessungsstrom, Charakteristik K, zugeordnet. Hiermit sind auch die Hilfsschaltglieder der Steuerelemente ausreichend gegen Verschweißen geschützt.

Bei einem Kurzschluss im Steuerstromkreis muss entsprechend der Auslösekennlinie (siehe Tabellenbuch) mindestens der 12-fache Bemessungsstrom, d.h. 12 A, fließen, damit die Abschaltung in weniger als 1 Sekunde erfolgt.

Primärschutz

Der LS-Schalter F2 braucht normalerweise nur den Kurzschlussschutz zu übernehmen, da eine Steuerung nicht wie ein Motor überlastet werden kann.

Er ist entsprechend dem primären Strom von 0,5 A ① auf den Bemessungsstrom von 1 A, Charakteristik K, ausgelegt. Fließen im Kurzschlussfall auf der Sekundärseite 12 A, so sind dies auf der Primärseite etwa 7 A. Das ist der 7fache Bemessungsstrom bezogen auf die Schaltergröße von 1 A. Aus der Auslösekennlinie ergibt sich hierfür eine Auslösezeit von mindestens 1,8 Sekunden. Somit sind beide LS-Schalter zueinander selektiv.

Stromkreis	Stück	Verbraucher	Leistungsaufnahme je Stück in VA bzw. W	Leistungsaufnahme gesamt in VA bzw. W
Antrieb 1	1	Hauptschütz	8,5	8,5
	1	Signallampe	5	5
Antrieb 2	1	Hauptschütz	8,5	8,5
	2	Signallampe	5	10
	2	Hilfsschütz	5	10
Antrieb 3	2	Hauptschütz	8,5	17
	2	Signallampe	5	10
	3	Hilfsschütz	5	15
Antrieb 4	1	Hauptschütz	100*	100*
	1	Signallampe	5	5
Antrieb 5	1	Hauptschütz	8,5	8,5
	1	Signallampe	5	5
Gesamtsumme				202,5
Gesamtsumme x 0,8				162
Bemessungsleistung lt. Herstellerliste in VA				200

* Einschaltleistung

Abb.1: Schema zur Ermittlung der Transformatorleistung

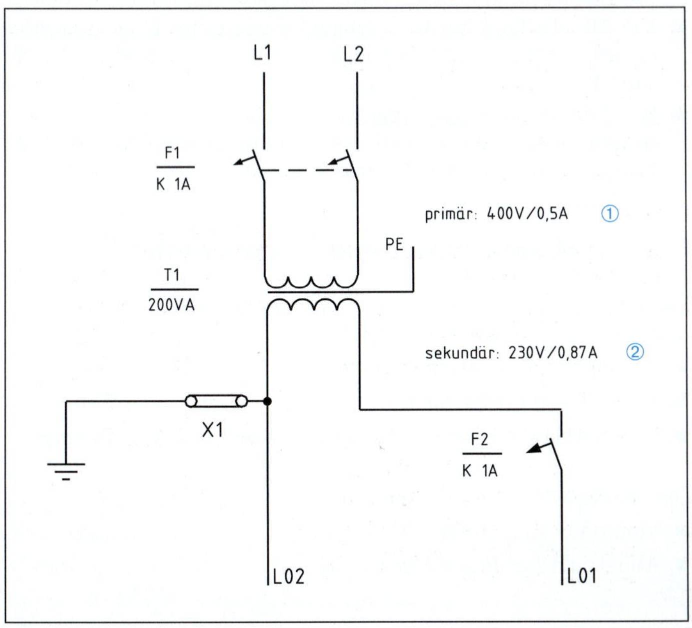

Abb.2: Steuerstromkreis mit Überstromschutz

6.3.1 Transformatorgröße

Ein Steuertransformator, 400 V / 230 V, 315 VA, der alle Steuerungen eines Steuerverteilers speist, ist defekt und muss ersetzt werden. Da dieses bereits die zweite Auswechselung innerhalb kurzer Zeit ist, soll vor der Neubestellung die Bemessungsleistung überprüft werden.

Folgende Geräte belasten den Steuertransformator:

6 Hauptschütze : AC-3; 400 V; 5,5 kW.
3 Hauptschütze : AC-3; 400 V; 7,5 kW.
2 Hauptschütze : AC-3; 400 V; 11 kW.
12 Hilfsschütze : AC-15; 230 V.
18 Leuchtmelder : 230 V; 5 W.

Ermitteln Sie die erforderliche Bemessungsleistung des Steuertransformators.

6.3.2 Überstromschutz 1

Eine Steuerstromversorgung besteht aus einem Steuertransformator mit einer Bemessungsleistung von

a) 100 VA bzw.
b) 400 VA

und einem zweipoligen LS-Schalter, Charakteristik K, auf der Primärseite.

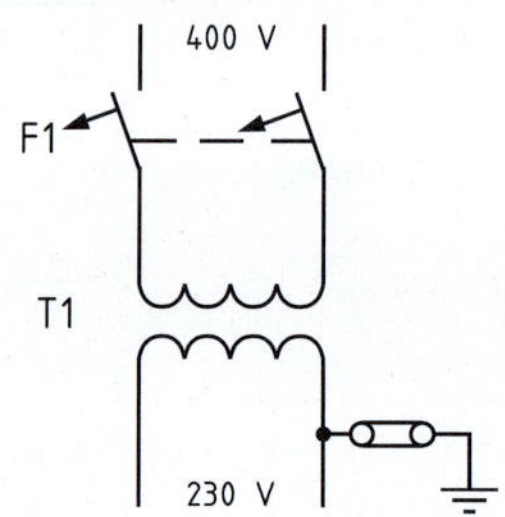

Ermitteln Sie folgende Größen:

1. Sekundärer Bemessungsstrom,
2. Bemessungsstrom von F1,
3. Mindestgröße des sekundären Kurzschlussstromes, der mit Sicherheit zum Ansprechen der Kurzschlussauslöser von F1 führt.

6.3.3 Überstromschutz 2

Eine Steuerstromversorgung besteht aus einem Steuertransformator mit einer Bemessungsleistung von

a) 100 VA bzw.
b) 400 VA

und einem Motorschutzschalter auf der Primärseite.

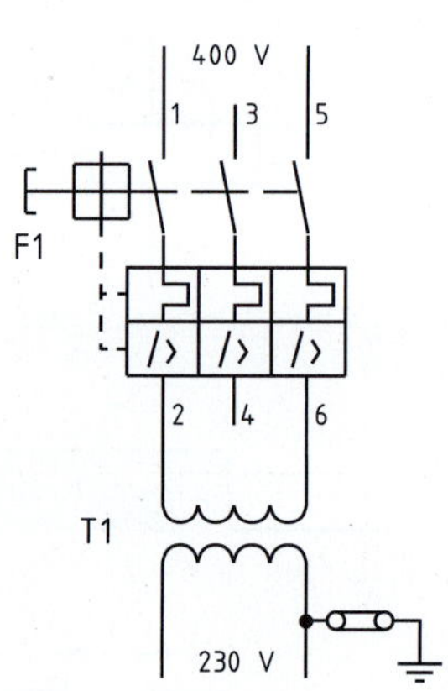

Ermitteln Sie folgende Größen:

1. Sekundärer Bemessungsstrom,
2. Auslösebereich von F1,
3. Mindestgröße des sekundären Kurzschlussstromes, der mit Sicherheit zum Ansprechen der Kurzschlussauslöser von F1 führt.

6.3.4 Überstromschutz 3

Eine Steuerstromversorgung besteht aus einem Steuertransformator mit einer Bemessungsleistung von

a) 100 VA bzw.
b) 400 VA

und einem zweipoligen LS-Schalter, Charakteristik K, auf der Primärseite sowie einem einpoligen LS-Schalter, Charakteristik K, auf der Sekundärseite.

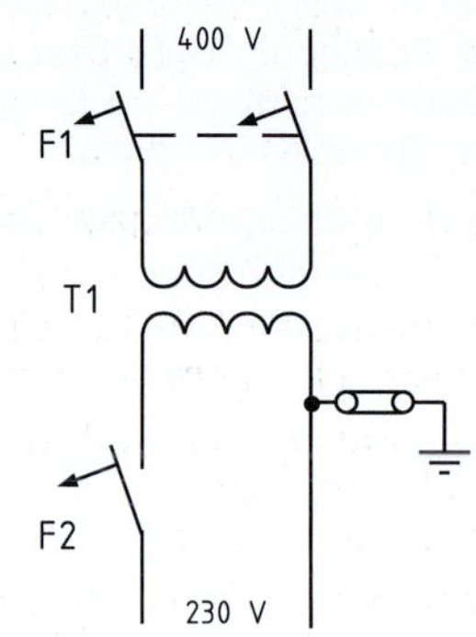

Ermitteln Sie folgende Größen:

1. Sekundärer Bemessungsstrom,
2. Bemessungsstrom von F2,
3. Bemessungsstrom von F1,
4. Mindestgröße des sekundären Kurzschlussstromes, der mit Sicherheit zum Ansprechen des Kurzschlussauslösers von F2 führt.
5. Auslösezeit von F1, wenn auf der Sekundärseite der Mindestkurzschlussstrom fließt.

6.3.5 Einschaltfolge

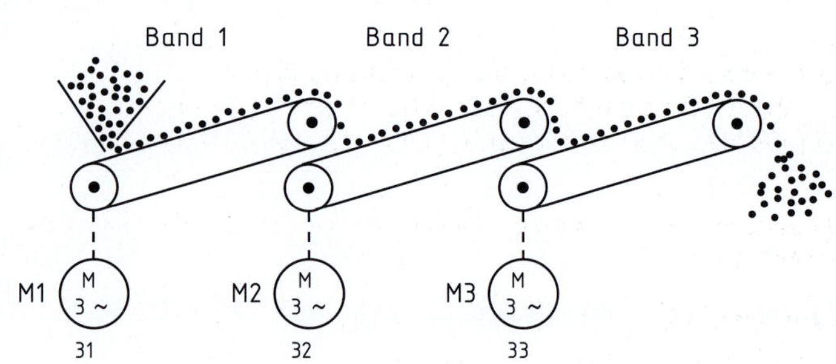

Die drei Bandförderer sollen nur in der Reihenfolge M3 – M2 – M1 einzeln eingeschaltet werden können. Die Ausschaltung muss gemeinsam erfolgen und zwar

- betriebsmäßig über einen Austaster,
- im Gefahrenfall über einen Nottaster,
- bei Überlastung durch Auslösen von mindestens einem der drei Motorschutzrelais B1, B2, B3.

Zeichnen Sie den Stromlaufplan der Steuerung in aufgelöster Darstellung einschließlich einer geeigneten Steuerstromversorgung.

Soll ein Steuerbefehl erst nach einer bestimmten Zeit ein Schütz, einen Leuchtmelder, ein Magnetventil usw. betätigen, dann muss zunächst ein Zeitrelais angesteuert werden. Dieses schaltet nach einer voreingestellten Zeit seinen Schließer bzw. Öffner, der dann die gewünschte Schaltung ausführt.

Ansprechverzögerte Zeitrelais (Abb. 1)

Der unverzögerte Steuerbefehl wird zunächst an die Spule A1-A2 eines Zeitrelais geschaltet. Die Verzögerungszeit *t* startet. Nach Ablauf der voreingestellten Zeit schließt das Zeitrelais seinen Schließer 15-18 bzw. öffnet seinen Öffner 15-16. Dieser Schaltzustand bleibt so lange bestehen, wie der Steuerbefehl an der Spule A1-A2 anliegt.

Wird die Spule spannungslos, dann fällt der Wechsler unverzögert in seine Ruhelage zurück.

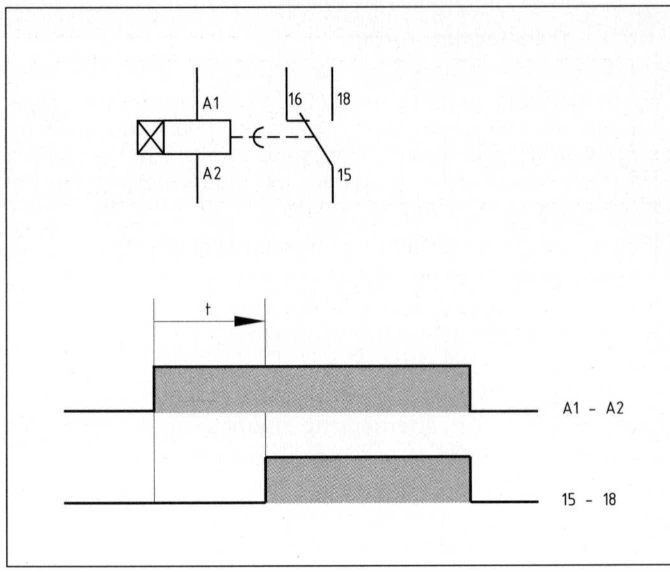

Abb. 1: Schaltzeichen und Funktionsdiagramm eines ansprechverzögerten Zeitrelais

Rückfallverzögerte Zeitrelais (Abb. 2)

Diese Zeitrelais benötigen eine ständige Versorgungsspannung zwischen den Klemmen A1-A2.

Werden die Klemmen B1-B2 durch einen potenzialfreien Schließer kurzgeschlossen, dann geht der Wechsler unverzögert in die Schließerstellung 15-18. Das Zeitrelais ist jetzt für eine Rückfallverzögerung vorbereitet.

Wird nun der potenzialfreie Schließer geöffnet, so startet die voreingestellte Verzögerungszeit *t*. Nach Ablauf dieser Zeit fällt der Wechsler wieder in seine Ruhelage 15-16 zurück.

Hinweis: Die Klemmen B1-B2 werden bei verschiedenen Fabrikaten mit Y1-Y2 bezeichnet.

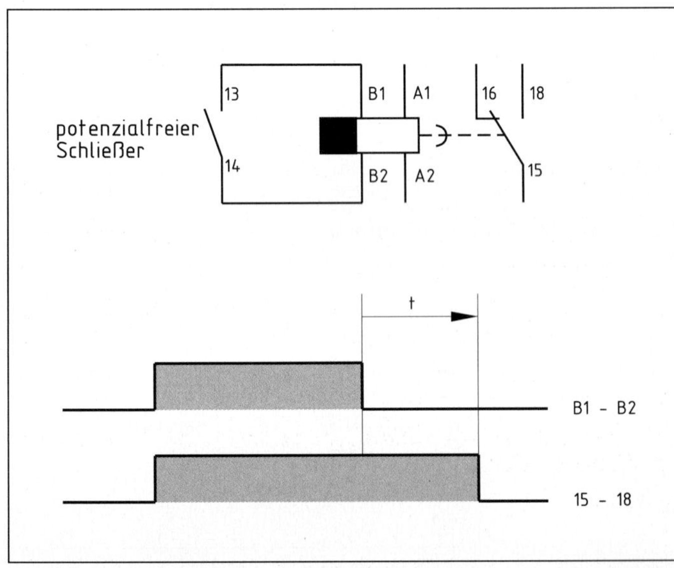

Abb. 2: Schaltzeichen und Funktionsdiagramm eines rückfallverzögerten Zeitrelais

Blinkrelais (Abb. 3)

Nach Anlegen der Steuerspannung an die Klemmen A1-A2 geht der Wechsler in die Schließerstellung 15-18 und verbleibt in dieser Stellung bis zum Ablauf der voreingestellten Blinkzeit *t*. Danach fällt er wieder in die Öffnerstellung 15-16 zurück bis zum wiederholten Ablauf der Blinkzeit.

Der Schließ- und Öffnungsvorgang wiederholt sich immer wieder und so lange wie die Spannung an A1-A2 liegt.

Multifunktionsrelais (Abb. 4)

Ein Multifunktionsrelais vereinigt mehrere Zeitfunktionen in einem Gerät. Neben den Funktionen ansprechverzögert, rückfallverzögert und blinkend können häufig noch Funktionen wie ansprech- und rückfallverzögert, einschaltwischend, ausschaltwischend oder impulsgebend eingestellt werden.

Multifunktionsrelais werden immer dann bevorzugt, wenn trotz geringer Lagerhaltung ein hohes Maß an Verfügbarkeit von Ersatzgeräten angestrebt wird.

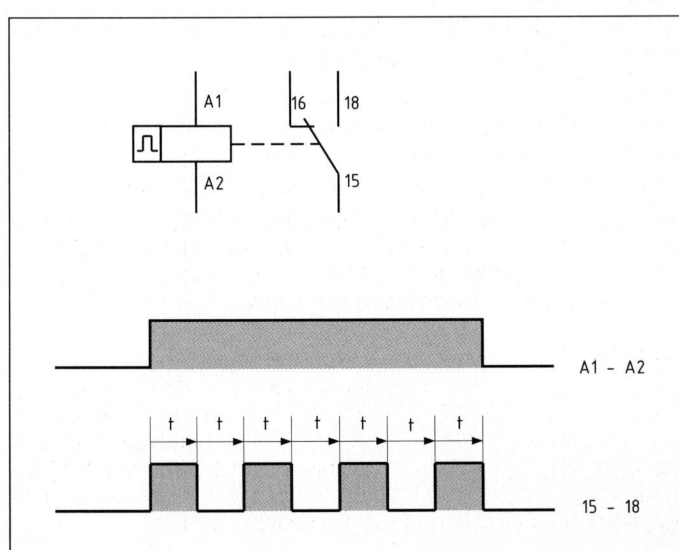

Abb. 3: Schaltzeichen und Funktionsdiagramm eines Blinkrelais

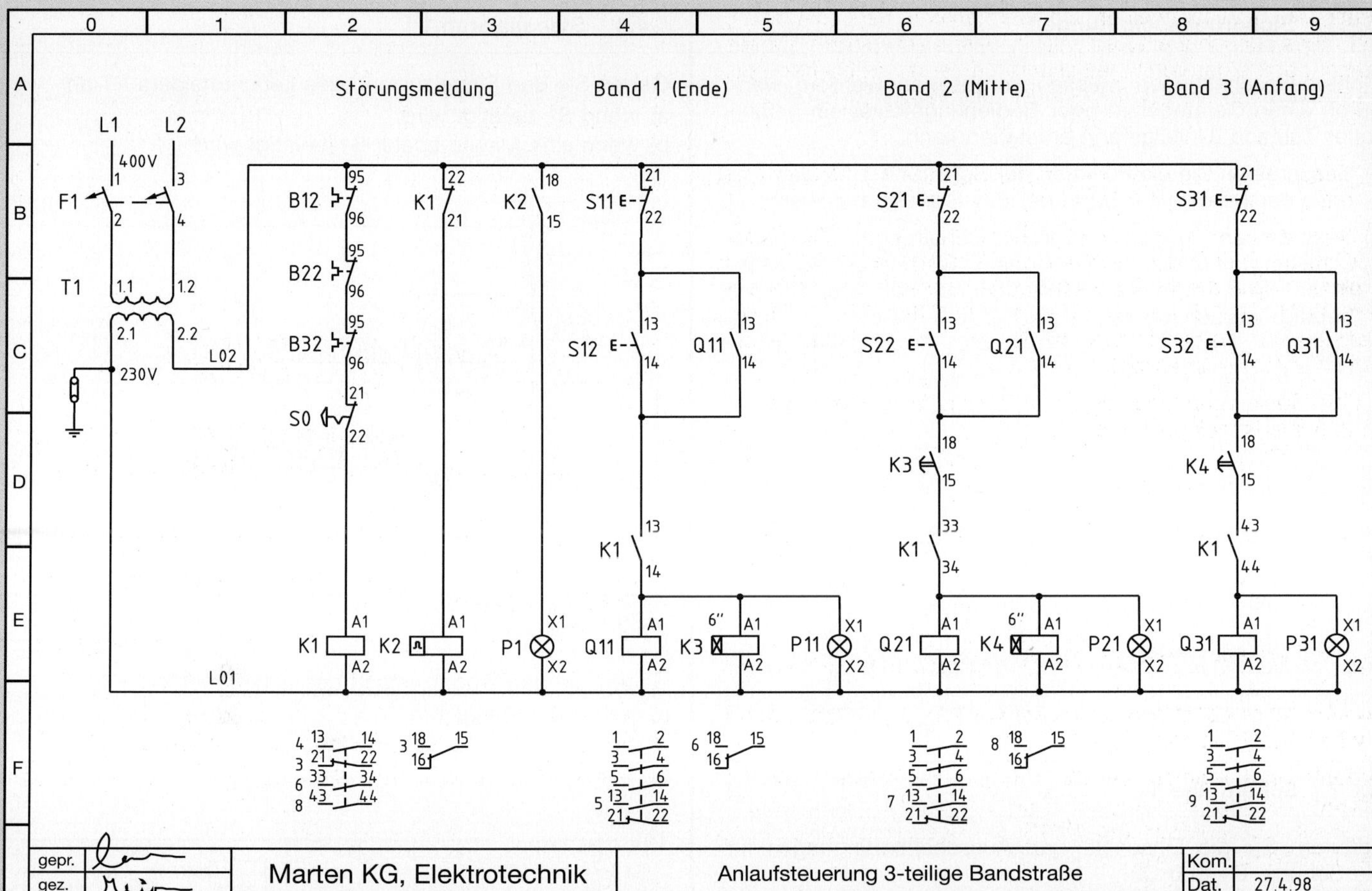

Eine dreiteilige Bandstraße für die Förderung von Kies wurde von der Lieferfirma betriebsfertig aufgestellt.

Ein Elektroinstallationsbetrieb erhält den Auftrag für die Wartung der elektrischen Ausrüstung.

Mit den technischen Unterlagen wird auch der Stromlaufplan der Bandstraßensteuerung übergeben.

Damit der Elektroinstallateur im Störungsfall eine schnelle Fehlerermittlung gewährleisten kann, verschafft er sich unmittelbar nach Übergabe der Unterlagen Klarheit über die Funktion der Anlage.

Funktionsanalyse

Störungsmeldung

Die Öffner der drei Motorschutzrelais B12, B22, B32 und der Nottaster S0 bilden die Einschaltschleife.

Sind alle Öffner geschlossen, dann zieht K1 an und gibt mit

- K1:13/14 (Strompfad 4) die Steuerung für Q11,
- K1:33/34 (Strompfad 6) die Steuerung für Q21,
- K1:43/44 (Strompfad 8) die Steuerung für Q31 frei.

Wird die Einschaltschleife unterbrochen, fällt K1 ab und schaltet mit K1:21/22 das Blinkrelais K2 ein. K2 schließt und öffnet periodisch den Schließer K2:15/18 (Strompfad 3), sodass der Leuchtmelder P1 blinkend den Störungsfall anzeigt.

Band 1

Die Einschaltung des Hauptschützes Q11 erfolgt mit dem Drucktaster S12:13/14 (Strompfad 6) in einer Selbsthalteschaltung. Gleichzeitig mit Q11 werden der Leuchtmelder P11 und das Zeitrelais K3 an Spannung gelegt. K3 schließt nach 6 Sekunden den Schließer K3:15/18 (Strompfad 6) und ermöglicht nun eine Einschaltung des Hauptschützes Q21.

Mit S11:21/22 werden Q11, K2 und P11 ausgeschaltet.

Die Steuerung der übrigen Förderbänder erfolgt entsprechend.

Einstellbare Funktionen:

	Kenn-zahl
ansprechverzögert	(11)
rückfallverzögert	(12)
ansprech- und rückfallverzögert	(16)
einschaltwischend	(21)
ausschaltwischend	(22)
blinkend	(42)
impulsgebend	(81)
impulsformend	(82)

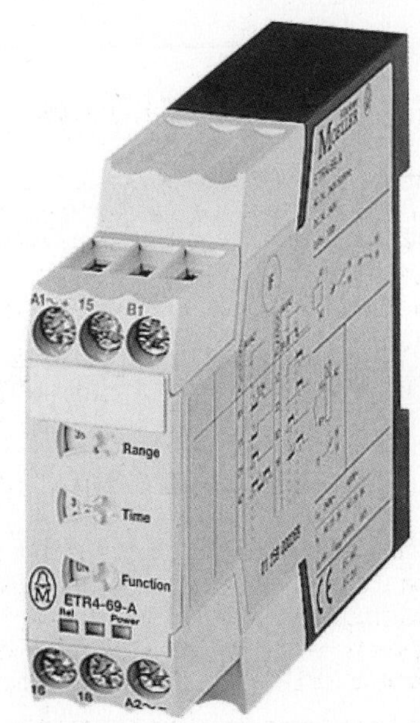

Abb. 4: Multifunktionsrelais (K2, K3, K4)

6.4.1 Sicherheitsschaltungen

Sicherheitsschaltungen müssen vorgesehen werden, wenn durch einen Gerätedefekt oder Bedienungsfehler ein gefährlicher Zustand (Unfallgefahr) entstehen kann.

a) Beschreiben Sie die Funktion der Schaltung 1 für den Fall, dass der Drucktaster S2 in der EIN-Stellung blockiert.

b) Beschreiben Sie die Funktion der Schaltung 2 (Zweihandschaltung), bei der die Drucktaster S1 und S2 so angebracht sind, dass sie gleichzeitig nur mit zwei Händen betätigt werden können.

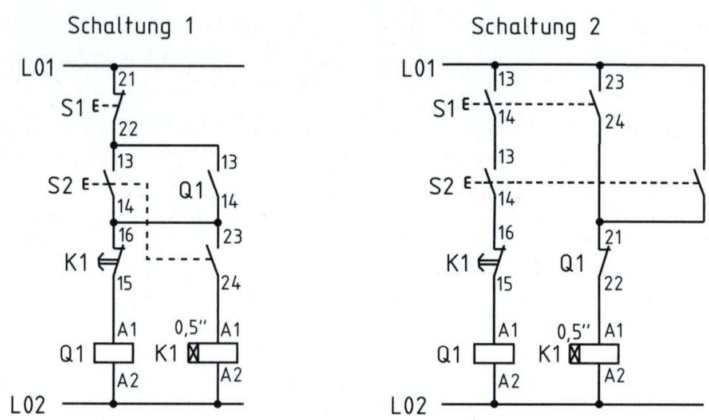

6.4.2 Schaltfolge 1

Erläutern Sie die Einschalt- und Ausschaltbedingungen für die Schütze Q1 und Q2.

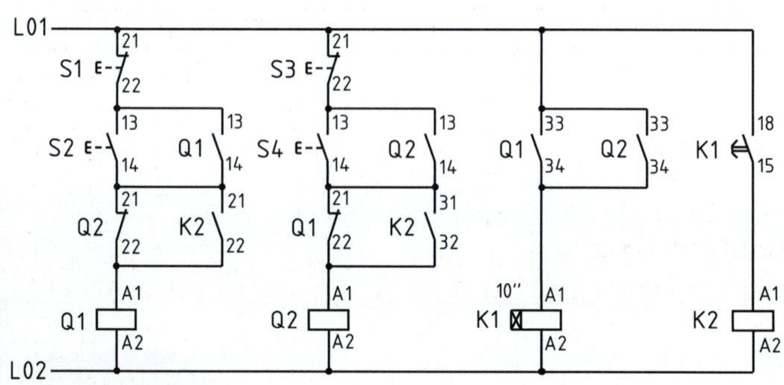

6.4.3 Schaltfolge 2

Erläutern Sie die Einschalt- und Ausschaltbedingungen für die Schütze Q1 und Q2.

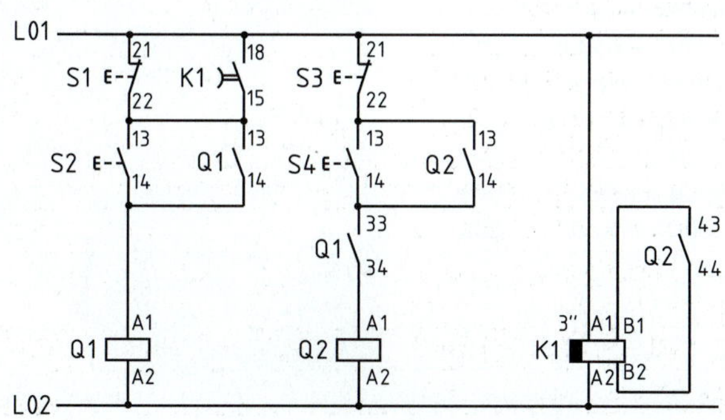

6.4.4 Signalisieren 1

Geben Sie den Signalzustand des Leuchtmelders P1 an

a) wenn S2 betätigt wird,

b) wenn eine Minute später S1 betätigt wird.

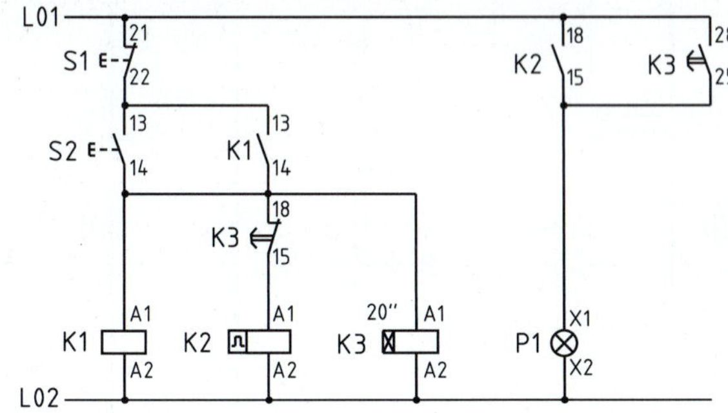

6.4.5 Signalisieren 2

Geben Sie den Signalzustand des Leuchtmelders P1 an

a) wenn S2 betätigt wird,

b) wenn eine Minute später S1 betätigt wird.

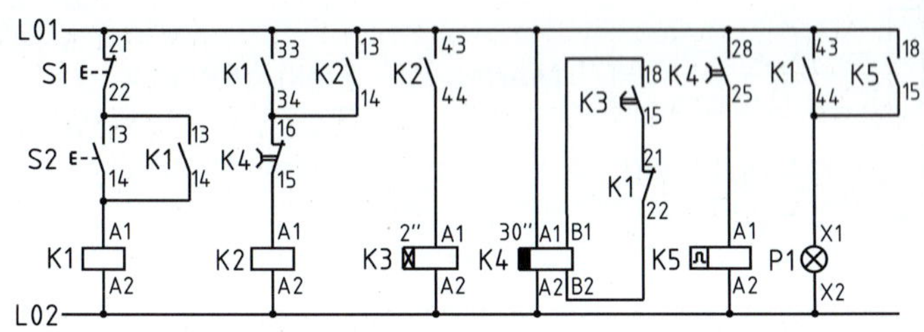

6.4.6 Automatische Einschaltfolge

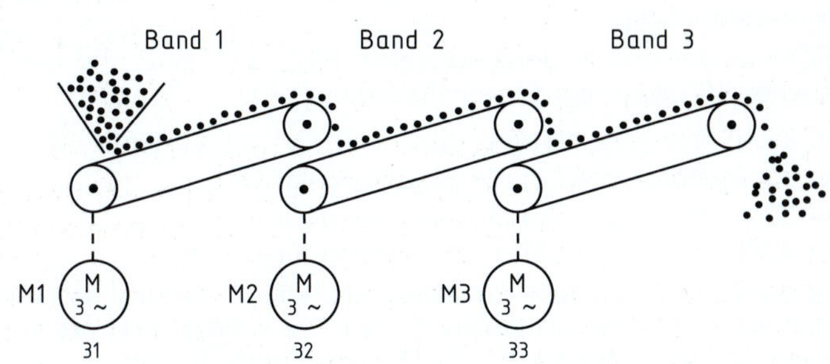

Die drei Bandförderer sollen in der Reihenfolge M3 – M2 – M1 im Abstand von 6 Sekunden automatisch eingeschaltet werden. Die Ausschaltung erfolgt über einen gemeinsamen Austaster. Der Einschaltzustand soll durch je einen Leuchtmelder angezeigt werden. Der Störungsfall muss durch ein Blinklicht gemeldet werden.

Zeichnen Sie den Stromlaufplan der Steuerung in aufgelöster Darstellung.

Eine Schützensteuerung arbeitet automatisch, wenn die Befehle zum Ein- und Ausschalten der Schütze nicht unmittelbar vom Bediener, sondern von prozessbetätigten oder zeitverzögernden Schalteinrichtungen gegeben werden.

Prozessbetätigte Schaltgeräte

Schaltgeräte, die von den Zustandsgrößen einer Anlage wie Druck, Temperatur usw. betätigt werden, heißen **Prozessschalter.**

Beispiele: Druckschalter, Temperaturschalter (Abb.1), Fliehkraftschalter, Niveauschalter.

Prozessschalter haben als elektrischen Ausgang entweder einen potenzialfreien Wechsler ② oder Schließer und Öffner (1S+1Ö). Die Belastbarkeit beträgt oft nur 4 - 6A, was eine entsprechend geringe Absicherung des Steuerstromkreises erfordert.

Damit sich auch bei langsam verändernder Einflussgröße ein eindeutiger Schaltpunkt ergibt, sind die Schaltelemente als Sprungkontakte ③ ausgeführt. Eine Einstellvorrichtung ① ermöglicht die Voreinstellung des gewünschten Wertes.

Prozessschalter, die eine Steuerung betriebsmäßig ein- und ausschalten, heißen **Wächter** ⑦.

Prozessschalter, die eine Steuerung nur bei Gefahr ausschalten, heißen **Begrenzer** ⑥.

Merkmal des Begrenzers ist seine Sperreinrichtung ⑤, die ein selbständiges Wiedereinschalten verhindert. Die Sperre kann durch Betätigen der **Reset-Taste** wieder aufgehoben werden.

Die Schaltzeichen für Druckwächter und für Druckbegrenzer (hier mit Wechsler) zeigt Abb.2. In das Symbol für den Kraftantrieb ④ wird das Formelzeichen der einwirkenden physikalischen Größe eingetragen.

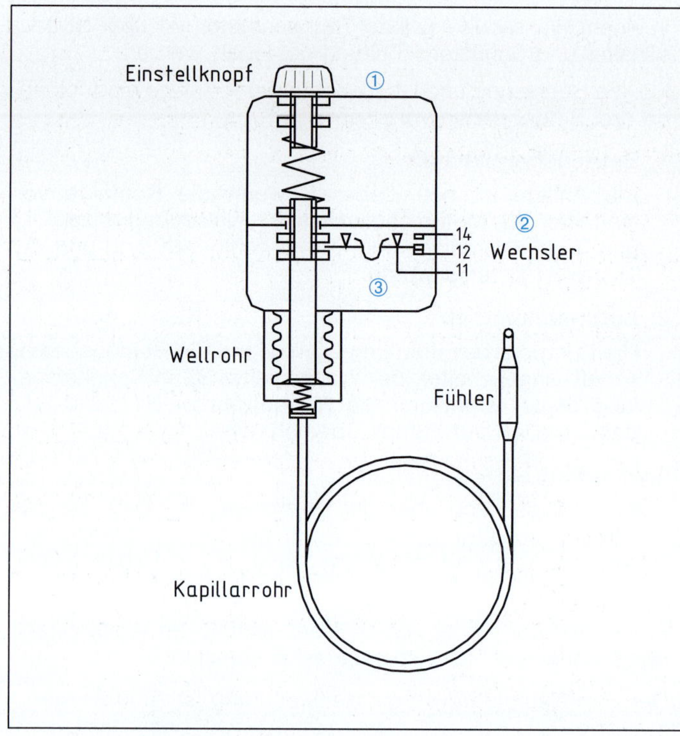

Abb.1: Prinzipieller Aufbau eines Temperaturschalters

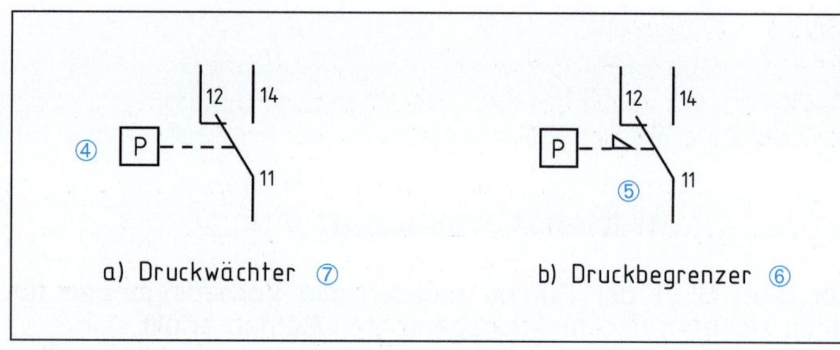

Abb.2: Schaltzeichen für Druckschalter

Steuerungsaufbau

Automatische Steuerungen sind oft so aufgebaut, dass die Verbraucher für Testzwecke bei der Reparatur oder Inbetriebnahme auch von Hand gesteuert werden können. Sie haben dann einen Wahlschalter mit den Schaltstellungen „Hand", „Aus" und „Automatik" (Abb.3).

- Im **Handbetrieb** haben die Schaltstellungen der Wächter keinen Einfluss auf die Steuerung.
- Im **Automatikbetrieb** ist eine Handbetätigung normalerweise nicht möglich.

Begrenzer und Nottaster müssen immer so geschaltet sein, dass sie sowohl im Handbetrieb als auch im Automatikbetrieb die gesamte Anlage abschalten können.

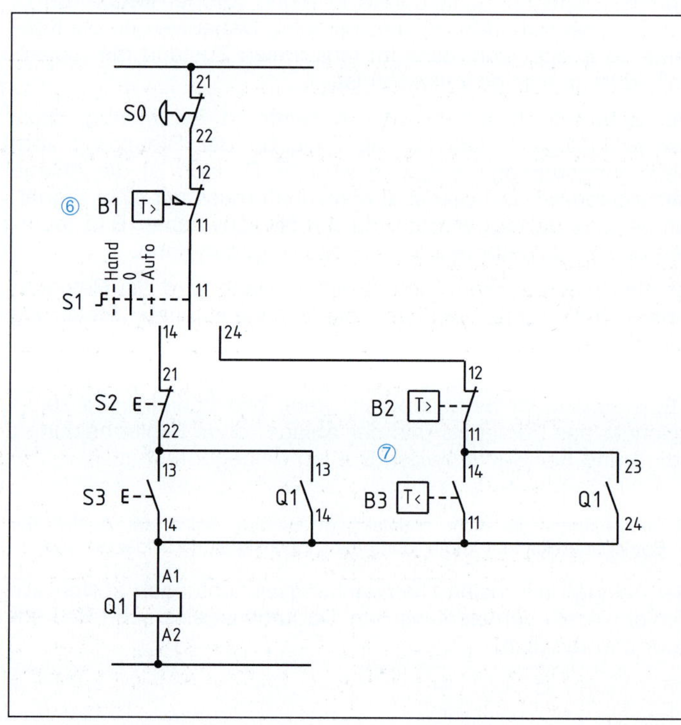

Abb.3: Prinzip einer automatischen Steuerung mit Temperaturschaltern

In einem Wasserwerk soll der Pumpenmotor M1 über Niveauschalter und Schützenschaltung gesteuert werden.

Für die Bedienung und Überwachung der Anlage sind folgende drei Betriebsarten vorzusehen:

1. **Betriebsbereitschaft**
   Die Anlage ist betriebsbereit, wenn die Kontakte von Nottaster S0, Motorschutzrelais B1, Niveaubegrenzer B15 und Trockenlaufsicherung B14 geschlossen sind und der Taster S4 betätigt wurde.
2. **Automatikbetrieb**
   Die Pumpe arbeitet automatisch, wenn die Betriebsbereitschaft eingeschaltet, der Wahlschalter S3 in Schalterstellung „Auto“ steht und die Niveauwächter B11 und B12 das Schalten der Pumpe übernehmen.
3. **Handbetrieb**
   Die Pumpe kann über die Drucktaster S1 bzw. S2 von Hand geschaltet werden, wenn die Betriebsbereitschaft eingeschaltet und der Wahlschalter S3 in Schaltstellung „Hand“ steht.

Ferner soll der Öffner von S13 bei maximalem Wasserstand das Magnetventil Q11 spannungslos schalten.

Der Stromlaufplan der Schützensteuerung ist zu entwerfen.

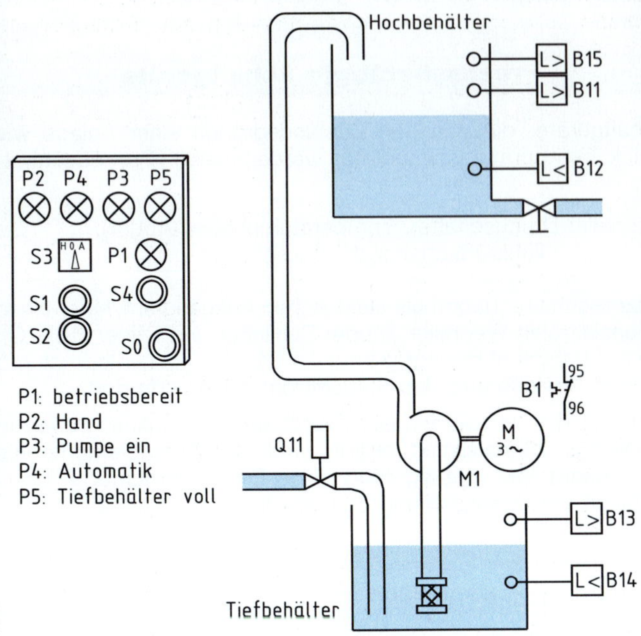

Betriebsbereitschaft (Abb.1)

Vor dem Start der Pumpe müssen alle Vorbedingungen für einen sicheren und funktionsgerechten Betrieb erfüllt sein.

Man schaltet deshalb alle für die Sicherheit von Personal und Anlage wichtigen Schaltgeräte in Reihe **(Sicherheitskette)** ① vor die eigentliche Maschinensteuerung. Dabei werden die Kontakte so ausgewählt, dass im fehlerfreien Zustand die Sicherheitskette immer geschlossen ist.

Bei automatisch arbeitenden Anlagen ist es wichtig, dass der endgültige Befehl für die Freigabe der Steuerung vom Bedienungspersonal gegeben wird ②. Danach ist die Anlage **betriebsbereit.** Die Betriebsbereitschaft muss mit einer Signallampe ③ angezeigt werden, da der Niveauwächter B12 jederzeit den Einschaltbefehl für den Motor geben kann.

Ist die Sicherheitskette unterbrochen, dann wird die Betriebsbereitschaft aufgehoben und die nachgeschaltete Steuerung abgeschaltet.

Eine Anlage ist betriebsbereit, wenn alle Schaltgeräte zum Schutz des Personals und der Anlage ohne Fehlermeldung sind und der Bediener den Betrieb freigegeben hat.

☺ Bei Anlagen, die nicht beaufsichtigt werden, sollte der Ausfall der Betriebsbereitschaft immer durch ein Hupensignal gemeldet werden.

Bei Anlagen mit vielen Überwachungseinrichtungen sollten alle Fehler einzeln gemeldet werden. Dadurch ist eine schnelle Fehlerortung möglich.

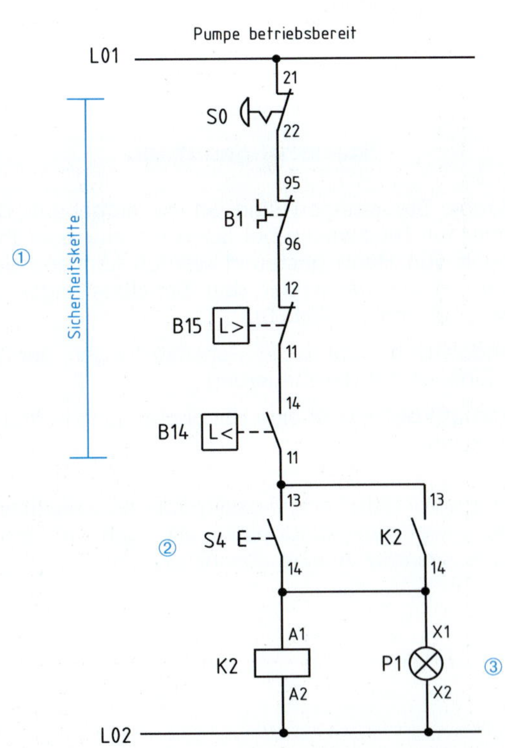

Abb. 2: Sicherheitskette mit Schaltung und Meldung der Betriebsbereitschaft

Stromlaufplan

Bei umfangreicheren Steuerungen muss der Stromlaufplan auf mehrere Seiten verteilt werden. Die Kennzeichnung der Planabschnitte wird dann durch die entsprechende Seitennummer erweitert ①.

Die Seitenaufteilung soll möglichst nach Funktionsblöcken erfolgen, damit spätere Ergänzungen nur auf der betroffenen Seite vorgenommen werden müssen.

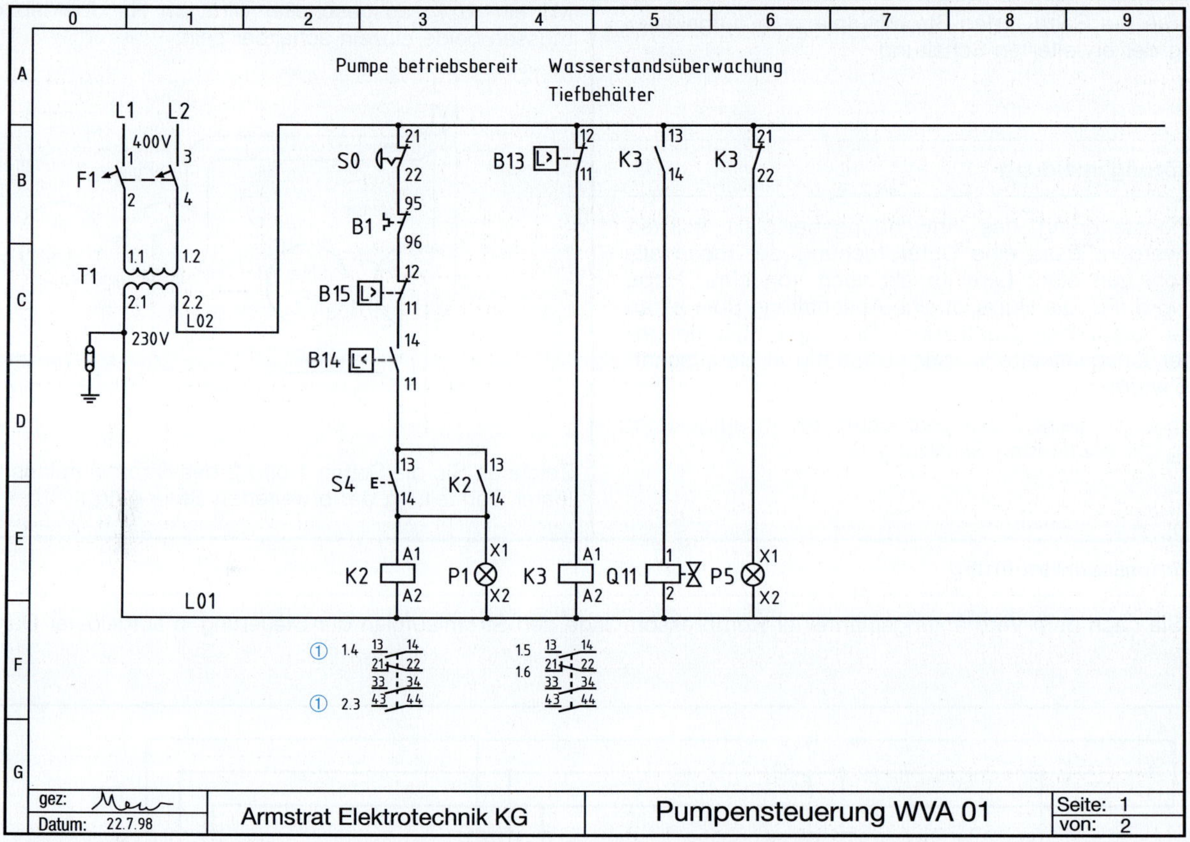

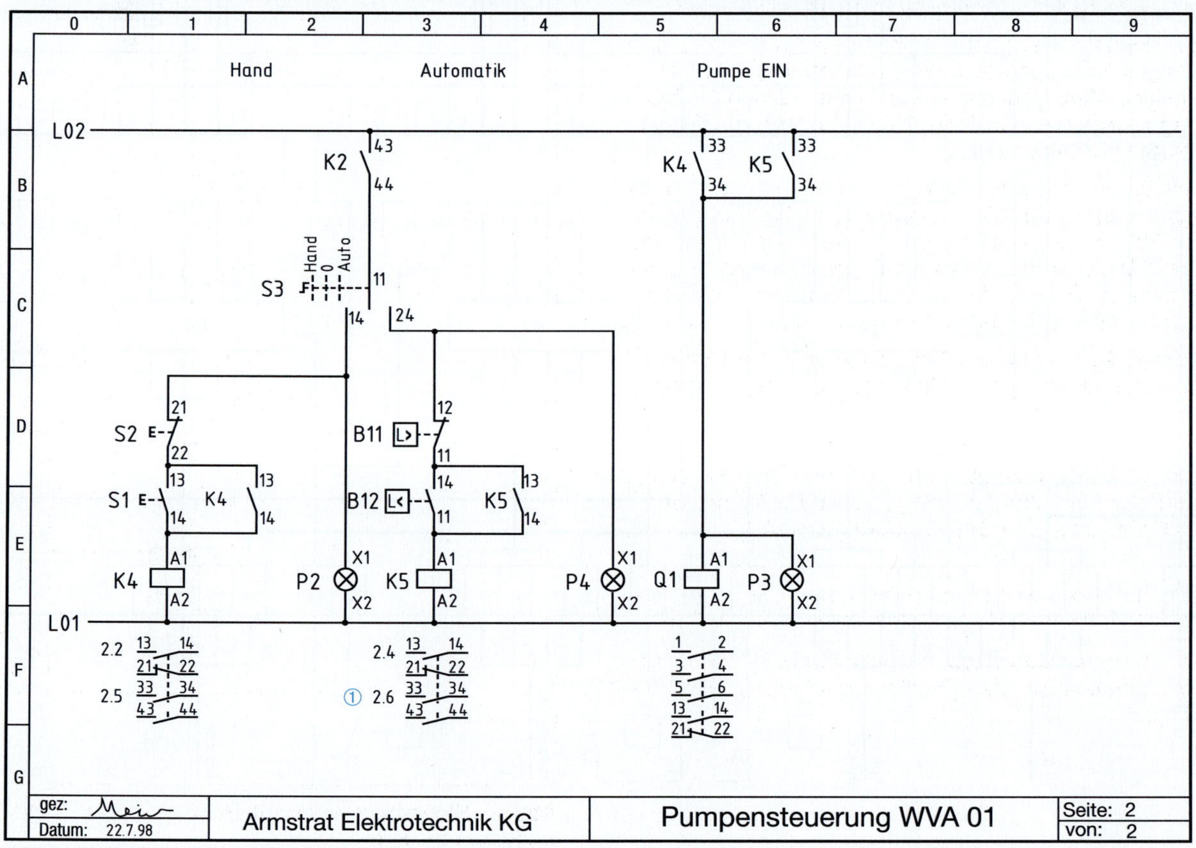

6.5.1 Überlaufwarnung Hochbehälter

Die Pumpensteuerung des Anwendungsbeispiels soll so erweitert werden, dass das Ansprechen des Niveaubegrenzers B15 im Hochbehälter von einer Meldeleuchte P6 mit Blinklicht gemeldet wird.

Zeichnen Sie die Seite 1 des Stromlaufplans in aufgelöster Darstellung der erweiterten Schaltung.

6.5.2 Störungsmeldung

Die Pumpensteuerung des Anwendungsbeispiels soll so erweitert werden, dass eine Unterbrechung der Einschaltkette sowohl von einer Leuchte als auch von einer Hupe gemeldet wird. Für die Hupe ist eine Abschaltung über einen Drucktaster vorzusehen (Quittierung). Die Hupe muss bei geschlossener Einschaltkette wieder selbsttätig in Bereitschaft geschaltet werden.

Zeichnen Sie die Seite 1 des Stromlaufplans in aufgelöster Darstellung der erweiterten Schaltung.

6.5.3 Wasserversorgungsanlage mit zwei Pumpen

Die Fördermenge der Wasserversorgungsanlage des Anwendungsbeispiels soll durch Zuschalten einer zweiten Pumpe vergrößert werden. Der Pumpenmotor M2 wird dabei so gesteuert, dass er im Automatikbetrieb immer zusammen mit M1 ein- bzw. ausgeschaltet wird. Im Handbetrieb dagegen müssen beide einzeln schaltbar sein.

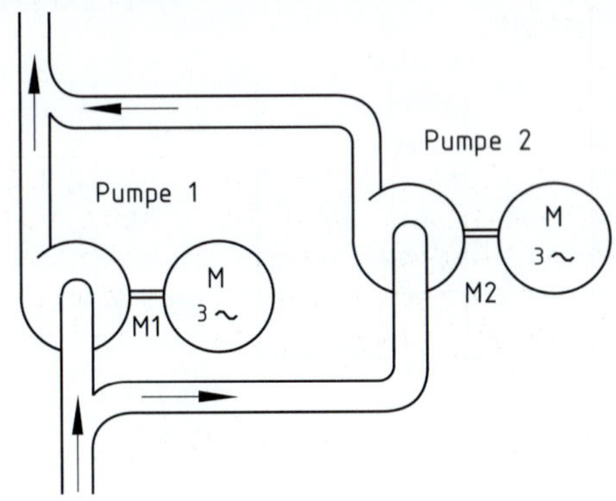

Zeichnen Sie die Seiten 1 und 2 des Stromlaufplans in aufgelöster Darstellung der erweiterten Steuerung.

6.5.4 Kompressorsteuerung

Zeichnen Sie nach dem Verdrahtungsplan einer Kompressoranlage den Stromlaufplan der Steuerung in aufgelöster Darstellung.

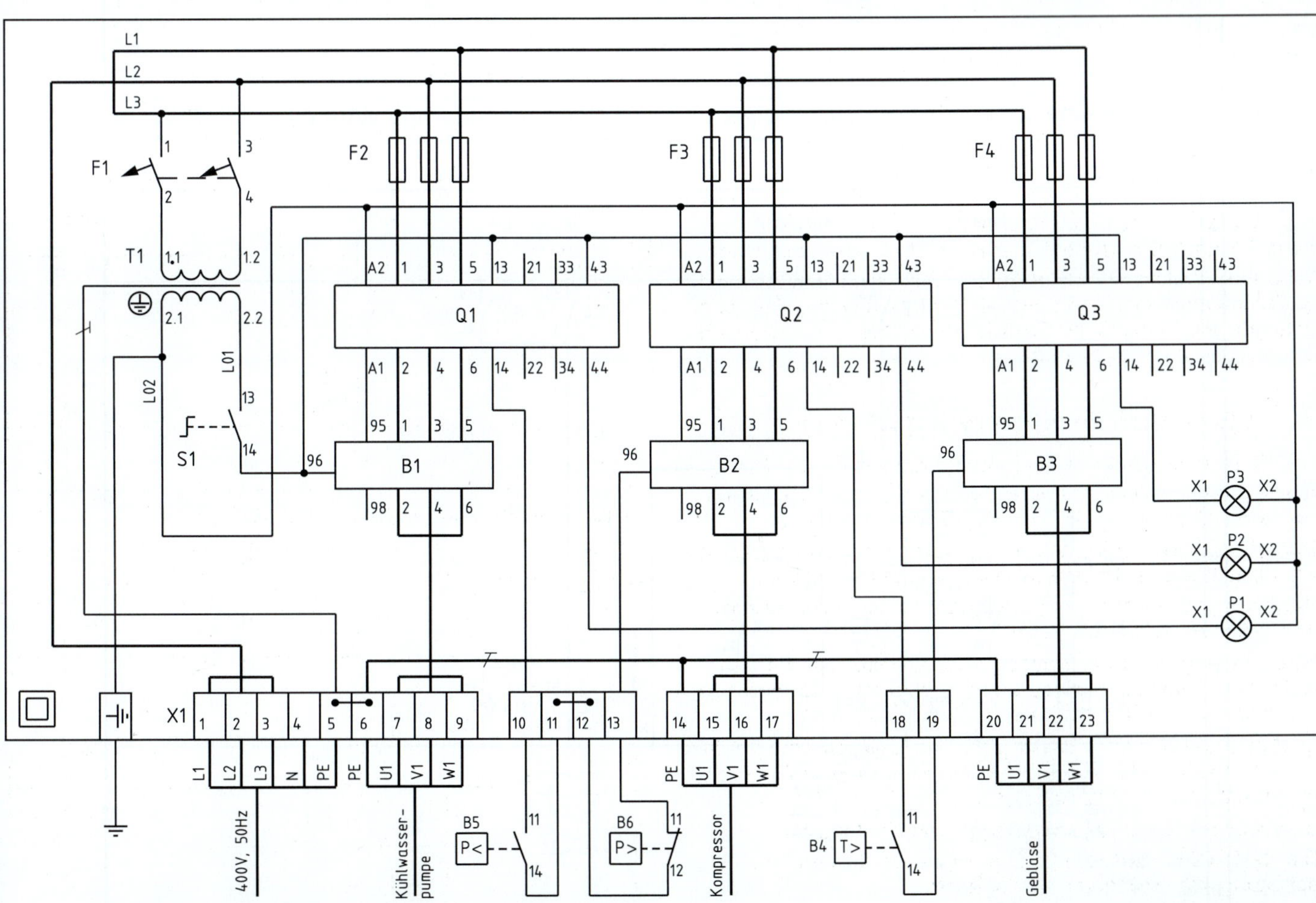

7 Automatisieren mit SPS

7.1 Die Programmiersprache KOP

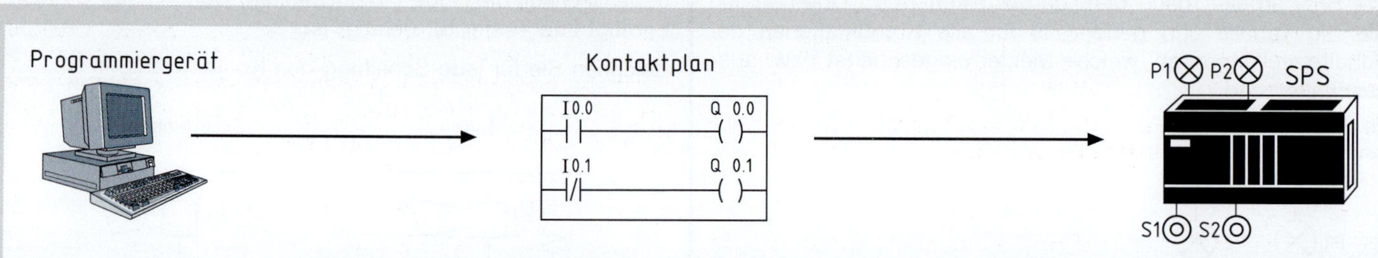

Technische Anlagen werden in vielen Fällen durch **Speicherprogrammierbare Steuerungen (SPS)** automatisiert. Bei der SPS erfolgt die Verbindung zwischen Befehlsgebern und -empfängern nicht durch Verdrahtung (Hardware), sondern durch ein Programm (Software) in ihrem Befehlsspeicher. Dieses Programm muss in einer Sprache mit festgelegten Symbolen und Regeln geschrieben werden, die Mensch und SPS verstehen. Der **Kontaktplan (KOP)** ist eine solche Programmiersprache, mit welcher man die SPS über ein Programmiergerät anweist (programmiert) Steuerbefehle auszuführen.

Programmsymbole des KOP

Die wichtigsten Symbole des Kontaktplans heißen (Abb. 1a):

- **Kontakt,** unterschieden in **Schließer** und **Öffner**
- **Spule**

Die Namen über den Programmsymbolen heißen **Operanden** (Abb. 1b, ①). Mit ihnen arbeitet das KOP-Programm in der SPS (grau) und stellt die Verbindung zwischen den gleichnamigen Eingängen **I** ② und den Ausgängen **Q** der SPS her ③.

Die Operanden I bzw. Q des KOP verbinden die Software (Programm) mit der Hardware (Ein- und Ausgänge). Alle Operanden können im KOP beliebig oft verknüpft werden.

Kontakte und Spulen im KOP können ebenso wie Schützkontakte und Schützspulen betätigt oder unbetätigt sein.

- Liegt Spannung an einem SPS-Eingang, hat der gleichnamige Operand im Programm 1-Signal. Er betätigt dann seinen Kontakt. Ohne Spannung am Eingang hat dieser Operand 0-Signal. Sein zugehöriger Kontakt ist dann unbetätigt.
- Wird eine Spule durch Signalfluss (1-Signal) betätigt, so setzt sie ihren Operanden auf 1-Signal. Der gleichnamige Ausgang schaltet ein. Ohne Signalfluss ist die Spule unbetätigt und der Ausgang ausgeschaltet.

Aufbau und Funktion des KOP (Abb. 2)

Der KOP ist vergleichbar mit dem Stromlaufplan mit Schützen:

- Links und rechts sind Begrenzungslinien ähnlich den Stromschienen. Die linke Linie führt dabei ständig 1-Signal.
- Zwischen diesen „Stromschienen" leiten oder unterbrechen die Kontakte den Signalfluss (1-Signal) zu den Spulen.
- Kontakte und Spulen bilden die **Netzwerke.** Jedes Netzwerk ist ein Steuerbefehl für die SPS.

Liegt Spannung am SPS-Eingang I0.0, schaltet der Schließer in Netzwerk 1 den Signalfluss zur Spule durch. Die betätigte Spule schaltet ihren zugehörigen Ausgang Q0.0 ein.

Liegt Spannung am SPS-Eingang I0.1 an, unterbricht der Öffner in Netzwerk 2 den Signalfluss zur Spule. Die unbetätigte Spule schaltet den Ausgang Q0.1 aus.

Abb. 3 zeigt die Grundverknüpfungen von Kontakten.

- Die UND-Verknüpfung von Operanden wird durch Reihenschaltung von Kontakten symbolisiert.
- Die ODER-Verknüpfung von Operanden wird durch Parallelschaltung von Kontakten symbolisiert.

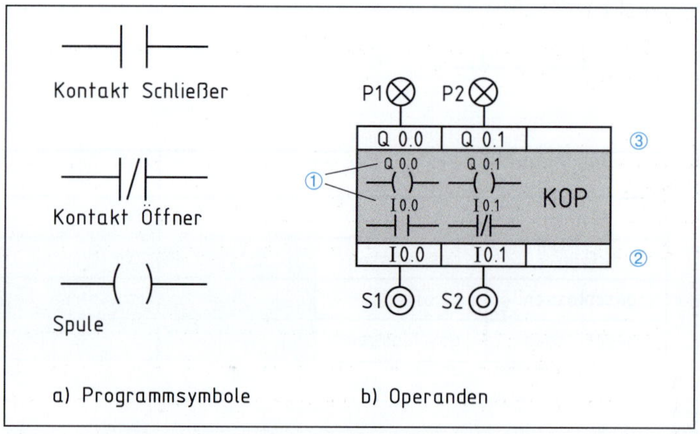

Abb. 1: Programmsymbole und Operanden

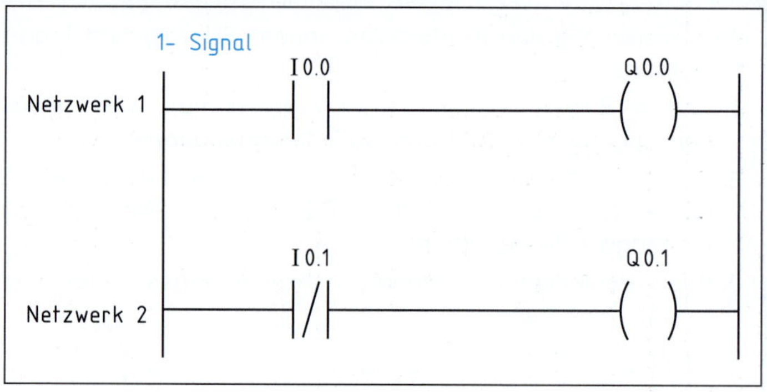

Abb. 2: Aufbau und Funktion des KOP

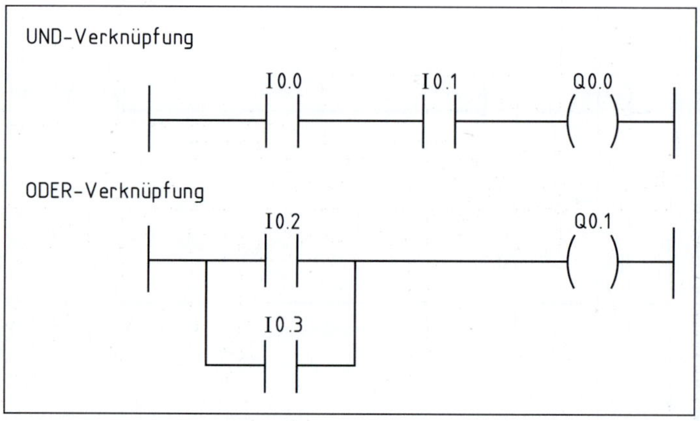

Abb. 3: Grundverknüpfungen

7.1.1 Kontaktplananalyse 1

Die SPS arbeitet nach dem dargestellten KOP. Übernehmen Sie die Tabelle und geben Sie für alle Kombinationen der Schalterstellungen an, welche Melder eingeschaltet bzw. ausgeschaltet sind.

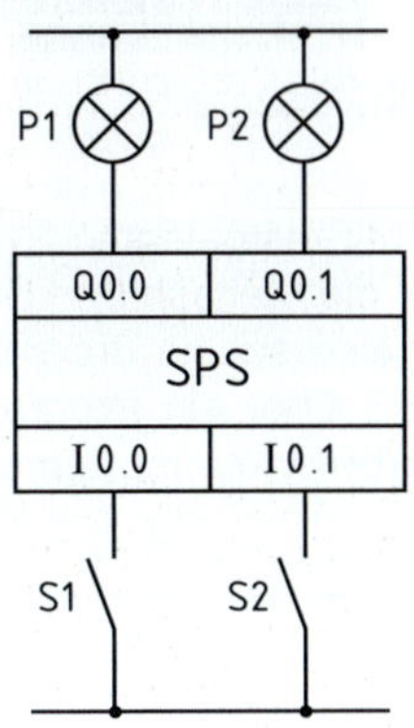

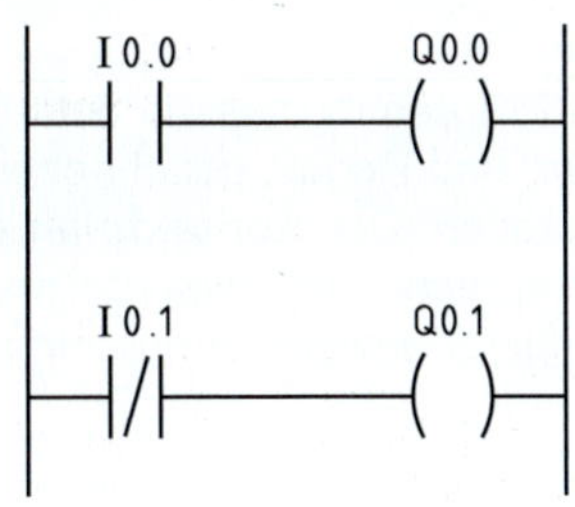

S1	S2	P1	P2
offen	offen		
offen	geschlossen		
geschlossen	offen		
geschlossen	geschlossen		

7.1.2 Kontaktplananalyse 2

Analysieren Sie den Kontaktplan, indem Sie folgende Fragen beantworten.

1. Welche SPS-Ausgänge werden eingeschaltet, wenn jeweils nur Eingang I0.1, I0.2 oder I0.3 1-Signal haben?
2. Welche SPS-Ausgänge werden eingeschaltet, wenn zunächst I0.1, dann zusätzlich I0.2 und schließlich alle drei Eingänge 1-Signal haben?
3. Wie viele Ausgänge können gleichzeitig eingeschaltet sein?

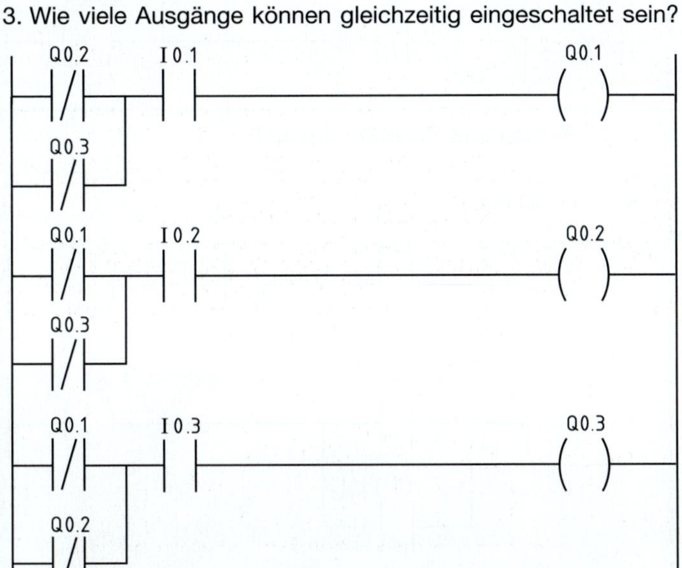

7.1.3 Signalabfrage

Jede SPS soll die Hupe P1 einschalten, wenn Taster S1 nicht betätigt und Taster S2 betätigt ist.

Zeichnen Sie für jede Schaltung den Kontaktplan.

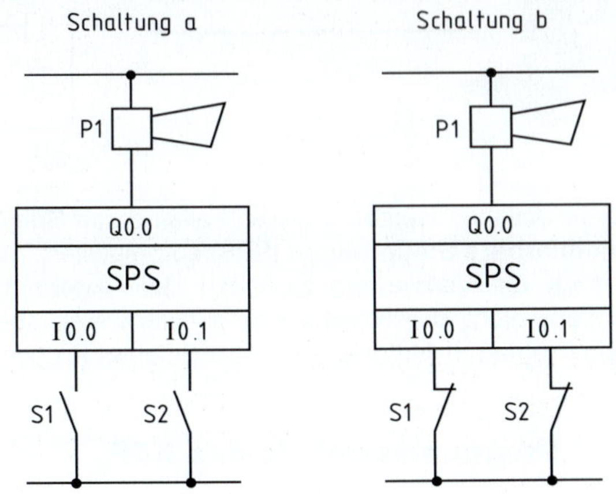

7.1.4 Meldeeinrichtung

Die Hupe einer Meldeeinrichtung soll Signal geben, wenn in der Anlage der Temperaturschalter (Schließer B1) ODER der Druckschalter (Schließer B2) ODER das Motorschutzrelais des Pumpenmotors (Öffner B3) betätigt werden.

a) Stellen Sie eine Zuordnungstabelle auf, in der Sie den Anschluss der Geräte an die Ein- und Ausgänge der SPS festlegen.

b) Zeichnen Sie den Kontaktplan.

7.1.5 Druckkesselüberwachung

Eine Meldeschaltung mit digitalen Bausteinen überwacht mit zwei Druckwächtern B1 und B2 einen Hochdruckkessel.

Sind die Öffner B1 und B2 bei Normaldruck geschlossen, so führen die Signalleitungen 1-Signal. Wird der Überwachungskreis durch Leiterbruch oder durch Ansprechen der Sensoren unterbrochen, so führen die Signalleitungen 0-Signal.

Die vorhandene Schaltung soll durch eine SPS-Steuerung ersetzt werden.

a) Stellen Sie die Wahrheitstabelle für die Meldeschaltung auf.

b) Geben Sie eine Tabelle an, in der Sie die Geräte den Eingängen und Ausgängen der SPS zuordnen.

c) Zeichnen Sie den Kontaktplan.

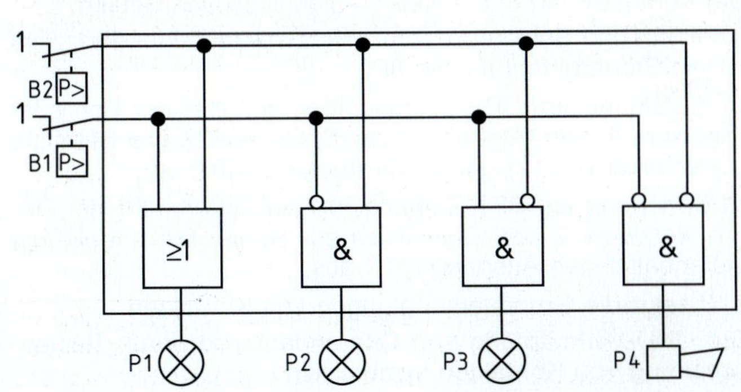

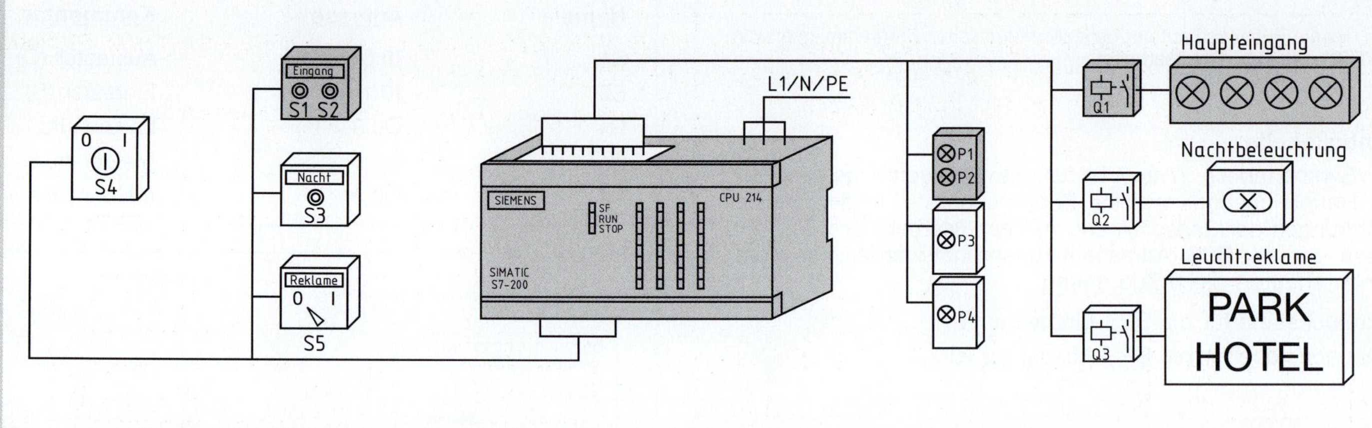

In einem Hotel sollen folgende Verbrauchergruppen zentral von der Rezeption aus gesteuert werden:

- Beleuchtung Haupteingang (EIN/AUS, hervorgehoben)
- Nachtbeleuchtung Gebäude (Stromstoßschaltung)
- Leuchtreklame Fassade (Zeitsteuerung)

Es wird eine Speicherprogrammierbare Steuerung für die Aufgabe vorgesehen, um künftige Erweiterungen und Änderungen leicht vornehmen zu können.
Die Leuchten über dem Haupteingang werden mit Taster S2 über das Lastschütz Q1 eingeschaltet und mit Taster S1 ausgeschaltet. P1 meldet den Schaltzustand AUS, P2 meldet EIN.

Taster S3 steuert das Schütz Q2 für die Nachtbeleuchtung. P3 zeigt die Schaltzustände EIN bzw. AUS. Zusätzlich kann von außen mittels Schlüssel der Schwenktaster S4 betätigt werden, der die Nachtbeleuchtung schaltet (0: AUS, I: EIN).

Stellschalter S5 dient zur Freigabe der Zeitsteuerung für die Leuchtreklame an der Hotelfassade (Schütz Q3, Melder P4).

Geräteanschluss

Die Befehlsgeräte, die an die Eingänge der SPS angeschlossen sind, heißen **Sensoren.**

Die Schütze und Melder, die an die Ausgänge der SPS angeschlossen sind, heißen **Aktoren.**

Das Anschlussbild (Abb. 1) der hier verwendeten SPS zeigt:

- Zum Aufbau getrennter Steuerstromkreise sind die Ausgänge in drei Anschlussgruppen ① und die Eingänge in zwei Anschlussgruppen ② aufgeteilt.
- Die Steuerspannung für die Eingänge wird von der SPS geliefert ③. Sie beträgt (laut Herstellerangabe) 24 V Gleichspannung und ist bei der verwendeten SPS kurzschlussfest, sodass ein externer Überstromschutz entfällt. Bei geschlossenem Sensor liegen 24 V am zugeordneten Eingang **(1-Signal).** Bei geöffnetem Sensor liegt dort keine Spannung an **(0-Signal).**
- Die Aktoren (Q1, P1, P2) sind über die SPS-Ausgänge an Netzspannung angeschlossen. Ist ein Ausgang eingeschaltet **(1-Signal),** so liegt der angeschlossene Aktor an 230 V. Bei abgeschaltetem Ausgang **(0-Signal)** ist der Aktor spannungslos.
- Die SPS wird aus dem 230-V-Wechselstromnetz gespeist.
- Der Schutzleiteranschluss der SPS soll möglichst mit der nächst verfügbaren Erdung verbunden werden (Leitungsquerschnitt 1,5 mm²) um höchtmögliche Störfestigkeit zu erreichen (Herstellerangabe) ④.
- F1 schützt die Lastverdrahtung und dient hier gleichzeitig als Netz-Trennschalter ⑤. Soll jeder SPS-Ausgang (Belastbarkeit 2A) geschützt werden, muss einzeln abgesichert werden.
- F2 schützt die SPS-Stromversorgung (unverwechselbare Geräteschutzsicherung) ⑥.

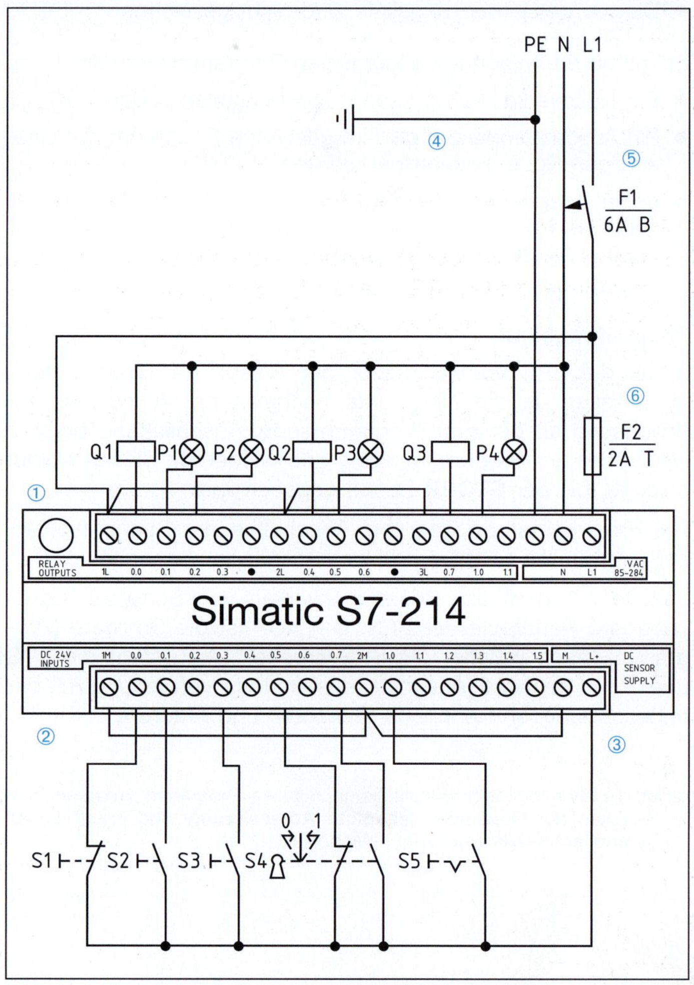

Abb. 1: Anschlussbild für die Steuerung (Simatic S7-214)

Programm für die Eingangsbeleuchtung

☺ In diesem Buch wird mit der herstellerspezifischen Programmiersoftware **STEP7-MICRO/WIN** gearbeitet.

Symboltabelle

Die Symboltabelle (Tab. 7.1) für die Beleuchtungssteuerung des Haupteinganges ist eine Zuordnungsliste, in der die Bezeichnungen der Sensoren und Aktoren (Namen) den Ein- und Ausgängen der SPS (Adressen) zugeordnet werden. Ein Kommentar erläutert diese Zuordnung.

Kennbuchstabe für die SPS-Eingänge: **I**

Kennbuchstabe für die SPS-Ausgänge: **Q**

Kontaktplan

Netzwerk 1 ist die Selbsthalteschaltung für das Lastschütz (Q0.0) und für den EIN-Melder (Q0.2).

Netzwerk 2 schaltet den AUS-Melder (Q0.1) ein, wenn das Lastschütz ausgeschaltet ist.

Im dargestellten KOP sind folgende Besonderheiten zu erkennen (Abb. 1):

- Zu Beginn kann der Programmtitel genannt werden ①.
- Jedes Netzwerk ist fortlaufend nummeriert ②.
- Das Netzwerk ist zum besseren Verständnis seiner Funktion durch einen Netzwerktitel ③ und einen Netzwerkkommentar ④ erläutert.
- Die rechte Begrenzungslinie wird nicht gezeichnet.

Es gelten die folgenden allgemeinen Programmierregeln:

- Ein Netzwerkausgang kann mehrere Spulen haben ⑤.
- Ein Ausgangsoperand darf im gesamten Programm nur einer einzigen Spule zugeordnet werden.
- Jeder Ausgangsoperand im Programm (Q0.0 in Netzwerk 1) kann als Kontakt beliebig oft verwendet werden (Schließer Q0.0 in Netzwerk 1, Öffner Q0.0 in Netzwerk 2).

Programmablauf

Erhält die SPS vom Bediener der Anlage den **RUN**-Befehl, so arbeitet sie die Netzwerke nacheinander Anweisung für Anweisung ab bis zum Programmende. Anschließend beginnt sie wieder am Programmanfang und wiederholt diesen Ablauf solange, bis der **STOPP**-Befehl gegeben wird.

Bei Programmstopp oder bei Abschalten der Spannungsversorgung für die SPS werden ihre Ausgänge abgeschaltet.

Tabelle 7.2 zeigt das Zusammenwirken von Software, Hardware und Peripherie der SPS. Der KOP ist die Software (Programm), nach welcher die SPS arbeitet. Dazu steht die SPS über ihre Hardware (Anschlüsse) ständig in Verbindung mit der angeschlossenen Peripherie (Sensoren und Aktoren).

☺ Ist die Symboltabelle erstellt, kann man im Programm zwischen den Adressen der Operanden (**absolute Adressierung**) und ihren Namen (**symbolische Adressierung**) umschalten.

Tab. 7.1: Symboltabelle für die Beleuchtungssteuerung

Name	Adresse	Kommentar
S1	I0.0	Austaster (Ö)
S2	I0.1	Eintaster (S)
Q1	Q0.0	Lastschütz
P1	Q0.1	Melder AUS
P2	Q0.2	Melder EIN

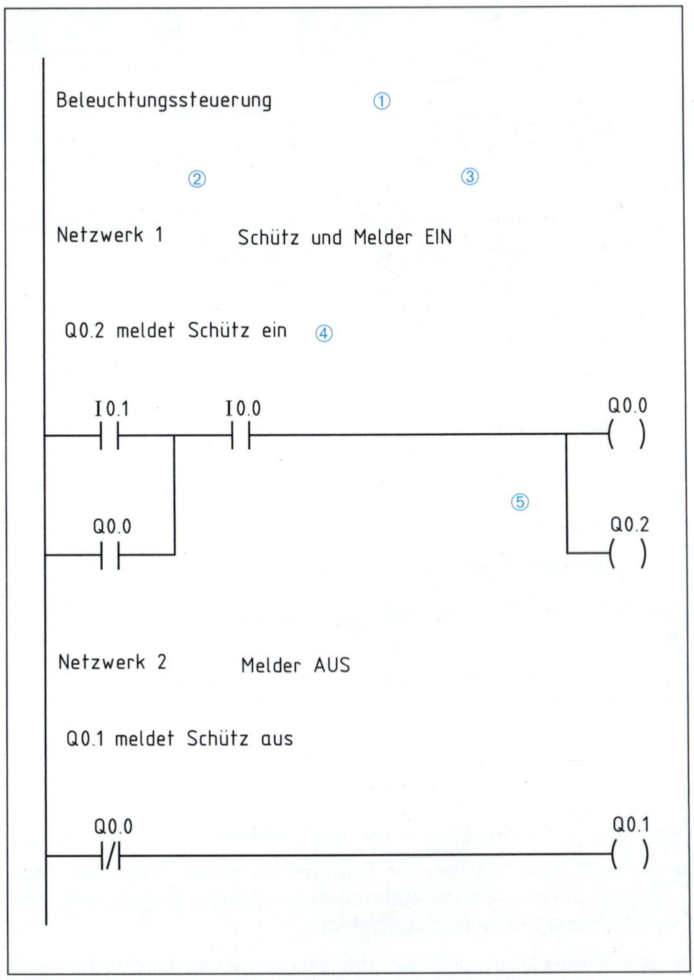

Abb. 1: Kontaktplan nach STEP 7 – MICRO/WIN

Tab. 7.2: Komponenten der SPS-Steuerung

Software (Programm)			Hardware (Anschlüsse)	Peripherie (Sens. und Akt.)
Netzwerk 1:				
WENN	**I0.1**	**= 1**	Eingang I0.1	= 1 S2 geschlossen
ODER	**Q0.0**	**= 1**	Ausgang Q0.0	= 1 Selbsthaltung
UND	**I0.0**	**= 1**	Eingang I0.0	= 1 S1 geschlossen
DANN	**Q0.0**	**= 1**	Ausgang Q0.0	= 1 Q1 ein
DANN	**Q0.2**	**= 1**	Ausgang Q0.2	= 1 P2 ein
Netzwerk 2:				
WENN	**Q0.0**	**= 0**	Ausgang Q0.0	= 0 Q1 aus
DANN	**Q0.1**	**= 1**	Ausgang Q0.1	= 1 P1 ein

7.2.1 Lüftersteuerung

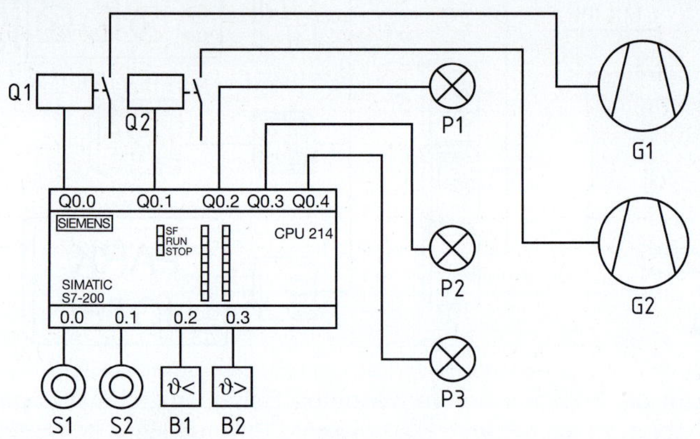

In einer Werkstatt kann der Hauptlüfter G1 mittels Taster S2 über das Schütz Q1 eingeschaltet und mittels Taster S1 ausgeschaltet werden.

Erreicht die Temperatur im Raum den Höchstwert, so schaltet der Temperaturschalter B2 den Zusatzlüfter G2 über ein zweites Schütz Q2 hinzu. Unterschreitet die Raumtemperatur den Mindestwert, schaltet der Temperaturschalter B1 den Zusatzlüfter wieder aus.

Melder P1 zeigt den Betrieb des Hauptlüfters G1. P2 gibt Signal bei eingeschaltetem Zusatzlüfter G2. Melder P3 leuchtet, wenn beide Lüfter ausgeschaltet sind.

a) Erstellen Sie die Symboltabelle.

b) Zeichnen Sie den Kontaktplan.

7.2.2 Erweiterte Druckkesselüberwachung

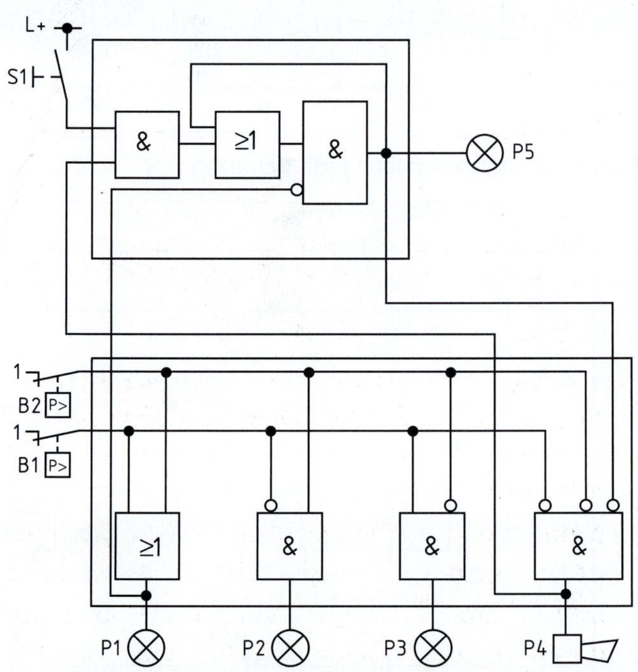

Die Schaltung der Druckkesselüberwachung nach Aufgabe 7.1.5 ist erweitert worden.

a) Erläutern Sie die Funktion der Erweiterung.

b) Stellen Sie die Symboltabelle der Meldeschaltung auf.

c) Zeichnen Sie den Kontaktplan.

7.2.3 Turnhallenbeleuchtung

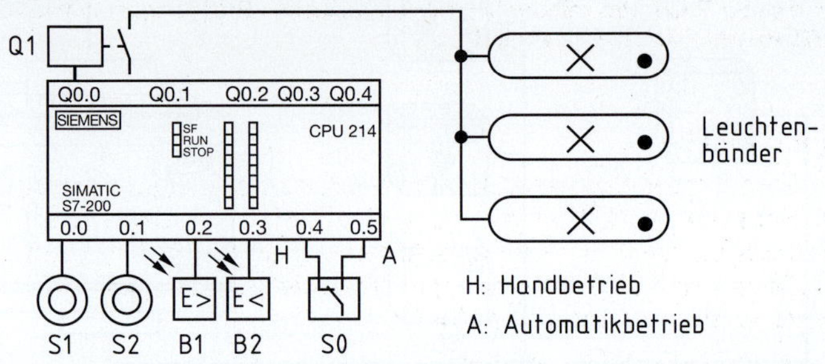

In einer Turnhalle kann die Steuerung der Beleuchtung mit dem Schalter S0 wahlweise von Hand- in den Automatikbetrieb umgeschaltet werden.

Im Handbetrieb wird die Beleuchtung mit Taster S2 eingeschaltet und mit Taster S1 ausgeschaltet.

Im Automatikbetrieb steuern zwei Helligkeitssensoren die Beleuchtung tageslichtabhängig. Sensor B2 schaltet die Leuchten ein und Sensor B1 schaltet sie aus.

a) Erstellen Sie die Symboltabelle.

b) Zeichnen sie den KOP.

7.2.4 Abwassersammelbecken

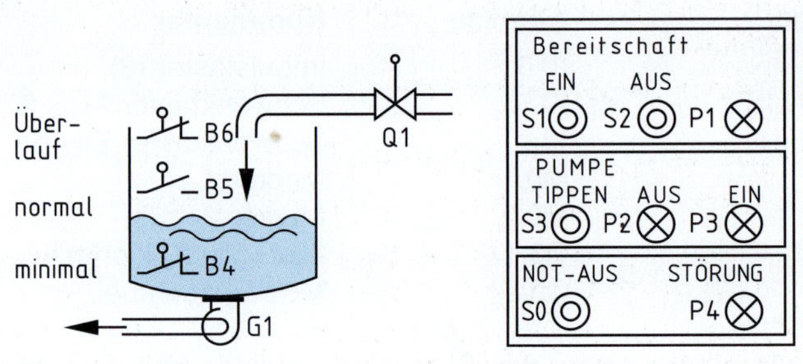

Das Abwassersammelbecken einer Fabrik wird durch eine Pumpe G1 entleert. Die Netzwerke der Pumpensteuerung haben dabei folgende Funktionen:

- Die Betriebsbereitschaft der Pumpensteuerung wird durch den Taster S1 eingeschaltet und durch den Taster S2 gesperrt. Der Melder P1 leuchtet bei Betriebsbereitschaft.
- Wird der NOT-AUS-Taster S0 betätigt oder öffnet der Schwimmerschalter B6 (Überlaufgefahr) oder öffnet B1 (Motorschutzrelais), so meldet P4 Störung. Die Betriebsbereitschaft der Steuerung wird gesperrt.
- Bei Störungsmeldung oder Sperre der Betriebsbereitschaft wird das Zulaufventil Q1 abgeschaltet und schließt.
- Der Schwimmerschalter B5 (normaler Wasserstand) schaltet die Pumpe in den Dauerbetrieb.

  Das Abschalten erfolgt, wenn B4 öffnet (minimaler Wasserstand) oder bei Störungsmeldung oder bei Sperre der Betriebsbereitschaft.

  Ist die Pumpe nur durch B4 abgeschaltet worden, so ist mit Taster S3 weiterhin Tippbetrieb möglich.
- Der Melder P2 zeigt den Betriebszustand AUS der Pumpe.
- Der Melder P3 zeigt den Betriebszustand EIN der Pumpe.

a) Erstellen Sie die Symboltabelle.

b) Zeichnen Sie den KOP.

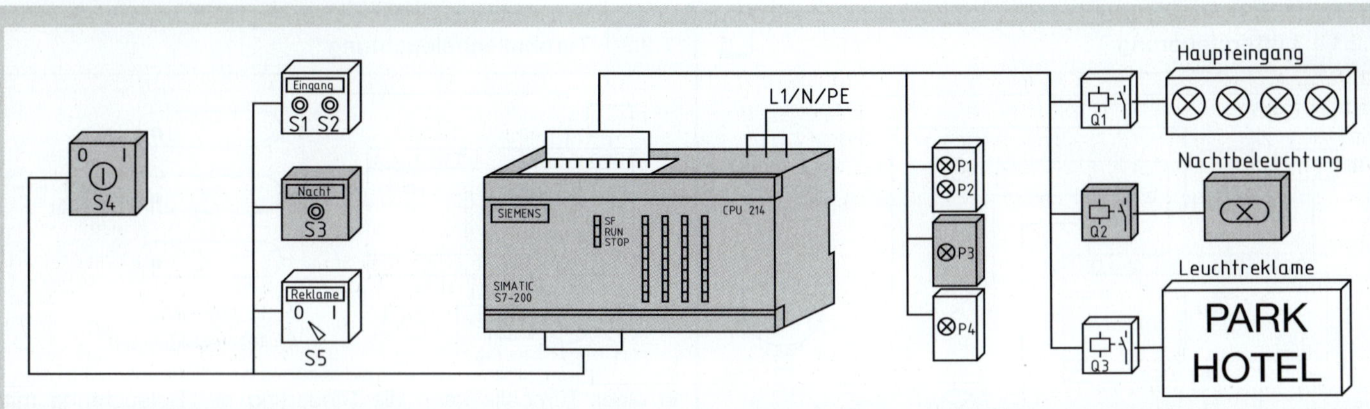

Die Nachtbeleuchtung des Hotels wird durch eine Stromstoßschaltung mit SPS gesteuert.

Es soll das Programm der Stromstoßschaltung analysiert werden.

Um die Funktion der verwendeten Betriebsmittel (hervorgehoben) zu klären, wird die bekannte Stromstoßschaltung mit Schützen (Abb. 1) in den KOP für die Stromstoßschaltung mit SPS übersetzt.

Programm für die Nachtbeleuchtung

Gemäß dem Anschlussbild der SPS (Abb. 1, Seite 87) wird in der Symboltabelle die Zuordnung der Betriebsmittel zu den Operanden der SPS festgelegt. Dabei übernehmen **Merker** die Funktion der Hilfschütze K4 und K5.

Name	Adresse	Kommentar
S3	I0.3	Impulstaster (S)
S4_AUS	I0.5	Schwenktaster AUS (Ö)
S4_EIN	I0.7	Schwenktaster EIN (S)
K4	M0.1	Merker 1
K5	M0.2	Merker 2
Q2	Q0.4	Lastschütz Nachtbel.
P3	Q0.5	Melder Nachtbel.

Für die Übersetzung der Stromstoßschaltung mit Schützen (Abb. 1) in der KOP (Abb. 2) gilt:

- Strompfade 1 und 2 entsprechen Netzwerk 1.
- Strompfade 3 und 4 entsprechen Netzwerk 2.
- Strompfade 5 bis 7 entsprechen Netzwerk 3.

Merker

Ein Merker (Kennbuchstabe **M**) ist ein Ausgang zu einer Speicherstelle in der SPS. Er dient zum Speichern von Zwischenergebnissen.

Beim ersten Programmstart hat ein Merker 0-Signal.

☺ Simatic S7-214: Merker M0.0 - M0.7 bis M31.0 - M31.7.

Die Spule weist einem Merker den Signalzustand 0 oder 1 zu wie bei einem Ausgang (Abb. 2 ①, ②). Deshalb wird ein Merker auch genauso programmiert wie ein Ausgang. Allerdings ist er von außen nicht zugänglich. Betriebsmittel können also nicht angeschlossen werden.

Merker erhöhen die Übersicht im Steuerungsprogramm. Deshalb sollen Teilfunktionen immer mit Merkern zusammengefasst werden.

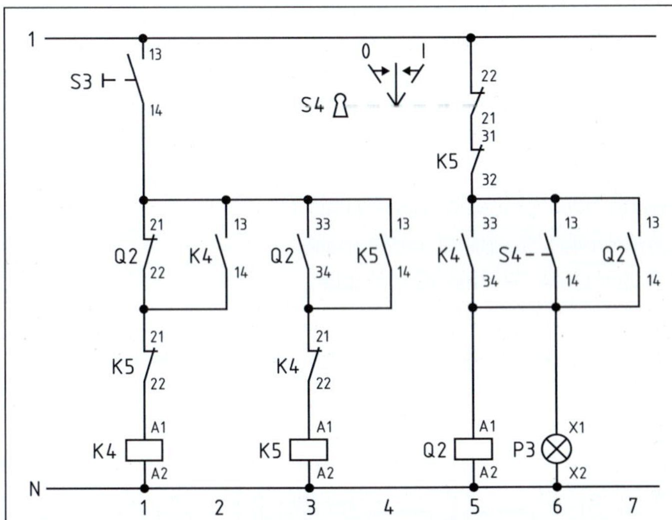

Abb. 1: Stromstoßschaltung mit Schützen

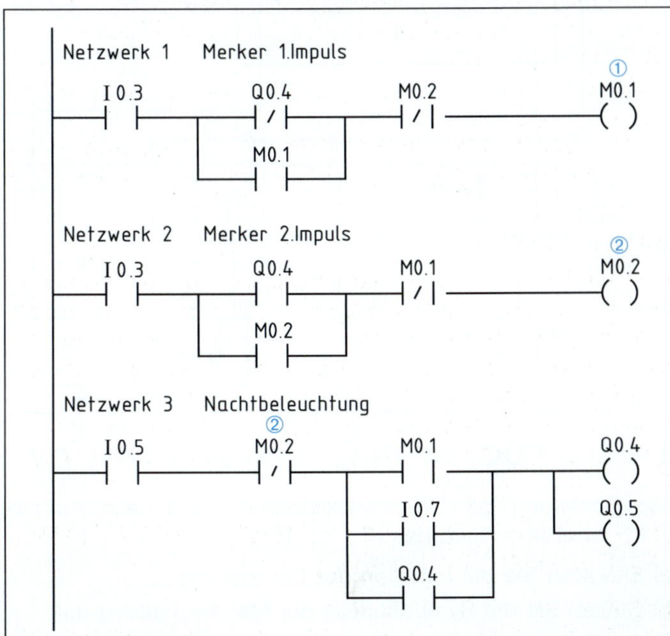

Abb. 2: Stromstoßschaltung mit SPS

Speicherbefehle

In umfangreichen SPS-Steuerungen können Schaltungen mit Selbsthaltekontakt die Lesbarkeit des Programms erschweren. Oft ist es auch sinnvoll, den Einschalt- bzw. Ausschaltbefehl für Ausgänge und Merker in unterschiedlichen Netzwerken zu programmieren. Deshalb gibt es zwei besondere Speicherbefehle.

Beide Speicherbefehle werden mit je einer Spule programmiert.

- Mit der Spule **Setzen (S)** wird ein Ausgangsoperand (Ausgang oder Merker) eingeschaltet.
- Mit der Spule **Rücksetzen (R)** wird er ausgeschaltet.

Um einen Ausgangsoperanden dauernd gespeichert auf 1 zu setzen oder auf 0 zurückzusetzen, genügt ein kurzzeitiges 1-Signal (Signalfluss) an der betreffenden Spule.

Abb. 3 zeigt den KOP der Stromstoßschaltung für die Nachtbeleuchtung des Hotels mit Speicherbefehlen.

- Bei Betätigung des Tasters S3 am Eingang I0.3 gibt der Merker M0.1 im Netzwerk 3 kurzzeitig den Setzbefehl für die Ausgänge Q0.4 und Q0.5. Die Nachtbeleuchtung wird eingeschaltet ①.
- Wird der Taster S3 erneut betätigt, gibt nun der Merker M0.2 im Netzwerk 4 kurzzeitig den Rücksetzbefehl für die Ausgänge Q0.4 und Q0.5. Die Nachtbeleuchtung wird ausgeschaltet ②.

Unter dem Spulensymbol wird die Anzahl der unmittelbar aufeinanderfolgenden Operanden angegeben, die gleichzeitig gesetzt bzw. rückgesetzt werden ③. Dies führt zu einer verkürzten Programmierung der Netzwerke 3 und 4 (Abb. 4).

Sollen Ausgangsoperanden von mehreren Kontakten wahlweise gesetzt bzw. rückgesetzt werden, so müssen die betreffenden Kontakte mit ODER verknüpft werden.

- S4:13/14 (S4_EIN) am Eingang I0.7 ist ein Schließer. Bei kurzzeitiger Betätigung erhält KOP-Schließer I0.7 ④ 1-Signal und wird betätigt. Mit Signalfluss an den Setzspulen werden Q0.4 und Q0.5 gesetzt.
- S4:21/22 (S4_AUS) am Eingang I0.5 ist ein Öffner. Bei kurzzeitiger Betätigung erhält der KOP-Öffner I0.5 ⑤ 0-Signal und wird unbetätigt. Jetzt ist Signalfluss zu den Rücksetzspulen durchgeschaltet und Q0.4 und Q0.5 werden zurückgesetzt.

Ausschaltsicherheit

Erhält ein Ausgang gleichzeitig den Setz- und den Rücksetzbefehl (z. B. durch Fehlbedienung), dann muss aus Gründen der Sicherheit bei den meisten Steuerungen der Rücksetzbefehl Vorrang (Dominanz) haben. Die Rücksetzdominanz ist sichergestellt, wenn im KOP das Netzwerk mit dem Rücksetzbefehl nach dem Netzwerk mit dem zugehörigen Setzbefehl angeordnet ist (Netzwerk 4 ist nachgeordnet zu Netzwerk 3).

Eine SPS führt den Speicherbefehl dominant aus, der näher zum Programmende hin steht.

☺ Da die SPS die Netzwerke nacheinander in Richtung Programmende abarbeitet, wird von zwei sich widersprechenden Befehlen nur der letzte gespeichert.

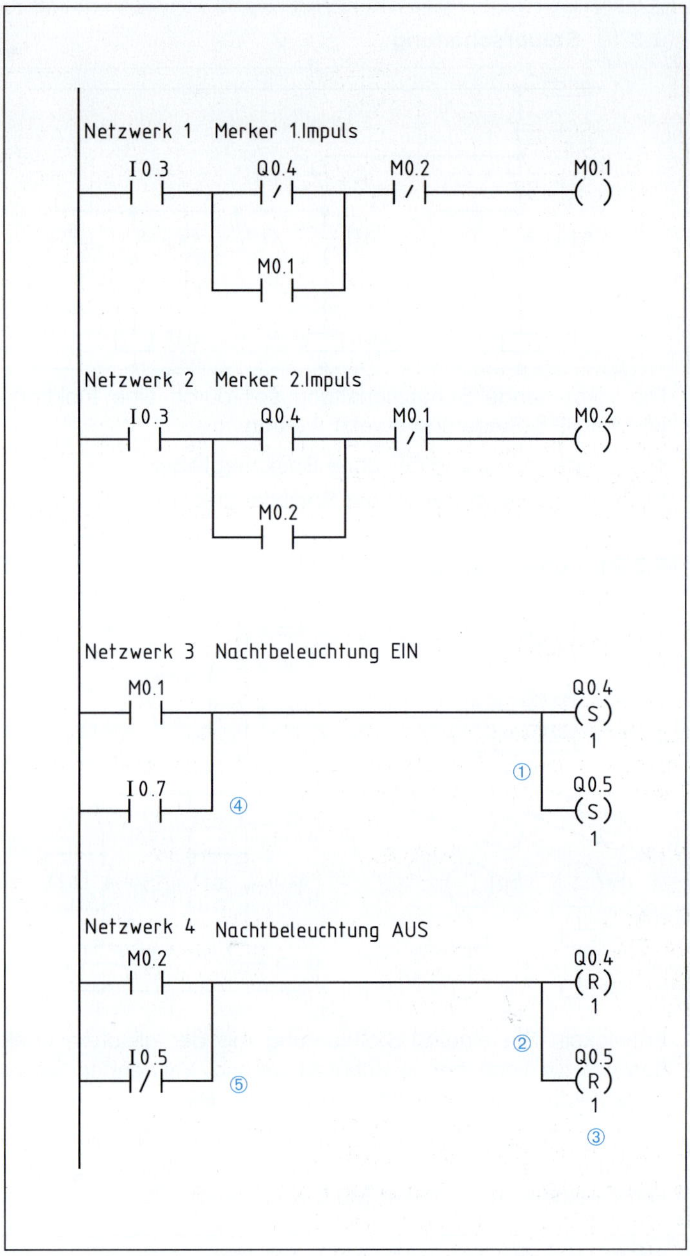

Abb. 3: Stromstoßschaltung mit Speicherbefehlen

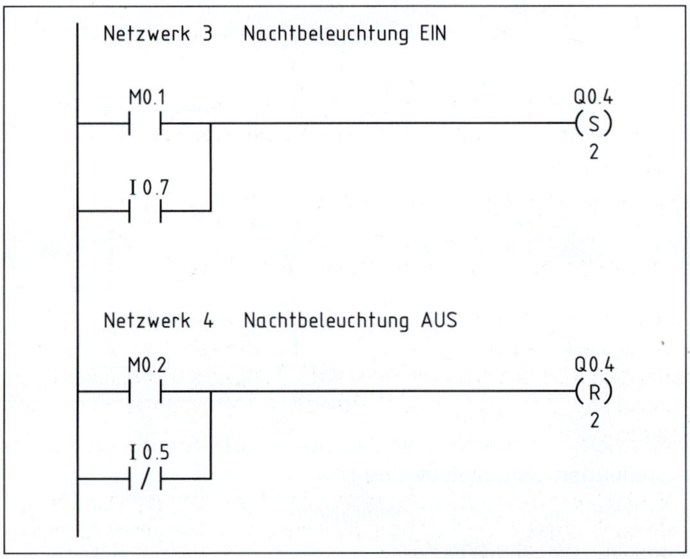

Abb. 4: Speicherbefehle für mehrere Operanden

7.3.1 Steuerschaltung

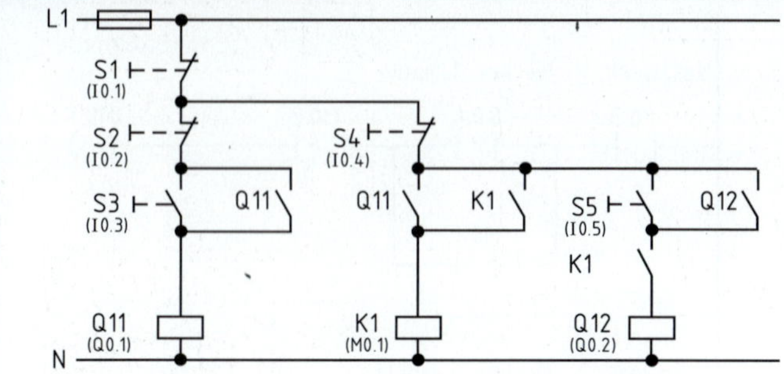

Die vorstehende Schützschaltung soll durch eine funktionsgleiche SPS-Steuerung ersetzt werden.

a) Zeichnen Sie den KOP ohne Speicherglieder.

b) Zeichnen Sie den KOP mit Speichergliedern.

7.3.2 Förderbänder

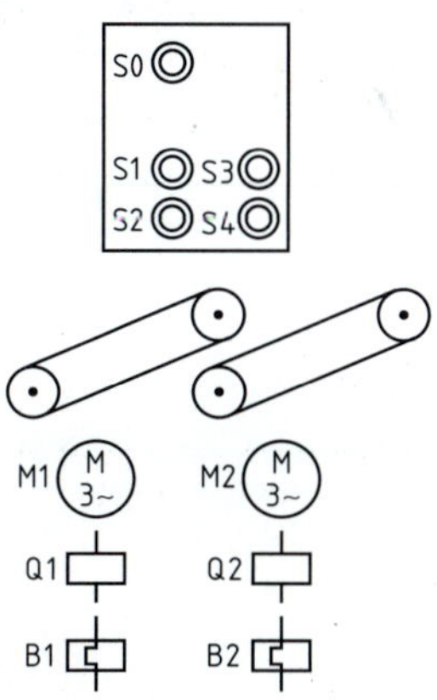

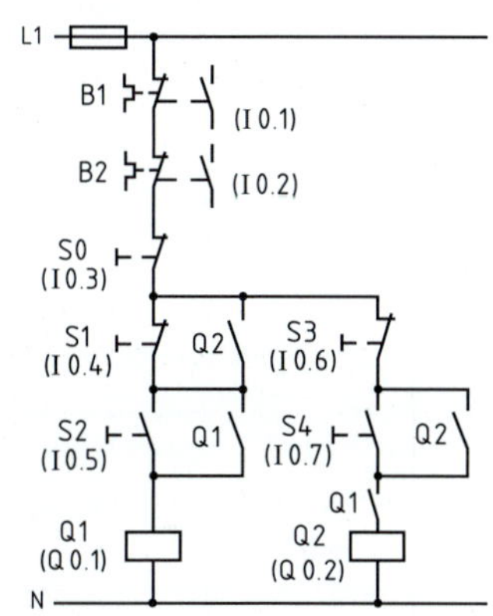

Entwickeln Sie eine SPS-Steuerung mit der gleichen Funktion wie die vorstehende Schützsteuerung. Verwenden Sie zur Rückmeldung die Schließer von B1 bzw. B2.

Zeichnen Sie den KOP ohne Speicherglieder. Fassen Sie die Kontakte, die eine Gesamtabschaltung der Steuerung bewirken zu einem AUS-Merker M0.0 zusammen.

7.3.3 Behältersteuerung

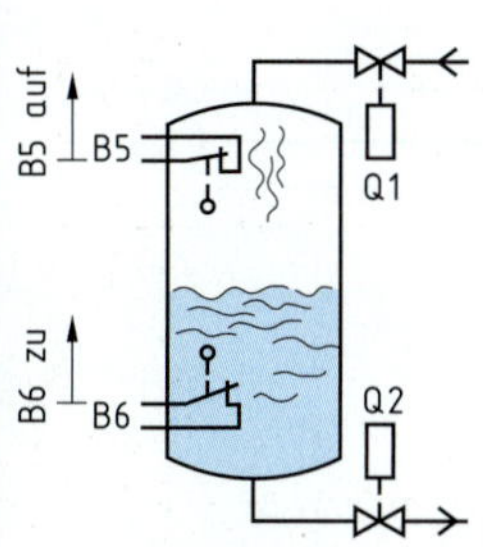

a) Technologieschema

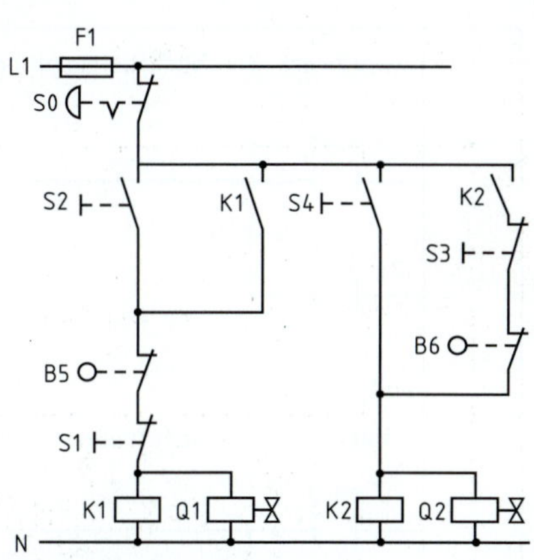

Entwickeln Sie eine funktionsgleiche SPS-Steuerung zur vorstehenden Schützsteuerung.

a) Erstellen Sie eine Symboltabelle.

b) Zeichnen Sie den KOP.

7.3.4 Pumpensteuerung

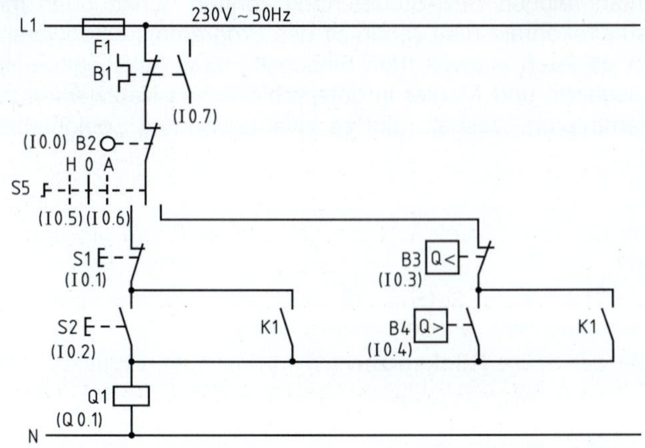

Die Pumpe eines Hochbehälters mit Trockenlaufschutz S0 kann wahlweise von Hand oder automatisch durch Niveauwächter gesteuert werden.

Entwickeln Sie den KOP einer SPS-Steuerung mit gleicher Funktion (Schließer von B1 zur Rückmeldung verwenden).

Verwenden Sie Speicherbefehle und sehen Sie je einen Merker für Hand- bzw. Automatikbetrieb vor.

7.3.5 Funktionsanalyse

Analysieren Sie den vorgegebenen Kontaktplan.

a) Die Tabelle gilt für die Programmdurchläufe (Zyklus Z) eins bis zehn. Die Signalzustände (S) von I0.1 sind vorgegeben. Damit stellen sich gemäß dem KOP die dargestellten Signalzustände des Merkers M0.0 ein. Übernehmen Sie die Tabelle und ergänzen Sie darin die zugehörigen Signalzustände der Ausgangsoperanden M0.1, M0.2 und Q0.1.

b) Welche Funktion hat die Schaltung?

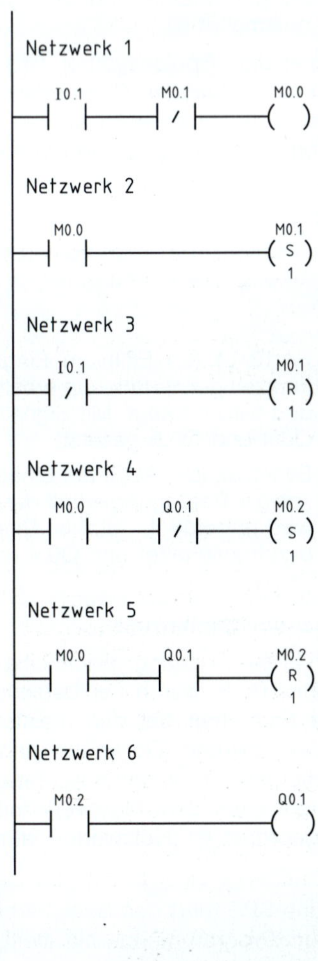

Z	1	2	3	4	5	6	7	8	9	10
S	I0.1=1		I0.1=0		I0.1=1		I0.1=0		I0.1=1	
M0.0	1	0	0	0	1	0	0	0	1	0
M0.1										
M0.2										
Q0.1										

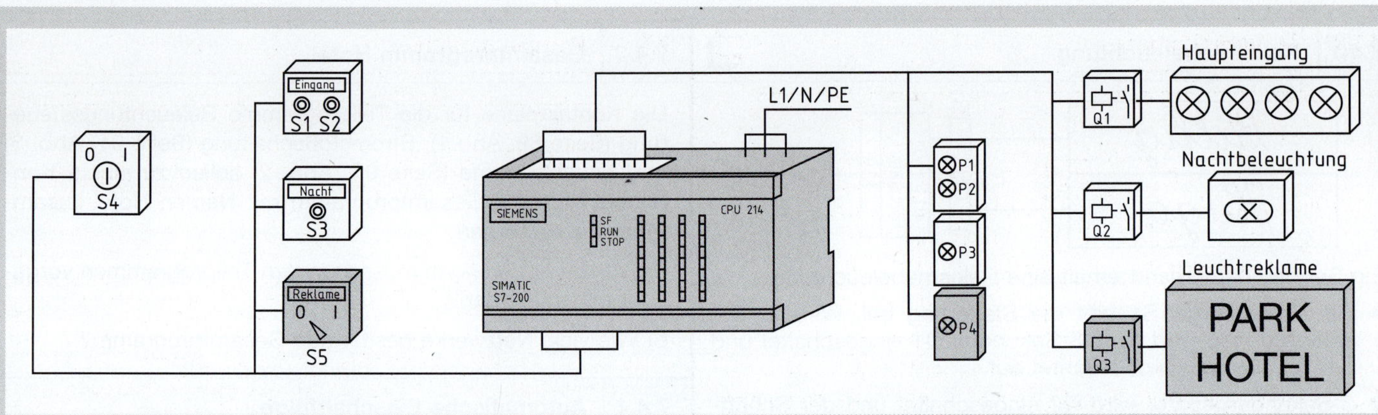

Für die Leuchtreklame an der Hotelfassade (hervorgehoben) soll das Programm für die Blinkschaltung analysiert werden.

Programm für die Leuchtreklame

Mit Hilfe des Anschlussbildes der SPS (Abb. 1 Seite 87) wird die Symboltabelle erstellt.

Name	Adresse	Kommentar
S5	I1.0	Rastschalter Freigabe
Q3	Q0.7	Lastschütz Reklame
P4	Q1.0	Blinkmelder Reklame

Timer

Ein Timer arbeitet wie ein Zeitrelais (Abb. 1). Dieser Timer ist einschaltverzögert.

Ein Timer ist das Symbol für die verzögerte Signalzuweisung an einen Zeitgeber-Operanden Txxx.

- Bei 1-Signal am Freigabeeingang **IN** wird die Einschaltverzögerung **TON** des Timers gestartet. Bei 0-Signal wird sie zurückgesetzt.
- Solange die Verzögerungszeit abläuft, führt Txx 0-Signal. Erreicht diese Zeit den Einstellwert **PT,** so wird Txxx auf 1 gesetzt.

Funktionsanalyse (Abb. 2)

Wenn in Netzwerk 1 I1.0 = 1 ist (Rastschalter S5 geschlossen) und Q0.7 = 0 (Schütz Q3 aus), startet die Verzögerungszeit des Timers T37. Mit Hilfe von Abb. 1 kann diese Zeit ermittelt werden: + 30 · 100ms = 3s.

In Netzwerk 2 setzt nach 3s der Schließerkontakt T37 den Ausgang Q0.7 speichernd auf 1. Das Lastschütz Q3 für den Schriftzug "PARK HOTEL" wird verzögert eingeschaltet.

Netzwerk 3 ist wie Netzwerk 1 aufgebaut. Der Timer T38 wird gestartet, wenn Q0.7 = 1 ist (Schütz Q3 ein).

Nach 5s Verzögerung setzt in Netzwerk 4 der Schließerkontakt T38 den Ausgang Q0.7 speichernd auf 0 zurück. Der Schriftzug „PARK HOTEL" wird so verzögert ausgeschaltet.

Der Ausgang Q0.1 (Blinkmelder) in Netzwerk 5 wird von Q0.7 für 5s eingeschaltet und dann für 3s ausgeschaltet.

Ein Ausgang wird **verzögert eingeschaltet,** wenn er vom Timer den verzögerten Einschaltbefehl erhält.

Ein Ausgang wird **verzögert ausgeschaltet,** wenn er vom Timer den verzögerten Ausschaltbefehl erhält.

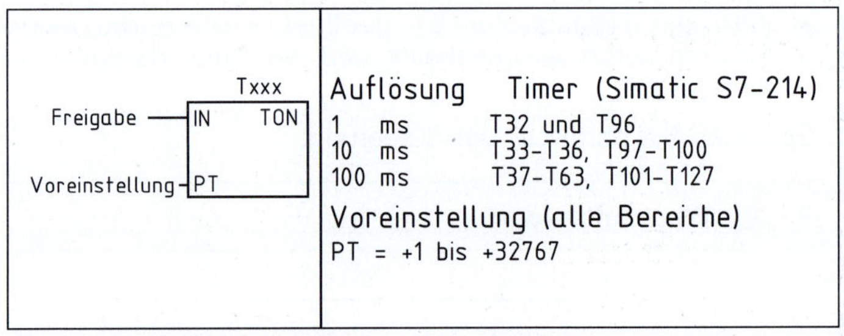

Abb. 1: Einschaltverzögerter Timer (TON)

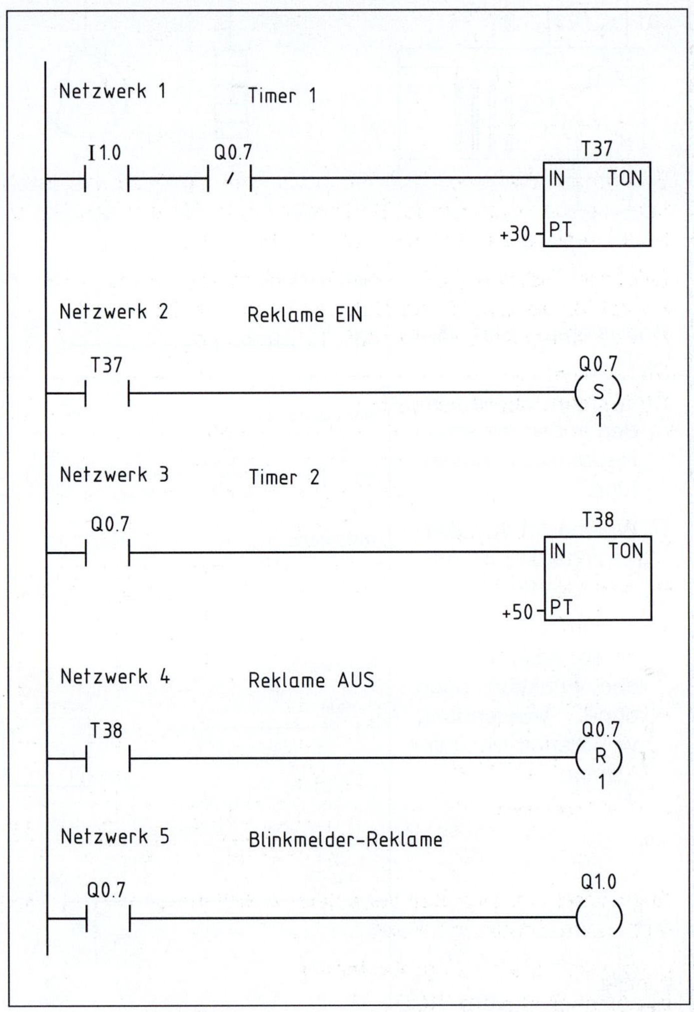

Abb. 2: Zeitsteuerung der Leuchtreklame

7.4.1 Reklamebeleuchtung

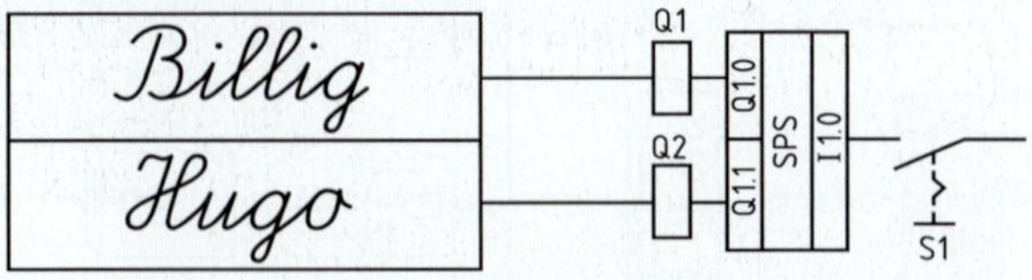

Ein Sonderpostenmarkt erhält eine Reklamebeleuchtung.

- Der Rastschalter S1 gibt die Steuerung frei. Wird er geschlossen, so wird nach 3 Sekunden Q1 eingeschaltet und der Schriftzug „Billig" leuchtet auf.
- 3 Sekunden später wird Q2 eingeschaltet und der Schriftzug „Hugo" leuchtet zusätzlich auf.
- Nach weiteren 3 Sekunden werden die beiden Schütze für die Schriftzüge ausgeschaltet und der Vorgang beginnt nun wieder von vorne.
- Wird der Rastschalter S1 geöffnet, werden die beiden Schütze sofort ausgeschaltet und die Timer daraufhin zurückgesetzt.

Zeichnen Sie den KOP der Steuerung.

7.4.2 Warmluftanlage

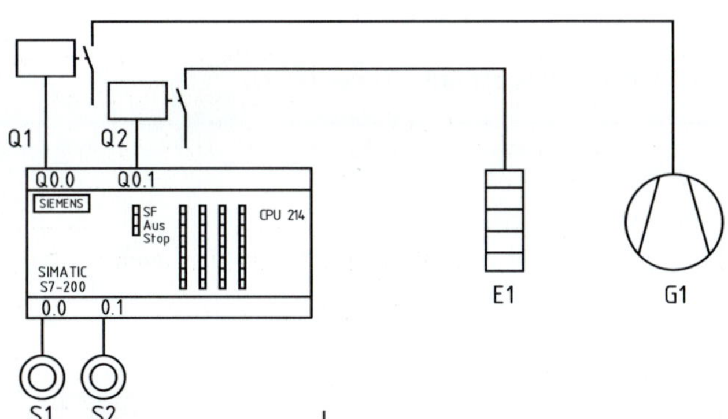

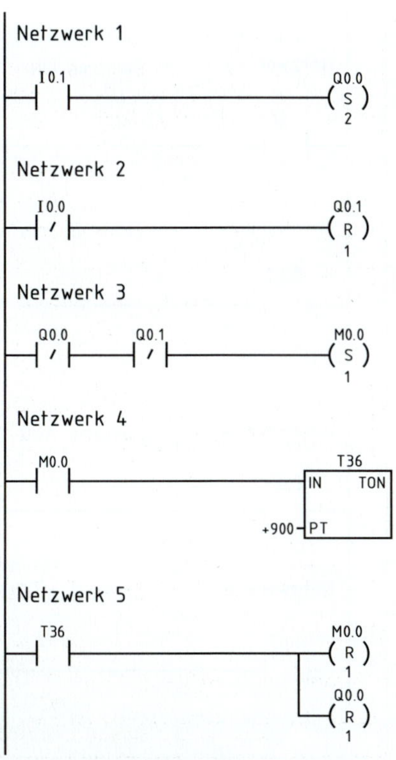

Analysieren Sie den KOP.

a) Welche Befehle werden in den einzelnen Netzwerken ausgeführt?

b) Welche Art von Zeitverzögerung ist programmiert?

c) Ändern Sie den KOP so ab, dass die gleiche Funktion auch ohne Verwendung von Merker M0.0 erfüllt ist.

7.4.3 Gesamtprogramm Hotel

Die Kontaktpläne für die Teilprogramme Beleuchtungssteuerung (Seite 88, Abb.1), Stromstoßschaltung (Seite 91, Abb. 3) und Leuchtreklame (Seite 93, Abb. 2) sollen zu einem Kontaktplan für das Gesamtprogramm mit Namen Hotel zusammengefasst werden.

a) Welche Änderungen müssen in den Teilprogrammen vorgenommen werden?

b) Wie viele Netzwerke besitzt das Gesamtprogramm?

7.4.4 Automatische Einschaltfolge

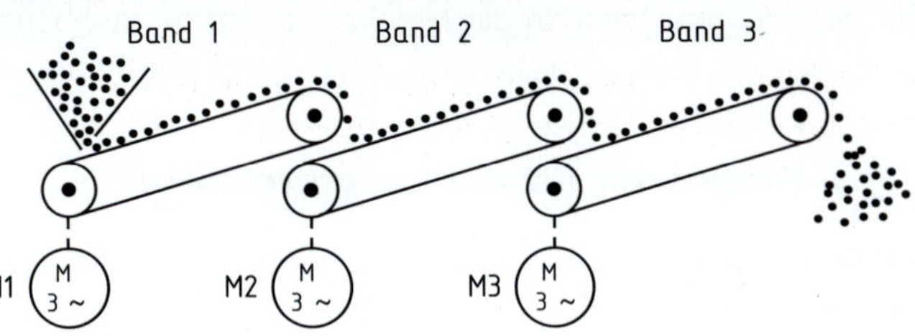

Drei Bandförderer sollen so gesteuert werden, dass sie in Abständen von 20 Sekunden in der Reihenfolge M3 – M2 – M1 automatisch eingeschaltet werden.

- Die Bedienung soll über einen Eintaster S2 und einen Austaster S1 erfolgen.
- Der nächste Bandförderer kann nur dann einschalten, wenn das Schütz des vorherigen Bandförderers den EIN-Zustand an die SPS rückmeldet.
- Beim Ansprechen eines der drei Motorschutzrelais B1, B2, B3 (Rückmeldung mit Schließer) oder des Nottasters S0 (Rückmeldung mit Öffner) müssen alle Bandförderer abgeschaltet werden.

a) Erstellen Sie eine Symboltabelle.

b) Zeichnen Sie den KOP mit Speichergliedern.

7.4.5 Stern/Dreieck-Anlasser

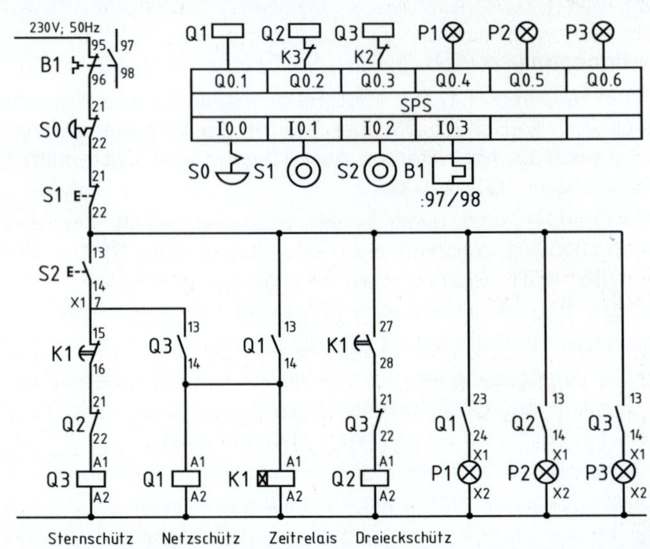

Die Schützensteuerung zum Anlassen eines Käfigläufermotors soll durch eine funktionsgleiche SPS-Steuerung ersetzt werden.

Zeichnen Sie den KOP.

Soll das SPS-Programm einer Anlage vor Ort überprüft oder geändert werden, so benutzt der Elektroinstallateur hierfür meist ein Handprogrammiergerät. Mit einem solchen Servicegerät kann das Steuerungsprogramm oft nur in der Sprache **Anweisungsliste (AWL)** gelesen oder geschrieben werden. Die AWL ist dabei eine Liste einzelner Steuerungsanweisungen, welche die SPS nacheinander ausführt.

Durch Gegenüberstellung von KOP und zugehöriger AWL soll die Programmiersprache AWL erklärt werden.

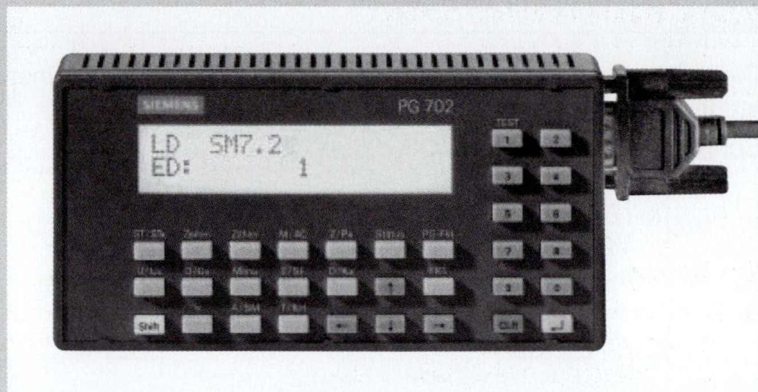

Eine Anweisung (Operation) besteht aus dem Befehl (Operator) und dem Befehlsempfänger (Operand).

Befehle der Anweisungsliste

Die AWL der Beleuchtungssteuerung für den Haupteingang des Hotels (Abb. 1) enthält folgende grundlegende Befehle.

- Jedes Netzwerk beginnt mit einem Ladebefehl ②:
  LD wenn der erste Operand ein Schließer ist,
  LDN wenn der Operand ein Öffner ist.
- Jedes Netzwerk endet mit dem Zuweisungsoperator:
  = wenn die Spule nur bei Signalfluss aktiv ist.
- Die Operatoren für die Grundverknüpfungen sind:
  O (ODER) bzw. **A** (UND) für Schließer,
  ON (ODER NICHT) bzw. **AN** (UND NICHT) für Öffner.
- Kommentare werden hinter einen doppelten Schrägstrich geschrieben ①.
- Als Netzwerkbezeichnung wird NETWORK verwendet.

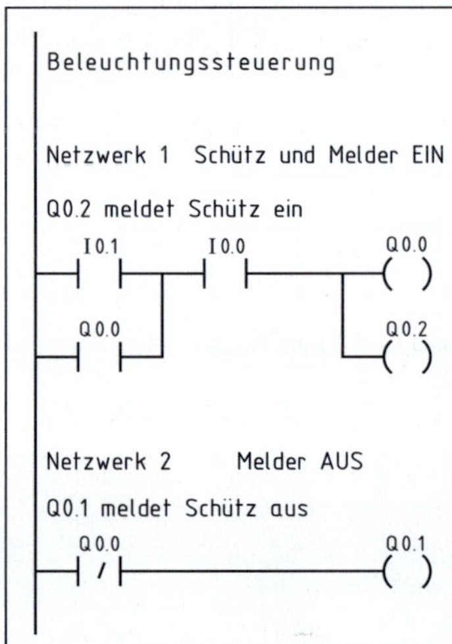


```
① //Beleuchtungssteuerung

NETWORK 1     //Sch. u. M. EIN
// Q0.2 meldet Schütz ein
② LD     I0.1
O        Q0.0
A        I0.0
=        Q0.0
=        Q0.2

NETWORK 2     //AUS Melder
// Q0.1 meldet Schütz aus
LDN      Q0.0
=        Q0.1
```

Abb. 1: KOP und AWL der Beleuchtungssteuerung

Besondere Befehle der AWL (Abb. 2):

Während im KOP eine ODER- bzw. UND-Verknüpfung innerhalb eines Netzwerkes eindeutig durch die Schaltung bestimmt ist, muss dies in der AWL durch besondere Befehle festgelegt werden.

- Ein ODER-Befehl (O bzw. ON) im Netzwerk überbrückt alle vorangegangenen Kontakte und schaltet den Kontakt zum Netzwerkanfang (Abb. 2a).
- Eine ODER-Verknüpfung innerhalb einer UND-Verknüpfung (Abb. 2b) wird als eigener Block programmiert (blau). Der Block beginnt mit LD bzw. LDN und wird anschließend mit dem Befehl **ALD** ins Netzwerk eingefügt.

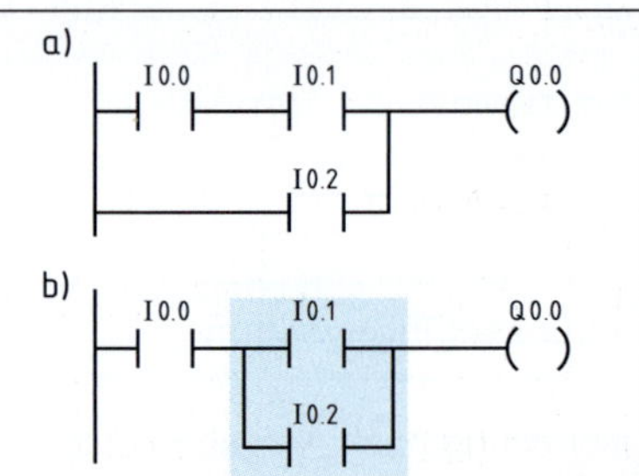


```
a)
LD   I0.0
A    I0.1
O    I0.2
=    Q0.0

b)
LD   I0.0
LD   I0.1
O    I0.2
ALD
=    Q0.0
```

Abb. 2: Besondere Befehle der AWL

Abb. 3 zeigt als Ausschnitt aus dem Programm für die Leuchtreklame des Hotels (Seite 93, Abb. 2) die Netzwerke 1 bis 4.

- **TON** ist der Befehl für den einschaltverzögerten Timer. Die Verzögerungszeit steht mit Komma getrennt hinter dem Operanden.
- **S** ist der Befehl für die Setzspule. **R** ist der Befehl für die Rücksetzspule. Mit Komma getrennt steht jeweils hinter dem Operanden die Anzahl der aufeinander folgenden Operanden, die gesetzt bzw. rückgesetzt werden.

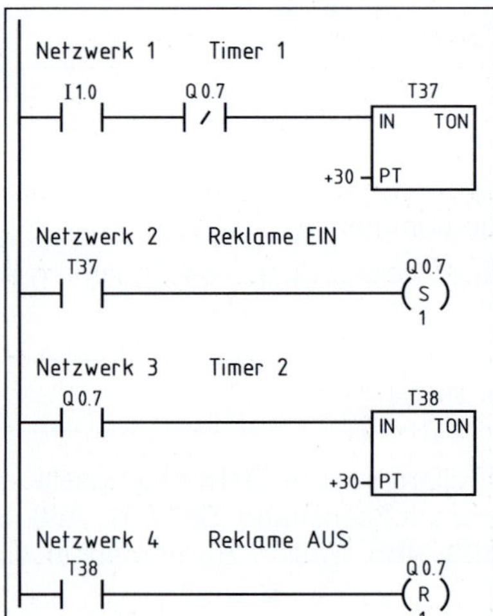


```
NETWORK 1    //Timer 1
LD     I1.0
AN     Q0.7
TON    T37, +30

NETWORK 2    //Reklame EIN
LD     T37
S      Q0.7, 1

NETWORK 3    //Timer 2
LD     Q0.7
TON    T38, +30

NETWORK 4    //Reklame AUS
LD     T38
R      Q0.7, 1
```

Abb. 3: Speicher- und Timerbefehle

7.5.1 Kontaktplan übersetzen

Die beiden Kontaktpläne stellen zwei Werkzeugmaschinensteuerungen mit der gleichen Funktion dar.

Schreiben Sie für jeden KOP die AWL.

a)

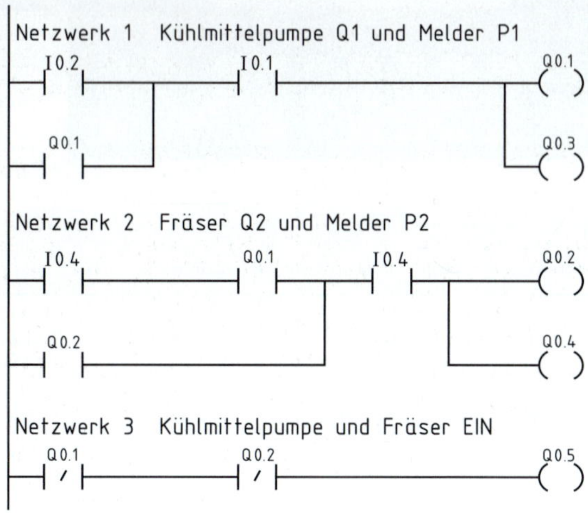

b)

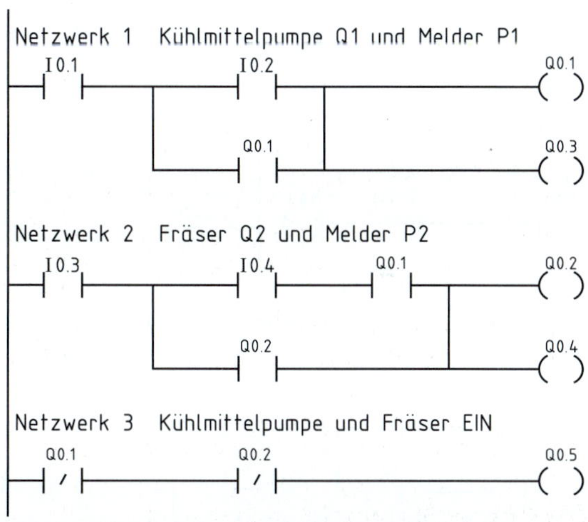

7.5.2 Erweiterte Druckkesselüberwachung

Die Funktion der Meldeschaltung nach Aufgabe 7.2.2 wird von einer SPS übernommen.

a) Stellen Sie die Symboltabelle auf.

b) Schreiben Sie die AWL.

7.5.3 Steuerschaltung

Die Steuerung nach Aufgabe 7.3.1 wird durch eine funktionsgleiche SPS-Steuerung übernommen.

Schreiben Sie die AWL unter Verwendung von Speichergliedern.

7.5.4 Gesamtprogramm Hotel

Die Kontaktpläne der drei Teilprogramme Beleuchtungssteuerung (Seite 88, Abb. 1), Stromstoßschaltung (Seite 91, Abb. 3) und Leuchtreklame (Seite 93, Abb. 2) sind zusammengefasst worden.

Schreiben Sie die AWL des Gesamtprogramms.

7.5.5 Stern/Dreieck-Anlasser

Der Stern-Dreieckanlasser in Schütztechnik nach Aufgabe 7.4.4 wird speicherprogrammiert ausgeführt.

Schreiben Sie die AWL des Gesamtprogramms.

7.5.6 Automatische Einschaltfolge

Schreiben Sie für die automatische Einschaltfolge der drei Bandförderer nach Aufgabe 7.4.4 die AWL mit Programm- und Netzwerktitel sowie Netzwerkkommentaren.

7.5.7 Lüftungsanlage

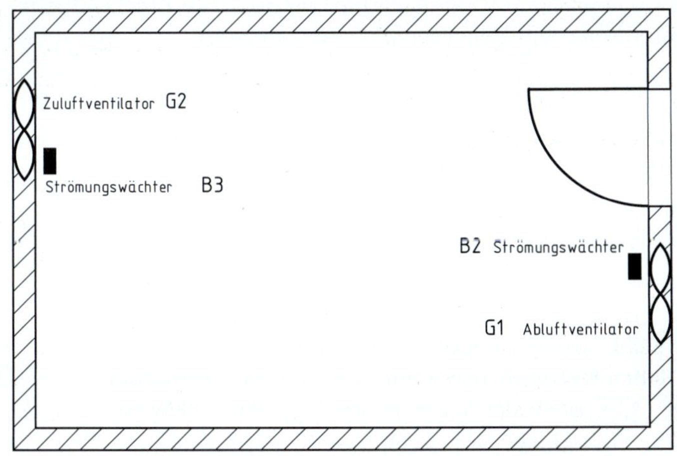

Der Raum besitzt einen Abluft- und einen Zuluftventilator, die durch Strömungswächter überwacht werden, damit zu keinem Zeitpunkt im Raum ein Überdruck entsteht.

- Mit dem Eintaster S1 wird die Steuerung eingeschaltet, indem der Betriebsmerker BM0 gesetzt wird.
- Mit dem Austaster S0 wird die Steuerung ausgeschaltet.
- Ist BM0 gesetzt, wird der Abluftventilator G1 über das Schütz Q1 eingeschaltet.
- Ist der Abluftventilator G1 ein- und der Strömungswächter B2 noch ausgeschaltet, startet die Wartezeit T1 von 4s.
- Sind G1 und B2 eingeschaltet, wird der Zuluftventilator G2 über das Schütz Q2 eingeschaltet.
- Ist der Zuluftventilator G2 ein- und der Strömungswächter B3 noch ausgeschaltet, startet die Wartezeit T2 von 4s.
- Sind die Ventilatoren und Stömungswächter eingeschaltet, meldet P1 den Betrieb der Anlage.
- Sind die Strömungswächter nach Ablauf der Wartezeiten nicht eingeschaltet, wird der Störungsmerker SM1 gesetzt, der die Ventilatoren abschaltet.
- Ist SM1 gesetzt, leuchtet Störungsmelder P2.

a) Erstellen Sie die Symboltabelle.

b) Schreiben Sie die AWL mit Netzwerktitel.

Eine Steuerung mit SPS muss ebenso wie jede Schützensteuerung die Sicherheit von Personen und Anlage gewährleisten.

Deshalb gelten für die Sicherheitseinrichtungen von Steuerungen für **Bearbeitungs-** und **Verarbeitungsmaschinen** folgende Mindestanforderungen:

1. Eine **Not-Aus-Einrichtung** muss alle gefahrbringenden Bewegungen der Maschine unmittelbar abschalten können.
2. Die Steuerung muss **drahtbruchsicher** sein, d. h. Drahtbruch an Ausschaltern schaltet die Maschine ab. Drahtbruch an Einschaltern verhindert ihr Einschalten.
3. Die Steuerung muss **erdschlusssicher** sein, d. h. Erdschlüsse in Steuerstromkreisen dürfen Maschinen weder unbeabsichtigt einschalten, noch ihr Ausschalten verhindern.

Maschinensteuerung mit SPS

Die Schützensteuerung der Transportkette des Anwendungsbeispiels von Seite 117 ist in Abb. 1 speicherprogrammiert ausgeführt. Sie ist um die Melder H1 bis H4 erweitert.

Dieses vereinfachte Beispiel soll die Unterschiede zwischen dem Aufbau einer Maschinensteuerung mit Schützen und der funktionsgleichen Steuerung mit SPS verdeutlichen.

Steuerstromkreise

Die gesamte Steuerung wird über den Steuertransformator T1 gespeist, dessen Sekundärseite vier Steuerstromkreise hat.

- Stromkreis 1 speist über F4, B1, B2, S4 und S5 die Selbsthalteschaltung mit Hilfsschütz K3.
- Stromkreis 2 versorgt über F5 und die SPS-Ausgänge Q0.0 und Q0.3 die Hauptschütze Q1 und Q2.
- Stromkreis 3 speist über F6 und die SPS-Ausgänge Q0.4 bis Q1.1 die Meldeleuchten P1 bis P4.
- Stromkreis 4 liefert über F7 die Spannungsversorgung für das Steuergerät S7-214.

Not-Aus-Einrichtung

Die Not-Aus-Einrichtung (grau unterlegt) besteht aus F4, den Steuerschaltern der Motorschutzrelais B1 und B2 sowie den Nottaster S4 und S5 in Reihe mit der Selbsthalteschaltung des Hilfsschützes K3.

> Eine Not-Aus-Einrichtung muss grundsätzlich mit elektromechanischen Schaltgeräten aufgebaut sein.
> Ausnahme: Steuerungen mit Bussystemen.

Über S7 wird K3 eingeschaltet. K3:23/24 gibt den Steuerstromkreis 2 für die Hauptschütze Q1 und Q2 frei (Anlage betriebsbereit).

Drahtbruchsicherheit

> Drahtbruchsicherheit fordert, dass Einschaltbefehle durch Schließer und Ausschaltbefehle durch Öffner erfolgen.

Die Einschaltbefehle erfolgen durch die Schließer S1, S2 ⑥ und S7 ④, die Ausschaltbefehle durch die Öffner S3 ⑦, S4, S5, S6 ③, B1 und B2 ②.

Erdschlusssicherheit

Eine SPS-Steuerung ist erdschlusssicher, wenn die

- Sekundärseite des Steuertransformators mit den angeschlossenen Aktoren ① und
- Spannungsversorgung der Sensoren einseitig geerdet ist ⑨.

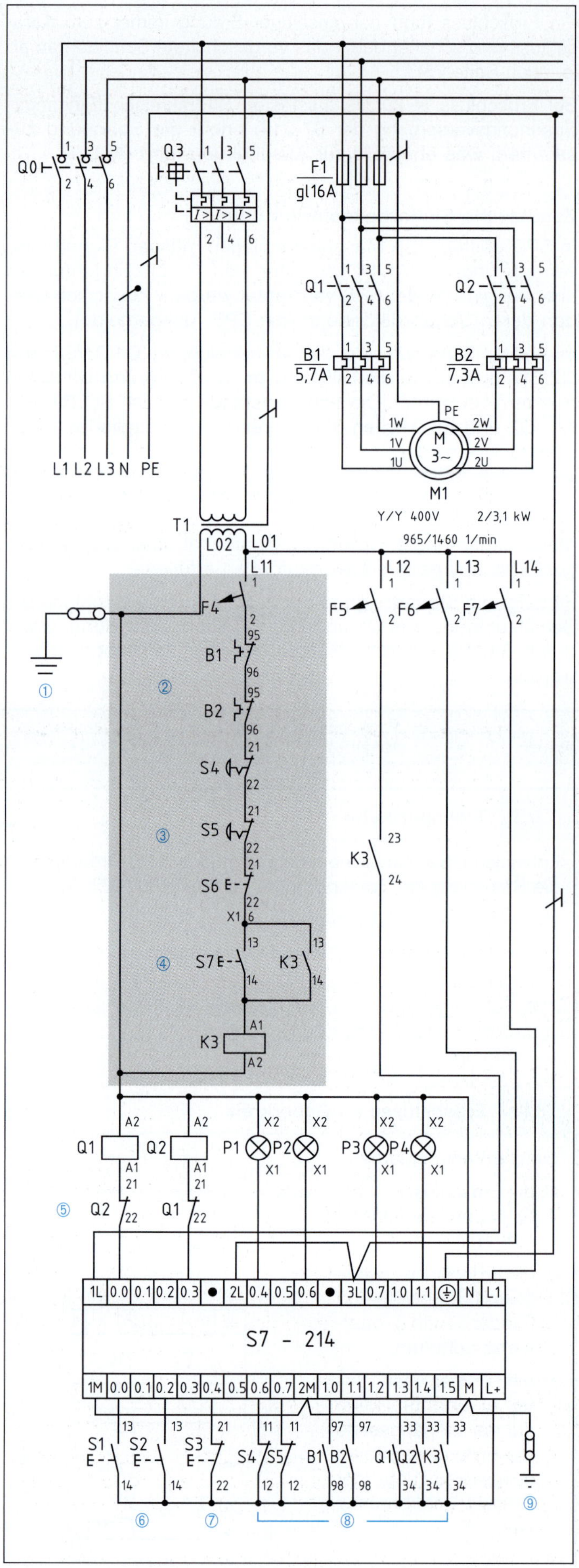

Abb. 1: Maschinensteuerung mit SPS

Anwendungsbeispiel • Anwendungsbeispiel • Anwendungsbeispiel • Anwendungsbeispiel • Anwendungsbeispiel

Ein Erdschluss führt bei einseitiger Erdung immer zum Kurzschluss und schaltet damit das vorgeschaltete Schutzorgan ab (s. auch Seite 75).

Bei Erdschluss in kurzschlussfesten Stromkreisen (Eingangs-Spannungsversorgung der S7-214) bricht die Spannung zusammen, was ebenfalls zur Abschaltung führt (Abb.1).

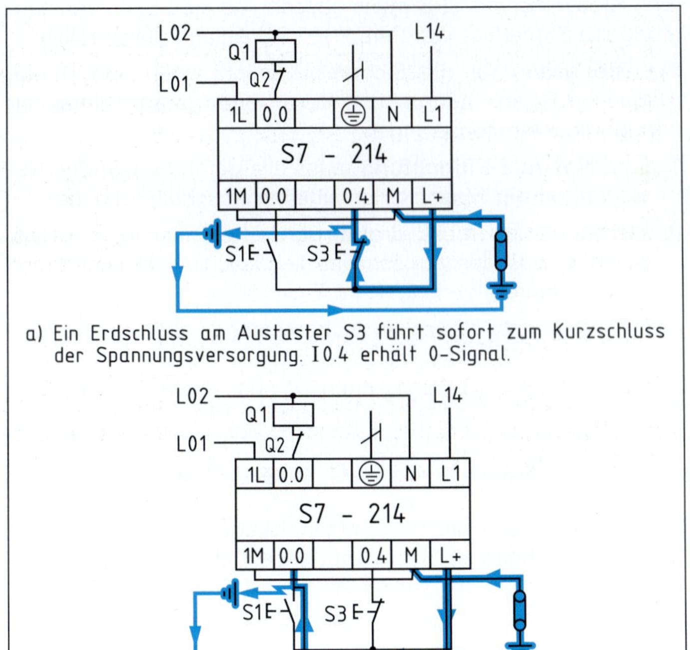

a) Ein Erdschluss am Austaster S3 führt sofort zum Kurzschluss der Spannungsversorgung. I0.4 erhält 0-Signal.

b) Ein Erdschluss am Eintaster S1 führt bei Betätigung des Tasters zum Kurzschluss. I0.0 erhält 0-Signal.

Abb.1: Erdschlüsse im geerdeten Geberkreis einer SPS

Zusätzliche Sicherheitseinrichtungen

In SPS-gesteuerten Maschinenanlagen müssen Sicherheitsverriegelungen und Hilfsschalter von Schutzeinrichtungen unabhängig von der SPS verdrahtet werden. Zusätzlich werden deren Schaltzustände an die SPS rückgemeldet.

In Abb.1, Seite 97 sind die Verriegelungen Q1:21/22 und Q2:21/22 ⑤ sowie die Hilfsschalter B1:95/96 und B2:95/96 ② extern verdrahtet. Die Schaltzustände von S4, S5, B1, B2, Q1, Q2 und K3 werden über deren Hilfsschaltglieder ⑧ der SPS rückgemeldet.

Meldeeinrichtungen

Meldeeinrichtungen werden so geschaltet, dass sie auch bei gestörter Anlage ihre Meldeaufgaben erfüllen.

P1 zeigt die Steuerfreigabe durch K3. P2 und P3 melden die Schaltzustände von Q1 und Q2. P4 gibt Störmeldung, wenn durch S4, S5, B1 oder B2 die Hauptschütze abgeschaltet werden.

Aufgaben • Aufgaben • Aufgaben • Aufgaben • Aufgaben • Aufgaben • Aufgaben

7.6.1 Transportkette

Entwickeln Sie ein sicherheitsgerichtetes SPS-Programm für die Steuerung der Transportkette von Seite 97, Abb.1.

a) Stellen Sie die Symboltabelle auf.

b) Zeichnen Sie den KOP mit folgenden Netzwerken.
1. Lackieren EIN/AUS und Meldung des Einschaltzustandes
2. Schnellgang ein, aus und Meldung des Einschaltzustanden
3. Betriebsbereitschaft der Steuerung
4. Störung

7.6.2 Erdschlüsse im Geberkreis

Welche Wirkung haben

a) die Erdschlüsse ① bis ④, wenn sie einzeln auftreten,

b) die Erdschlüsse, wenn ③ und ④ oder ① und ④ oder ② und ③ paarweise auftreten,

c) die Erdschlüsse unter a) und b), wenn auf der Eingangsseite die Erdung der Spannungsversorgung der Geber unterbrochen ist?

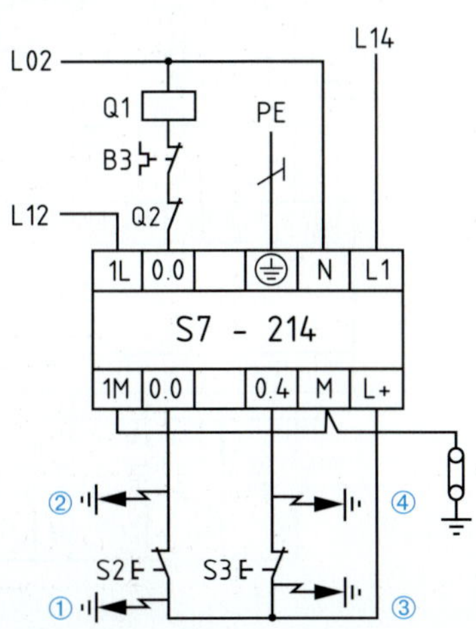

7.6.3 Dreiteilige Bandstraße

Die Bandstraßensteuerung von Seite 79 soll speicherprogrammiert ausgeführt und auf Automatik umgestellt werden. Mit S1 wird die gesamte Steuerung ein- und mit S2 ausgeschaltet. Ein Melder P2 zeigt unabhängig von der SPS die Betriebsbereitschaft der Steuerung an.

Zeichnen Sie den Stromlaufplan der Steuerung mit SPS.

7.6.4 Sicherheitskombination mit Hilfsschützen

a) Geben Sie Schaltfolge und Schaltzustände der Kontakte im Freigabepfad an, wenn S3 kurzzeitig betätigt wird.

b) Schütze können im Fehlerfall kleben. Wie wirkt sich dies auf eine Not-Aus-Einrichtung mit Sicherheitskombination bzw. mit einfacher Selbsthalteschaltung aus?

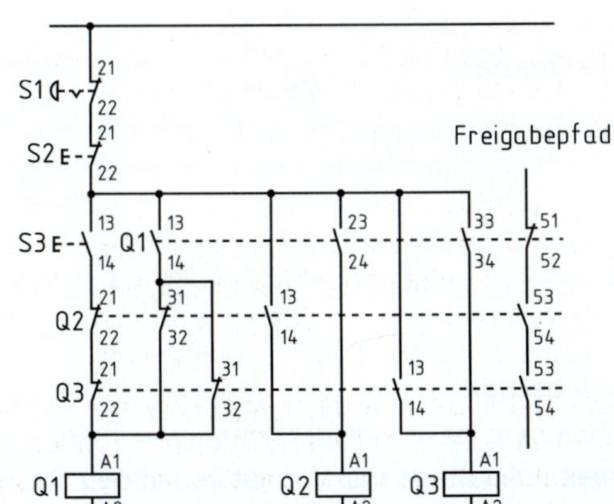

Im Vereinshaus eines Fußballclubs wird ein Lichtband im Umkleideraum installiert (Stromstoßschaltung für E1, zwei Schaltstellen S1 und S2). Zusätzlich wird eine Einschaltmeldung (P1) im Flur neben der Haustür gewünscht.

Da für den Flur eine zeitgesteuerte Beleuchtung geplant ist und auch die Außenbeleuchtung tageslicht- und zeitabhängig gesteuert werden soll, schlägt der Elektroinstallateur vor, ein programmierbares **Logikmodul** in den vorhandenen Verteiler einzubauen.

Logikmodule (Herstellerbezeichnung **LOGO!**) sind Steuergeräte mit mehreren programmierbaren Funktionen (UND, ODER, Stromstoßrelais, Schaltuhr, Zeitrelais usw.). Sie sind für kleine Steuerungen vorgesehen und eignen sich besonders für Anlagen der Gebäudeinstallation.

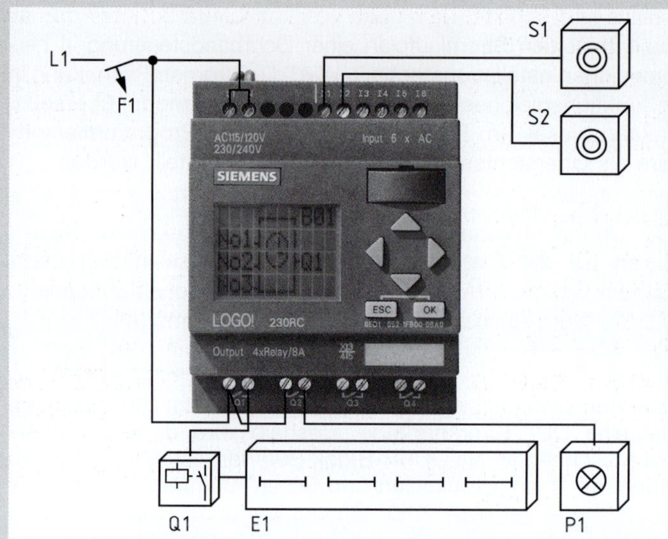

Geräteaufbau (Abb. 1)

Das hier verwendete Logikmodul für Netzwechselspannung (LOGO! 230 RC) besitzt sechs nichtpotenzialfreie Eingänge I1 bis I6 und vier potenzialfreie Relaisausgänge Q1 bis Q4.

Es gibt zwei Möglichkeiten das Logikmodul zu programmieren:

- Das Steuerungsprogramm kann am Modul mit nur sechs Tasten ③ programmiert werden. Das Anzeigefeld ① dient dabei als Monitor.
- Das Programm kann auch am PC mit der zugehörigen Software erstellt und dann mittels PC-Kabel über den Schacht ② geladen werden.

Geräteanschluss (Abb. 2)

Das Logikmodul ist schutzisoliert. Deshalb ist ein Schutzleiteranschluss nicht vorhanden. Es können die üblichen Installationstaster verwendet werden. S1 und S2 sind zwischen die Eingänge I1 und I2 sowie dem Außenleiter L1 geschaltet ④.

Die Eingänge und die Spannungsversorgung müssen immer an denselben Außenleiter angeschlossen werden.

Die maximale Strombelastbarkeit eines Ausganges wird von der Belastungsart bestimmt (8A bei ohmscher Last, 2A bei induktiver Last).

Das Parallelschalten von Ausgängen zur Leistungserhöhung ist verboten, weil keine gleichmäßige Stromaufteilung garantiert werden kann.

Der Relaisausgang Q1 steuert das Lastschütz für das Lichtband, weil ein direkter Anschluss des Lichtbandes an Q1 nach den technischen Unterlagen nicht zulässig ist (vier kompensierte Leuchtstofflampen mit je 58 W). Der Melder P1 für die Einschaltmeldung wird von Q2 direkt geschaltet.

Grundsätzlich darf jeder Relaisausgang einzeln mit einem LS-Schalter (maximal 16 A, Charakteristik B) abgesichert werden. Im Anwendungsbeispiel schützt F1 alle Ausgänge. Spannungsversorgung und Eingänge benötigen wegen der sehr geringen Stromaufnahme (mA) keine besonderen Absicherungen.

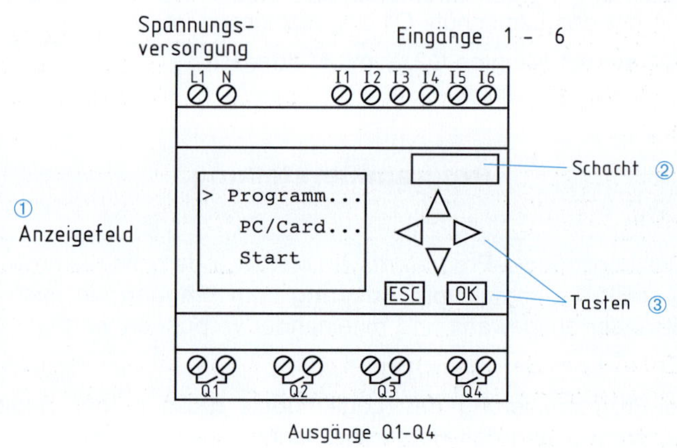

Abb. 1: Anschluss-, Anzeige- und Bedienelemente der LOGO!

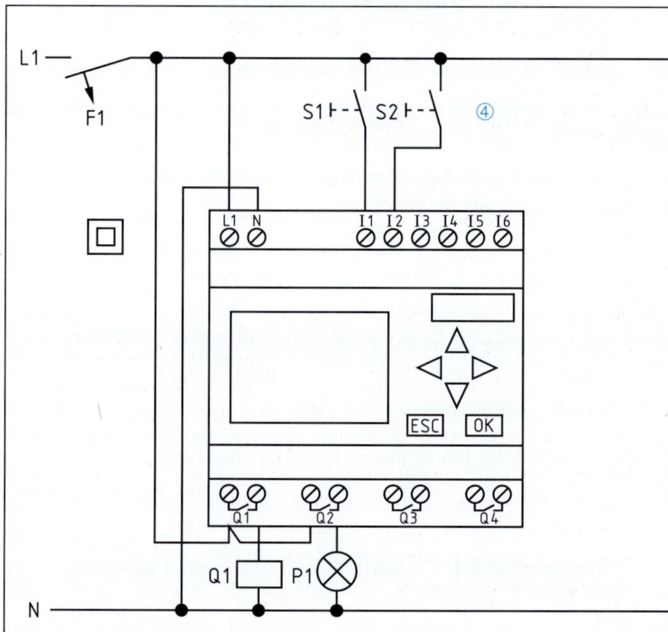

Abb. 2: Geräteanschluss für das Lichtband

Programmdarstellung

Abb.1 zeigt den Stromlaufplan einer Lichtbandsteuerung in herkömmlicher Installationstechnik. Wird die Stromstoßschaltung in ein funktionsgleiches Programm für das Logikmodul übersetzt, so kann dieses am PC mit der zugehörigen Programmiersoftware als Übersichtsschaltplan (Abb. 2) dargestellt werden.

Der Übersichtsschaltplan besteht aus Netzwerken mit Symbolen für die Eingangsklemmen, Ausgangsklemmen und Schaltfunktionen (Abb. 3). Die Blöcke der Schaltfunktionen werden vom Ausgang zum Eingang hin nummeriert.

- Die Parallelschaltung der Taster S1 und S2 im Stromlaufplan ist eine ODER-Verknüpfung. Deshalb wird diese im Übersichtsschaltplan als ODER-Block B02 dargestellt ①. S1 ist an Klemme I1 angeschlossen und S2 an Klemme I2 ②. Da nur zwei Eingänge des ODER-Blocks benutzt werden, ist sein dritter Eingang mit x als unwirksam gekennzeichnet ③.
- Der ODER-Block steuert das Stromstoßrelais B01 ④. Sein unbenutzter Rücksetzeingang R ist unwirksam.
- Der Ausgang des Stromstoßrelais steuert die Klemme Q1⑤, an der das Lastschütz Q1 angeschlossen ist.
- Q1 steuert Klemme Q2 ⑥ mit Melder P1.

Programmerstellung

Das Logikmodul-Programm wird erstellt, indem die Klemmen und Blöcke immer **vom Ausgang zum Eingang** hin nacheinander ausgewählt und miteinander verbunden werden.

Die Programmierung des Logikmoduls muss in der Bedienungsanweisung des Herstellers nachgelesen werden.

Betriebsverhalten

Das Logikmodul hat die Betriebszustände STOPP und RUN.

Im STOPP-Betrieb wird das Programm nicht abgearbeitet. Die Relaiskontakte von Q1 bis Q4 sind offen.

Im RUN-Betrieb arbeitet das Modul das Programm ab. Es ist netzausfallsicher gespeichert.

Befindet sich das Logikmodul bei Netzausfall im RUN-Zustand, so kehrt es nach Spannungswiederkehr in diesen Zustand zurück und bearbeitet das Programm weiter.

☺ Durch geeignete Maßnahmen ist dafür zu sorgen, dass keine Gefahr durch Wiederanlauf einer Maschine bei Spannungswiederkehr nach Netzausfall besteht (Verriegelung, Programmierung).

Sicherheit in Logikmodul-Steuerungen

Für die Sicherheit an Maschinen und elektrischen Anlagen gelten die gleichen Anforderungen wie bei SPS- und allen anderen Schützensteuerungen (vgl. Kapitel 7.6).

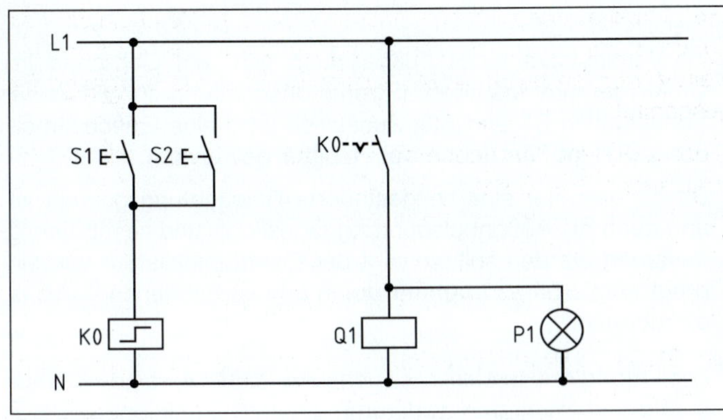

Abb. 1: Stromlaufplan der Stromstoßschaltung

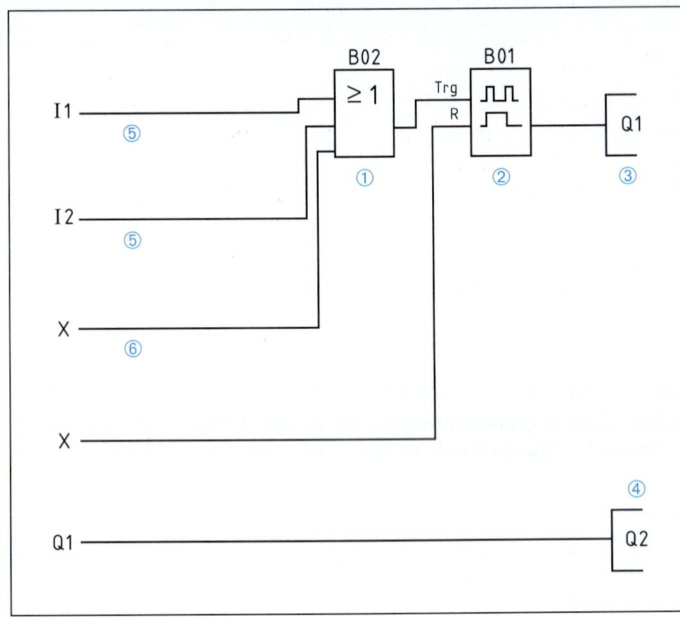

Abb. 2: Übersichtsschaltplan für das Logomodul

Darstellung im Stromlaufplan	Darstellung in LOGO!	Bezeichnung
—	&	UND
—	≥1	ODER
—	1	NOT (NICHT)
—	Trg R	Stromstossrelais
	X	Blockeingang unwirksam
	I1	Eingangsklemme
	Q1	Ausgangsklemme

Abb. 3: Blocksymbole für den Übersichtsschaltplan (Auswahl)

Die Lichtsteuerung für den Umkleideraum im Vereinshaus des Fußballclubs ist um die Steuerung für die Flurbeleuchtung erweitert worden (Abb. 4). Mit Taster S3 wird das Lichtband E2 geschaltet.

Diese Logikmodul-Steuerung soll mit Hilfe des Übersichtsschaltplans Abb. 5 erklärt werden.

Übersichtsschaltplan

Die Steuerung der Flurbeleuchtung hat die drei Funktionen: Minutenlicht ①, Aus ② und Dauerlicht ③.

Minutenlicht

Das Minutenlicht ist mit einer **Ausschaltverzögerung** Block B04 programmiert.

1-Signal am Eingang TRG (Trigger) des Blocks Ausschaltverzögerung (Abb. 6a) setzt den Ausgang Q auf 1. Fällt das Signal auf 0 zurück, so startet die eingestellte Verzögerungszeit T. Nach Ablauf von T schaltet Q ab. 1-Signal am Eingang R (Reset) setzt die Zeit T und den Ausgang Q sofort auf 0 zurück.

Am Eingang T (Time) des Blocks B04 steht die Verzögerungszeit (Sekunden s+, Minuten m+).

Funktion (Abb. 5 ①):

- Wird S3 kurzzeitig betätigt, erhält der Moduleingang I3 einen Impuls. Über B04 und den ODER-Block B03 wird der Ausgang Q3 eingeschaltet und damit das Lichtband E2. Nach 6 Minuten wird E2 wieder ausgeschaltet.

Aus

Die Ausschaltung des Lichtbandes E2 ist mit einer **Einschaltverzögerung** Block B05 programmiert.

1-Signal am Eingang Trg des Blocks Einschaltverzögerung (Abb. 6b) startet die eingestellte Verzögerungszeit T. Der Ausgang Q bleibt auf 0-Signal. Ist T abgelaufen und hat Trg weiterhin 1-Signal, so wird Blockausgang Q auf 1 gesetzt. Mit 0-Signal an Trg fällt auch Q auf 0 zurück.

Funktion (Abb. 5 ②):

- Bleibt S3 2s lang betätigt, so wird mit dem 1-Signal an I3 der Block B04 zurückgesetzt und damit über Q3 das Lichtband E2 ausgeschaltet.

Dauerlicht

Das Dauerlicht wird über ein Selbsthalterelais Block B06 ein- und ausgeschaltet.

Der Block Selbsthalterelais (Abb. 6c) ist ein RS-Speicherglied. 1-Signal am Eingang S (Set) setzt den Ausgang dauernd auf 1. 1-Signal am Eingang R (Reset) setzt ihn auf 0 zurück. Das Rücksetzen ist dominant.

Funktion (Abb. 5 ③):

- Beim ersten kurzen Impuls an I3 bleibt das Selbsthalterelais B06 rückgesetzt, weil der Ausgang Q3 noch 0-Signal hat und über den Inverter B08 das Stromstoßrelais B07 rücksetzt. Das Minutenlicht wird ausgeschaltet.
- Mit dem 1-Signal an Q3 ist Eingang R von B07 jetzt unwirksam. Ein zweiter Impuls an B07 setzt das Selbsthalterelais B06 und schaltet das Lichtband auf Dauerlicht.
- Erhält I3 2s lang über S3 1-Signal, so setzt B09 das Selbsthalterelais B06 zurück.

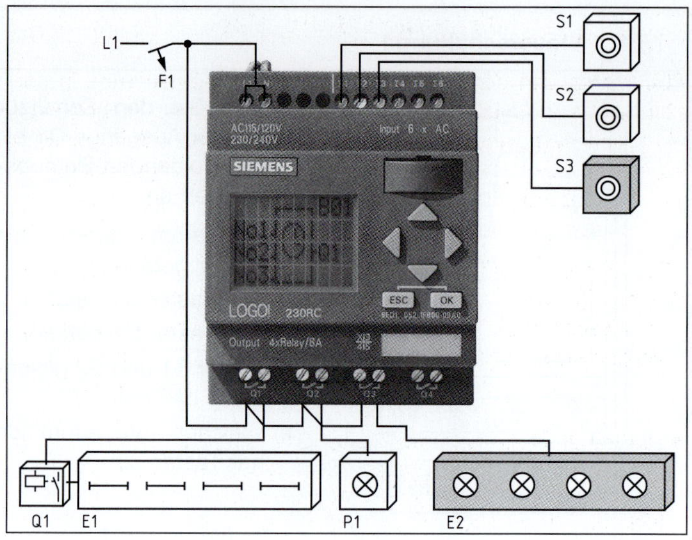

Abb. 4: Technologieschema der erweiterten Lichtsteuerung

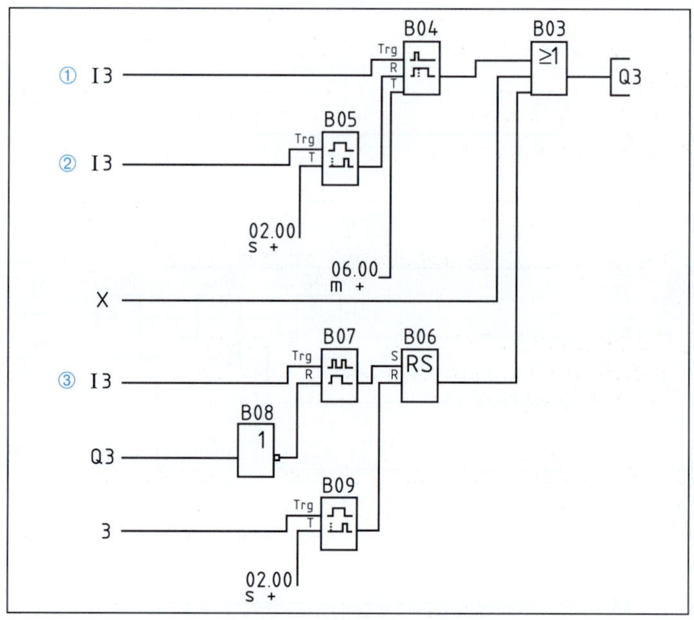

Abb. 5: Übersichtsschaltplan der Flurbeleuchtung

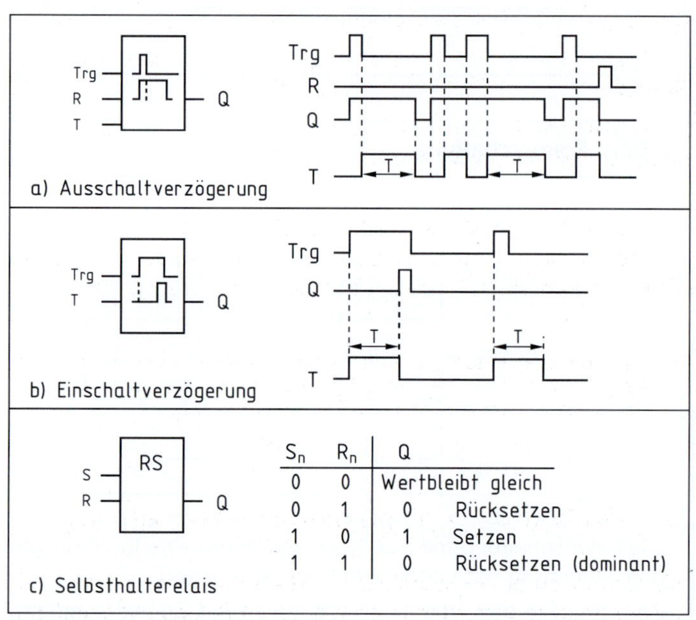

S_n	R_n	Q
0	0	Wert bleibt gleich
0	1	0 Rücksetzen
1	0	1 Setzen
1	1	0 Rücksetzen (dominant)

Abb. 6: Blocksymbole

7.7.1 Steuerschaltung 1

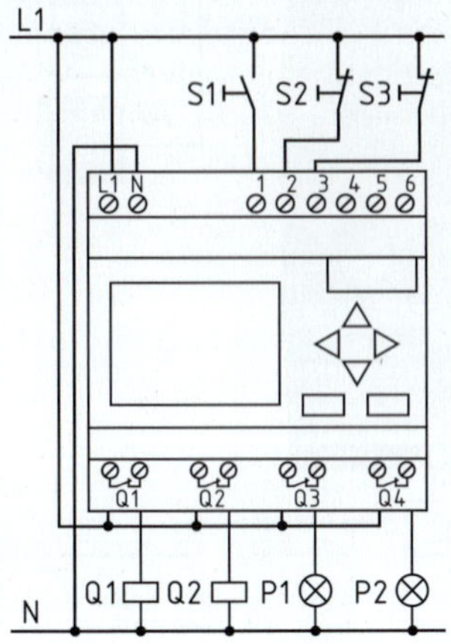

Geben Sie den Schaltzustand der Ausgänge Q1 bis Q4 bei folgenden Betriebszuständen an.

a) Programm starten: kein Taster betätigt.
b) Nur Taster S1 betätigt.
c) Nur Taster S2 betätigt.
d) Taster S1 und S2 gleichzeitig betätigt.
e) Welcher Steuerfunktion hat Taster S3?

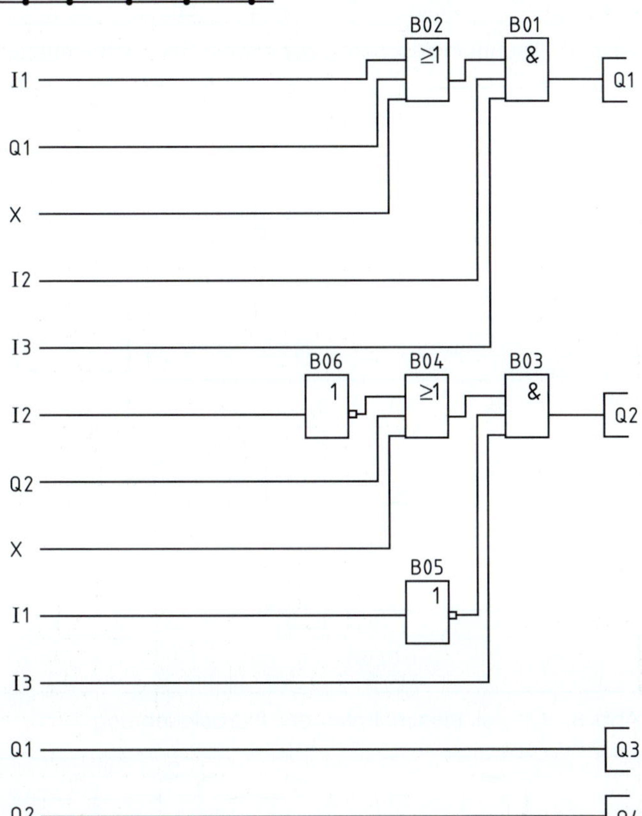

7.7.2 Folgeschaltung

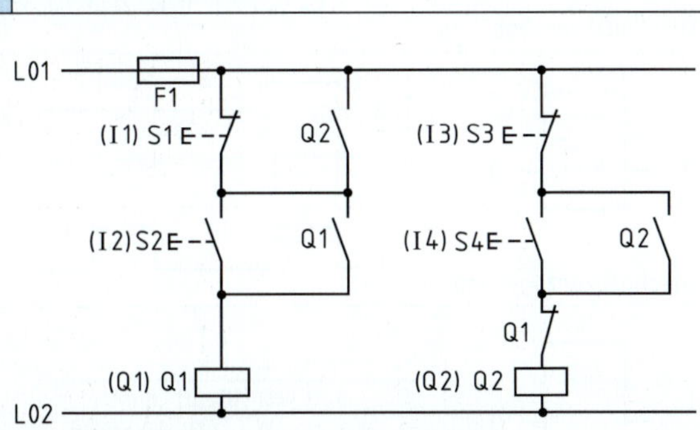

Die Folgeschaltung mit Schützen soll durch eine funktionsgleiche Steuerung mit Logikmodul ersetzt werden.

Zeichnen Sie den Übersichtsschaltplan mit Selbsthalterelais.

7.7.3 Anlage zur Regenwassernutzung

Erklären Sie mit Hilfe des Technologieschemas und des Übersichtsplans die Wirkungsweise der Steuerung.

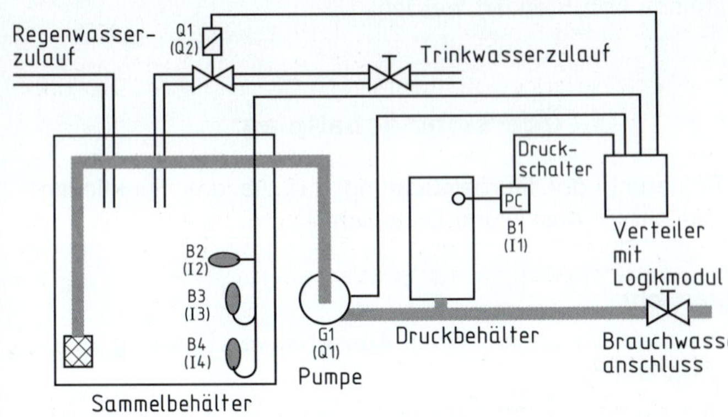

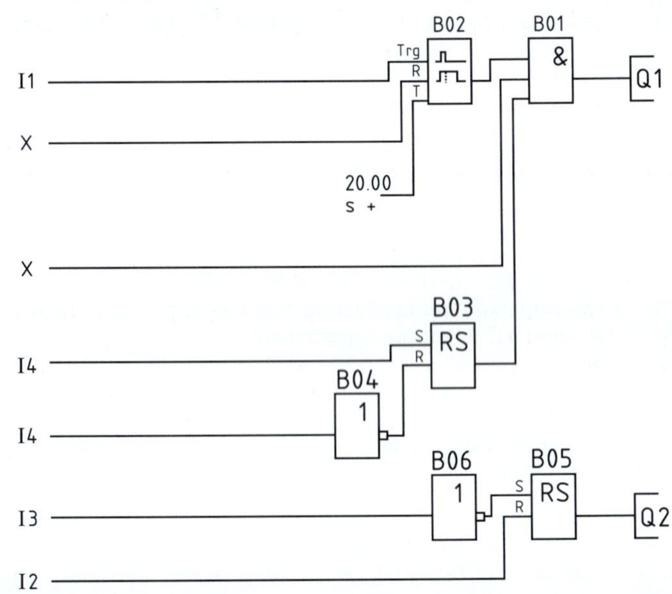

7.7.4 Leuchtreklame

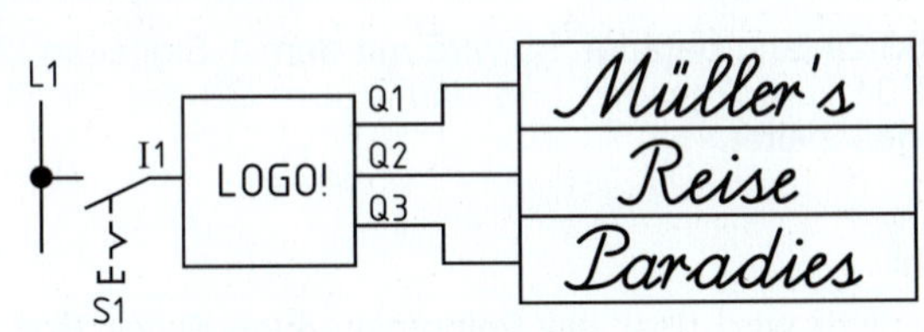

Ein Reisebüro erhält eine Leuchtreklame.

Ist der Rastschalter S1 geschlossen und Q3 ausgeschaltet, so wird nach 3s der Schriftzug „Müller's" eingeschaltet (Q1 wird gesetzt).

3s später schaltet Q2 den Schriftzug „Reise" ein und nach weiteren 3s schaltet Q3 den Schriftzug „Paradies" ein (Q2 und Q3 werden gesetzt).

Nach weiteren 3s schaltet Q3 alle drei Schriftzüge aus (Q1, Q2, Q3 werden rückgesetzt). Der Ablauf beginnt von neuem.

Wird S1 geöffnet, so wird die Leuchtreklame sofort ausgeschaltet.

Zeichnen Sie den Übersichtsschaltplan der Steuerung.
Verwenden Sie Selbsthalterelais.

8 Drehstrommotoren schalten

8.1 Anschluss von Käfigläufermotoren

Schaltung der Motorwicklung

Zur Erzeugung des Ständerdrehfeldes sind Drehstrommotoren mit drei Wicklungssträngen ausgerüstet, die auf dem Klemmenbrett des Motorklemmenkastens im **Stern** bzw. im **Dreieck** verschaltet werden müssen.

Auf dem Klemmenbrett sind in genormter Anordnung die Anfänge U1, V1, W1 und die Enden U2, V2, W2 der Wicklungsstränge auf Klemmen gelegt, so dass durch Schaltbrücken die Motorwicklung verschaltet und die Außenleiter L1, L2, L3 des Netzes angeschlossen werden können (Abb.1).

Sternschaltung

Bei der Netzspannung von 400 V sind die Wicklungsstränge dann im Stern zu schalten, wenn jeder einzelne Wicklungsstrang vom Hersteller für 230 V ausgelegt worden ist.

Dreieckschaltung

Bei 400 V Netzspannung sind die Wicklungsstränge im Dreieck zu schalten, wenn jeder einzelne Wicklungsstrang vom Hersteller für 400 V ausgelegt worden ist und wenn der Motor direkt eingeschaltet wird.

Die Motorwicklung wird abhängig von der Netzspannung, Einschaltart und Wicklungsausführung auf dem Klemmenbrett verschaltet.

Netzspannung	400 V	400 V
Leistungsschildangabe	**Y 400 V**	**Δ 400 V**
Wicklungsschaltung	**Stern**	**Dreieck**

Normgerechte Darstellung

Je nach Art des Schaltplans gibt es verschiedene Darstellungen von Drehstrom-Käfigläufermotoren (Abb. 2).

- Die ausführliche Darstellung ① wird in Stromlaufplänen verwendet, wenn aus besonderen Gründen auf die Innenschaltung des Motors hingewiesen wird.
- Die Schaltkurzzeichen für mehrpolige Darstellung ② sind die Darstellungsform, die in Stromlaufplänen vorzugsweise verwendet wird.
- Die Schaltkurzzeichen für einpolige Darstellung ③ werden für Übersichtsschaltpläne, Installationspläne und sonstige einpolige Pläne verwendet.

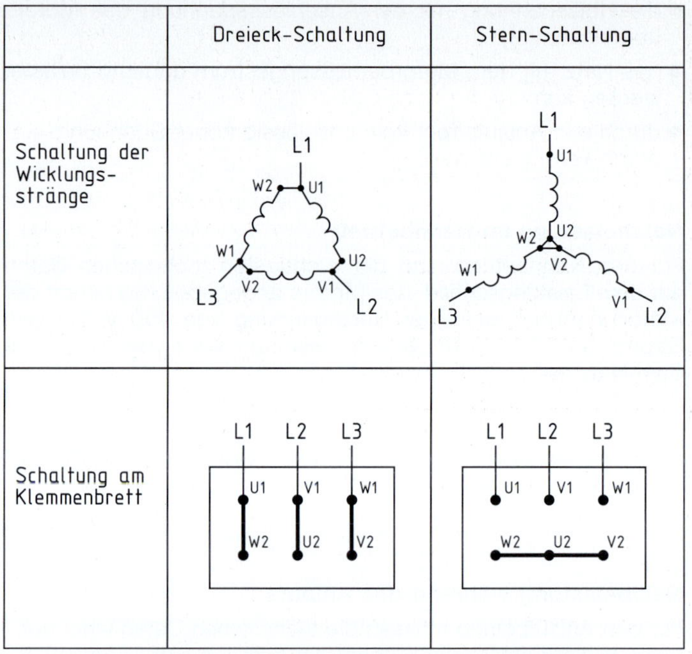

Abb.1: Schaltung und Anschluss von Drehstrommotoren

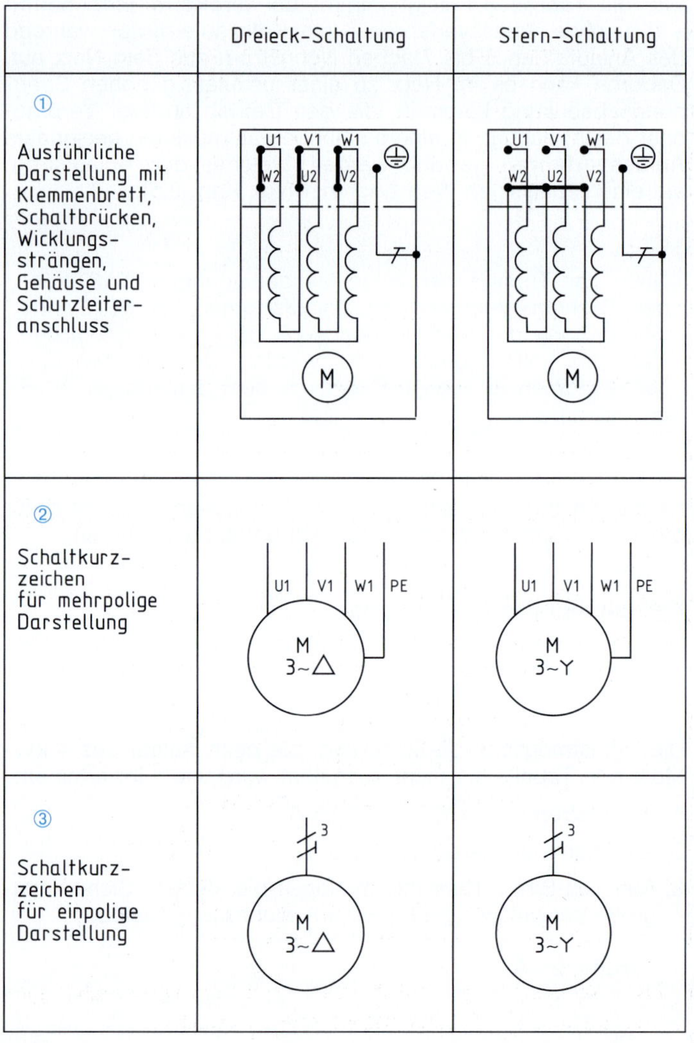

Abb.2: Genormte Darstellungen von Drehstrom-Käfigläufermotoren

Netzbelastung

Beim Anschluss eines Motors ist zunächst zu prüfen, ob

- die Netzspannung mit der Anschlussspannung des Motors übereinstimmt,
- das Netz mit dem Motorbemessungsstrom dauernd belastet werden kann,
- durch den Anlaufstrom kein unzulässig hoher Spannungseinbruch verursacht wird.

Netzbelastung im Nennbetrieb

Für den Nennbetrieb sind die wichtigsten technischen Daten auf dem Leistungsschild des Motors angegeben. So nimmt der Motor in Abb. 1 bei einer Netzspannung von 400 V ① einen Strom von 8,7 A ② bei einem Leistungsfaktor von 0,8 ③ aus dem Netz auf.

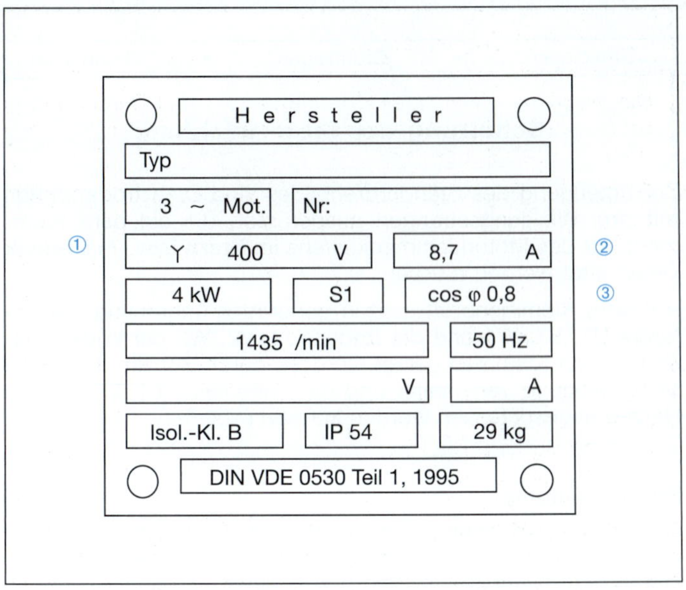

Abb.1: Leistungsschild eines Drehstrom-Käfigläufermotors (DSKL-Motor)

Netzbelastung während des Anlaufs

Für den Anlaufbetrieb müssen die technischen Daten einer ausführlichen Herstellerliste entnommen werden (vgl. Tabelle 9.1).

Wie die Tabelle 8.1 zeigt, nimmt bei **direktem Einschalten** – d.h. ohne Anlassverfahren – ein Käfigläufermotor während des Anlaufs den 5 bis 7fachen Nennstrom aus dem Netz auf. Dadurch kann es im Netz zu einer unzulässig hohen Spannungsabsenkung kommen, die den Betrieb anderer Verbraucher beeinträchtigt. In einem solchen Fall muss ein geeignetes **Anlassverfahren** gewählt werden, welches den Anlaufstrom auf einen zulässigen Wert begrenzt (vgl. Kap. 8.5).

Nach den Technischen Anschlussbedingungen (**TAB**) können Drehstrommotoren mit Anlaufströmen bis 60 A ohne Überprüfung der Spannungsabsenkung an das öffentliche Netz des VNB angeschlossen werden. Bei größeren Einschaltströmen ist die Anlassart mit dem zuständigen VNB abzustimmen.

Ist der Anlaufstrom eines Motors nicht bekannt, so ist dafür das **8**fache des Motorbemessungsstromes anzunehmen.

Tab. 8.1: Betriebswerte und Absicherung von DSKL-Motoren

Bemessungsleistung bei 400 V	kW	1,5	2,2	3,0	4,0
Bemessungsstrom bei 400 V	A	3,5	4,9	6,5	8,7
$\frac{\text{Anlaufstrom}}{\text{Bemessungsstrom}}$	$\frac{I_A}{I_n}$	5,0	6,0	6,2	7,0
Bemessungsdrehzahl bei 50 Hz	1/min	1405	1415	1415	1435
Wirkungsgrad	%	75	79	80	83
Leistungsfaktor	–	0,82	0,82	0,83	0,80
Kleinstmögliche gL-Sicherung bei direktem Anlauf (Anlaufzeit 3 s)	A	10	16	16	20

Kleinstmögliche Absicherung

Bei der Auslegung der Motorzuleitung ist zu beachten, dass der hohe Anlaufstrom des Motors die vorgeschalteten Überstromorgane nicht auslöst.

Die kleinstmögliche gL-Sicherung, die beim Anlauf des 4 kW-Motors in Tabelle 8.1 nicht ausgelöst, wird wie folgt ermittelt:

1. Anlaufstrom: 7,0 x 8,7 A = 60,9 A
2. Angenommene Anlaufzeit: 3 s
3. Aus Zeit-Strom-Kennlinie in Abb. 2 die kleinste Sicherungsgröße auswählen, die bei 60,9 A nicht mehr auslöst.

   Lösung: 20 A

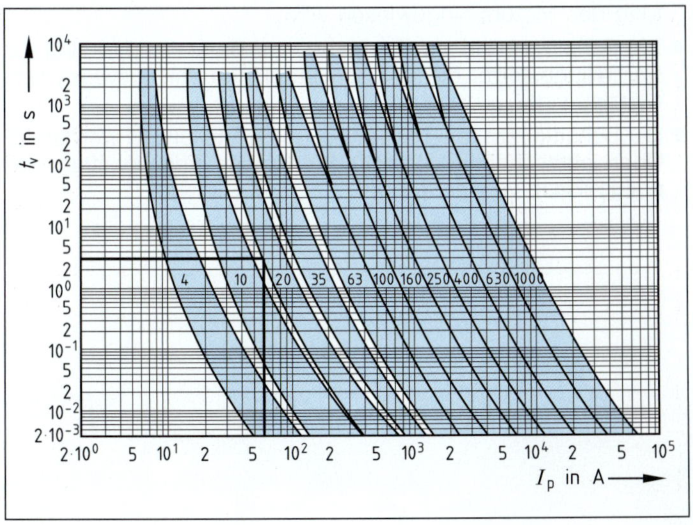

Abb. 2: Zeit-Strom-Bereiche für gL-Sicherungen

☺ Die vollständigen Betriebswerte von Drehstrommotoren können dem Tabellenbuch oder einer Herstellerliste entnommen werden!

8.1.1 Wicklungsprüfung

Die Wicklung eines Drehstrommotors soll auf Durchgang geprüft werden. Die Wicklungsstränge sind auf dem Klemmenbrett im Dreieck geschaltet.

Geben Sie die einzelnen Arbeitsschritte an, die für den gesamten Prüfvorgang erforderlich sind.

8.1.2 Stern statt Dreieck

Der Motor mit den nebenstehenden Leistungsschild wird irrtümlich im Stern geschaltet und an ein Netz 400 V, 50 Hz angeschlossen.

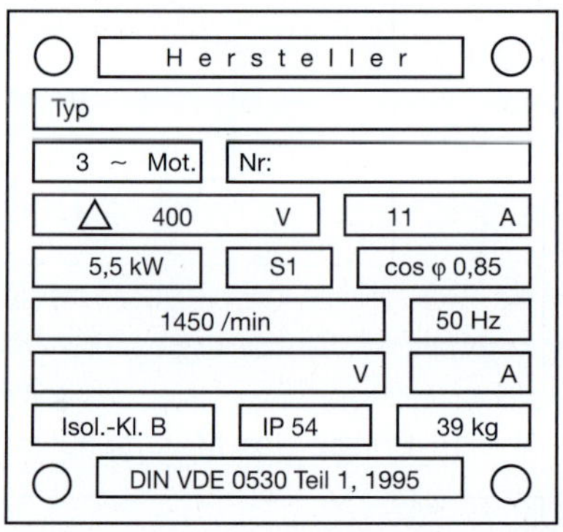

Beantworten Sie für diesen Fall folgende Fragen:

1. Welchen Anlaufstrom nimmt der Motor aus dem Netz auf?
2. Welches Anlaufdrehmoment entwickelt der Motor?
3. Welche Leistung gibt der Motor bei Bemessungsdrehzahl ab?

8.1.4 Leistungsschild-Angaben

Mit den Angaben auf dem Leistungsschild der Abb. 1, S. 104 beantworten Sie folgende Fragen:

a) Was bedeutet die Angabe S1?

b) Wieviele Pole hat der Motor?

c) Welche Blindleistung verursacht der Motor im Netz?

d) Wie hoch ist die zulässige Grenztemperatur der Wicklungsisolierung?

e) Was bedeutet die Angabe IP 54 ?

8.1.5 Kabel und Leitungen

Für den Anschluss eines Drehstrommotors stehen folgende Kabel bzw. Leitungen zur Verfügung:

1. NYM-J
2. NYY-J
3. NYKY-J

a) Erläutern Sie die Bedingungen für die Verwendung der angegebenen Kabel bzw. Leitungen.

b) Geben Sie die Kennfarben der einzelnen Adern an.

8.1.3 Kleinstmögliche Absicherung

Ermitteln Sie für die Drehstrommotoren 1 bis 9 die kleinstmögliche gL-Sicherung

a) bei einer Anlaufzeit des Motors von max. 1 s,

b) bei einer Anlaufzeit des Motors von max. 5 s.

Motor-Nr.	–	1	2	3	4	5	6	7	8	9
Bemessungsleistung bei 400 V	kW	1,1	1,5	2,2	3	4	5,5	7,5	11	15
Bemessungsstrom bei 400 V	A	2,7	3,5	4,9	6,5	8,7	11	14,8	21,4	28,5
Anlaufstrom / Bemessungsstrom	$\frac{I_A}{I_n}$	5,0	5,0	6,0	6,2	7,0	7,0	7,6	7,6	7,7

Motorschutzschalter

Motorschutzschalter schützen bei mechanischer Überlastung der Motoren die Wicklungen vor unzulässig hoher Stromaufnahme und damit die Wicklungsisolation indirekt vor gefährlicher Übertemperatur.

Aufbau und Funktion (Abb. 1)

- Beim Einschalten werden die drei Strombahnen des Hauptstromkreises ④ geschlossen. Gleichzeitig wird die Feder ⑤ der Verriegelungsmechanik (**Schaltschloss**) ① gespannt.
- Das Schaltschloss kann auf drei verschiedene Arten ausgelöst werden.
  1. Durch die einstellbaren **Bimetallauslöser** ② (thermische Auslöser, Überlastauslöser), die den Motorstrom und damit indirekt die Wicklungstemperatur überwachen.
  2. Durch die **elektromagnetischen Auslöser** ③ (Kurzschlussauslöser), die den Kurzschlussschutz übernehmen.
  3. Durch die AUS-Taste.
- Das Schaltschloss ist so konstruiert, dass ein Auslösen auch bei betätigter EIN-Taste gewährleistet ist (**Freiauslösung**).
- Mit der Einstellvorrichtung ⑥ wird der Motornennstrom eingestellt.

Wird ein Motorschutzschalter vom Hersteller als **„eigenfest“** gekennzeichnet, dann kann er auch als Leitungsschutzschalter verwendet werden (Angabe in der Herstellerliste z. B. „Schaltvermögen 15 kA/400 V“).

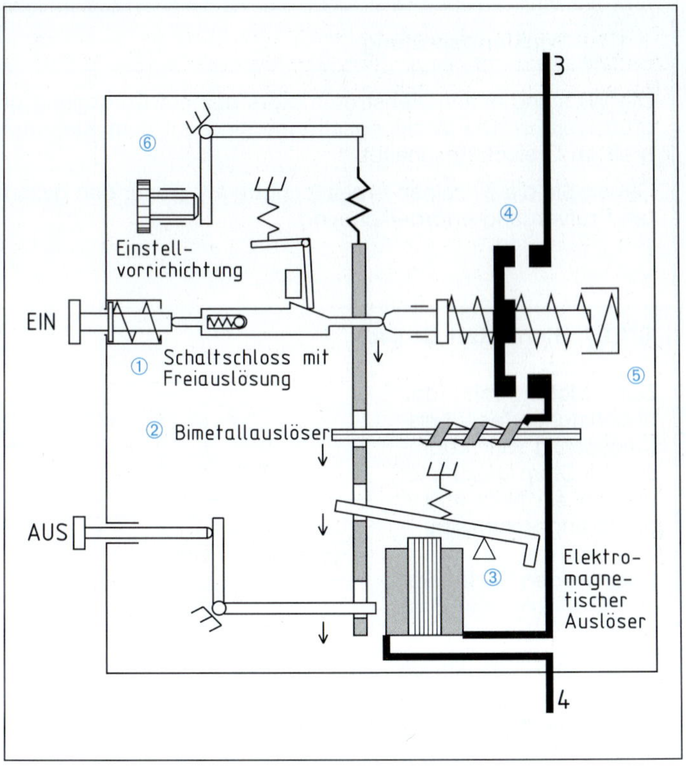

Abb. 1: Prinzip des Motorschutzschalters

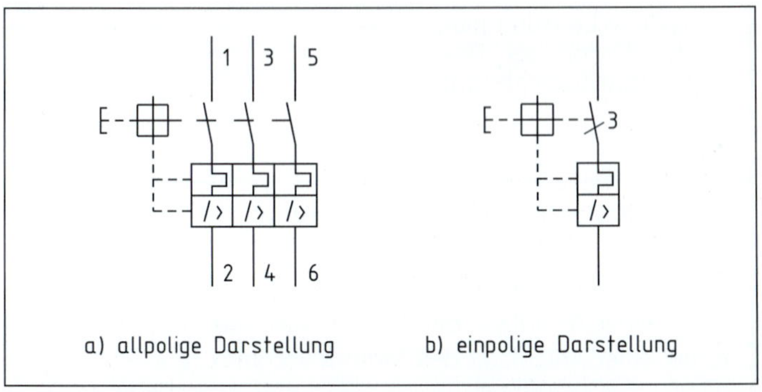

Abb. 2: Schaltzeichen des Motorschutzschalters

Motorschutzrelais

Motorschutzrelais (Überlastrelais) schützen ebenso wie Motorschutzschalter die Motorwicklungen vor unzulässig hoher Erwärmung bei mechanischer Überlastung des Motors. Ein Motorschutzrelais kann jedoch nur in Verbindung mit einem Hauptschütz den Hauptstromkreis schalten, da es selbst nur Hilfsschalter (1W bzw. 1S+1Ö) besitzt.

Aufbau und Funktion (Abb. 3)

- Beim Motorschutzrelais befindet sich in jeder Strombahn ein Bimetallstreifen, der sich bei Überstrom so stark verbiegt, dass der anliegende Schieber ⑩ bewegt und der Hilfsschalter 95-96-98 betätigt wird.
- Eine Wiedereinschaltsperre ⑦ verhindert eine selbsttätige Rückstellung des Hilfsschalters beim Erkalten der Bimetallstreifen.
- Mit der Entsperrungstaste ⑧ kann die Wiedereinschaltsperre entriegelt (Wahlstellung „Hand“) oder ganz aufgehoben (Wahlstellung „Auto“) werden.
- Mit der Einstellvorrichtung ⑨ wird der Auslösewert eingestellt. Auslösewert = Bemessungsstrom des Motors.

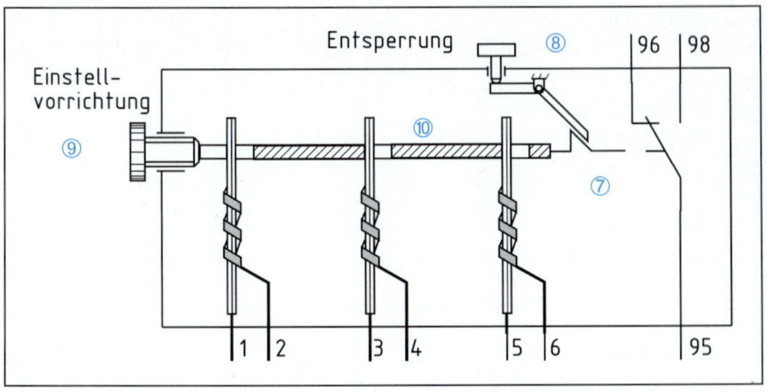

Abb. 3: Prinzip des Motorschutzrelais

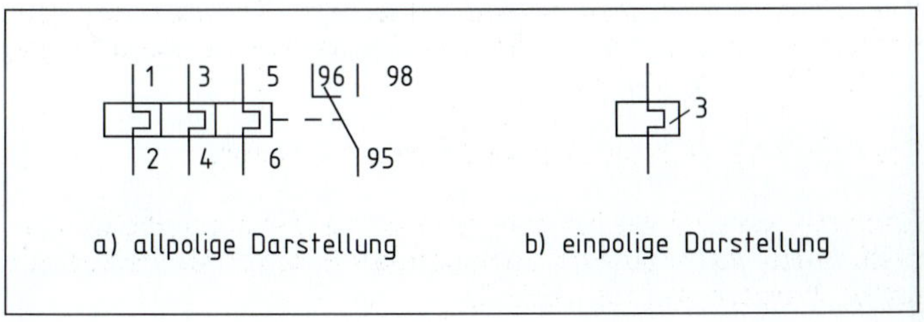

Abb. 4: Schaltzeichen des Motorschutzrelais

In einem Gewerbebetrieb soll ein Drehstrommotor zum Antrieb einer Pumpe an den 25 A Reserveabgang der Unterverteilung angeschlossen werden.

In der Unterverteilung befindet sich ein TN-S-Sammelschienensystem 400 V, 50 Hz.

Zum Lieferumfang der Pumpe gehört eine fabrikfertig verdrahtete Pumpensteuerung entsprechend dem nebenstehenden Stromlaufplan des Herstellers. Alle Elemente der Steuerung sind in einem gekapselten Isolierstoffgehäuse untergebracht, das in unmittelbarer Nähe der Pumpe an der Wand befestigt werden soll.

Als Verbindungsleitung zwischen Pumpe und Verteiler soll NYM in Rohr verlegt werden. Die Länge der Leitung beträgt etwa 30 m.

Die Anlaufzeit der Pumpe beträgt maximal 1s.

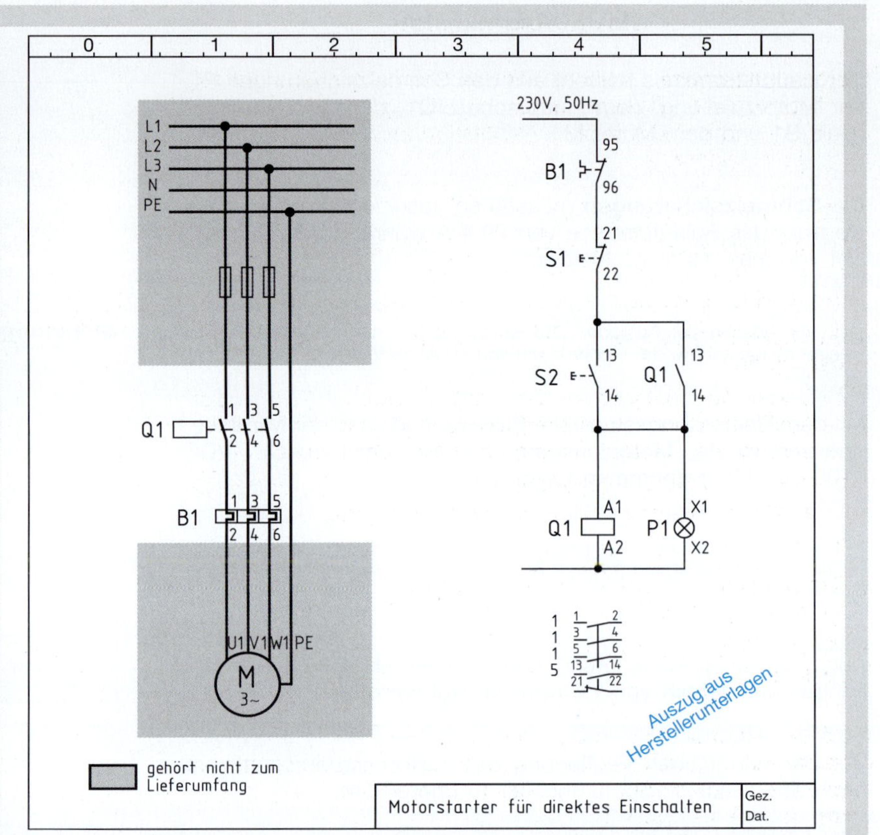

Netzbelastung

Nach dem Leistungsschild (Abb.1) belastet der Motor das Netz zusätzlich mit einem Strom von 4,9 A ①. Der vorhandene Reserveabgang von 25 A wird damit nur zum Teil ausgenutzt. Die Gefahr einer Überlastung des Netzes besteht also nicht!

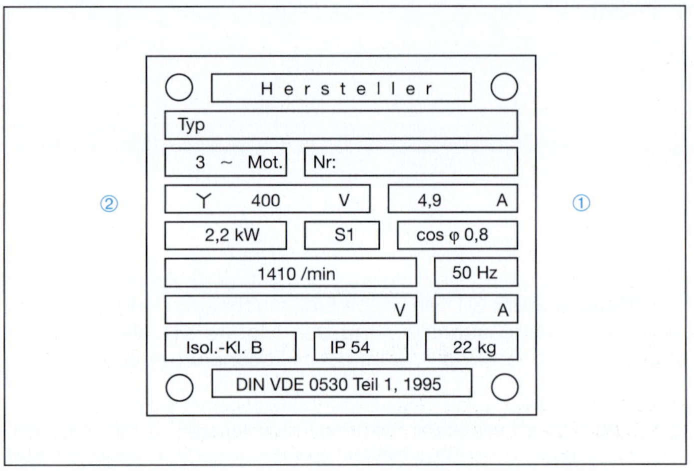

Abb. 1: Leistungsschild des Pumpenmotors

Nach Tab. 8.1, S.104 beträgt der Anlaufstrom das 6fache des Bemessungsstromes, also 29,4 A. Damit bleibt der Anlaufstrom unter dem in den TAB angegebenen höchstzulässigen Wert von 60 A.

Da I_A kleiner als 60 A, ist **direktes Einschalten** möglich.

Motorschaltung

Die erforderliche Schaltung der Wicklungsstränge bei der vorhandenen Netzspannung von 400 V ② ist auf dem Leistungsschild (Abb.1) angegeben.

Die Wicklungsstränge sind im **Stern** zu schalten.

Nach der Kennzeichnung auf dem Pumpengehäuse (Richtungspfeil) muss der Motor im vorliegenden Beispiel für Rechtslauf angeschlossen werden (Abb. 2).

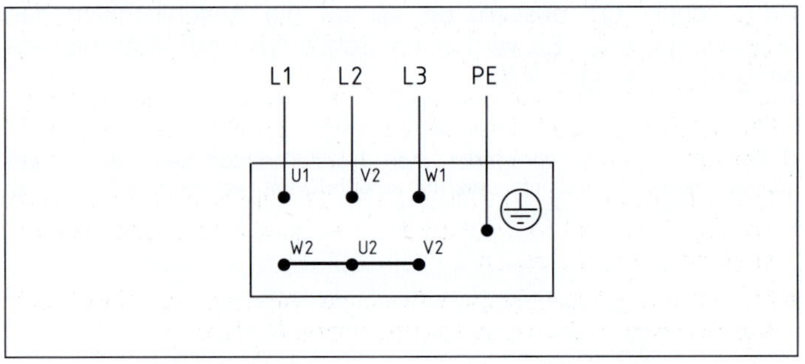

Abb. 2: Anschluss für Rechtslauf nach DIN VDE 0530

Hauptstromkreis

Der Hauptstromkreis besteht aus den Schmelzsicherungen F1, der Motorzuleitung, dem Hauptschütz Q1, dem Motorschutzrelais B1 und dem Motor M1.

Die **Schmelzsicherungen** müssen so ausgelegt werden, dass sie trotz des Anlaufstromes von 29,4 A während einer Anlaufzeit von max. 1 s nicht auslösen.

☺ In der Lösung der Aufgabe 8.1.3 wurde für den hier vorliegenden Fall eine Mindestgröße der Sicherungen von 10 A ermittelt.

Sicherungsgröße : 10 A gL

Mit dem Bemessungsstrom der Sicherungen kann der **Mindestquerschnitt** der Motorzuleitung dem Beiblatt 1 zu DIN VDE 0100 Teil 430 entnommen werden.

☺ Für NYM mit 3 stromführenden Adern, auf der Wand in Installationsrohr verlegt (Verlegeart B2), gilt bei 25 °C Umgebungstemperatur (siehe Tabellenbuch):

q in mm^2	I_z in A	I_n in A
1,5	15	13

Auch bei einer Absicherung von weniger als 13 A muss der Mindestquerschnitt von 1,5 mm² verlegt werden.

Vor der endgültigen Festlegung des Leitungsquerschnitts ist noch der zulässige Spannungsfall zu überprüfen.

☺ Die max. Leitungslängen bei dem für Motorleitungen zulässigen Spannungsfall von 3 % können dem Diagramm im Anhang, S. 170 entnommen werden.

Für 30 m Leitungslänge und 4,9 A Laststrom liegt der Spannungsfall weit unter 3%.

Leitung zwischen Unterverteilung und Motorstarter:
NYM-J 5 x 1,5

Leitung zwischen Motorstarter und Motor:
NYM-J 4 x 1,5

Das **Hauptschütz** Q1 wird nach Gebrauchskategorie, Betriebsspannung, Bemessungsleistung des Motors M1, Betätigungsspannung und Art und Anzahl der Hilfsschalter ausgewählt.

☺ Für die Auswahl verwendet man Herstellerunterlagen, die firmenspezifische Schütze mit ausführlichen technischen Daten und Beschreibungen enthalten.

Hauptschütz Q1:
Betriebsspannung: 400 V, 50 Hz;
Motorbemessungsleistung: 4 kW;
Betätigungsspannung: 230 V, 50 Hz; Hilfsschalter: 1S + 1Ö;
Gebrauchskategorie: AC-3;

Das **Motorschutzrelais** B1 muss in seinen Abmessungen zum Hauptschütz Q1 passen, da es auf die Anschlussklemmen aufgesteckt wird. Es wird nach Schütztyp und Motorbemessungsstrom ausgewählt.

☺ Für die Auswahl verwendet man Herstellerunterlagen, die firmenspezifische Motorschutzrelais mit ausführlichen technischen Daten und Beschreibungen enthalten.

Motorschutzrelais B1:
Einstellbereich: 4 bis 6 A; Hilfsschaltglieder: 1S + 1Ö;

Steuerstromkreis

Der Steuerstromkreis besteht aus einer Selbsthalteschaltung mit den Elementen Q1, S1 und S2. Diese ist erweitert durch den Öffner B1 des Motorschutzrelais und die Signallampe P1, welche die Einschaltung des Pumpenmotors meldet.

Die Steuerspannung kann in diesem Fall ausnahmsweise direkt vom Hauptstromkreis abgegriffen werden. Das ist einfach und preiswert, darf jedoch nur bei Motoren mit einer Leistung von weniger als 3 kW angewendet werden (siehe Kap. 6.3, S.75). Den Kurzschlussschutz übernimmt der LS-Schalter F3.

Nach DIN EN 60204-1 müssen Steuerstromkreise, die mit Wechselspannung betrieben werden, durch die Leiterfarbe **rot** gekennzeichnet werden (siehe Kap.6.3, S.75).

Folgende Verbindungen sind mit einer Leitung vom Typ **H07V-R 1,5**, Farbe **rot**, zu ergänzen:

- Verbindung von **B1:95** nach **F3:2** und von **F3:1** nach **Q1:1**,
- Verbindung von **Q1:A2** nach **N**.

Stromlaufplan des Anwendungsbeispiels

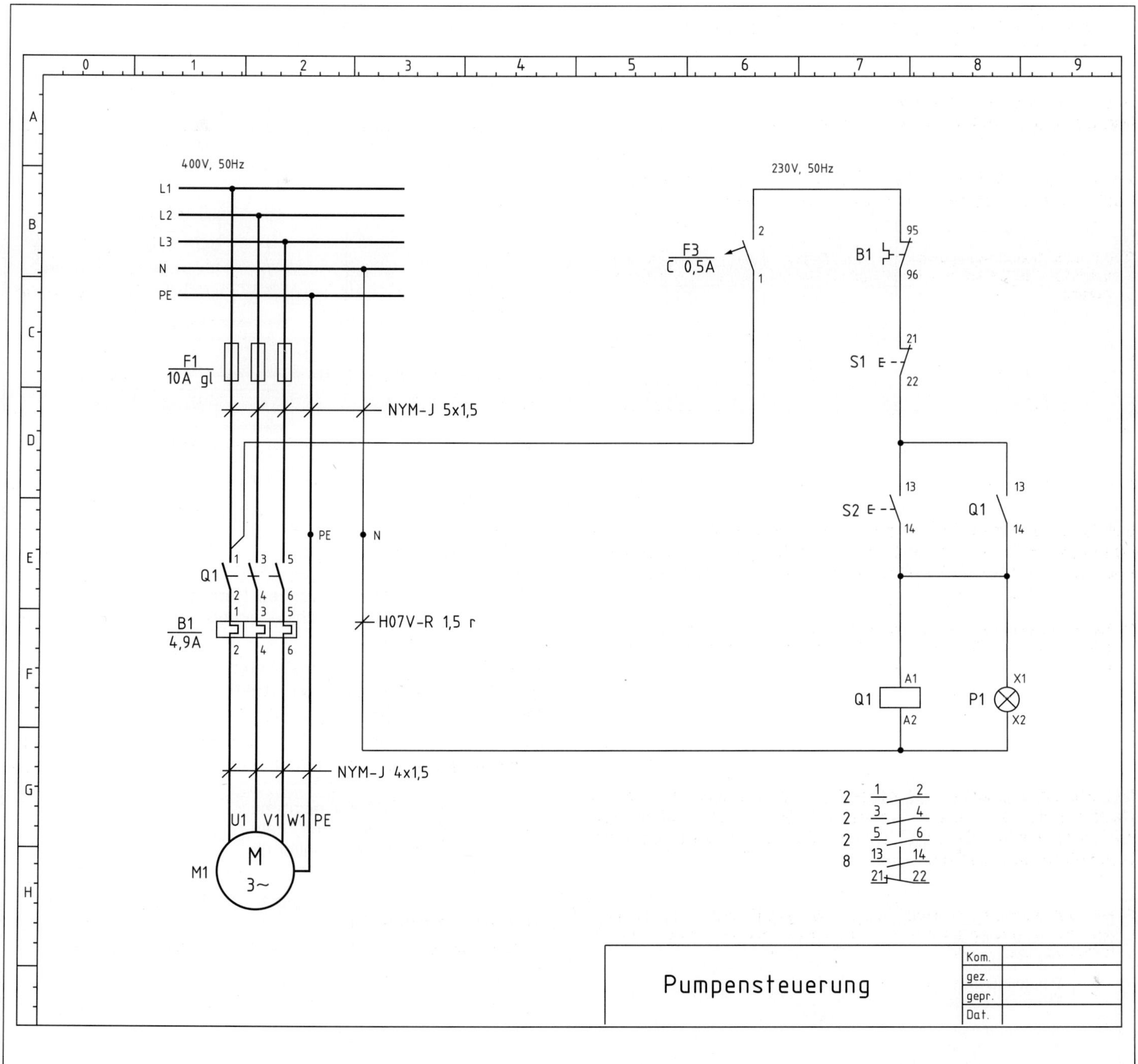

8.3.1 Motorschutzgeräte

Ordnen Sie die nachfolgenden Merkmale den Geräten „Motorschutzschalter“ und/oder „Motorschutzrelais“ zu.

a) Schaltet nur Hilfsschalter.
b) Besitzt Kurzschlussauslöser.
c) Kann mit der AUS-Taste ausgeschaltet werden.
d) Wird auf den Motorbemessungsstrom eingestellt.
e) Schaltet unmittelbar den Hauptstromkreis.
f) Muss in Stellung HAND nach dem Auslösen mit der Entsperrungstaste wieder eingeschaltet werden.
g) Muss nach dem Auslösen mit der EIN-Taste wieder eingeschaltet werden.

8.3.2 Rechts- oder Linkslauf

Für die Reihenfolge des Netzanschlusses eines Drehstrom-Asynchronmotors gibt es die in der Tabelle angegebenen Möglichkeiten. Übernehmen Sie die Tabelle und

a) ergänzen Sie die Drehrichtung,
b) markieren Sie den **genormten** Klemmenanschluss.

Nr.	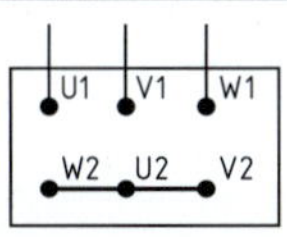	Drehrichtung	genormt nach DIN VDE 0530
1	L2 - L3 - L1		
2	L3 - L2 - L1		
3	L1 - L3 - L2		
4	L1 - L2 - L3		
5	L3 - L1 - L2		
6	L2 - L1 - L3		

8.3.3 Motor mit größerer Leistung

Die Pumpe in Abb. 1 S. 107 hat nicht die erwartete Förderleistung und muss durch eine leistungsstärkere ersetzt werden. Der neue Motor hat das nebenstehende Leistungsschild.

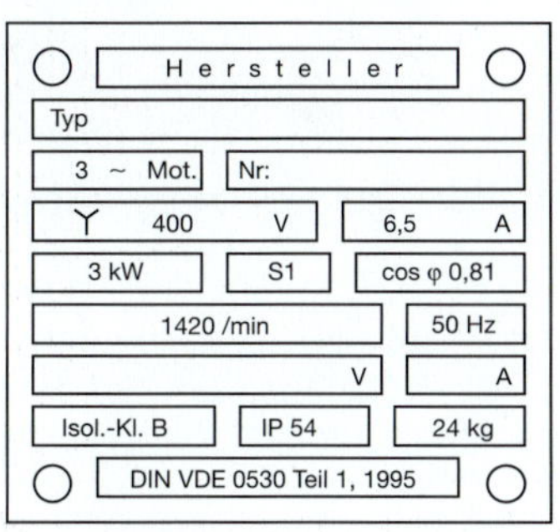

Übernehmen Sie die nachfolgende Tabelle und ergänzen Sie diese mit Ihren Antworten und Begründungen.

Nr.	Frage	Antwort	Begründung
1	Direktes Einschalten möglich?		
2	Kleinstmögliche Absicherung bei 1 s Anlaufzeit?		
3	Querschnitt der Motorleitung?		
4	Einstellbereich des Motorschutzrelais?		
5	Steuerspannung direkt oder über Steuertrafo?		

8.3.4 Lösungsstruktur

Übernehmen Sie die unten dargestellte Lösungsstruktur und tragen Sie für das Anwendungsbeispiel Pumpensteuerung auf den Seiten 107 bis 109 die einzelnen Lösungsschritte ein.

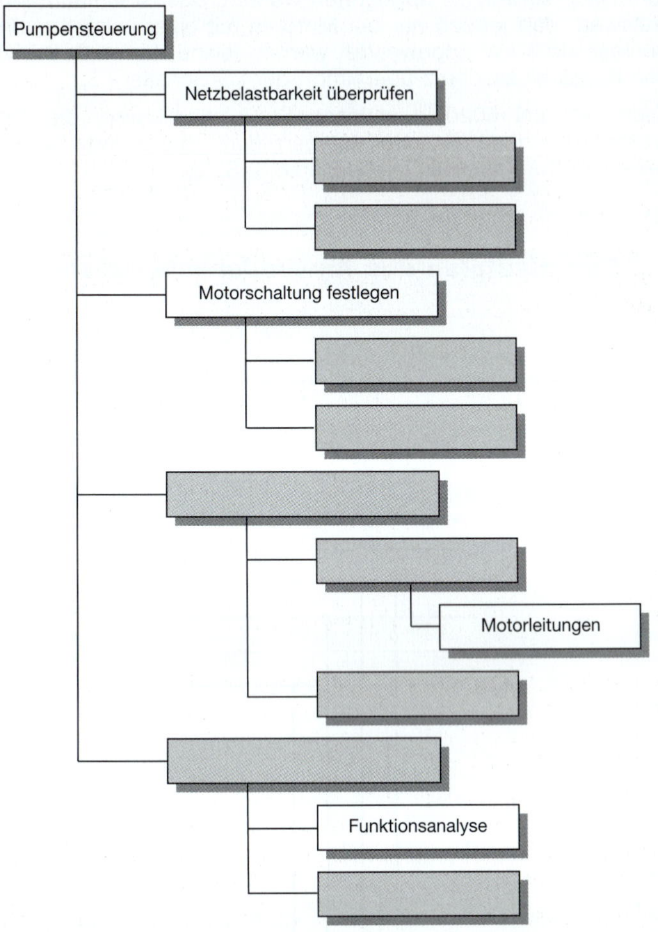

8.3.5 Verriegelung 1 aus 2

Wegen eines leistungsschwachen Netzes darf in einem Gewerbebetrieb von zwei Maschinen immer nur eine eingeschaltet sein.

Zeichnen Sie eine Schützensteuerung, die durch geeignete Verriegelung den gleichzeitigen Betrieb beider Motoren verhindert.

8.3.6 Schalten mit Nockenschalter

Die Pumpe auf S. 107 soll nicht mit einem Schütz, sondern mit dem nebenstehenden Nockenschalter für Rechtslauf geschaltet werden.

Zeichnen Sie den Stromlaufplan des Motorstromkreises.

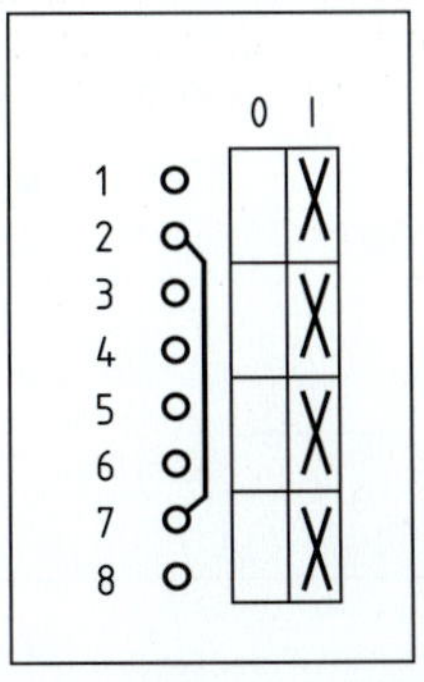

Auf Anordnung der Berufsgenossenschaft muss die vorhandene Nockenschaltersteuerung eines Granulat-Mischers durch eine Schützensteuerung mit Notaus-Taster ersetzt werden. Der Nockenschalter ist als Wendeschalter ausgeführt, da der Motor in beiden Drehrichtungen betrieben wird.

Für die Neuausrüstung wird eine fabrikfertig verdrahtete Wendeschützkombination in einem Isoliergehäuse verwendet, welches an der Rückseite des Mischergehäuses befestigt wird. Für die Bedienung ist eine Tasterkombination mit je einer Meldeleuchte für Rechtslauf und Linkslauf des Motors vorgesehen. Die Kombination ist nach Ausbau des Nockenschalters an dessen Einbaustelle zu montieren.

Der Notaus-Taster (roter Pilzstößel mit gelbem Tastersockel) muss so angebracht werden, dass er in Gefahrensituationen für jedermann erreichbar ist.

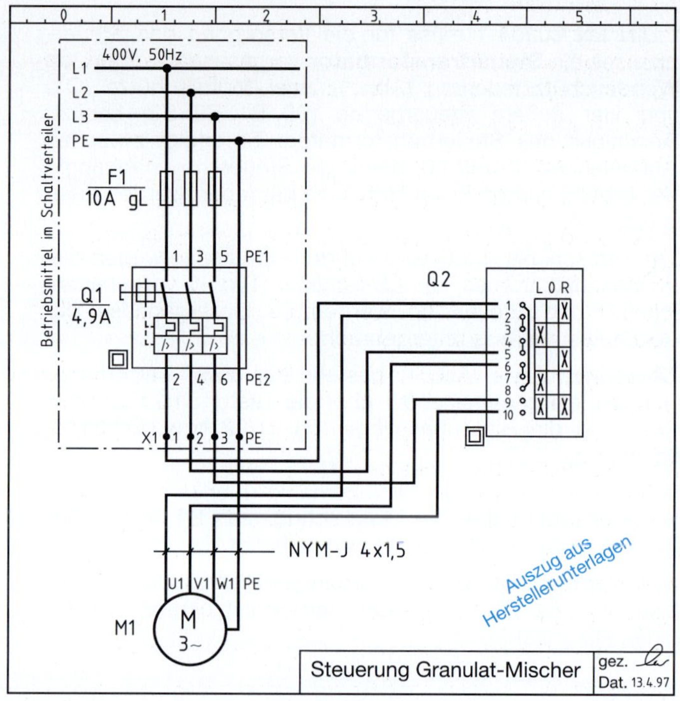

Hauptstromkreis

An der strichpunktierten Abgrenzung im Stromlaufplan der Steuerung des Granulat-Mischers ist zu erkennen, dass die Sicherungen F1 und der Motorschutzschalter Q1 gemeinsam in einem Schaltverteiler untergebracht sind.

Da die fabrikfertig verdrahtete Wendeschützschaltung ein Motorschutzrelais besitzt (Abb.1), wird der Motorschutzschalter entfernt und durch Leitungsverbindungen zwischen den Sicherungen F1 und der Klemmenleiste X1 ersetzt.

Der Nockenschalter wird ebenfalls demontiert und durch die Wendeschützkombination ① ersetzt.

Eine Überprüfung mit Hilfe der Angaben auf dem Leistungsschild des Mischermotors (Abb.2) ergibt, dass in der ursprünglichen Nockenschalter-Schaltung der Leitungsquerschnitt, die Sicherungen und der Einstellwert des Motorschutzes fachgerecht gewählt worden waren und folglich für die neue Wendeschützschaltung übernommen werden können ②.

Das Hauptschütz Q1 schaltet die Außenleiter in der Reihenfolge L1 - L2 - L3 an das Klemmenbrett von M1. Drehrichtung des Motors: **Rechtslauf.**

Das Hauptschütz Q2 schaltet die Außenleiter in der Reihenfolge L3 - L2 - L1 an das Klemmenbrett von M1.
Drehrichtung des Motors: **Linkslauf.**

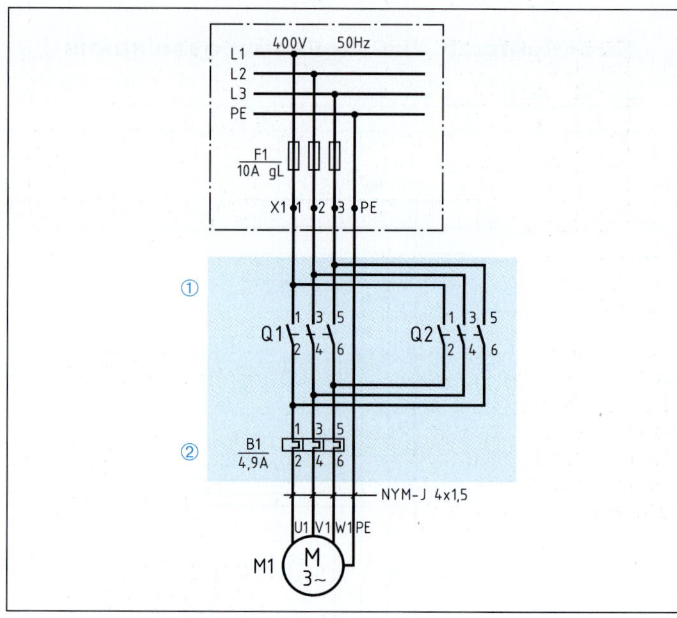

Abb.1: Hauptstromkreis der Wendeschützschaltung

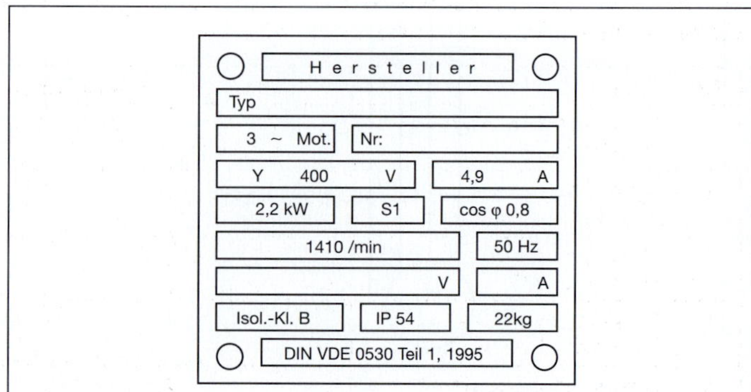

Abb.2: Leistungsschild des Mischermotors

Steuerstromkreis

Nach DIN EN 60204-1 muss für die Versorgung des Steuerstromkreises ein **Steuertransformator** vorgesehen werden, da die Wendeschützsteuerung (Abb. 1) zwei Motorschütze (Q1, Q2) und vier äußere Steuergeräte (S0, S1, S2, S3) besitzt. Der Anschluss des Steuertransformators T1 erfolgt zwischen den Außenleitern L2 und L3, damit die Steuerung unabhängig von der jeweils vorhandenen Netzform betrieben werden kann (siehe Kap. 6.3, S. 76).

Für den Kurzschlussschutz wird auf der Primärseite wegen des hohen Einschaltstromes ein LS-Schalter Typ K vorgesehen. LS-Schalter und Steuertrafo werden im Isoliergehäuse der Wendeschützsteuerung untergebracht.

Der Steuerstromkreis (Abb. 1) besteht aus zwei Selbsthalteschaltungen, die gegeneinander über die Taster S1:21/22 bzw. S2:21/22 und die Hilfsschaltglieder Q1:21/22 bzw. Q2:21/22 verriegelt sind.

Beide Schaltungen werden betriebsmäßig über den Austaster S3, bei Überlastung über das Motorschutzrelais B1 und im Gefahrenfall über den Nottaster S0 abgeschaltet.

Die Meldelampen P1 bzw. P2 liegen parallel zu den Hauptschützen Q1 bzw. Q2. Sie melden den Schaltzustand EIN des jeweiligen Hauptschützes.

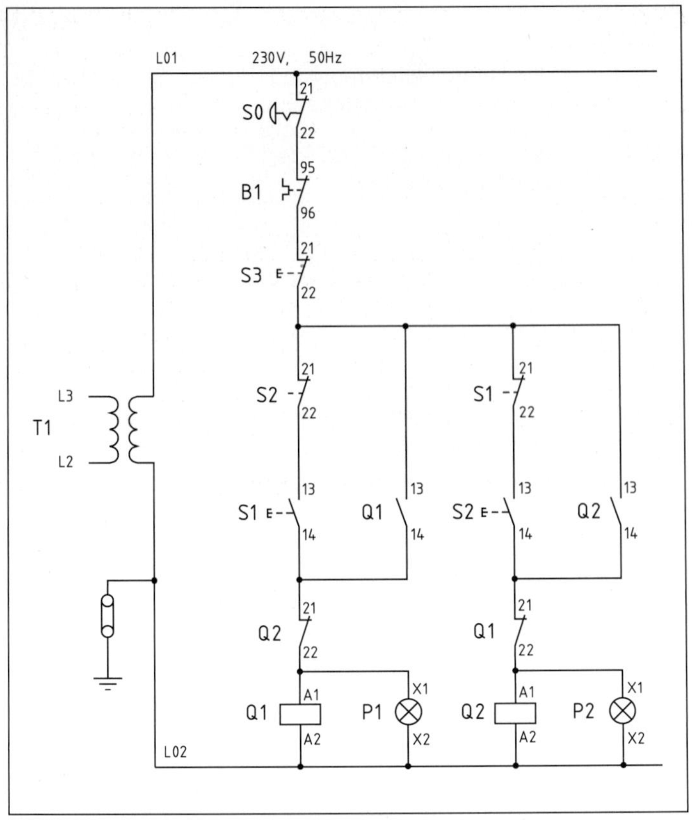

Abb. 1: Steuerstromkreis der Wendeschützschaltung

Stromlaufplan des Anwendungsbeispiels

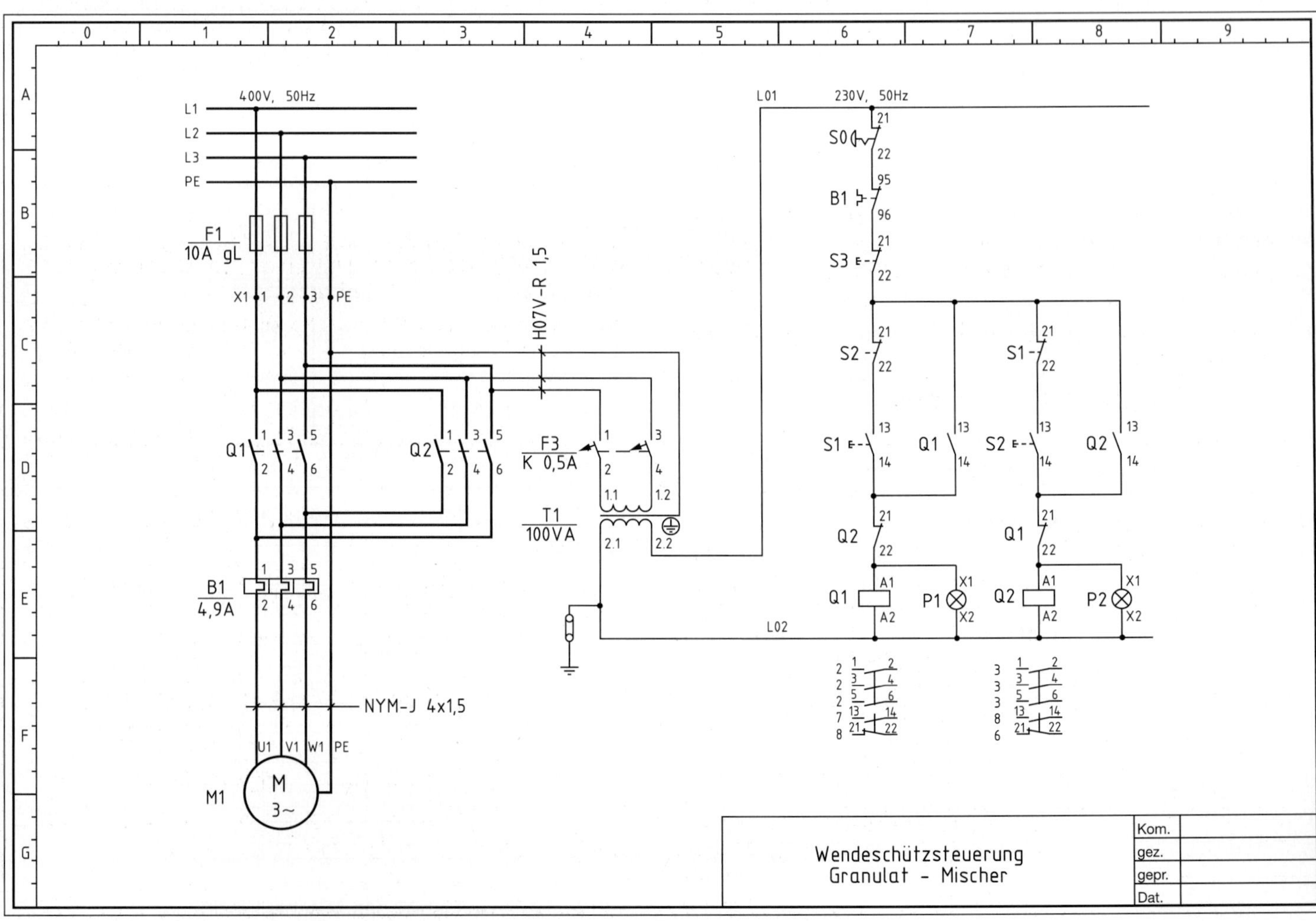

8.4.1 Schaltungsanalyse

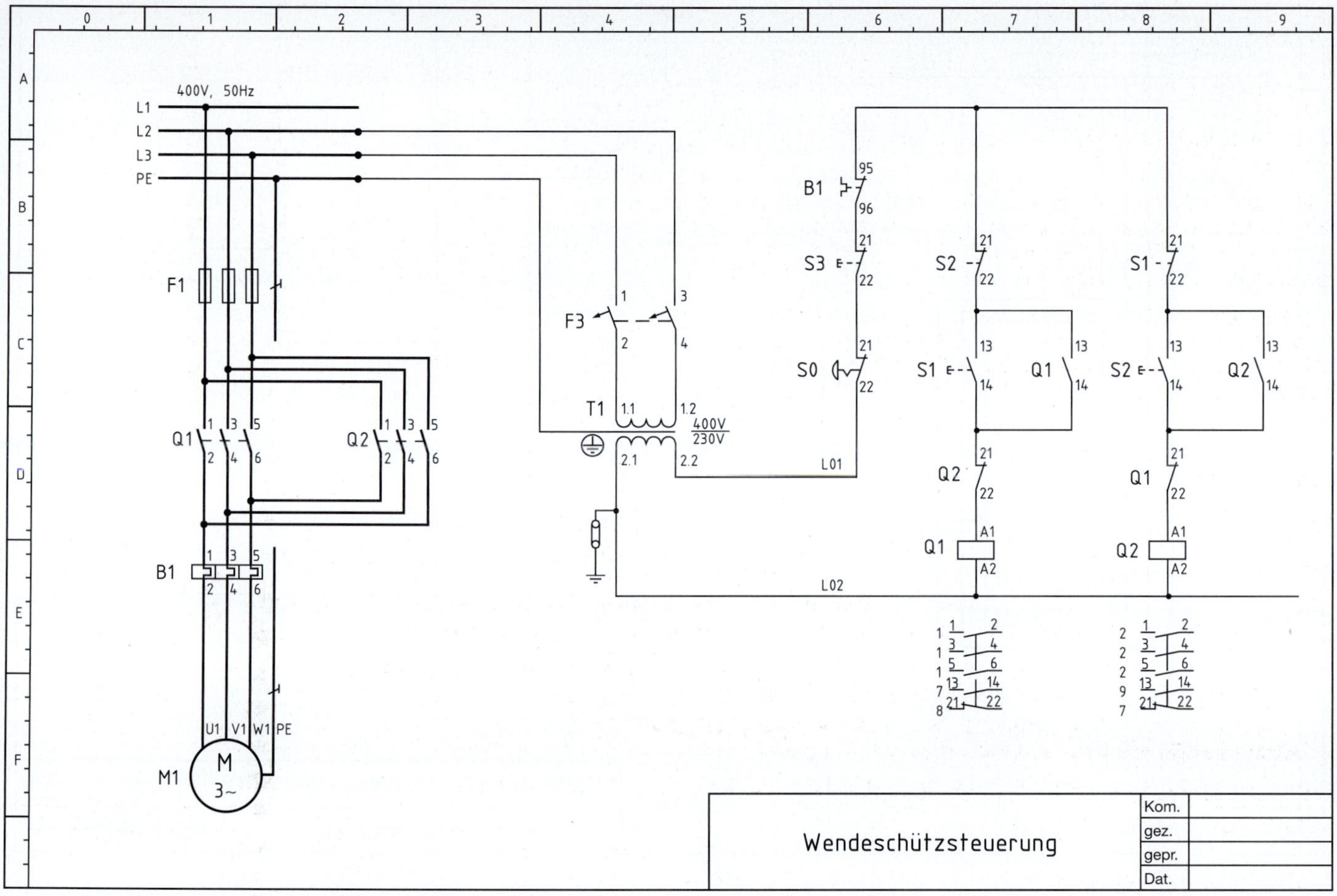

Analysieren Sie den Stromlaufplan und beantworten Sie folgende Fragen:

1. Welcher Taster muss zum Einschalten des Betriebszustandes „Linkslauf" betätigt werden?
2. Kann die Drehrichtung des Motors direkt umgeschaltet werden oder muss zuerst der Austaster betätigt werden?
3. Durch welche Schaltelemente kann der Motor ausgeschaltet werden?
4. Welche Charakteristik muss F3 haben?
5. Unter welcher Voraussetzung kann an Stelle von F3 ein Motorschutzschalter als Kurzschlussschutz verwendet werden?
6. Wie verändert sich die Funktion der Steuerung, wenn die Verbindungen Q1:13 - S2:22 nach Q1:13 - S2:21 und Q2:13 - S1:22 nach Q1:13 - S1:21 umgeklemmt werden?
7. Welche schaltungstechnische Maßnahme sorgt dafür, dass bei gleichzeitiger Betätigung von S1 und S2 der Motor ausgeschaltet wird?

8.4.2 Wendeschaltung mit Nockenschalter

Geben Sie in einer Anschlusstabelle die für die Funktion einer Wendeschaltung erforderlichen Verbindungen des Nockenschalters Q2 mit dem Motorschutzschalter Q1 und dem Motor M1 an.

	Anschlussziel
Q2 : 1	
Q2 : 2	
Q2 : 4	
Q2 : 6	
Q2 : 9	
Q2 : 10	

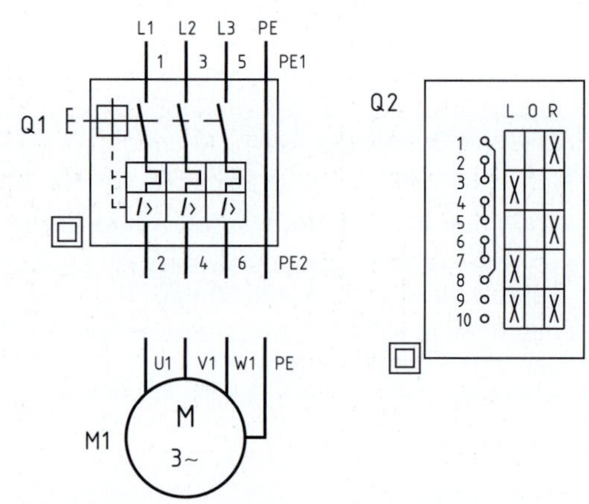

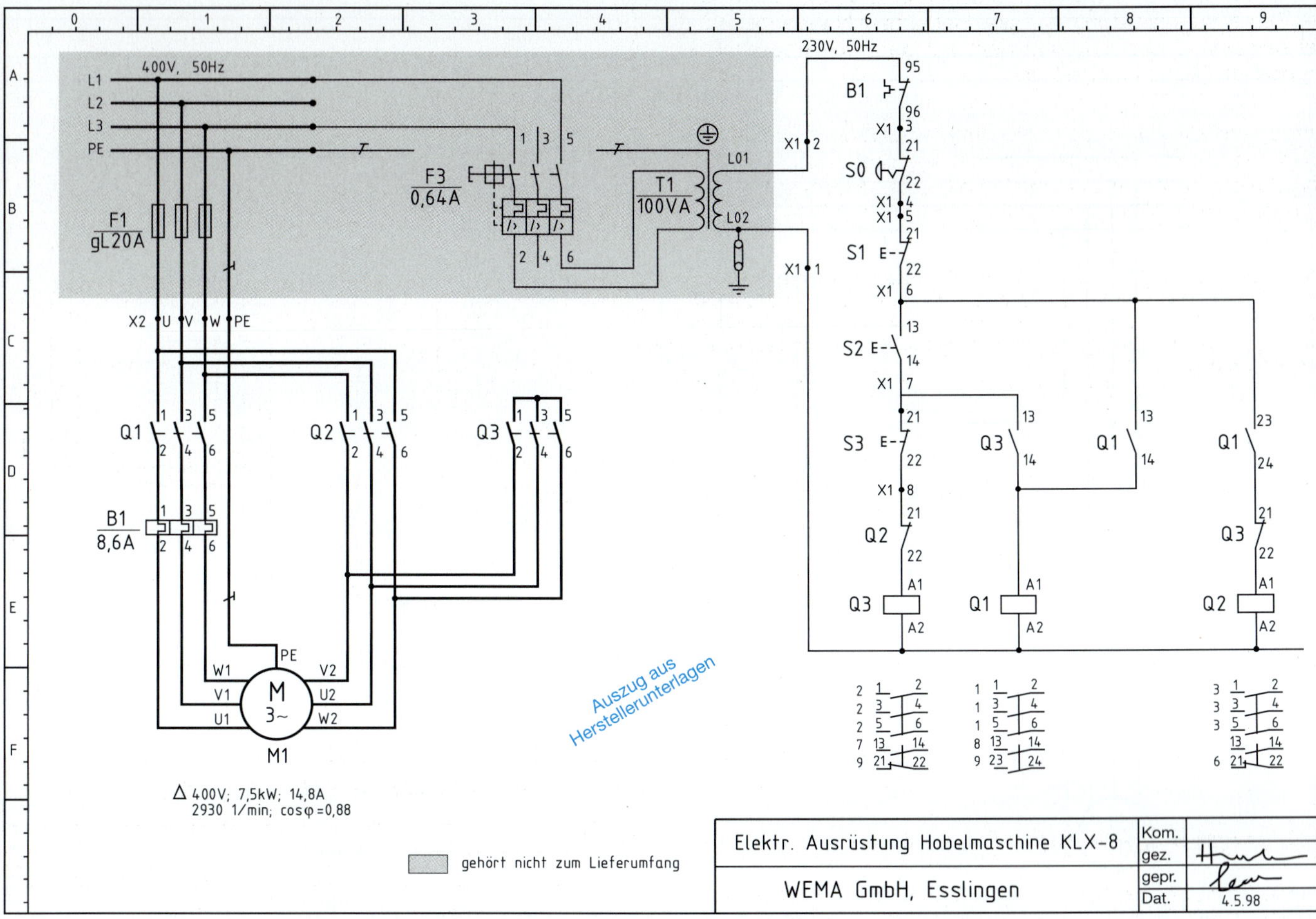

Ein Elektroinstallateur erhält den Auftrag, eine Hobelmaschine in einer Tischlerwerkstatt anzuschließen. Die Hobelmaschine wurde vom Hersteller mit allen erforderlichen elektrischen Einrichtungen entsprechend dem mitgelieferten Stromlaufplan ausgerüstet. Die Anschlüsse für den Hauptstromkreis und für den Steuerstromkreis befinden sich auf je einer Klemmenleiste im Anschlusskasten der Maschine.

Analyse des Hauptstromkreises

Werden die Hauptschütze Q1 und Q3 (Abb.1) betätigt, dann wird der Motor M1 im **Stern** geschaltet. Das bedeutet, der Motor nimmt nur ein Drittel des Anlaufstromes auf, der bei direkter Einschaltung im Dreieck fließen würde. Durch den Anlauf in Sternschaltung wird das Netz entsprechend weniger belastet. Allerdings entwickelt der Motor auch nur ein Drittel des Anlaufdrehmomentes gegenüber direkter Einschaltung. Das bedeutet, die Sternschaltung kann nur gewählt werden, wenn der Motor während des Anlaufs gering belastet wird.

Die **Stern/Dreieck-Schaltung** wird verwendet, wenn das Netz während des Anlaufvorgangs entlastet werden muss.

Sie kann jedoch nur angewendet werden, wenn der Motor

- zur Erzielung seiner Bemessungsleistung im Dreieck geschaltet werden muss (z.B. Δ 400 V) und
- während des Anlaufs nicht voll belastet wird (ca. 15 – 20 % des Bemessungsdrehmomentes).

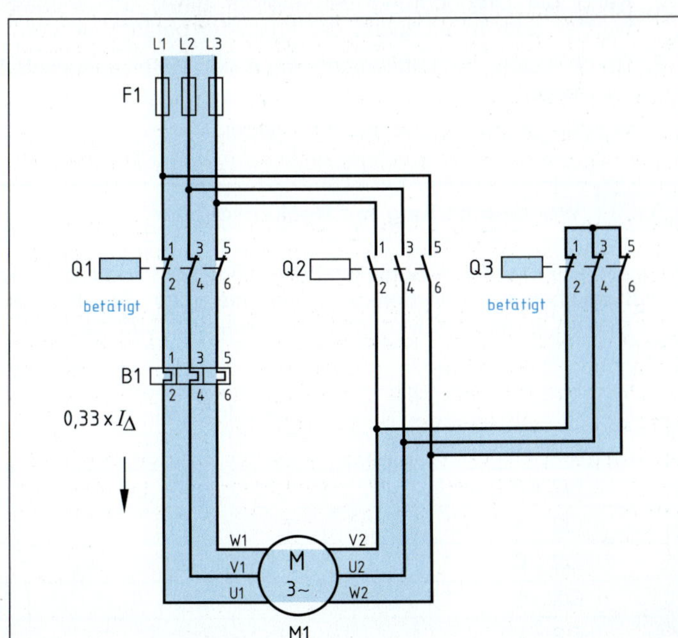

Abb.1: Sternschaltung (Q1 + Q3 betätigt)

Werden die Hauptschütze Q1 und Q2 (Abb.2) betätigt, dann wird der Motor M1 im **Dreieck** geschaltet. Erst jetzt kann er seine Bemessungsleistung an die Hobelmaschine abgeben. Dabei belastet er das Netz mit dem auf dem Leistungsschild angegebenen Bemessungsstrom.

Es ist darauf zu achten, dass die Umschaltung von Stern auf Dreieck erst in der Nähe der Bemessungsdrehzahl (> 90%) erfolgt. Ein vorzeitiges Umschalten hat einen Strom in Höhe des Anlaufstromes bei direkter Einschaltung zur Folge!

☺ Eine Umschaltung bei zu niedriger Drehzahl erzeugt einen unzulässigen Spannungseinbruch und kann zum Ansprechen der Überstromschutzeinrichtungen führen. Lässt sich dieser Bedienungsfehler nicht vermeiden, dann muss die Steuerung mit einer automatischen Umschaltung erweitert werden.

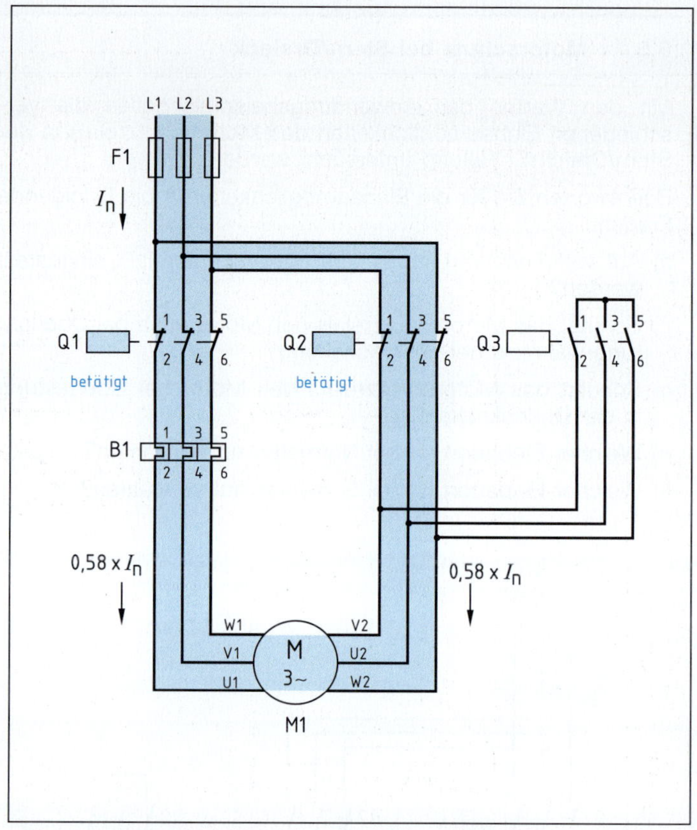

Abb. 2: Dreieck-Schaltung (Q1 + Q2 betätigt)

Analyse des Steuerstromkreises

Das Einschalten des Motors erfolgt mit dem Taster S2 (Abb. 3). Das **Stern-Schütz Q3** zieht an und verriegelt zuerst das Dreieck-Schütz Q2 durch Öffnen des Öffners Q3:21/22 ②. Dann schaltet der Schließer Q3:13/14 das **Netz-Schütz Q1** ein. Dieses geht mit seinem Schließer Q1:13/14 in Selbsthaltung. Der Motor läuft im Stern.

Mit der Einschaltung von Q1 schließt auch der Schließer Q1:23/24 ① und bereitet so die spätere Einschaltung des Dreieck-Schützes Q2 vor.

Die Umschaltung von Stern auf Dreieck erfolgt durch Betätigen des Tasters S3. Das Stern-Schütz Q3 wird zuerst ausgeschaltet. Dadurch schließt der Öffner Q3:21/22 ② und schaltet das **Dreieck-Schütz Q2** ein. Der Motor läuft im Dreieck.

Mit dem Einschalten von Q2 wird der Öffner Q2:21/22 ③ geöffnet und damit ein Wiedereinschalten des Stern-Schützes Q3 verhindert.

Betriebsmäßig wird der Motor mit dem Taster S1, im Notfall mit dem Nottaster S0 und bei Überlastung des Motors mit dem Öffner des Motorschutzrelais B1 ausgeschaltet.

Die Spannung für die Schützensteuerung muss über die Klemmen X1:1 und X1:2 zugeführt werden. Hierfür kann entweder ein einzelner Steuertransformator in die Werkstattverteilung installiert werden oder die Steuerspannung wird von einem zentralen Steuertransformator abgegriffen.

Der Nottaster ist als Einzelgerät zwischen den Klemmen X1:3 und X1:4 angeschlossen. Die Tasterkombination mit den Tastern AUS, STERN und DREIECK liegt an den Klemmen X1:5 bis X1:8.

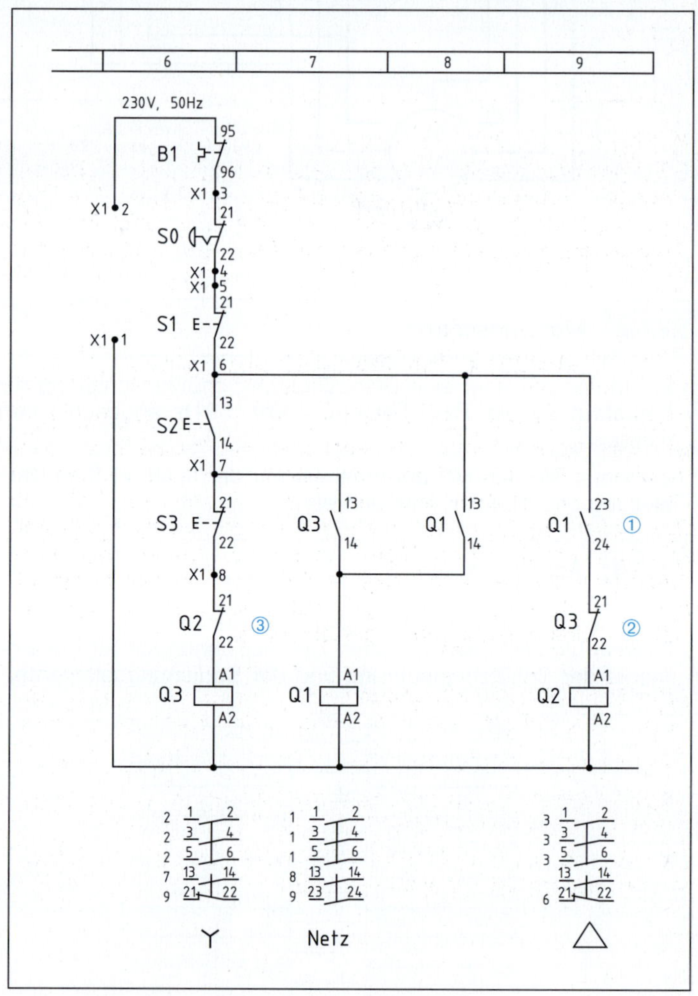

Abb. 3: Stern/Dreieck-Schützensteuerung

8.5.1 Motorschutz bei Stern/Dreieck

Mit den Werten des Anwendungsbeispiels sollen die verschiedenen Einbaumöglichkeiten des Motorschutzrelais in der Stern/Dreieck-Schaltung untersucht werden.

Beantworten Sie für die Einbaumöglichkeiten A bis D folgende Fragen:

a) Auf welchen Wert muss das Motorschutzrelais eingestellt werden?

b) Schützt das Motorschutzrelais den Motor auch bei Überlastung während der Sternschaltung?

c) Schützt das Motorschutzrelais den Motor bei Überlastung in der Dreieckschaltung?

d) Welcher Einbauort ist bei Normalanlauf zu wählen?

e) Welcher Einbauort ist bei Schweranlauf zu wählen?

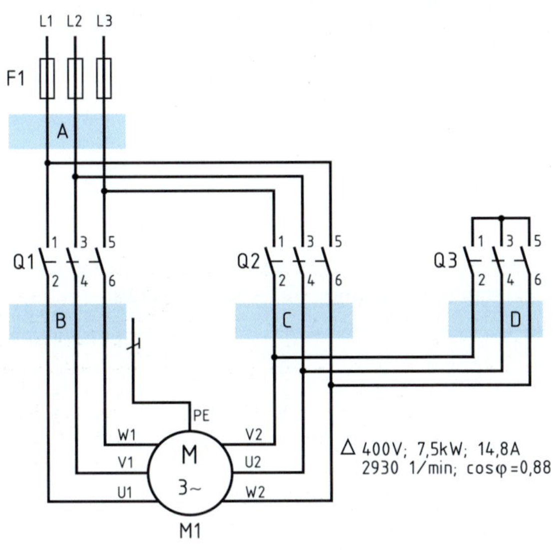

8.5.2 Motoranschluss

Ein Motor soll über eine Stern/Dreieck-Schützenschaltung für **Linkslauf** an ein TN-S-System, 400 V, 50 Hz angeschlossen werden.

Zeichnen Sie den Hauptstromkreis mit der ausführlichen Darstellung des Motor-Klemmenbretts.

8.5.3 Anschlussplan

Zeichnen Sie den Anschlussplan der Klemmenleiste X1 des Anwendungsbeispiels mit allen Zielbezeichnungen für die Elemente der Schützensteuerung und der Bedienungselemente.

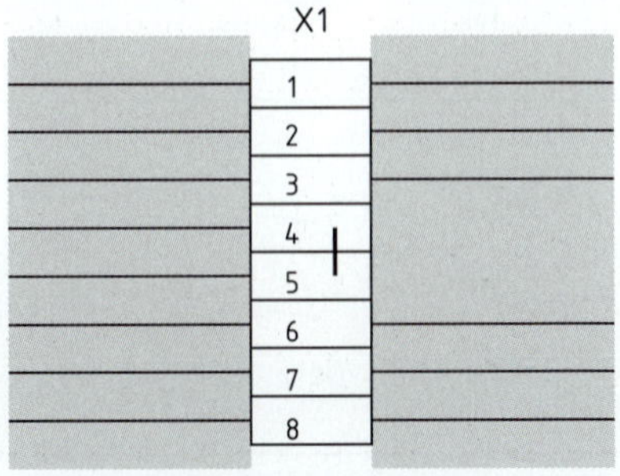

8.5.4 Automatische Stern/Dreieck-Schaltung

Der Motor im Anwendungsbeispiel erreicht 6 Sekunden nach dem Einschalten seine Umschaltdrehzahl. Zur Vermeidung einer vorzeitigen Umschaltung soll die Steuerung so erweitert werden, dass ein Zeitrelais die Umschaltung von Stern nach Dreieck automatisch vornimmt.

Zeichnen Sie den Stromlaufplan in aufgelöster Darstellung für die automatische Stern/Dreieck-Schaltung.

8.5.5 Nockenschalter

Der Nockenschalter Q1 einer Werkzeugmaschine ist defekt und muss ausgewechselt werden. Da der baugleiche Schalter nicht mehr lieferbar ist, muss ein Stern/Dreieck-Schalter eingebaut werden, dessen Klemmen anders angeordnet sind.

Geben Sie in einer Tabelle die Zielbezeichnungen für den Anschluss des Nockenschalters Q2 für Rechtslauf an.

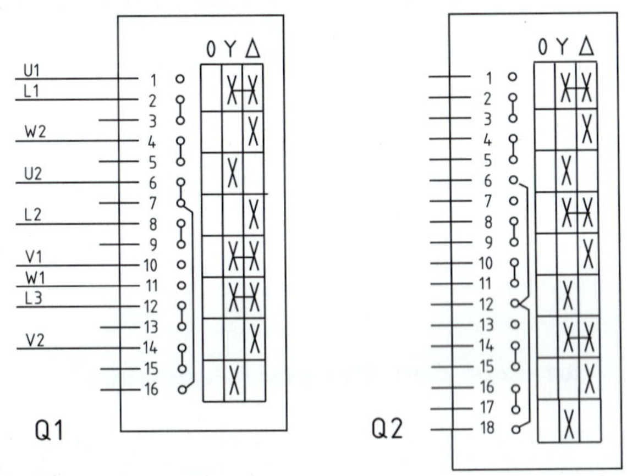

8.5.6 Schaltungsanalyse

a) Analysieren Sie den Stromlaufplan und beantworten Sie folgende Fragen:
   1. Welche Betriebsart wird mit S2 eingeschaltet?
   2. Welche Betriebsart wird mit S3 eingeschaltet?
   3. Kann der Motor direkt von einer Betriebsart in die andere umgeschaltet werden?

b) Zeichnen Sie den Stromlaufplan des zugehörigen Hauptstromkreises.

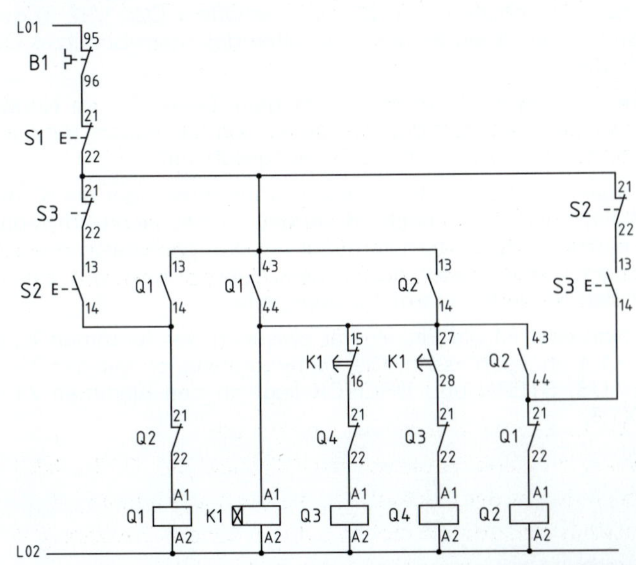

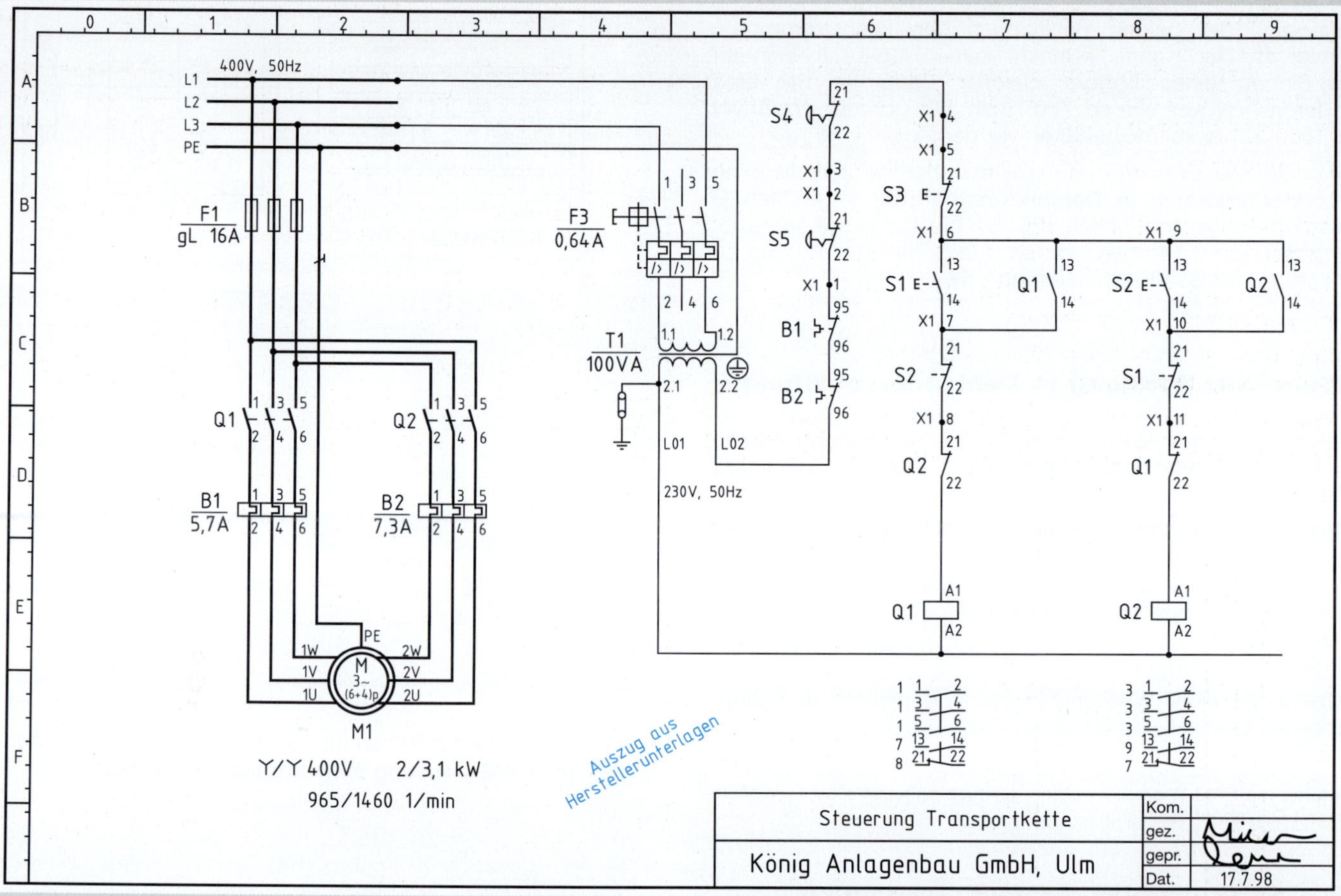

Ein Elektroinstallateur erhält den Auftrag, die Betriebsstörung der Transportkette in einer Lackiererei zu beseitigen. Aus dem Schaltplan ist zu ersehen, dass die Anlage mit einem polumschaltbaren Motor ausgerüstet ist, der über eine Schützensteuerung geschaltet wird. Die Bedienung erfolgt über einen Dreifachdrucktaster mit den Tasten „Aus“, „Lackieren“ und „Schnellgang“. Über zwei Nottaster kann die Transportkette im Gefahrenfall stillgesetzt werden.

Motor mit zwei getrennten Wicklungen

Einen Motor mit zwei getrennten Wicklungen erkennt man an der Schaltungsangabe **Y/Y** ① auf dem Typenschild.

Die beiden voneinander unabhängigen Wicklungen sind im Stern geschaltet und mit den Wicklungsanfängen 1U, 1V, 1W bzw. 2U, 2V, 2W auf das gemeinsame Klemmenbrett gelegt (Abb. 1).

Die Ziffer 1 kennzeichnet den Anschluss für die niedere Drehzahl.

Die Ziffer 2 kennzeichnet den Anschluss für die hohe Drehzahl.

Im Schaltkurzzeichen (Abb. 2) werden die getrennten Wicklungen durch je einen Kreis mit dem zugehörigen Netzanschluss dargestellt. Außerdem sind die Polzahlen der beiden Wicklungen angegeben.

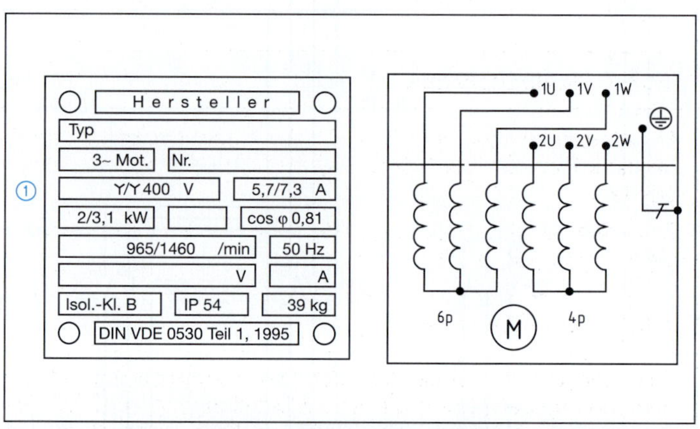

Abb. 1: Leistungsschild und Wicklungsanschluss des polumschaltbaren Motors mit zwei getrennten Wicklungen

Schaltungsanalyse

Der Motor kann wie folgt gesteuert werden:

- Einschalten jeder Drehzahl vom Stillstand aus (S1 bzw. S2),
- Schalten von der niederen auf die hohe Drehzahl (S2),
- Rückschalten von der hohen auf die niedere Drehzahl (S1),
- Unmittelbares Ausschalten jeder Drehzahl (S3).

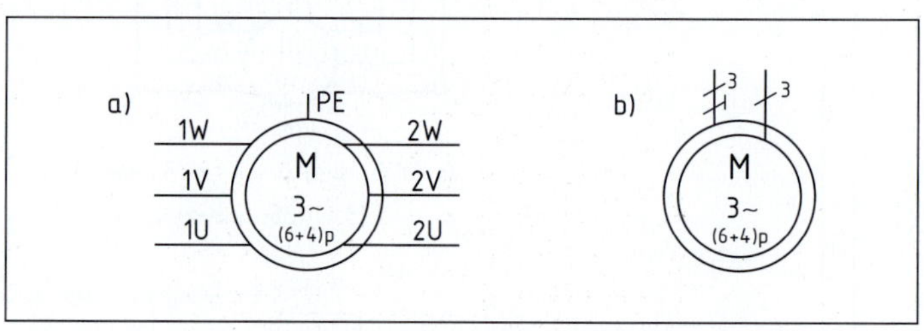

Abb. 2: Schaltkurzzeichen a) mehrpolig, b) einpolig.

8.6 Zwei Drehzahlen durch Polumschaltung

Im Anwendungsbeispiel S. 117 ergibt die Störungssuche, dass eine der beiden Wicklungen des Drehstrommotors defekt ist. Der Kunde wünscht keine Reparatur, sondern den Einbau eines Motors gleicher Baugröße mit einer niederen Drehzahl von ca. 750 1/min. Die hohe Drehzahl von ca. 1500 1/min soll beibehalten werden.

Ein geeigneter Drehstrommotor wird in der Herstellerliste nur mit einer Wicklung in **Dahlanderschaltung** angeboten (s. Leistungsschild und Schaltbild). Da die Dahlanderschaltung ein zusätzliches Hauptschütz erfordert, wird der Auftrag zur Änderung der Schützensteuerung erteilt.

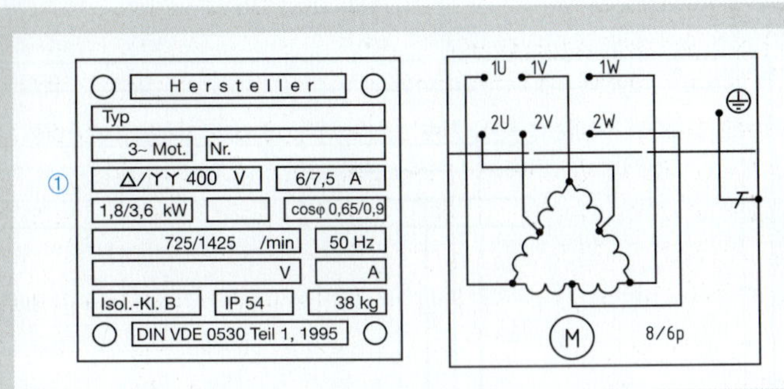

Motor mit Wicklung in Dahlanderschaltung

Ein Motor mit einer Wicklung in Dahlanderschaltung erkennt man an der Schaltungsangabe Δ/YY ① auf dem Leistungsschild.

Die Wicklung ist bei Netzanschluss an 1U, 1V, 1W im Dreieck geschaltet (niedere Drehzahl). Bei Netzanschluss an 2U, 2V, 2W und gleichzeitiger Brückung der Klemmen 1U, 1V, 1W entsteht eine Doppelstern-Schaltung, die eine Verdopplung der Drehzahl bewirkt.

Motoren mit einer Wicklung in Dahlanderschaltung haben immer ein Drehzahlverhältnis von 1:2.

☺ Motoren mit PAM-Wicklung werden genauso angeschlossen wie Motoren mit Dahlander-Wicklung!

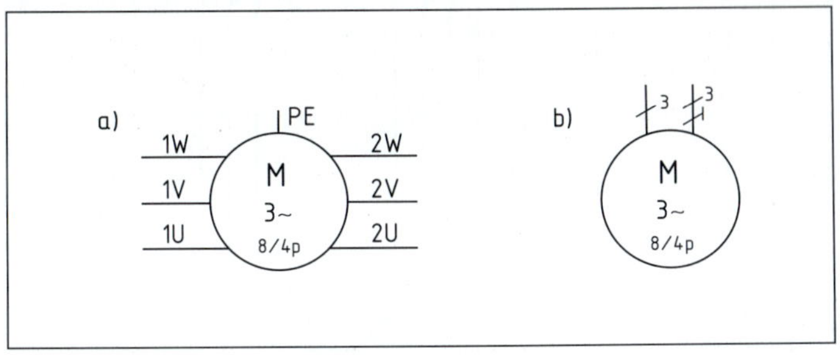

Abb.1: Schaltkurzzeichen für Motoren mit Dahlander-Wicklung bzw. mit PAM-Wicklung a) mehrpolig, b) einpolig.

Stromlaufplan Dahlanderschaltung

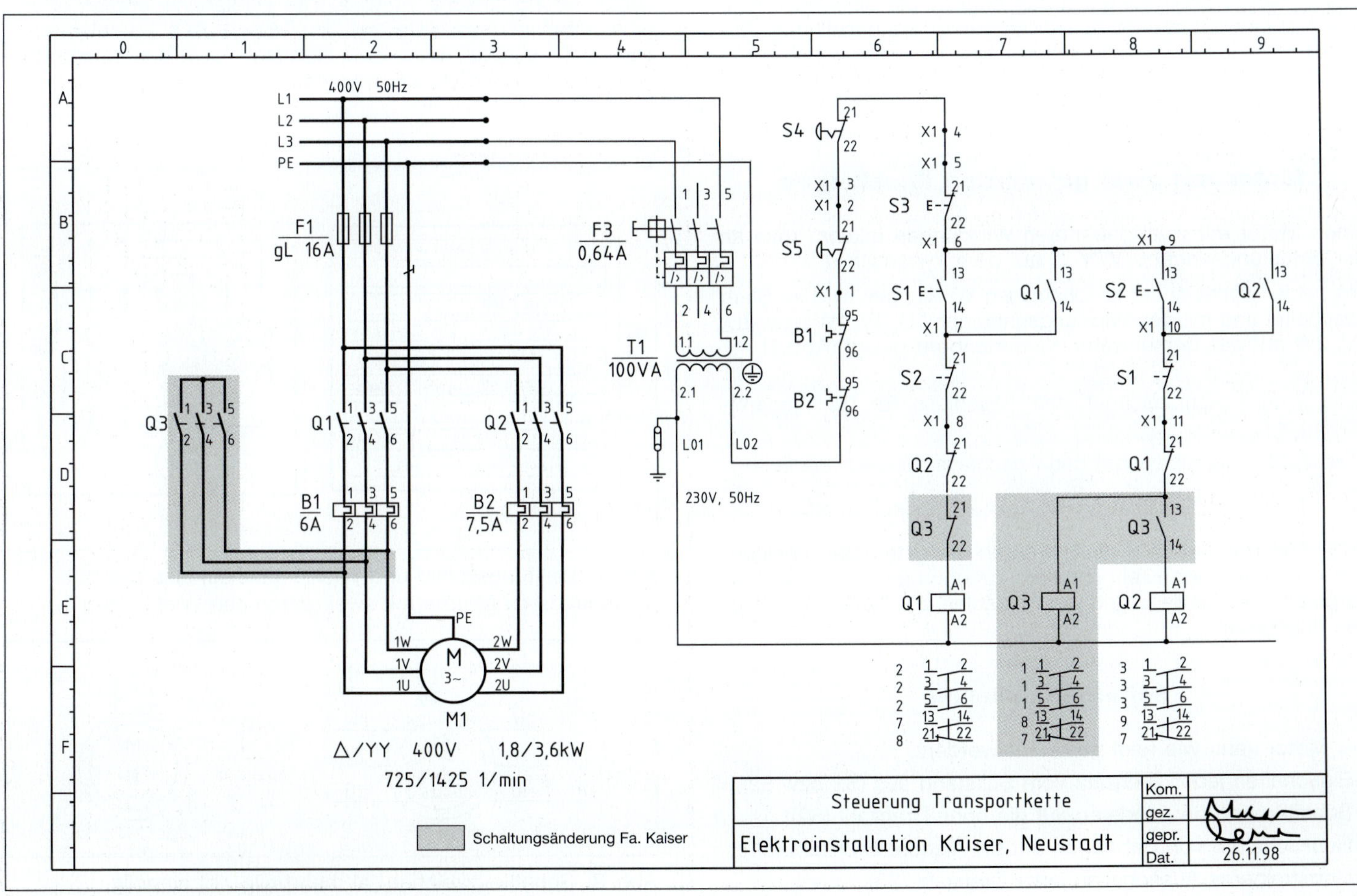

8.6.1 Schaltungsanalyse

Geben Sie für jede der Schaltungen A, B und C an, ob die nachfolgend beschriebenen Steuerungen möglich sind:

1. Einschalten der hohen Drehzahl vom Stillstand aus.
2. Einschalten der hohen Drehzahl von der niedrigen Drehzahl aus.
3. Direktes Ausschalten der hohen Drehzahl.
4. Rückschalten der hohen Drehzahl auf die niedrige Drehzahl.

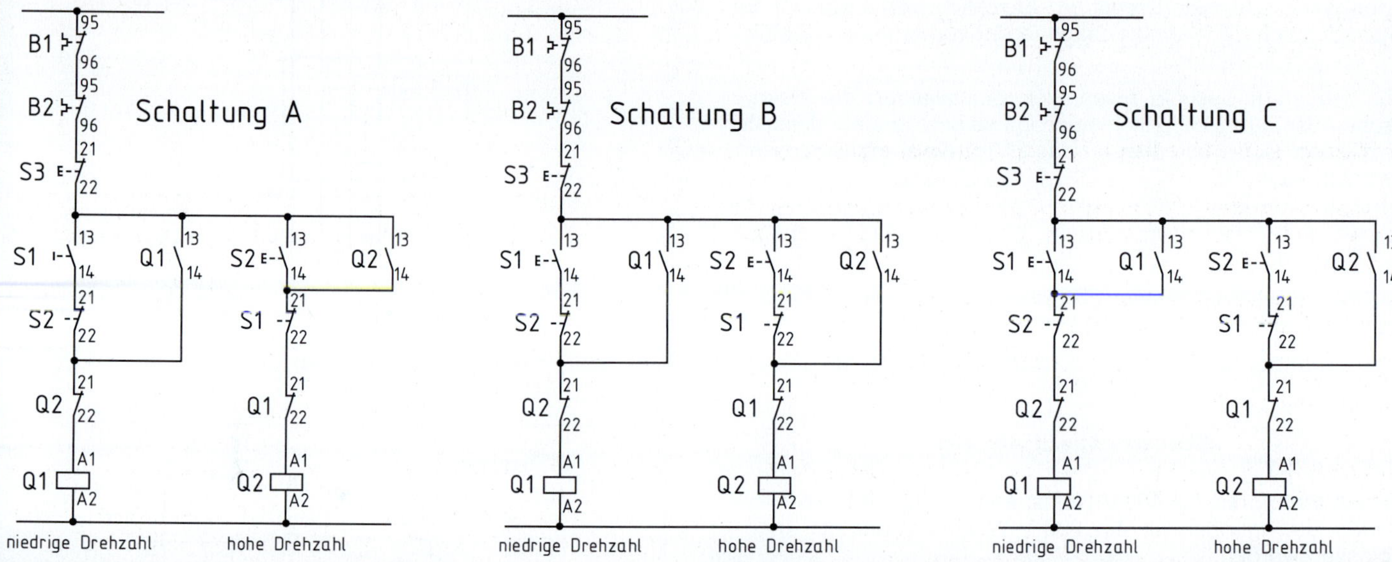

8.6.2 Provisorischer Anschluss

Ein Motor mit PAM-Wicklung wird über einen Nockenschalter geschaltet. Da der Nockenschalter defekt ist und kurzfristig kein Ersatz beschafft werden kann, schlägt der Elektroinstallateur als provisorische Lösung vor einen vorhandenen Ausschalter einzubauen, mit welchem der Motor wenigstens mit einer der beiden Drehzahlen betrieben werden kann.

Zeichnen Sie die Schaltung des Klemmenbretts für Rechtslauf, wenn der Motor

a) nur mit der niedrigen Drehzahl betrieben wird.
b) nur mit der hohen Drehzahl betrieben wird.

8.6.3 Dreifachdrucktaster

In Schaltung C der Aufgabe 8.6.1 sollen die vorhandenen Drucktaster durch den nebenstehenden Dreifachdrucktaster ersetzt werden.

Zeichnen Sie den Dreifachdrucktaster mit allen Verbindungen und Zielbezeichnungen der Anschlussleitungen.

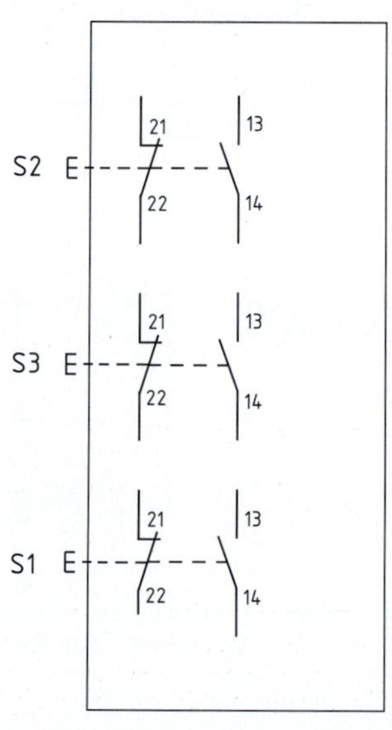

8.6.4 Nockenschalter aus Herstellerliste

Der Übersichtsschaltplan zeigt den Anschluss eines polumschaltbaren Motors zum Antrieb einer Ständerbohrmaschine.

Wählen Sie aus den angebotenen Nockenschaltern den geeigneten Schalter aus und zeichnen Sie den Stromlaufplan in zusammenhängender Darstellung für Rechtslauf.

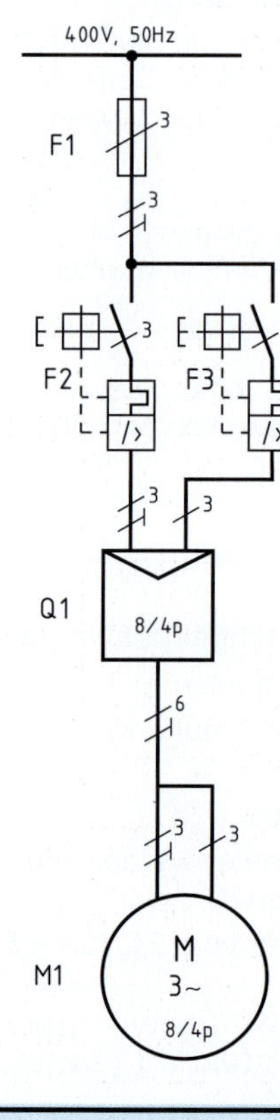

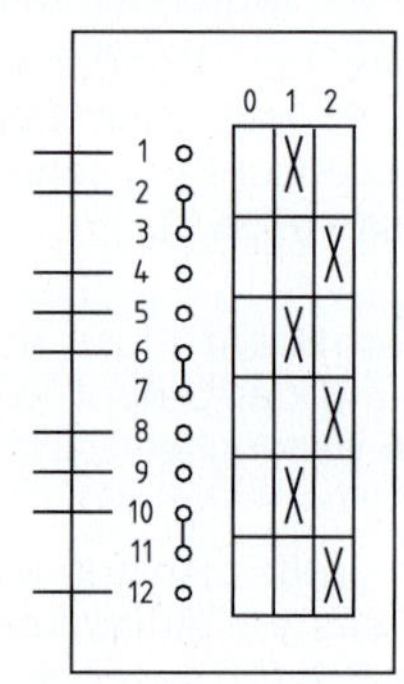

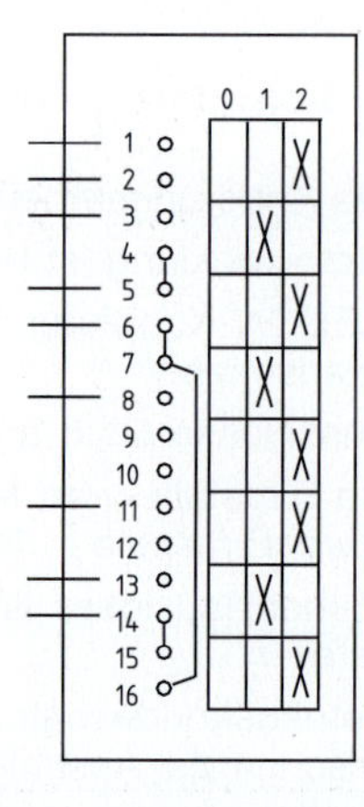

9 Motoren am Einphasen-Wechselstromnetz

9.1 Drehstrom-Asynchronmotoren

Ein Heimwerker hat bei einer Betriebsauflösung eine Tischkreissäge ersteigert. Sie ist mit einem Drehstrom-Kurzschlussläufermotor, Motorschutzschalter, Hauptschalter und 4-poligem Einbaustecker ausgerüstet.

Bei seinem Kauf hatte er nicht beachtet, dass in seiner Hobbywerkstatt kein Drehstrom-Anschluss vorhanden ist. Er kann folglich die Tischkreissäge in der vorhandenen Ausführung nicht betreiben.

Er beauftragt deshalb einen Elektroinstallateur, die elektrische Ausrüstung der Tischkreissäge so umzubauen, dass sie mit einem Schukostecker an das 230-V-Netz angeschlossen werden kann.

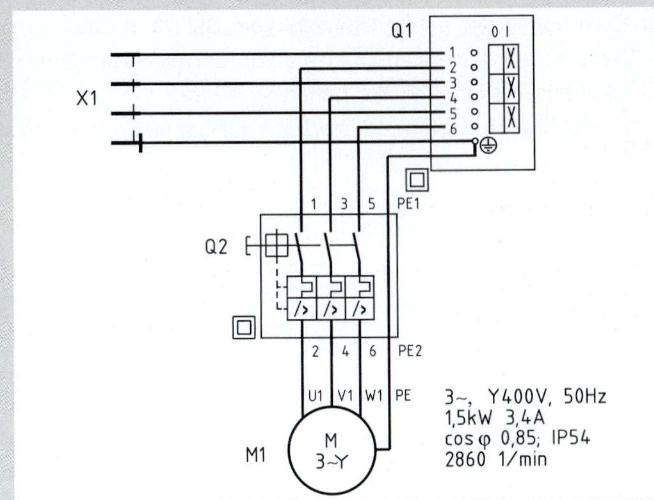

Steinmetzschaltung

Drehstrommotoren für 400 V Netzspannung können unter folgenden Bedingungen an ein 230-V-Wechselstromnetz angeschlossen werden:

- Die Belastung ist nicht größer als **70 %** der Bemessungsleistung.
- Auf dem Leistungsschild steht **Y 400 V**.
- Die Wicklung wird zur Spannungsanpassung im **Dreieck** geschaltet.
- Ein Betriebskondensator von **ca. 70 µF je kW** Motorleistung wird zur Erzeugung des Drehfeldes zugeschaltet.

Die **Drehrichtung** des Motors hängt davon ab, wie der Kondensator an die Motorklemmen angeschlossen wird.

Eine Seite des Kondensators liegt immer an der netzfreien Klemme ① des Klemmenbrettes. Die andere Seite liegt je nach gewünschter Drehrichtung an einem der beiden Netzanschlüsse (Abb. 1).

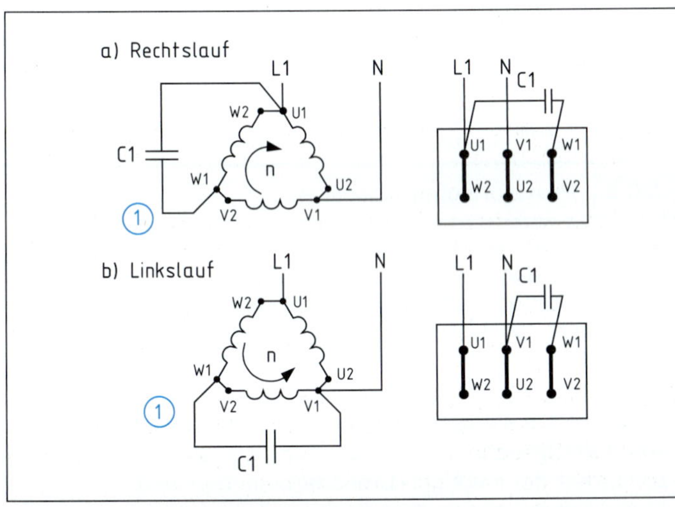

Abb. 1: Anschluss von Drehstrom-Asynchronmotoren an ein Einphasen-Wechselstromnetz

Für **Rechtslauf** muss der Kondensator zwischen der netzfreien und der darauf folgenden Motorklemme (Reihenfolge U-V-W) geschaltet werden (Abb. 1).

Wird ein großes Anlaufmoment gefordert, dann muss während des Anlaufs ein Anlaufkondensator C2 parallel zum Betriebskondensator C1 geschaltet werden.

Schaltung für 230-V-Wechselstrom

Folgende Änderungsarbeiten müssen durchgeführt werden:

- Die Motorwicklung ist im Dreieck zu schalten ⑤.
- Die CECON-Kupplung ist gegen eine Schuko-Kupplung ② auszutauschen.
- Die Anschlüsse Q1:5 und Q1:6 entfallen.
- Da alle Bimetalle vom Motorstrom belastet werden müssen, sind zwei Bimetalle in Reihe zu schalten ③.
- Der Bimetallauslöser ist auf den Wert von 2A (3,4A/1,73) einzustellen.
- Ein Betriebskondensator von 63 µF (0,7 · 1,5kW · 70 µF/kW) ist zwischen die Anschlussklemmen U1 und W1 (Rechtslauf) zu schalten ④.

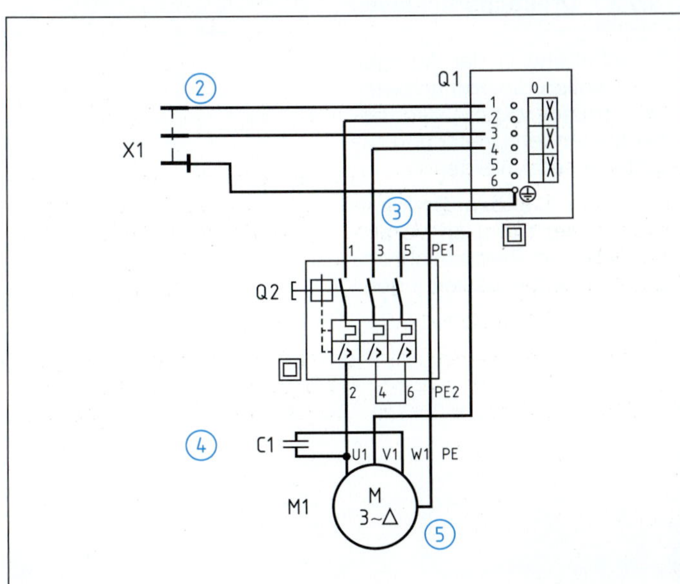

Abb. 2: Hauptstromkreis der Tischkreissäge für 230 V

In einer chemischen Reinigung wird für die Aufbewahrung und schnelle Auffindung der abholbereiten Kleidungsstücke ein Transportsystem aufgestellt. Die Anlage besteht aus einem Transportband mit Vorrichtungen zum Einhängen von Kleiderbügeln.

Ein Wechselstrommotor mit Betriebskondensator (Kondensatormotor) treibt über Getriebe und Treibrad das umlaufende Band an.

Aus Sicherheitsgründen darf der Transport nur im Tippbetrieb erfolgen. Die Betätigung muss deshalb über einen Schalter mit selbsttätigem Rückzug in die Nullstellung (Schwenktaster) erfolgen. Der Motor ist für Rechtslauf zu schalten.

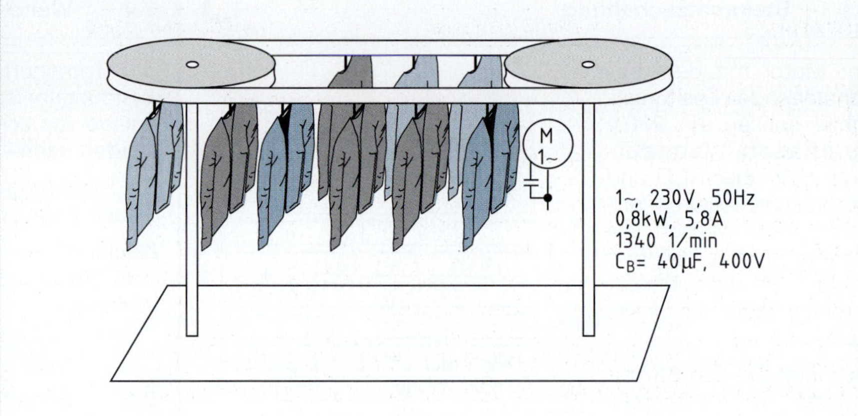

Motorschaltung

Kondensatormotoren besitzen eine Hauptwicklung **U1 – U2** und eine um 90° versetzt angeordnete Hilfswicklung **Z1 – Z2**.

Die **Hauptwicklung** allein erzeugt im Stillstand kein Drehmoment. Der Motor braucht deshalb als Anlaufhilfe ein zweites Feld, welches gegen das Hauptfeld um 90° räumlich versetzt und zeitlich nacheilend oder voreilend ist. Damit entsteht ein Drehfeld.

Die notwendige Phasenverschiebung des Stromes wird durch Reihenschaltung eines Kondensators mit der **Hilfswicklung** erreicht.

Das Betriebsverhalten des Motors kann durch die Schaltung der Hilfswicklung und durch die Größe des Kondensators beeinflusst werden.

- Bei unverändertem Anschluss der Hauptwicklung wird der Drehsinn durch die Stromrichtung in der Hilfswicklung bestimmt (Abb.1).
- Ein Anlaufkondensator C2 parallel zu C1 erhöht das Anzugsmoment. Nach dem Anlauf muss der Anlaufkondensator wieder abgeschaltet werden, damit die Strombelastung der Hilfswicklung nicht unzulässig groß wird.

Für **Rechtslauf** muss der Kondensator so geschaltet werden, dass die Ströme in der Hauptwicklung und in der Hilfswicklung die gleiche Richtung (z.B. von 1 nach 2) haben (Abb.1).

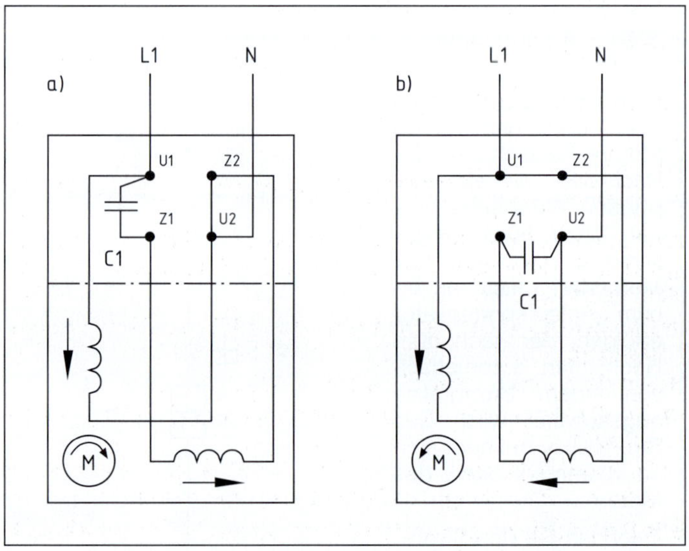

Abb.1: Anschluss des Kondensatormotors a) Rechtslauf, b) Linkslauf.

Installation der Motorsteuerung (Abb. 2)

Beim Einschalten des Motors muss mit dem 8fachen Nennstrom gerechnet werden. $I_A = 8 \cdot 5{,}8\,A = 46\,A$. Dieser hohe Anlaufstrom erfordert mindestens ein LS-Schalter 16 A, Charakteristik B.

Als Zuleitung für Nockenschalter und Motor wird NYM - J 3x1,5 (Verlegeart B2) verwendet.

Aus einer Herstellerliste wird ein Nockenschalter mit Rückzug auf Null, Gebrauchskategorie AC-3, 230 V, 2,2 kW ausgewählt. Ein Motorschutzschalter ist wegen des Tippbetriebs nicht erforderlich.

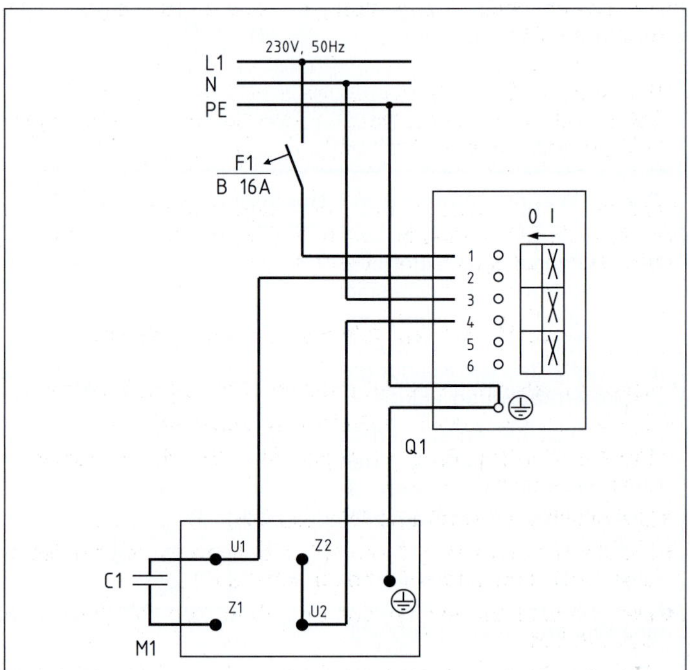

Abb. 2: Hauptstromkreis der Motorsteuerung (Rechtslauf)

9.1 Steinmetzschaltung

Der Motor mit dem nebenstehenden Leistungsschild soll an ein 230 V Einphasen-Wechselstromnetz über RCD und Motorschutzschalter angeschlossen werden. Die Steuerung des Motors erfolgt mit dem Motorschutzschalter für Linkslauf.

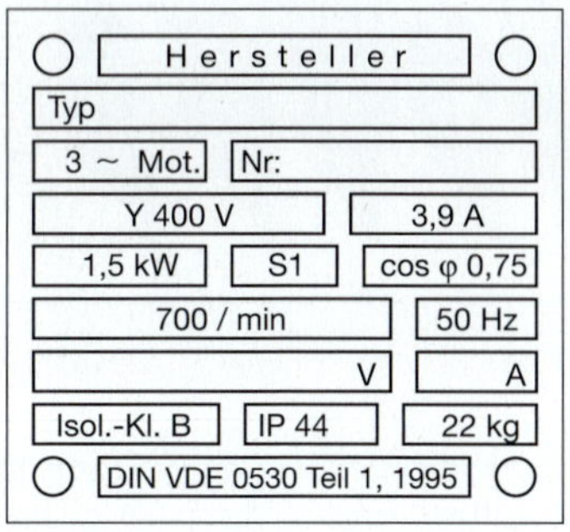

Zeichnen Sie den Stromlaufplan in zusammenhängender Darstellung.

9.2 Anlaufschaltung mit Stromrelais

Ein Kondensatormotor soll über LS-Schalter und Motorschutzschalter für Rechtslauf an ein Einphasen-Wechselstromnetz 230 V, 50 Hz, angeschlossen werden. Der Motorstart muss mit einem Anlaufkondensator erfolgen, der nach dem Hochlaufen automatisch von einem Stromrelais abgeschaltet wird. Das Stromrelais befindet sich im Klemmenkasten des Motors.

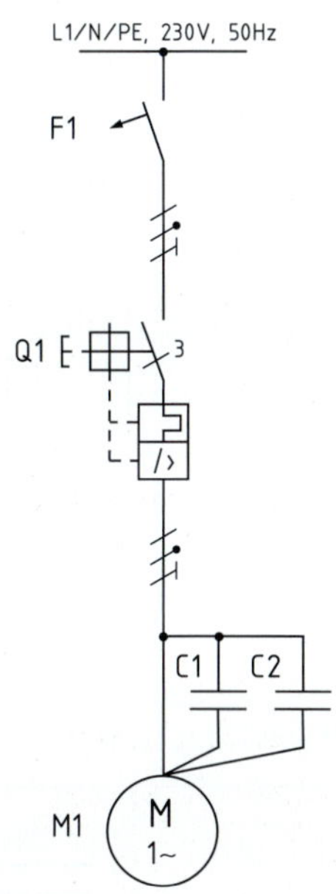

Zeichnen Sie den Stromlaufplan des Stromkreises in zusammenhängender Darstellung.

9.3 Wendesteuerung mit Nockenschalter

Beim Betrieb des Transportsystems im Anwendungsbeispiel S. 121 zeigt sich, dass ein Links-/Rechtslauf ein schnelleres Auffinden der Kleidungsstücke ermöglichen würde.

Der Elektroinstallateur erhält deshalb den Auftrag, den Ein/Ausschalter durch den nebenstehenden Wendeschalter zu ersetzen.

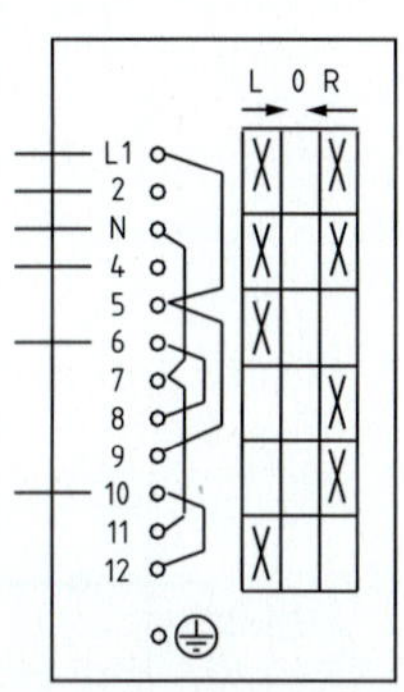

Ändern Sie den Stromlaufplan der Abb. 2 auf S. 121 so, dass eine Wendesteuerung entsteht.

9.4 Wendesteuerung mit Schützen

Das Transportsystem in der chemischen Reinigung des Anwendungsbeispiels S. 121 soll so erweitert werden, dass die Anlage von zwei Stellen für beide Transportrichtungen bedient werden kann.

Die Steuerung muss deshalb wegen der gegenseitigen Verriegelung über Schütze (4polige Hauptschütze) erfolgen.

Zeichnen Sie den vollständigen Schaltplan (Hauptstromkreis und Steuerstromkreis) als Stromlaufplan in aufgelöster Darstellung.

9.5 Schaltung aus Herstellerunterlagen

1. Erläutern Sie die Aufgaben folgender Bauelemente:
   a) F3 bzw. F4, b) C1, c) C2, d) R1, e) K1, f) Q2, g) P1.
2. Beschreiben Sie die Arbeitsweise von B1.
3. Welche Drehrichtung hat M1?
4. Welche Motorart wird zum Antrieb des Ventilators verwendet?

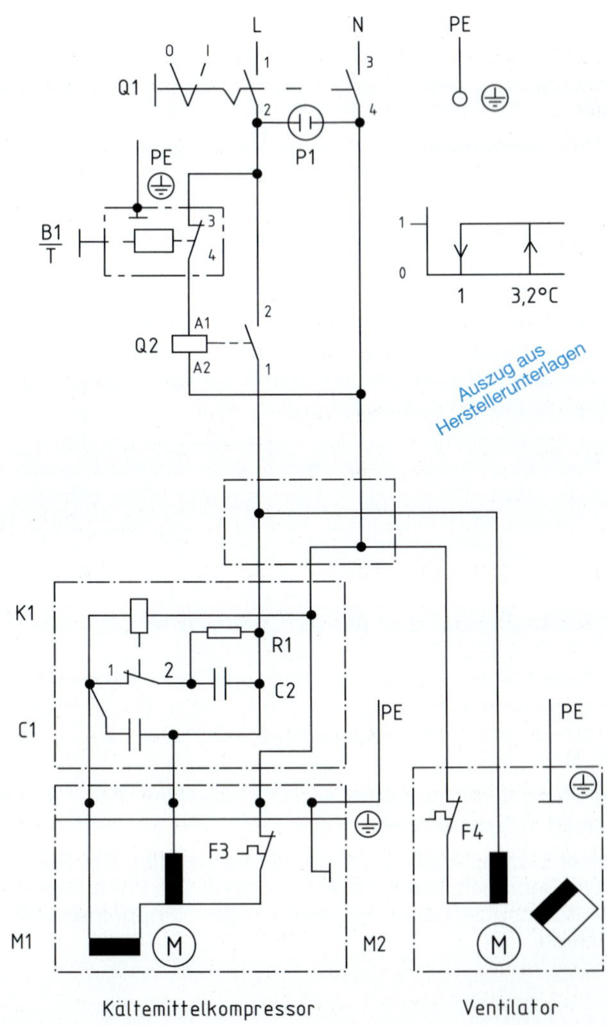

10.1 Schalten mit Nockenschaltern

Für die Messung der Strangspannungen eines Vierleitersystems soll als Spannungsmesser-Umschalter ein Nockenschalter verwendet werden.

Aus einer Herstellerliste ist ein geeigneter Schalter auszuwählen und die Messschaltung als Stromlaufplan in zusammenhängender Darstellung zu zeichnen.

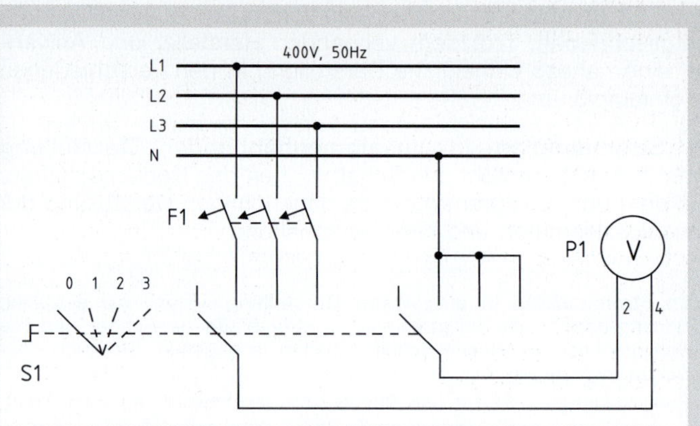

Nockenschalter gibt es für nahezu alle Schalt- und Steuerungsaufgaben in der elektrischen Energietechnik. Sie bestehen aus einzelnen Schaltelementen ②, die in den verschiedenen Schaltstellungen von Nockenscheiben betätigt werden.

Schaltdiagramm

Das Schaltprogramm eines Nockenschalters wird in einem **Schaltdiagramm** (Abb. 1) dargestellt. Es ist auf dem Schaltergehäuse und in der Herstellerliste angegeben. Bei fehlenden Unterlagen muss es mit einer Durchgangsprüfung ermittelt werden.

Ein Kreuz ① bedeutet, dass das Schaltglied in der angekreuzten Schaltstellung **geschlossen** ist. Besondere Schaltverhalten werden durch ergänzende Symbole ③ gekennzeichnet.

Nach dem Schaltdiagramm in Abb. 1 sind die einzelnen Schaltglieder in folgenden Schaltstellungen geschlossen:

- Schaltglied 1/2: nur in Schaltstellung 2.
- Schaltglied 3/4: in 1, 2 und 3 ohne Unterbrechung bei der Umschaltung.
- Schaltglied 5/6: in 2 und 3 mit Unterbrechung bei der Umschaltung.
- Schaltglied 7/8: in 3, schließt bereits, bevor die Schaltstellung 3 erreicht wird (Kontaktüberdeckung).
- Schaltglied 9/10: kurzzeitig zwischen 1 und 2 (Wischer).

☺ An Stelle des Schaltglieder werden oft nur die Anschlussklemmen gezeichnet (siehe Abb. 2).

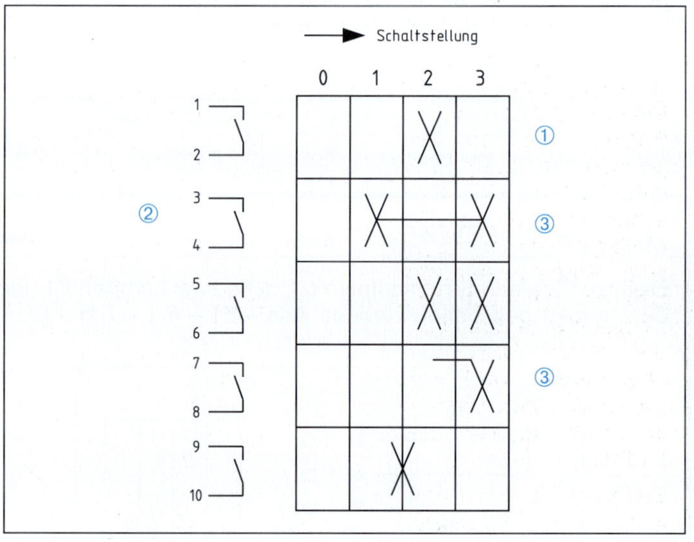

Abb. 1: Schaltdiagramm eines Nockenschalters

Auswahl

In einer Herstellerliste wird ein Spannungsmesser-Umschalter mit dem in Abb. 2 dargestellten Schaltdiagramm angeboten.

Werden die Anschlussklemmen 1 bis 8 mit dem Netz und dem Spannungsmesser entsprechend dem Stromlaufplan in Abb. 2 verbunden, dann schaltet der Nockenschalter in den einzelnen Schaltstellungen folgende Verbindungen:

- Schaltstellung 0: alle Schaltglieder geöffnet.
- Schaltstellung 1: Verbindung L1 mit P1:4 und N mit P1:2.
- Schaltstellung 2: Verbindung L2 mit P1:4 und N mit P1:2.
- Schaltstellung 3: Verbindung L3 mit P1:4 und N mit P1:2.

Damit erfüllt der ausgewählte Nockenschalter die in der Aufgabenstellung geforderten Schaltbedingungen.

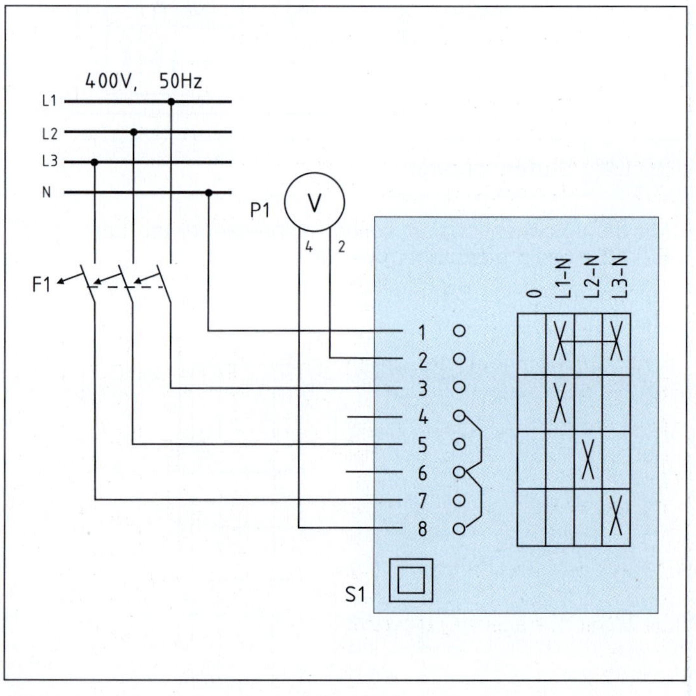

Abb. 2: Nockenschalter als Spannungsmesser-Umschalter

Anwendungsbeispiel • Anwendungsbeispiel • Anwendungsbeispiel • Anwendungsbeispiel • Anwendungsbeispiel

Stromlaufplan

Wegen der großen Vielfalt von Mehrstellungsschaltern hat die Norm für den Nockenschalter kein verbindliches Schaltzeichen festgeschrieben. Trotzdem verwenden Hersteller und Anwender eine nahezu einheitliche Darstellung in den verschiedenen Stromlaufplänen.

Im **Stromlaufplan in zusammenhängender Darstellung** (Abb. 2, S. 123) besteht das Schaltzeichen des Nockenschalters aus dem Schaltdiagramm mit der lagerichtigen Darstellung der Anschlussklemmen und ihrer Verschaltung.

☺ Im **Stromlaufplan in aufgelöster Darstellung** werden die einzelnen Schaltglieder in die entsprechenden Strompfade gezeichnet und die Schaltfunktion in einem Schaltdiagramm angegeben (Beispiel einer Schützensteuerung, Abb. 1).

Schaltstellung I: S2:1/2 und S2:5/6 sind geschlossen. K1 wird direkt, K2 wird von K1:23/24 eingeschaltet (unverzögerte Folgeschaltung).

Schaltstellung II: S2:1/2, S2:3/4 und S2:7/8 sind geschlossen. K1 wird direkt, K2 wird nach 6“ von K3:15/18 eingeschaltet (verzögerte Folgeschaltung).

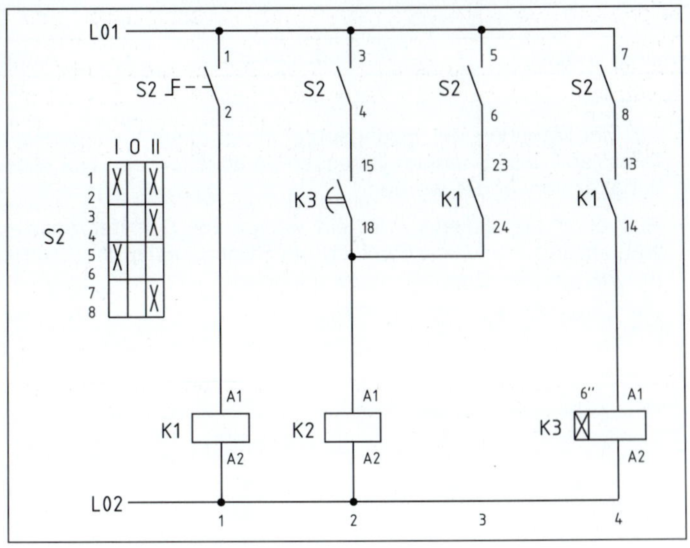

Abb. 1: Darstellung eines Nockenschalters im Stromlaufplan in aufgelöster Darstellung

Aufgaben • Aufgaben • Aufgaben • Aufgaben • Aufgaben • Aufgaben • Aufgaben

10.1.1 Serienschalter

Ergänzen Sie den Stromlaufplan so, dass zwei Lampen E1 und E2 wie folgt geschaltet werden: Aus – E1 – (E1 + E2) – E2.

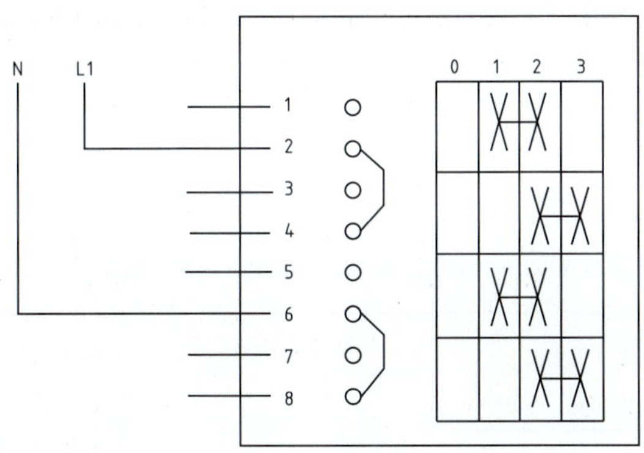

10.1.2 Stufenschalter

Mit dem Nockenschalter sollen nacheinander die Lampen E1, E2, E3 einzeln geschaltet werden.

Zeichnen Sie den Stromlaufplan in zusammenhängender Darstellung.

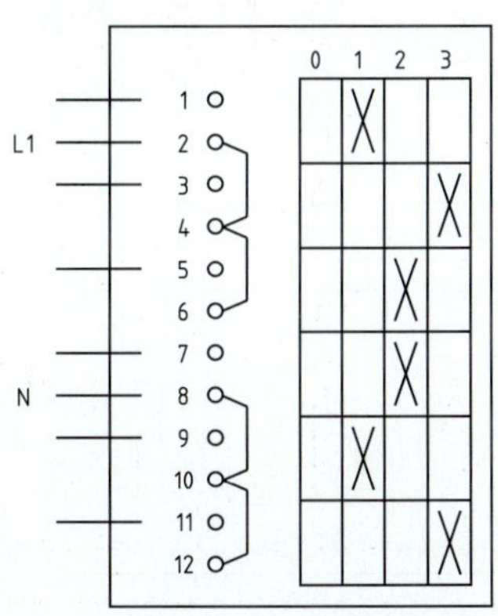

10.1.3 Heizungsschalter 1

Die Heizung eines Heizlüfters wird mit einem Nockenschalter in drei Leistungsstufen geschaltet.

Zeichnen Sie für jede Schaltstellung die Schaltung der Heizwiderstände E1 und E2.

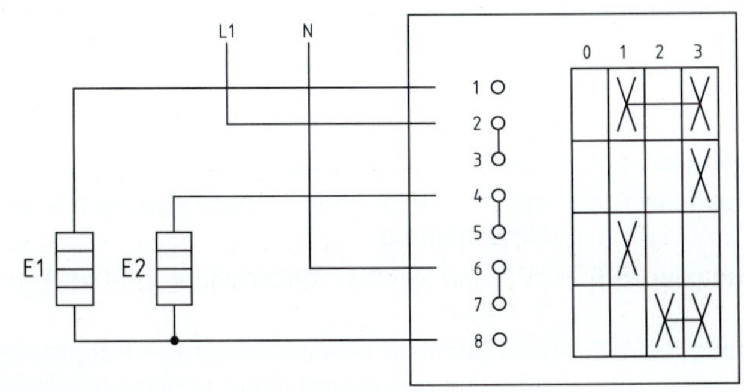

10.1.4 Heizungsschalter 2

Die Heizwiderstände E1, E2, E3 werden so geschaltet, dass sieben Leistungsstufen entstehen.

Zeichnen Sie die Schaltungen der Heizwiderstände in den Schaltstellungen 1 bis 7.

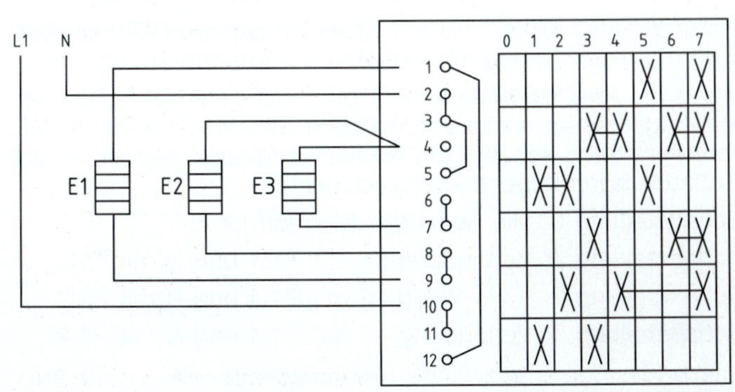

In größeren Versammlungsstätten wie Lichtspielhäuser, Kaufhäuser, Theatersäle, Ausstellungsräume, Schulen, Krankenhäuser, Hotels usw. müssen zur Gewährleistung der Sicherheit zusätzliche Beleuchtungsanlagen installiert werden. Sowohl die Art der Sicherheitsbeleuchtung als auch die Montageorte der Sicherheitsleuchten muss der Elektroinstallateuer mit der zuständigen Aufsichtsbehörde abstimmen.

Sicherheitsbeleuchtungen haben die Aufgabe, auch bei Ausfall der allgemeinen Beleuchtung, Räume und Rettungswege so zu beleuchten, dass eine geordnete Räumung jederzeit gewährleistet ist.

Die Ausführungsbestimmungen für Sicherheitsbeleuchtungen sind in DIN VDE 0108 festgelegt!

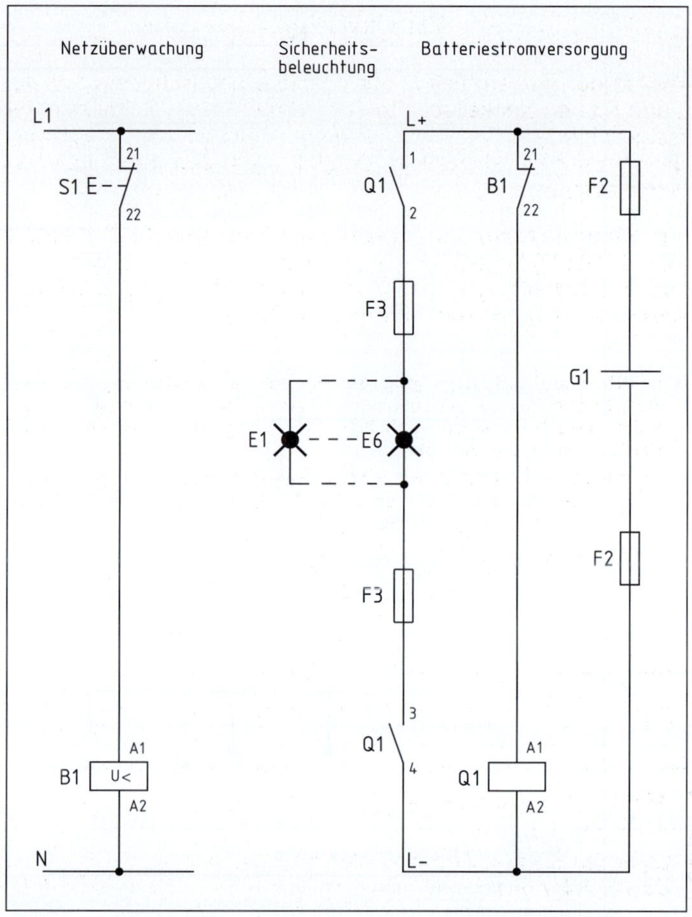

Abb. 1: Sicherheitsbeleuchtung in Bereitschaftsschaltung

Sicherheitsbeleuchtung in Bereitschaftsschaltung

Die Sicherheitsbeleuchtung in Bereitschaftsschaltung (früher: Panikbeleuchtung) muss sicherstellen, dass bei **Ausfall der Allgemeinbeleuchtung** die Rettungswege noch ausreichend beleuchtet werden.

Diese Aufgabe kann mit einer Relaisschaltung gelöst werden, welche die Netzspannung überwacht und bei deren Ausfall automatisch Sicherheitsleuchten einschaltet, die von einer Batterieanlage gespeist werden.

In Abb. 1 wird die Netzspannung von dem Unterspannungsrelais B1 überwacht. Bei anliegender Netzspannung ist B1:21/22 geöffnet und damit das Hauptschütz Q1 spannungslos. Die Sicherheitsleuchten E1 bis E6 sind ausgeschaltet.

Fällt die Netzspannung aus oder wird die Prüftaste S1 betätigt, schließt B1:21/22. Das Schütz Q1 zieht an und schaltet über Q1:1/2 und Q1:3/4 die Sicherheitsleuchten E1 bis E6 an die Batteriestromversorgung.

Kehrt die Netzspannung zurück, dann wird die Sicherheitsbeleuchtung wieder selbsttätig in Bereitschaft geschaltet.

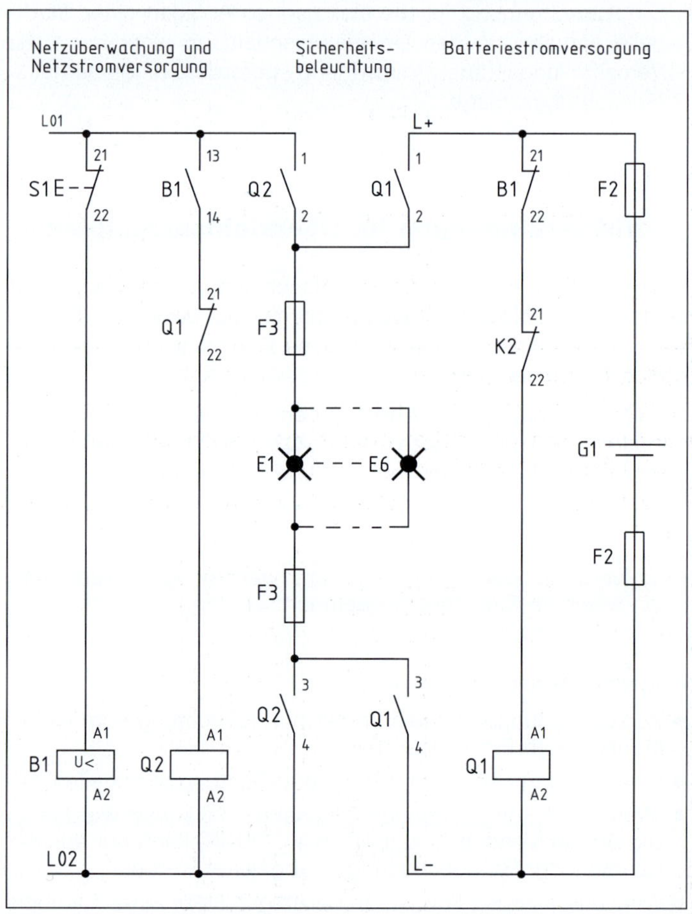

Abb. 2: Sicherheitsbeleuchtung in Dauerschaltung

Sicherheitsbeleuchtung in Dauerschaltung

Die Sicherheitsbeleuchtung in Dauerschaltung ist für die dauernde **Beleuchtung der Rettungszeichen** (Notausgang, Richtungspfeil usw.) vorgeschrieben (früher: Notbeleuchtung).

Die Sicherheitsleuchten werden im ungestörten Betrieb aus dem Netz gespeist. Da in diesem Fall der Schließer B1:13/14 (Abb. 2) geschlossen und der Öffner B1:21/22 geöffnet sind, ist das Hauptschütz Q2 angezogen und damit Q2:1/2 und Q2:3/4 geschlossen.

Fällt die Netzspannung aus oder wird die Prüftaste S1 betätigt, öffnet B1:13/14 und Q2 fällt ab. Damit öffnen Q2:1/2 und Q2:3/4. Gleichzeitig schließt B1:21/22 und nachfolgend Q2:21/22. Das Hauptschütz Q1 zieht an und schließt Q1:1/2 und Q1:3/4. Die Sicherheitsleuchten E1 bis E6 liegen jetzt an der Batteriestromversorgung.

Bei Wiederkehr der Netzspannung erfolgt selbsttätig die Rückschaltung auf Netzbetrieb.

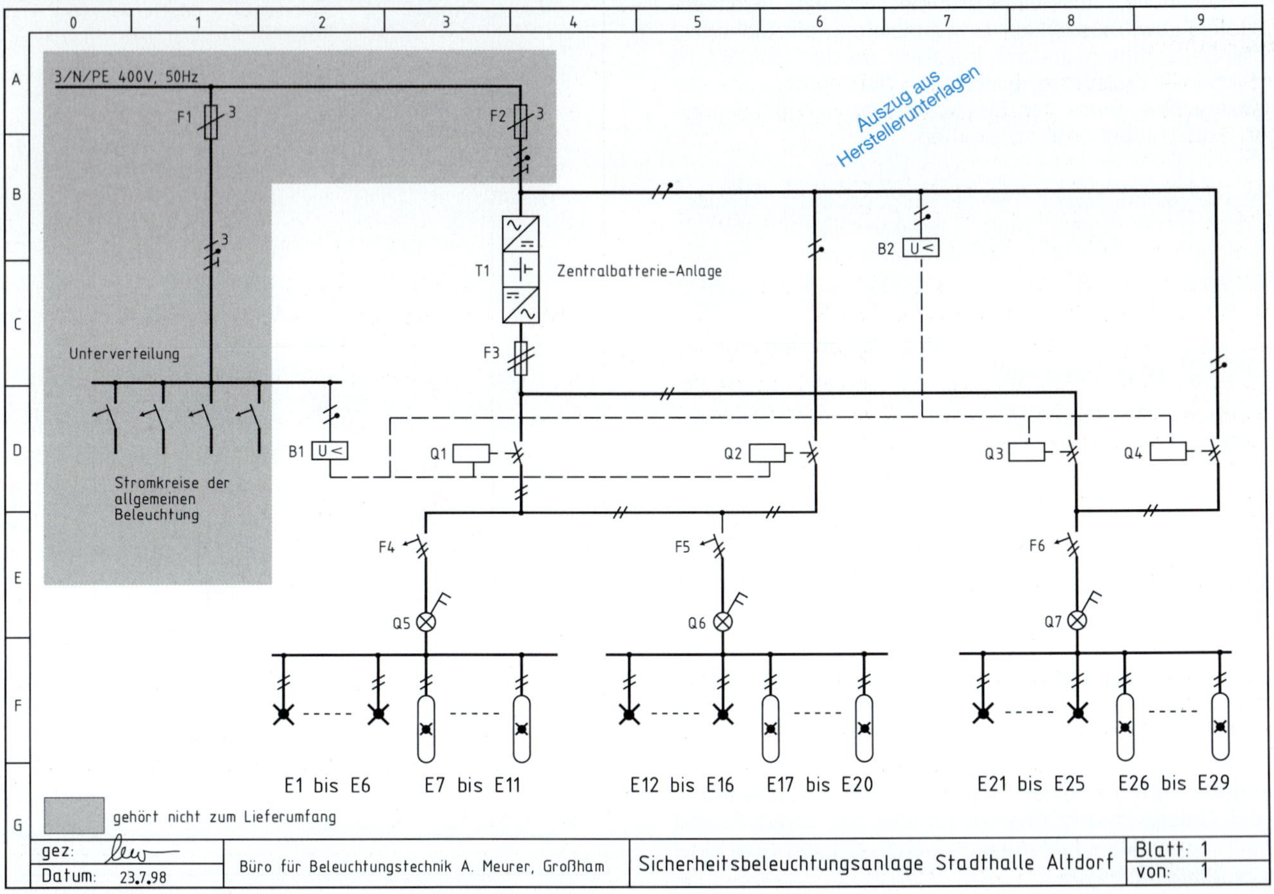

Die Ausschreibung für die elektrischen Anlagen einer Stadthalle enthält u.a. den Übersichtsschaltplan einer nach der Versammlungsstätten-Verordnung geforderten Sicherheitsbeleuchtungsanlage.

Es sollen die einzelnen Funktionseinheiten der Sicherheitsbeleuchtungsanlage erklärt und die bei der Installation zu beachtenden Vorschriften nach DIN VDE 0108 erläutert werden.

Wirkverbindungen im Übersichtsschaltplan

Befinden sich in einem Übersichtsschaltplan Überwachungseinrichtungen, die über Steuerstromkreise auf bestimmte Schaltelemente einwirken, dann wird diese Beeinflussung durch sogenannte Wirkverbindungen ① dargestellt (Abb.1).

Die Wirkverbindungen in Abb.1 geben an, dass das Unterspannungsrelais B2 die Schütze Q1, Q2, Q3 und Q4, das Unterspannungsrelais B1 hingegen nur Q1 und Q2 steuert. Der Steuerungsablauf ist aus den Wirkverbindungen nicht zu erkennen.

Wirkverbindungen zeigen nur an, welche Schaltelemente von welchem Signalgeber gesteuert werden.

Folgende Regeln sind zu beachten:

- Wirkverbindungen wirken immer nur in Richtung vom Geber (Sensor) zum Empfänger (Aktor).
- Eine Wirkung kann sich in mehrere Richtungen aufteilen ②.
- Mehrere Wirkungen können miteinander verknüpft werden ③. Die Art der Verknüpfung (UND bzw. ODER) kann nur aus der Kenntnis der Grundschaltungen abgeleitet werden.
- Wirkverbindungen können an beliebiger Stelle eines Symbols beginnen bzw. enden.

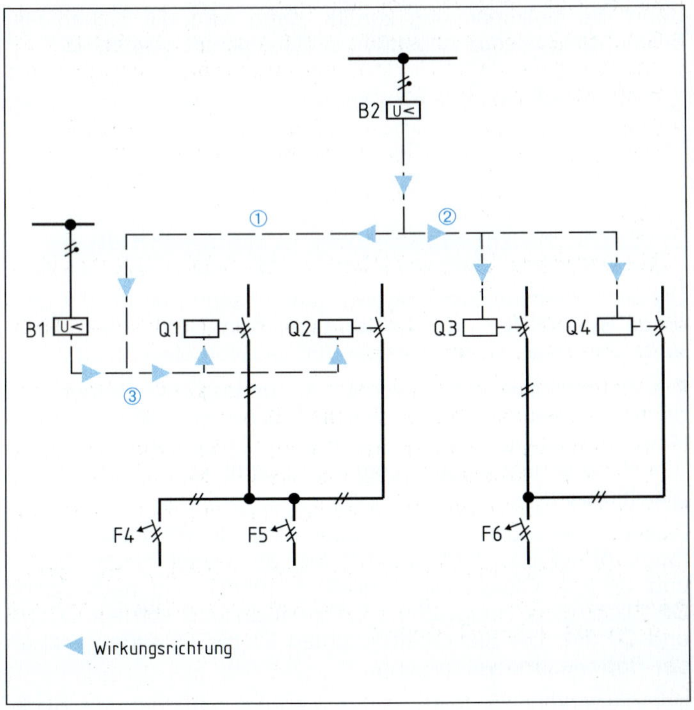

Abb.1: Wirkungsweise der Wirkverbindungen

Bereitschaftsschaltung (Abb. 2)

Schaltungsaufbau

B2 überwacht die Spannung der Hauptverteilung ①.

B1 überwacht die Spannung der Unterverteilung ⑥ für die allgemeine Beleuchtung.

Da verschiedene Sicherheitsleuchten mit Leuchtstofflampen bestückt sind, besteht die Zentralbatterie-Anlage T1 aus Ladeteil ②, Batterie ③ und Wechselrichter ④.

Mit den 2poligen Ausschaltern Q5 und Q6 kann die Sicherheitsbeleuchtung gruppenweise geschaltet werden.

Da Sicherheitsbeleuchtungen nur außerhalb der Betriebszeit abgeschaltet werden dürfen, müssen die Schaltelemente der Anlage so angebracht werden, dass sie nur von dem eingewiesenen Fachpersonal bedient werden können!

Funktion der Steuerung

Aus dem Verlauf der Wirkverbindungen ⑤ und der Kenntnis der Grundschaltung (vgl. Abb. 1, S. 125) ergibt sich folgende Funktion:

- Wenn nur B1 anspricht, wird Q2 eingeschaltet. Die Sicherheitsbeleuchtung wird jetzt über das Netz der Hauptverteilung gespeist.
- Wenn B1 UND B2 ansprechen, wird Q1 eingeschaltet. Die Einspeisung erfolgt nun über die Zentralbatterie-Anlage T1.

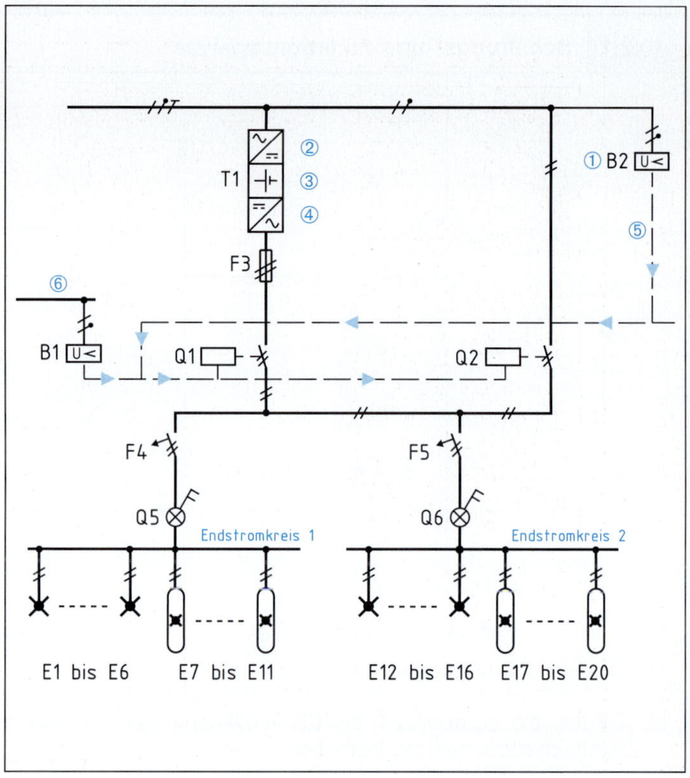

Abb. 2: Übersichtsschaltplan der Bereitschaftsschaltung

Dauerschaltung (Abb. 3)

Schaltungsaufbau

B2 überwacht die Spannung der Hauptverteilung ①.
Bei Netzausfall werden alle Leuchten aus der Zentralbatterie-Anlage T1 gespeist.

Mit dem 2poligen Ausschalter Q7 kann die Sicherheitsbeleuchtung als Gruppe geschaltet werden.

Funktion der Steuerung (vgl. Abb. 2, S. 125)

- Solange B2 nicht anspricht, ist Q4 eingeschaltet. Die Sicherheitsbeleuchtung wird damit im Normalbetrieb über die Hauptverteilung gespeist.
- Wenn B2 anspricht, fällt Q4 ab und Q3 zieht an. Die Einspeisung erfolgt jetzt über die Zentralbatterie-Anlage T1.

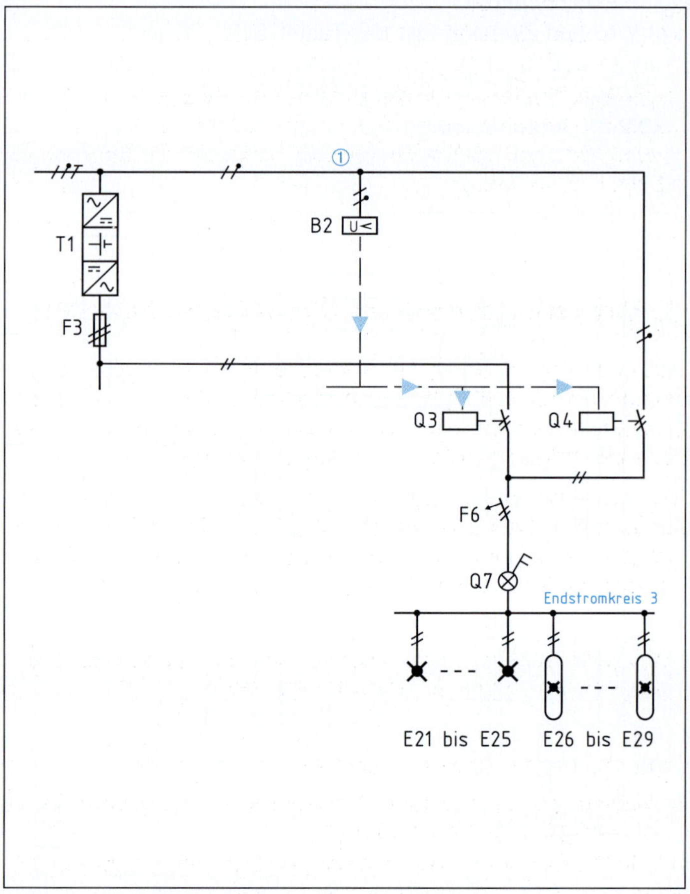

Abb. 3: Übersichtsschaltplan der Dauerschaltung

Besondere Vorschriften nach DIN VDE 0108

Bei der Installation des Endstromkreises einer Sicherheitsbeleuchtung ist zu beachten:

- Es dürfen nur Überstromschutzeinrichtungen bis 10 A Nennstrom verwendet werden (F4 bis F6).
- Die Überstromschutzeinrichtung darf allerdings nur bis zu 60 % ihres Bemessungsstromes belastet werden.
- Es dürfen nicht mehr als 12 Verbraucher angeschlossen werden.
- Die Sicherheitsleuchten dürfen nicht einzeln schaltbar sein.
- Die Fassungen der Lampen und alle Abzweigstellen müssen rot gekennzeichnet werden.

10.2.1 Schaltungs- und Funktionsanalyse

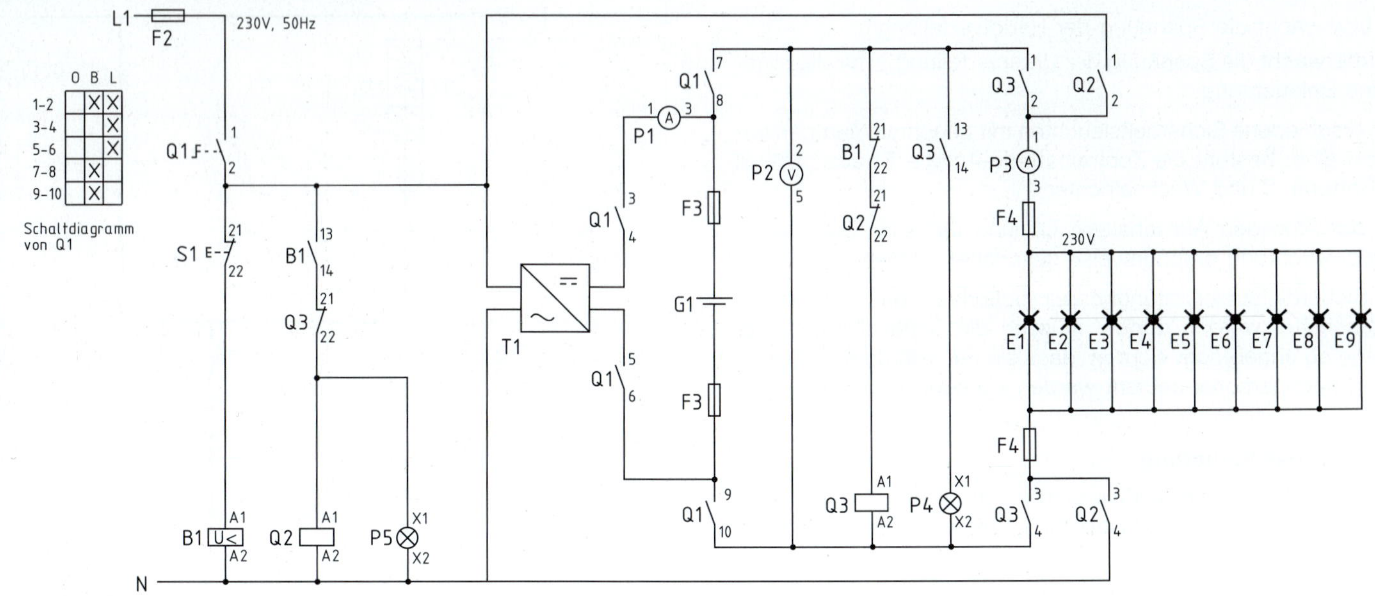

a) Werden die Lampen E1 bis E9 in Dauerschaltung oder in Bereitschaftsschaltung betrieben?

b) Welcher Betriebszustand wird mit Q1 in der Schaltstellung B eingeschaltet?

c) Welcher Betriebszustand wird mit Q1 in der Schaltstellung L eingeschaltet?

d) Welchen Zweck erfüllt der Taster S1?

e) Welchen Betriebszustand zeigt P4 an?

f) Welchen Betriebszustand zeigt P5 an?

g) Welche Spannung zeigt P2 an?

h) Welcher Strom wird mit P1gemessen?

i) Welcher Strom wird mit P3 gemessen?

j) Wie groß darf die Gesamtleistung der Lampen E1 bis E9 sein, wenn F4 einen Bemessungsstrom von 6A hat?

10.2.2 Anschlussplan

In einem Hotel soll eine Sicherheitsbeleuchtung in Bereitschaftsschaltung nach Abb. 2, S. 127 installiert werden.

Die Steuerung der Anlage wird fabrikfertig verdrahtet als Schaltschrank mit getrennter Bedienungstafel geliefert.

Übernehmen Sie die Klemmleisten X1 und X2 auf ein Zeichenblatt und ergänzen Sie die noch fehlenden Anschlussleitungen.

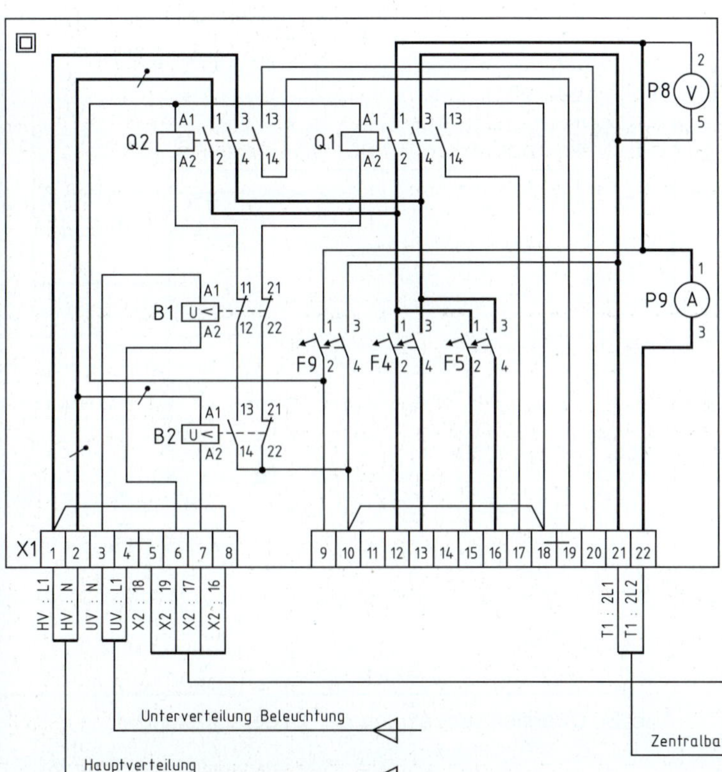

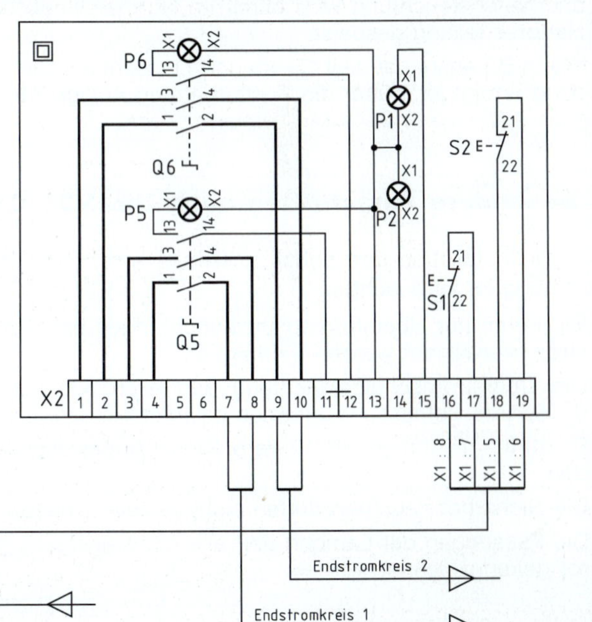

Die elektrische Energieversorgung eines Wohngebietes erfolgt über eine Ortsnetzstation (Transformatorstation), die an zentraler Stelle als Kompaktstation aufgestellt worden ist.

Eingespeist wird die Ortsnetzstation über eine 10-kV-Erdkabel-Ringleitung, an der auch die übrigen Wohngebiete des Ortes angeschlossen sind.

Es sollen der Aufbau der Ortsnetzstation untersucht, die Bedeutung der verschiedenen Betriebsmittel erläutert und der Übersichtsschaltplan der Anlage erstellt werden.

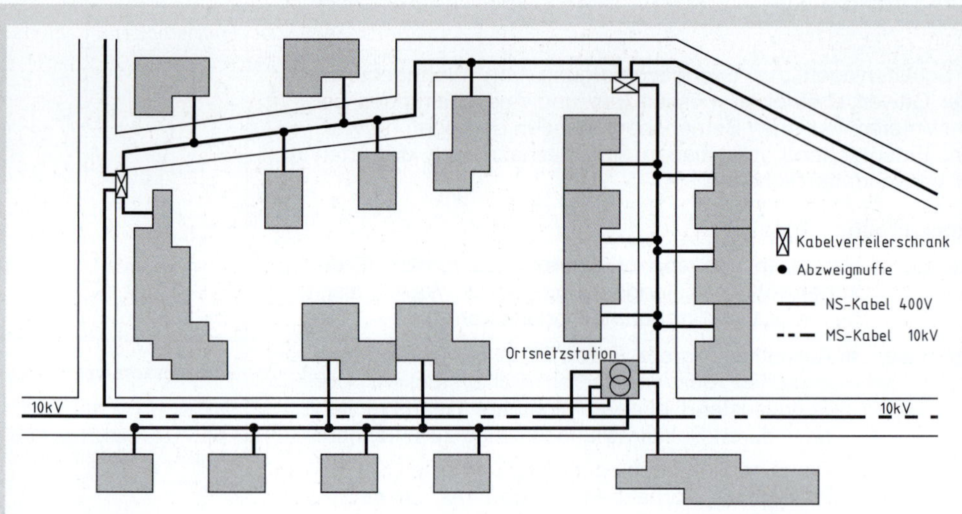

Aufbau (Abb.2)

Als Ortsnetzstationen werden heute vorzugsweise Kompaktstationen verwendet (Abb.1). Sie sind kostengünstig, da sie wenig Grundstücksfläche benötigen und fabrikfertig angeliefert werden.

Einspeisung

Der Anschluss an das 10-kV-Netz erfolgt zweifach über je einen Lasttrennschalter ③. Damit wird die Versorgungssicherheit erhöht, da im Störungsfall wahlweise von der einen oder anderen Seite eingespeist werden kann.

In jedem Einspeisefeld befindet sich ein Erdungstrenner ⑤, der unter **Beachtung der fünf Sicherheitsregeln** bei Reparaturarbeiten oder Wartungsarbeiten eingelegt werden muss.

Transformatorabgang

Als Schalter für den Versorgungstransformator wird ein Lasttrennschalter mit unten angebauten HH-Sicherungen ① verwendet. Damit lässt sich einerseits der Transformator unter Last vom 10-kV-Netz trennen, andererseits übernehmen die HH-Sicherungen den Kurzschlussschutz bei einer auftretenden Störung.

Auch hier befindet sich ein Erdungstrenner, der unter **Beachtung der Sicherheitsregeln** bei Reparaturarbeiten oder Wartungsarbeiten eingelegt werden muss.

Transformator

Der Transformator zum Umspannen der Hochspannung auf die Niederspannung ist in einem eigenen Feld der Schaltanlage untergebracht. Er kann so einfach gewartet und ohne Behinderung durch andere Betriebsmittel im Reparaturfall aus der Anlage herausgefahren werden.

Niederspannungsverteiler

Niederspannungsseitig schützt ein Leistungsschalter ② den Transformator vor Überlast und bei Kurzschluss auf der NS-Sammelschiene. Außerdem können mit einer Schalthandlung alle Niederspannungsstromkreise abgeschaltet werden.

Zur Kontrolle der anliegenden Spannung und der Gesamtbelastung sind Strom- und Spannungsmesser eingebaut.

Vier Niederspannungskabel zur Versorgung der verschiedenen Wohneinheiten sind über Sicherungslasttrenner ④ an das Sammelschienensystem angeschlossen.

Abb. 1: Ortsnetzstation in Kompaktausführung

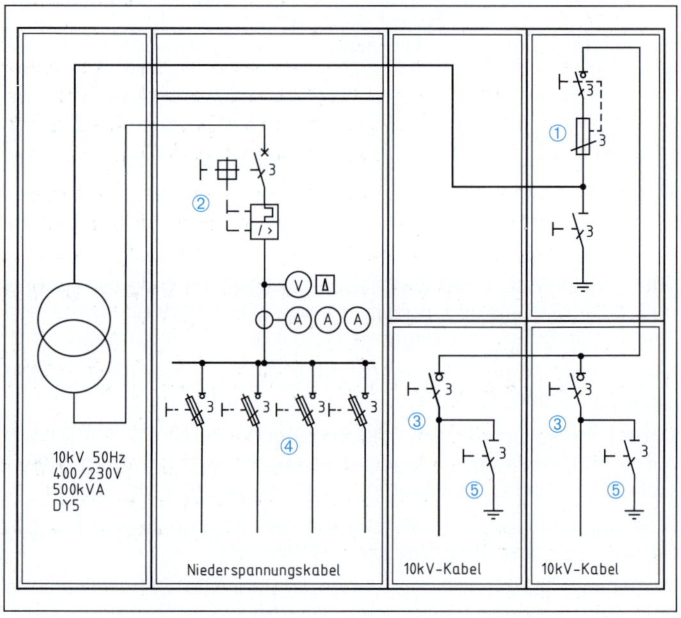

Abb. 2: Aufbau und Bestückung der Ortsnetzstation

Schalterarten (Abb.1)

In Schaltanlagen zur Energieversorgung von Wohngebieten oder Gewerbebetrieben müssen Ein- und Ausschaltungen bei sehr unterschiedlichen Betriebsbedingungen durchgeführt werden. Entsprechend verschieden sind deshalb auch die Arten der verwendeten Schaltgeräte.

Trennschalter ①

Aufgabe: Herstellen des spannungsfreien Zustandes **(Freischalten)** für Instandsetzungs- oder Wartungsarbeiten (s. Unfallverhütungsvorschriften).

Merkmale:
- Ausreichend große (DIN VDE 0110) Trennstrecke zwischen den geöffneten Schaltstücken. Der Schaltzustand ist durch sichtbare Trennstrecken oder durch Schaltstellungsanzeige zu erkennen.
- Da keine Einrichtung zur Löschung eines Schaltlichtbogens vorhanden ist, darf nur im stromlosen Zustand geschaltet werden (Verriegelung vorhanden!).

Lastschalter ②

Aufgabe: Betriebsmäßiges Ein- und Ausschalten von Anlagenteilen oder Betriebsmitteln.

Lasttrennschalter ③

Aufgabe: Lastschalten bei gleichzeitigem Trennen eines Anlagenteils oder Betriebsmittels.

Sicherungslasttrennschalter können in Verbindung mit Schmelzsicherungen trennen, lastschalten und leistungsschalten.

Leistungsschalter ④

Aufgabe: Werden in erster Linie zum Schalten von Kurzschlussströmen vorgesehen. Sie können darüber hinaus auch zum Lastschalten verwendet werden, jedoch nicht zum Trennen.

Leistungsschalter werden normalerweise mit einer thermischen und magnetischen Auslöseeinrichtung ausgerüstet.

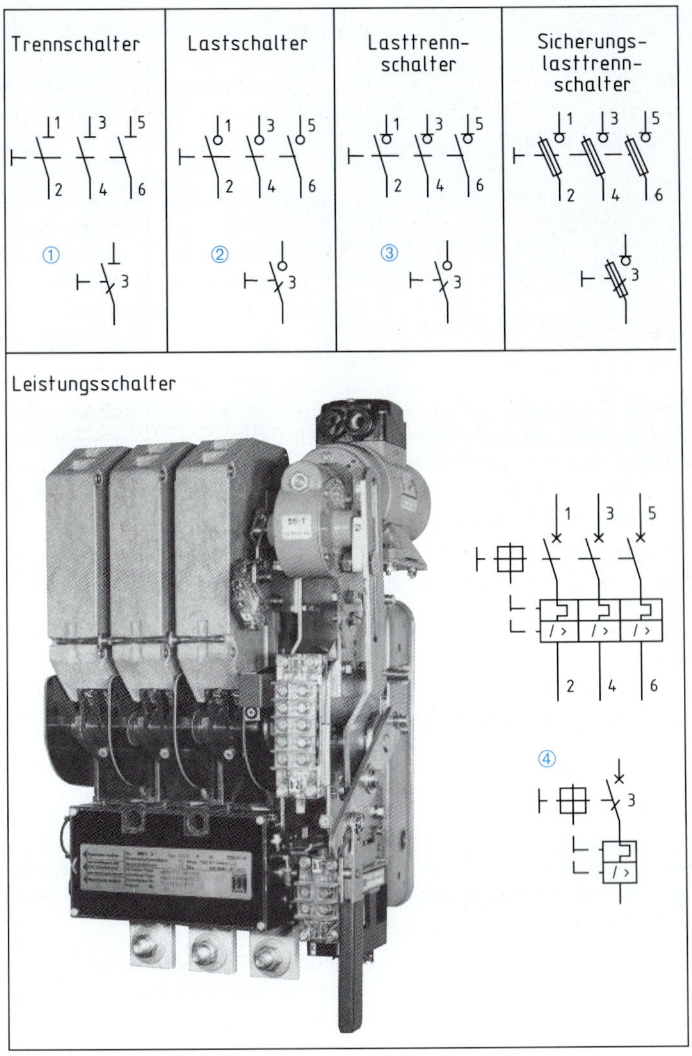

Abb.1: Schalterarten

Übersichtsschaltplan (Abb.2)

Einspeisung der 10-kV-Ringleitung über Lasttrennschalter Q1 bzw. Q2.

Transformatorabgang über Lasttrennschalter Q3 mit angebauten HH-Sicherungen F1. Beim Ansprechen von mindestens einer Sicherung wird Q3 über eine Mechanik (Schlagbolzen) geöffnet.

Die Erdungstrennschalter Q4, Q5, Q6 sind an eine Erdungssammelleitung angeschlossen (siehe S.131).

500-kVA-Drehstromtransformator mit 10 kV Eingangsspannung und 400V/230V Ausgangsspannung. Die Eingangswicklungen sind im Dreieck, die Ausgangswicklungen im Stern geschaltet.

Niederspannungs-Leistungsschalter Q7 mit thermischer und magnetischer Auslösung.

Direkte Messung der drei Leiterspannungen mit P1. Da P1 nur mit einem Messwerk ausgestattet ist, muss über einen Messstellenumschalter umgeschaltet werden (siehe Aufg.10.4.4).

Messung der drei Leiterströme mit den Strommessern P2, P3, P4 über die drei Stromwandler B1, B2, B3.

Verteilung der elektrischen Energie über die Sammelschiene auf vier Versorgungsleitungen, die von den Sicherungslasttrennschaltern Q8 bis Q11 geschützt und geschaltet werden.

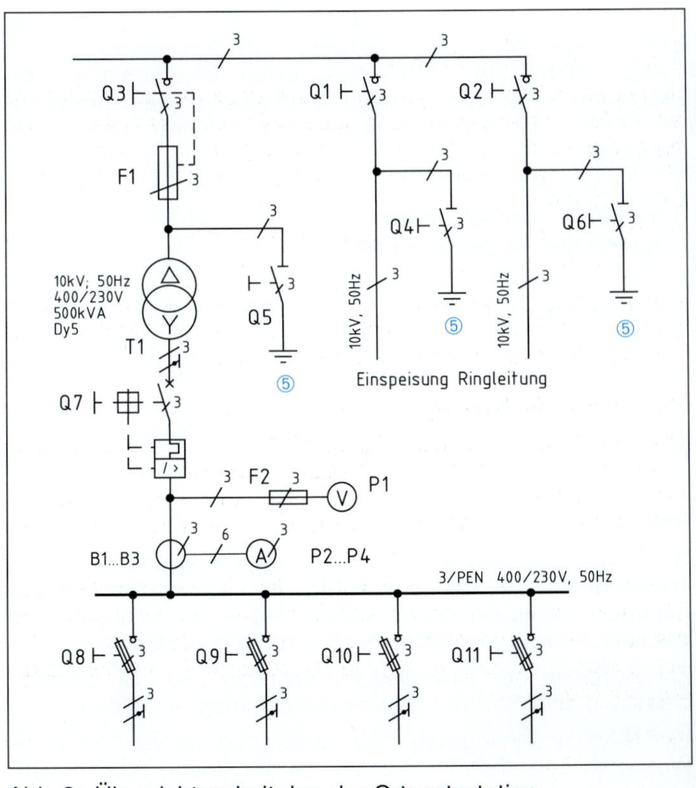

Abb.2: Übersichtsschaltplan der Ortsnetzstation

Erdungen

In allen elektrischen Anlagen müssen Vorkehrungen getroffen werden, um Personen gegen gefährliche Berührungs- und Schrittspannungen zu schützen.

Schutzerdung

Bei Spannungen über 1000 V wird immer eine Schutzerdung durchgeführt. Dabei werden alle nicht zum Betriebsstromkreis der Anlage gehörenden Metallteile geerdet, die bei Fehlern (oder bei Lichtbögen) mit unter Spannung stehenden Teilen in Verbindung kommen können.

Geerdet werden u.a.

- Gehäuse von Schaltern, Transformatoren, Messwandlern (einschließlich Eisenkern) und alle metallenen Gebäudeteile.
- Die Sekundärwicklungen von Messwandlern zum Schutz gegen übertretende Hochspannung (im Niederspannungsbereich nicht erforderlich!).

Die Schutzerde hat meistens keinen eigenen Erder, sondern wird mit an den Betriebserder angeschlossen ①.

Betriebserdung

Als Betriebserde bezeichnet man die zum Betriebsstromkreis eines TN- bzw. TT-Systems gehörende Erdung des niederspannungsseitigen Transformatorsternpunktes ②.

Die Schutzerdungsanlage und die Betriebserde werden normalerweise zusammengeschaltet.

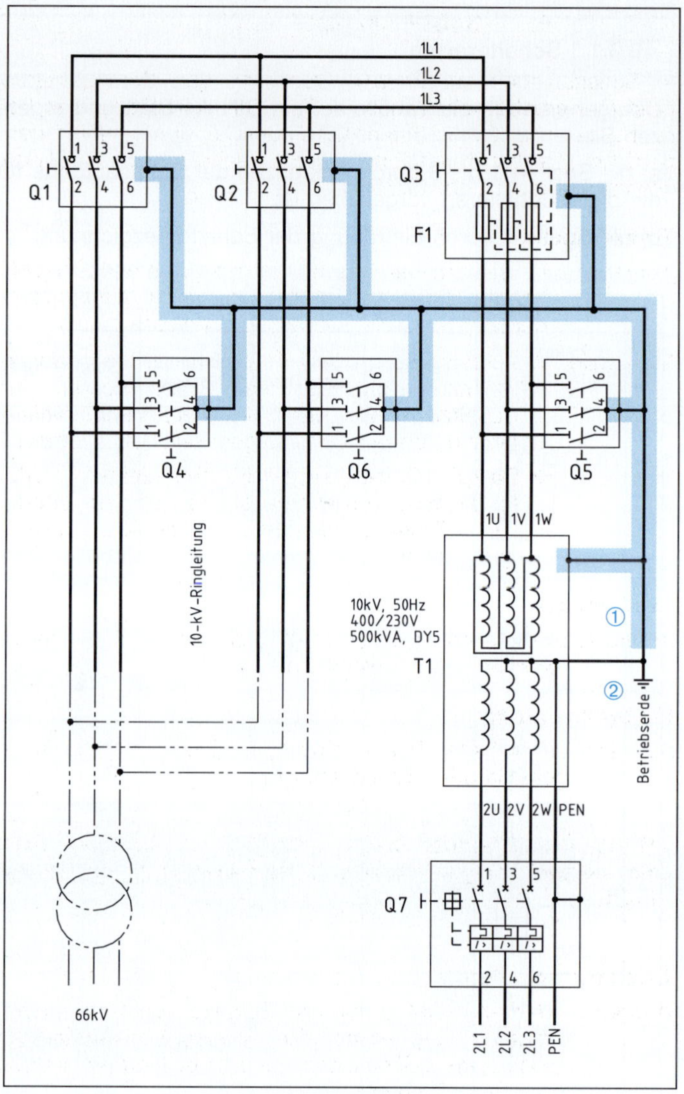

Abb. 3: Schutzerdung und Betriebserde der Ortsnetzstation

Ausführung der Erdungen

Jedes zu erdende Teil wird durch eine unmittelbare Verbindung an die Erdungssammelleitung angeschlossen. Die Reihenschaltung von Anschlussstellen ist unzulässig, da beim Ausbau von Geräten die Erdverbindung für nachgeschaltete Geräte unterbrochen wird.

Als Werkstoff für die Erdungsleitungen wird meistens verzinkter Bandstahl verwendet.

Die Verbindungsstellen von Erdungsleitungen und Erdern werden so verschraubt oder verschweißt, dass eine elektrisch gut leitende Verbindung dauerhaft gewährleistet ist.

Zeichnerische Darstellung

Die ausführliche zeichnerische Darstellung der Erdungsanlagen zeigt Abb. 3. Alle metallenen Gehäuse von Betriebsmitteln der Hochspannungsseite sind an der Schutzerde angeschlossen. Die Verbindungen mit sonstigen Metallteilen wird nicht dargestellt.

Meistens wird jedoch zugunsten der Übersichtlichkeit des Stromlaufplanes auf die ausführliche Darstellung der Erdungsanlagen verzichtet. Man kennzeichnet dann lediglich die Anschlussstellen für die Erdungssammelleitung mit einem Erdungssymbol (Abb. 4).

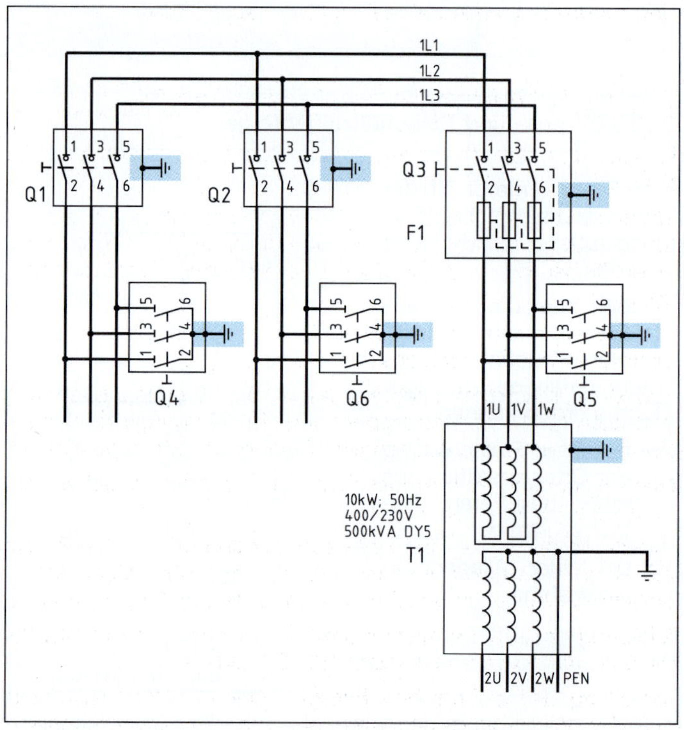

Abb. 4: Vereinfachte Darstellung der Schutzerdung

10.3.1 Schalterarten

Übernehmen Sie die Tabelle auf ein DIN A4-Blatt und ergänzen Sie

a) die Spalten 1 bis 3 durch Ankreuzen der Schaltaufgabe für die diese Schalterart vorgesehen ist,

b) die Spalte 4 durch Eintragung der Schalterbezeichnung.

		1	2	3	4
A	Schalt-zeichen	Trennen	Last-schalten	Leistungs-schalten	Schalterart
B	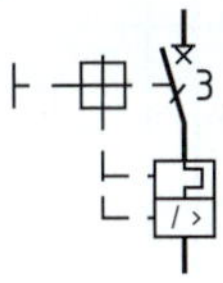				
C	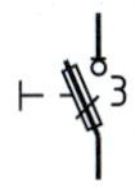				
D	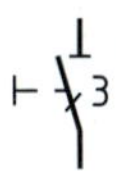				
E	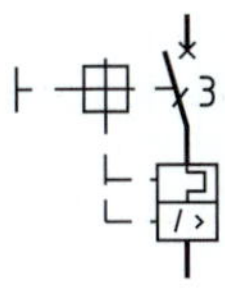				
F	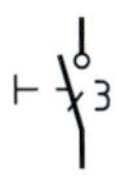				
G					

10.3.2 Aus- und Einschaltreihenfolge

Am Transformator T1 der Ortsnetzstation sollen Wartungsarbeiten durchgeführt werden.

Geben Sie die **Reihenfolge** an, in der alle notwendigen Schaltmaßnahmen gefahrlos durchgeführt werden können

a) bei einer Freischaltung der Ortsnetzstation aus dem belasteten Betriebszustand,

b) bei einer Wiederinbetriebnahme.

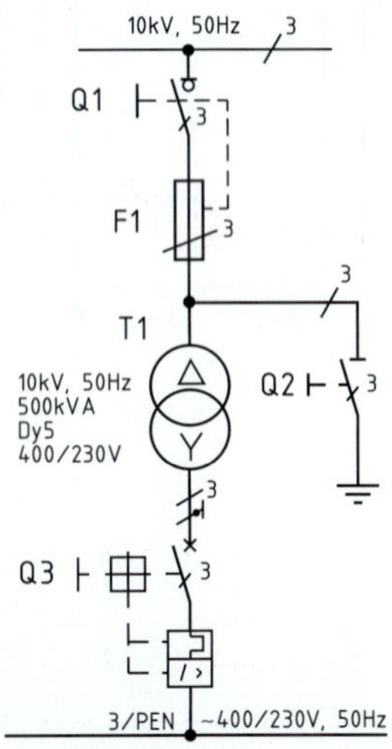

10.3.3 Transformatorabgang

Zeichnen Sie für den nebenstehenden Transformatorabgang den Stromlaufplan in zusammenhängender Darstellung.

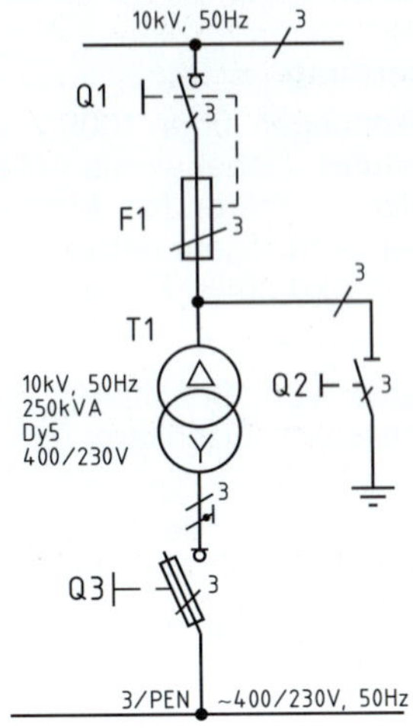

10.3.4 Mast- und Umspannstation

Die Stromversorgung einer Kleinsiedlung erfolgt über eine 100-kVA-Mast-Umspannstation, die aus einem 10-kV-Freileitungsnetz gespeist wird.

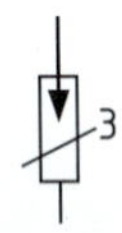

Zum Schutz gegen Überspannungen aus dem Freileitungsnetz befinden sich unmittelbar hinter der Abzweigung drei Überspannungsableiter (Schaltzeichen s. Abb.), die an einer Seite geerdet sind. Zum Freischalten der Anlage sind ein Trennschalter, als Kurzschlussschutz HH-Sicherungen und für den Schutz bei Wartungsarbeiten ein Erdungstrenner hochspannungsseitig angebracht.

Der Transformator ist in der Schaltgruppe Yz5 ausgeführt. Die NS-Seite ist als TT-System ausgeführt mit einem Sicherungslasttrennschalter als Überlast- und Kurzschlussschutz für den Transformator und das abgehende Versorgungskabel.

Zeichnen Sie den Übersichtsschaltplan der Umspannstation.

10.3.5 Erdungen

Zeichnen Sie für den Transformatorabgang zur Versorgung eines Industriebetriebes den Stromlaufplan mit ausführlicher Darstellung der Schutzerdungsanlage.

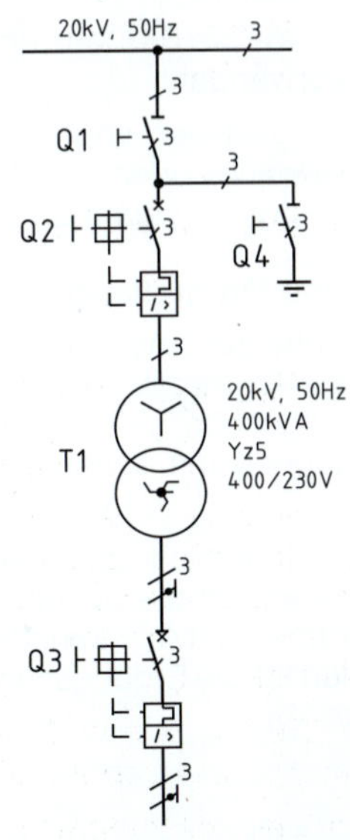

In elektrischen Anlagen werden je nach den betrieblichen Gegebenheiten folgende Größen ständig gemessen:

- Stromstärke,
- Spannung,
- Frequenz,
- Wirkleistung, Blindleistung,
- Wirkarbeit, Blindarbeit,
- Leistungsfaktor.

Strom, Spannung, Frequenz

Messen im Niederspannungsnetz

Im Niederspannungsnetz werden kleine Stromstärken unmittelbar ① gemessen, während große Stromstärken von Stromwandlern ② in Messwerte zwischen 0 und 5 A umgewandelt werden.

Spannungen werden im Niederspannungsnetz immer unmittelbar gemessen. Je nach Schaltung werden die Strangspannungen ③ oder die Leiterspannungen ④ angezeigt.

Stromwandler dürfen weder abgesichert noch ohne Last betrieben werden. Sie sind für eine sekundäre Nennstromstärke von 5 A ausgelegt.

☺ Achtung! Bei Betrieb mit offenem Sekundärstromkreis können lebensgefährliche Spannungen und eine zerstörende Erwärmung des Stromwandlers auftreten. Deshalb immer die Klemmen S1 und S2 kurzschließen, wenn ein Strommesser zur Reparatur ausgebaut werden muss.

Messen im Hochspannungsnetz

Im Hochspannungsnetz wird wegen der erforderlichen Potenzialtrennung immer über Messwandler gemessen. Damit im Fehlerfall keine Hochspannung auf die Messleitungen übertreten kann, muss eine Sekundärklemme mit der Schutzerde verbunden werden.

Bei Stromwandlern werden immer die Klemme **k**, bei Spannungswandlern vorzugsweise die Klemme **v** geerdet.

Da Hochspannungsnetze als Dreileiternetze betrieben werden, werden aus Kostengründen meistens Schaltungen mit zwei Wandlern verwendet (Abb. 2).

Spannungswandler sind für eine sekundäre Nennspannung von 100 V ausgelegt und müssen auf der Sekundärseite abgesichert werden.

Frequenzmessung

Frequenzmesser werden wie Spannungsmesser angeschlossen!

Leistung, Arbeit, Leistungsfaktor

Messgeräte zur Messung von Leistung, Arbeit (Zähler) oder Leistungsfaktor haben Messwerke mit je einem Strom- und Spannungspfad (Abb. 3). Die konstruktive Ausführung der Messspulen und eine spezielle innere Beschaltung bestimmen die Messgröße, die das Messwerk ermittelt. Die Anzeige ist dann entsprechend geeicht.

Bei Messgeräten mit einem Messwerk sind der Strompfad mit **1-3** und der Spannungspfad mit **2-5** gekennzeichnet.

Bei Messgeräten mit mehreren Messwerken erfolgt eine entsprechend fortlaufende Nummerierung.

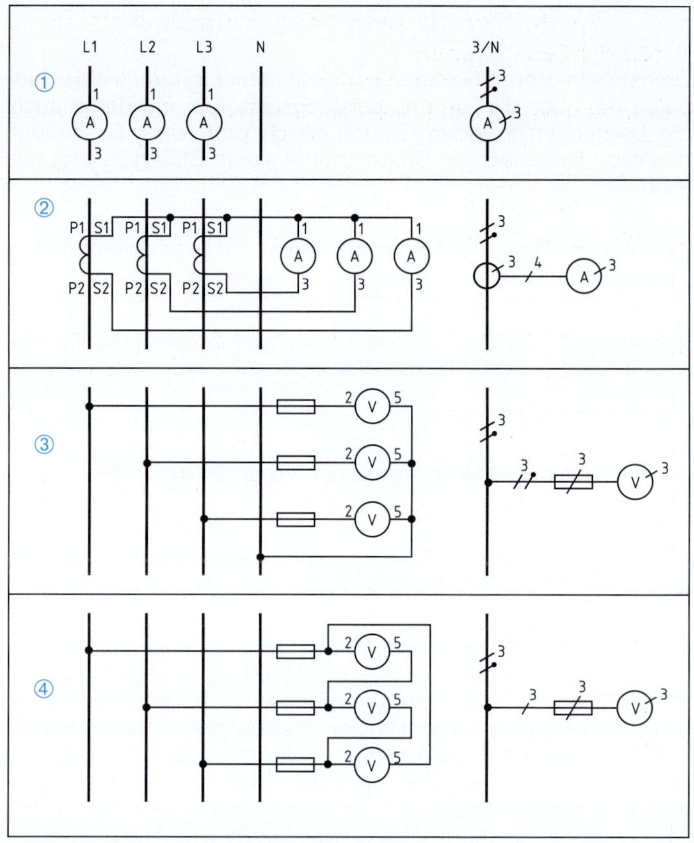

Abb. 1: Strom- und Spannungsmessung im Niederspannungsnetz

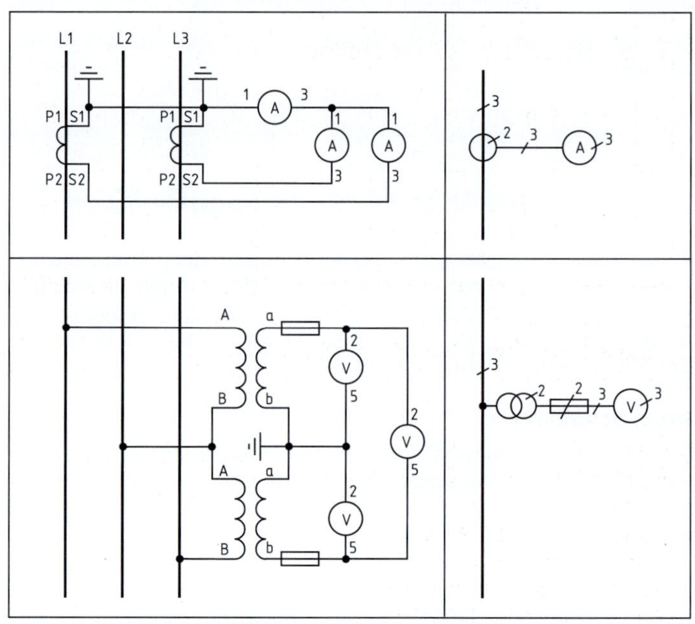

Abb. 2: Strom- und Spannungsmessung im Hochspannungsnetz

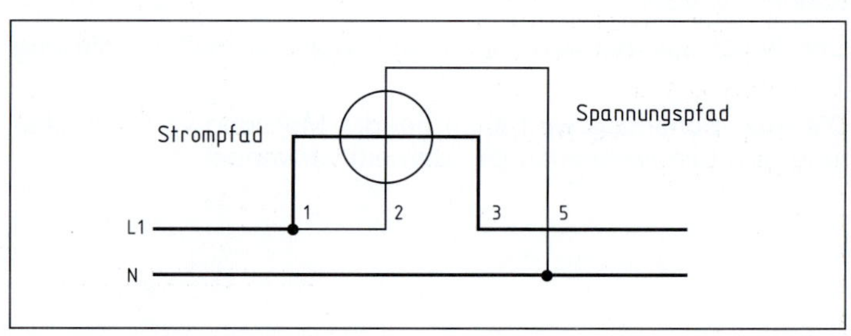

Abb. 3: Messwerk mit Strom- und Spannungspfad

Vierleiternetz symmetrisch belastet

Drehstrommotoren belasten ein Netz immer symmetrisch. Das bedeutet, dass die Ströme, Leistungsfaktoren und damit auch die Leistungen in jedem Strang gleich groß sind. Es genügt deshalb, die genannten Größen nur in einem Strang zu messen (Abb. 1).

Die Strompfade aller Messwerke eines Stranges werden in Reihe geschaltet.

☺ Zur Ermittlung der Gesamtwirkleistung ist der Anzeigewert des Wirkleistungsmessers P3 mit drei zu multiplizieren.

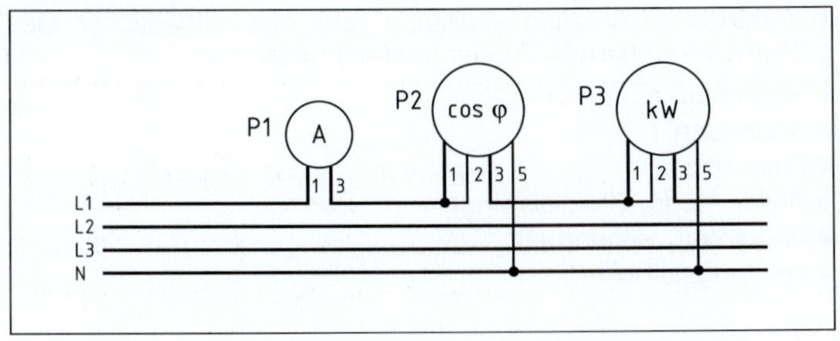

Abb. 1: Unmittelbarer Anschluss der Messgeräte bei symmetrischer Last.

Vierleiternetz unsymmetrisch belastet

Im Vierleiternetz müssen bei unsymmetrischer Last die elektrischen Größen in allen Strängen gemessen werden. Deshalb wird für eine Wirkleistungsmessung ein Messgerät mit drei Meßsswerken (Abb. 2) verwendet.

Schaltanlagen in Gewerbebetrieben werden meistens unsymmetrisch belastet, sodass hier die Messung in allen Strängen durchgeführt werden muss. Die großen Ströme erfordern dabei eine Messung über Stromwandler, was bei der Messgeräteauswahl berücksichtigt werden muss (Strommessbereich bis 5 A). Der Anschluss eines Zählers mit der Schaltungsnummer 4010 erfolgt entsprechend.

Die Strompfade aller Messwerke eines Stranges werden in Reihe geschaltet.

☺ Schaltungsnummern für Leistungsmesser und Zähler siehe Tabellenbuch.

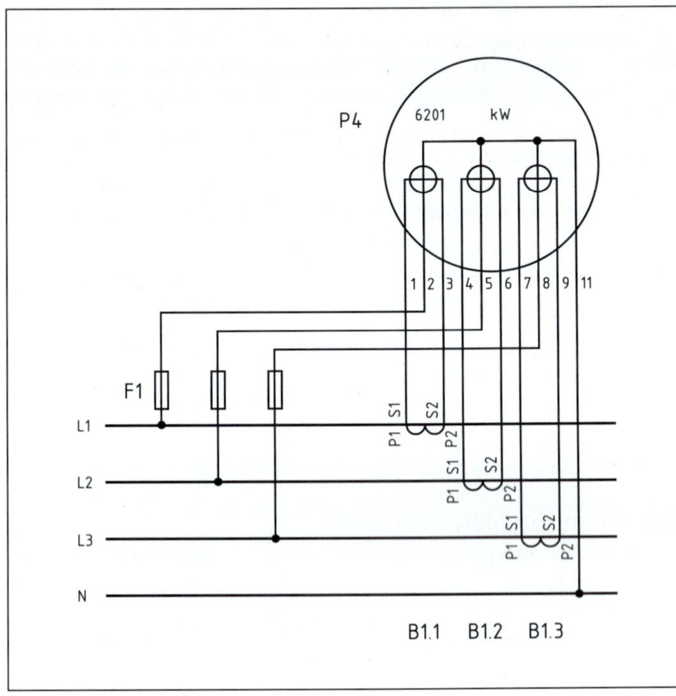

Abb. 2: Leistungsmessung im Vierleiternetz über Stromwandler

Dreileiternetz in Hochspannungsanlagen

In Hochspannungsanlagen müssen wegen der Potenzialtrennung sowohl die Ströme als auch die Spannungen grundsätzlich über Wandler gemessen werden. Für die Messung der Leistung oder der elektrischen Arbeit wird meistens die Aron-Schaltung (Abb. 3) angewendet.

Aron-Schaltung

Mit der Aron-Schaltung kann in einem Dreileiternetz die Gesamtleistung bei beliebiger Belastung mit zwei Messwerken gemessen werden.

Die Strommessung erfolgt über die zwei Stromwandler B2.1 und B2.2, welche die Ströme im Außenleiter L1 und im Außenleiter L3 messen.

Die Messspannung wird von einer V-Schaltung abgegriffen, so dass auch hier nur zwei Spannungswandler (B3.1 und B3.2) benötigt werden.

Der Anschluss der Messleitungen erfolgt gemäß Darstellung in Abb. 3.

Die Aron-Schaltung wird auch bei der Messung von Blindleistung und Blindverbrauch (Blindarbeit) verwendet.

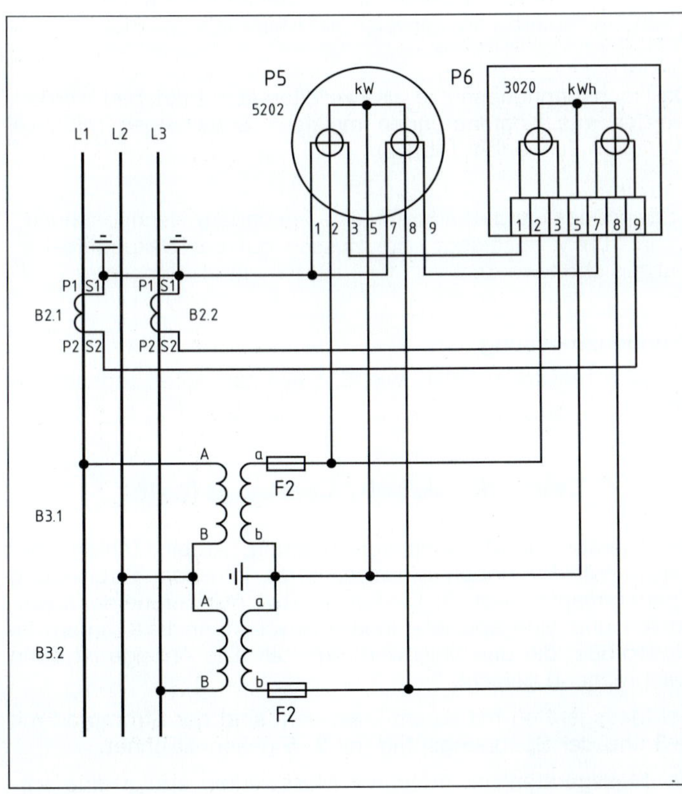

Abb. 3: Leistungs- und Arbeitsmessung im Dreileiternetz

10.4.1 Messen im Wechselstromnetz

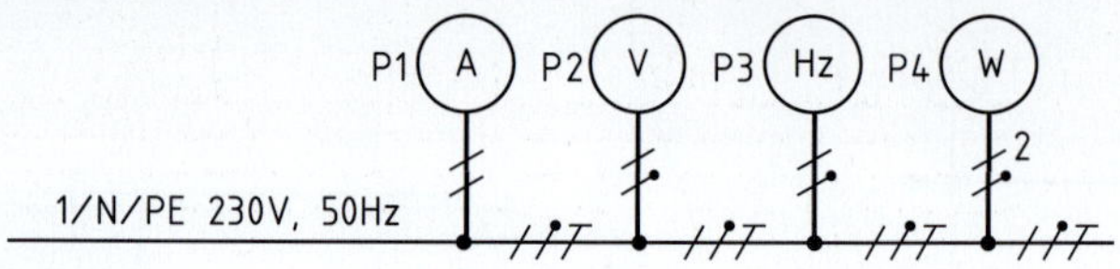

Zeichnen Sie den Stromlaufplan in zusammenhängender Darstellung.

10.4.2 Blindverbrauchzähler

Geben Sie für einen Zähler mit der Schaltungsnummer 7000 in einer Tabelle an, an welche Zählerklemmen ein Vierleiternetz anzuschließen ist.

Leiter	Strom ankommend Klemme	Strom abgehend Klemme	Spannung Klemme
L1	1	3	2
L2			
L3			
N			

10.4.3 Zwischenzähler

Zur Ermittlung der elektrischen Energiekosten sollen in der Unterverteilung einer Produktionshalle als Zwischenzähler ein Wirkverbrauchzähler 4010 und ein Blindverbrauchzähler 7010 installiert werden.

Zeichnen Sie den Stromlaufplan der gesamten Messschaltung.

10.4.4 Messschaltungen

Zeichnen Sie für den dargestellten Teil einer Ortsnetzstation den Stromlaufplan in zusammenhängender Darstellung.

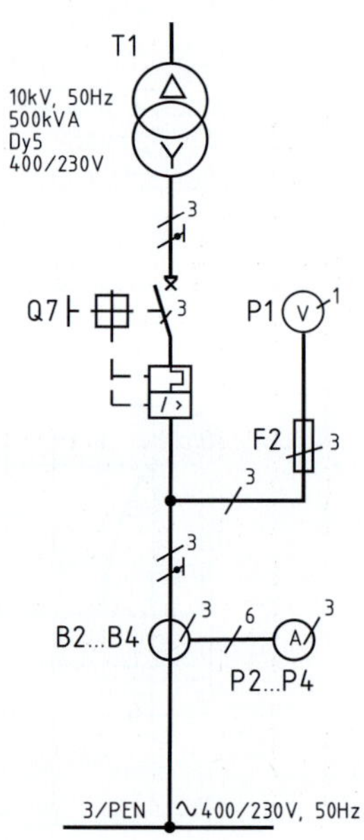

10.4.5 Hochspannungsmesszelle

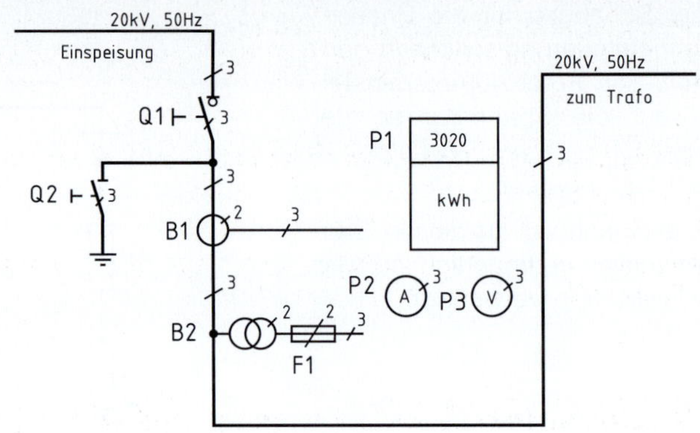

Zeichnen Sie den Stromlaufplan in zusammenhängender Darstellung.

10.4.6 Messstellenumschalter

Mit dem Messstellenumschalter S1 können die drei Leiterströme mit einem Strommesser gemessen werden.

a) Warum sind in der Nullstellung des Nockenschalters die Schaltglieder 1/2, 7/8 und 9/10 geschlossen?

b) Erläutern Sie, warum alle Schaltglieder des Nockenschalters eine verlängerte Kontaktgabe haben.

c) Welcher Strom wird in der Schaltstellung 1 angezeigt?

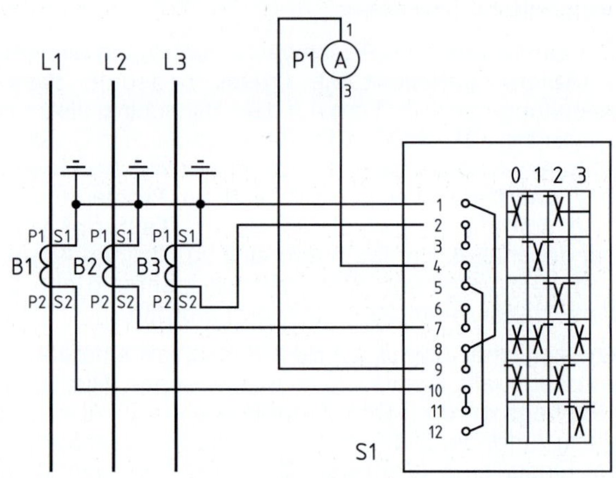

10.4.7 Zweitarifzähler

Der Zweitarifzähler P1 mit der Schaltungsnummer 4101 soll durch den Rundsteuerempfänger K1 umgeschaltet werden.

Zeichnen Sie den Stromlaufplan für den Anschluss von Zähler und Rundsteuerempfänger.

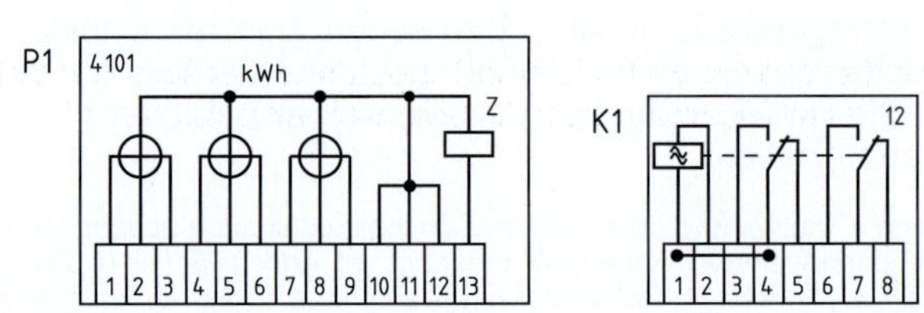

In der Schaltung für die Phasenanschnittsteuerung soll die Abhängigkeit der Potenziometereinstellung auf die Spannung an der Lampe E1 und am Thyristor Q1 untersucht werden.

Da die Spannung an diesen Bauteilen zeitlich veränderlich ist, wird ein Oszilloskop verwendet.

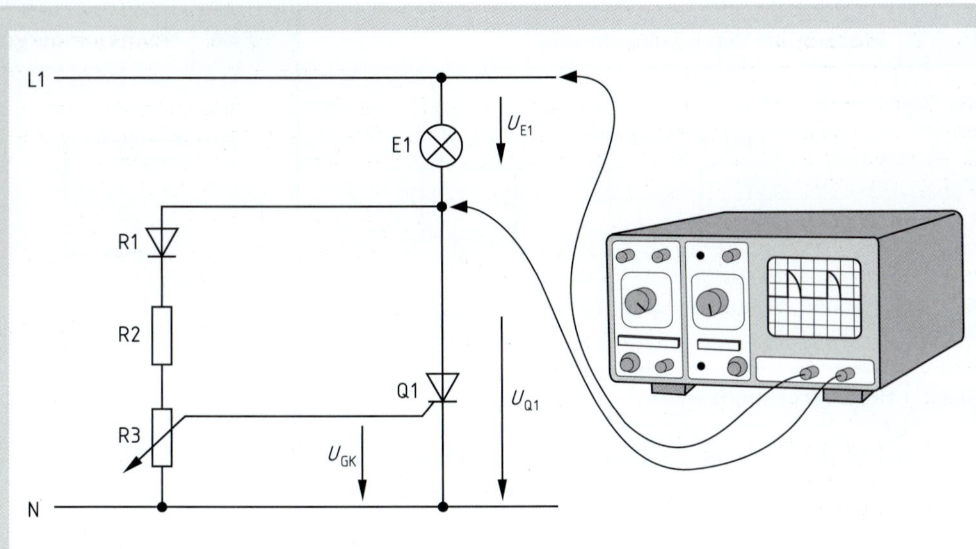

Aufbau und Arbeitsweise eines Oszilloskops

Auf dem Bildschirm eines Oszilloskops lassen sich Spannungen in Abhängigkeit von der Zeit abbilden. Mit den Einstellern für die Schärfe **(Fokussierung)** und die Helligkeit **(Intensität)** ① lässt sich die Abbildungsgüte des Bildes einstellen (Abb.1).

Die abzubildende Spannung wird auf den y-Eingang des Oszilloskops gegeben. Mit einem Eingangsschalter kann auf Gleichspannung (DC) oder Wechselspannung (AC) umgeschaltet werden. Mit Hilfe des **y-Abschwächers** ② und des nachfolgenden **Y-Verstärkers** ③ lässt sich das zu messende Signal der Bildschirmhöhe anpassen.

Die größte Einstellung im y-Abschwächer beträgt in diesem Fall 30V/cm **(Ablenkkoeffizient A_y)**. Dieses bedeutet, dass bei einer Auslenkung von z.B. 1 cm auf dem Bildschirm die zu messende Spannung 30V groß ist. Da der Bildschirm in diesem Fall nur eine Höhe von 8 cm besitzt und mit der Wechselspannung von 230 V gearbeitet werden soll, können Probleme bei der Darstellung auftreten. Es wird deshalb ein **Tastkopf** vor den y-Eingang geschaltet, der im Innern eine zusätzliche Abschwächung von 10:1 vornimmt. Eine Wechselspannung von 230 V würde dann dadurch auf 23 V verringert werden.

Damit eine zeitlicher Ablauf auf dem Bildschirm entsteht, muss der Elektronenstrahl zusätzlich in waagerechter Richtung hin und her bewegt werden. Das Zeitablenkteil ④ in Abb.1 übernimmt diese Aufgabe. Die Schnelligkeit dieser Ablenkung kann mit einem Einsteller ⑤ **(Zeitbasis Z_t)** gewählt werden. Je nach Einstellung können eine oder mehrere Schwingungen dargestellt werden. Die Angabe der Zeitbasis erfolgt z.B. in ms/cm oder µs/cm.

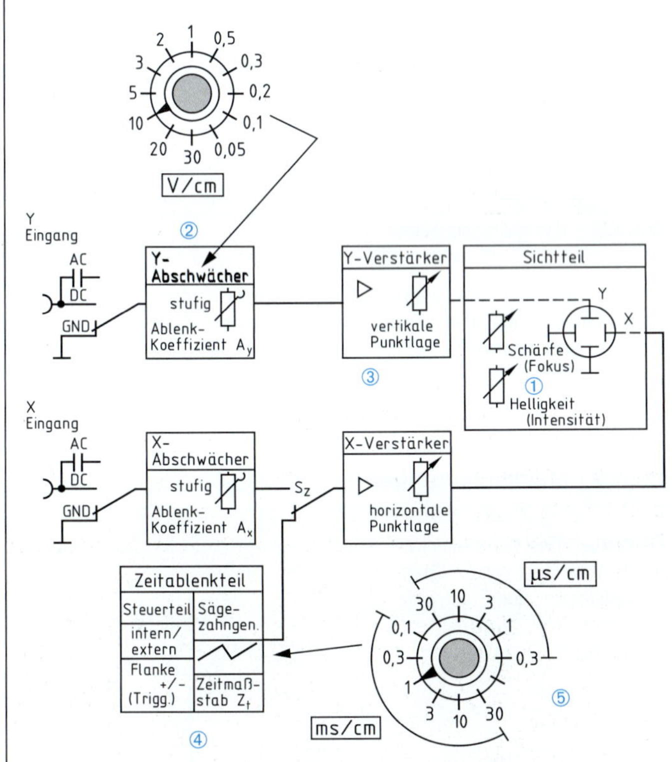

Abb.1: Aufbau eines Oszilloskops

> Bei jeder Messung mit dem Oszilloskop müssen Helligkeit, Bildschärfe, Art der zu messenden Spannung, die y-Abschwächung und die Zeitbasis so eingestellt werden, dass ein optimales Bild entsteht.

Das Messergebnis ist in Abb.2 zu sehen. Von der sinusförmigen Wechselspannung werden nur bestimmte Anteile durchgelassen. Die Helligkeit der Lampe lässt sich also mit dem Potenziometer einstellen.

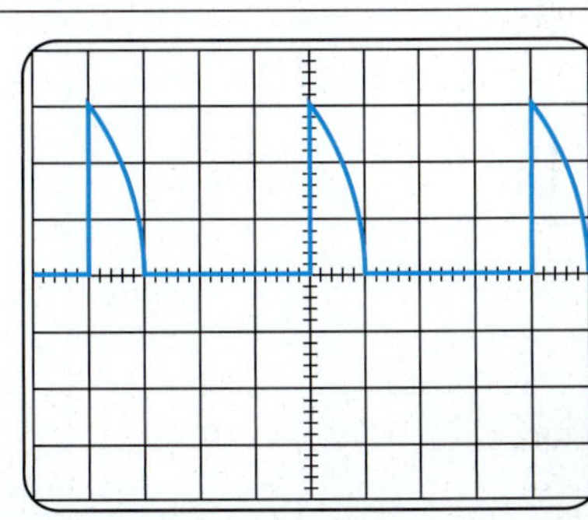

Abb.2: Oszillogramm der Spannung U_{E1} des Anwendungsbeispiels

☺ Bei einem Oszilloskop lässt sich das Zeitablenkteil auch abschalten und durch einen weiteren Eingang (x-Eingang) mit Abschwächer (A_x) und x-Verstärker ⑥ ersetzen. Der Strahl wird dann nicht kontinuierlich, sondern zusätzlich in x-Richtung abgelenkt. Es entstehen dann keine sinusförmigen Kurven, sondern unterschiedliche Figuren.

10.5.1 Spitzenwert von 230V

Der Spitzenwert der Netzwechselspannung von 230 V soll mit einem Oszilloskop gemessen werden. Der Ablenkkoeffizient A_y kann auf 1; 2; 5; 20 und 50 V/cm eingestellt werden. Der Bildschirm hat eine Höhe von 8 cm.

Auf welche Stellung muss der Ablenkkoeffizient A_y eingestellt werden, damit die positive Halbschwingung der Wechselspannung möglichst groß dargestellt wird?

10.5.2 Spannung, Frequenz und Periodendauer

Ermitteln Sie für die abgebildete Spannung

a) den Spitzenwert der Spannung,

b) die Periodendauer und

c) die Frequenz.

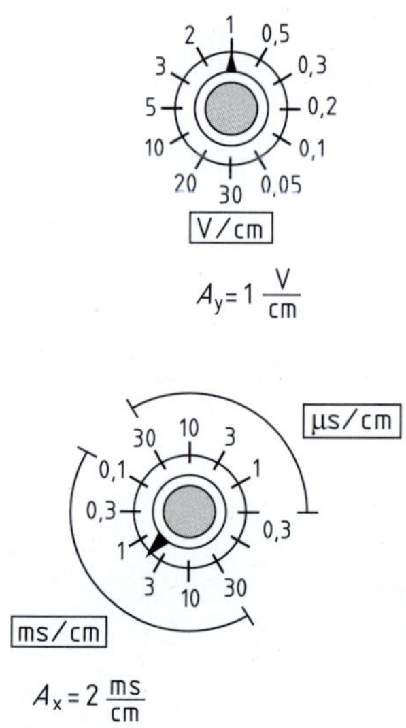

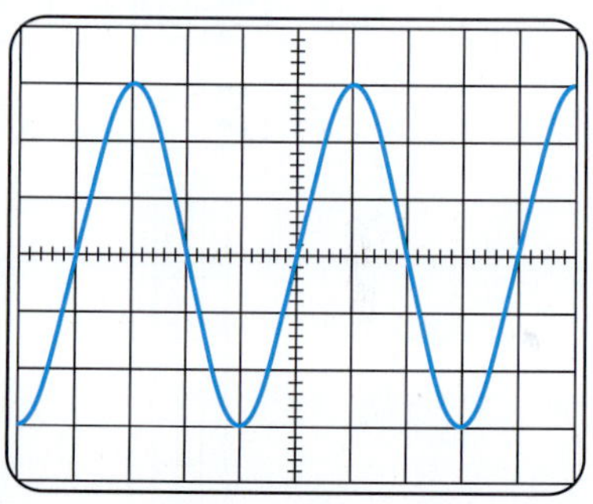

10.5.4 Zweistrahloszilloskop

Zweistrahloszilloskope können zwei voneinander unabhängige Spannungen auf einem Bildschirm abbilden. Die beiden Signalverläufe sind in einer elektronischen Steuerschaltung gemessen worden.

a) Ermitteln Sie die Zeit, mit der die impulsförmige Spannung gegenüber dem Rechtecksignal verzögert auftritt.

b) Wie groß sind Spitzenwerte der Spannungen?

c) Wie groß sind die Frequenzen der Spannungen?

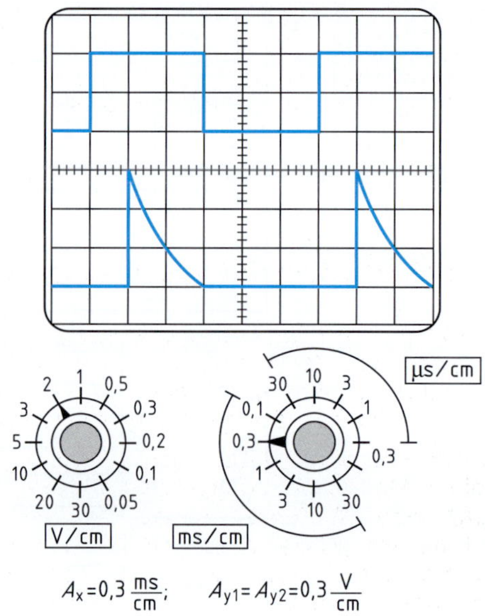

10.5.3 Ableseübung bei zwei Kurven

Auf dem Bildschirm sind zwei phasenverschobene Spannungen abgebildet. Ermitteln Sie

a) die Spitzenwerte und

b) den Phasenverschiebungswinkel der beiden Spannungen.

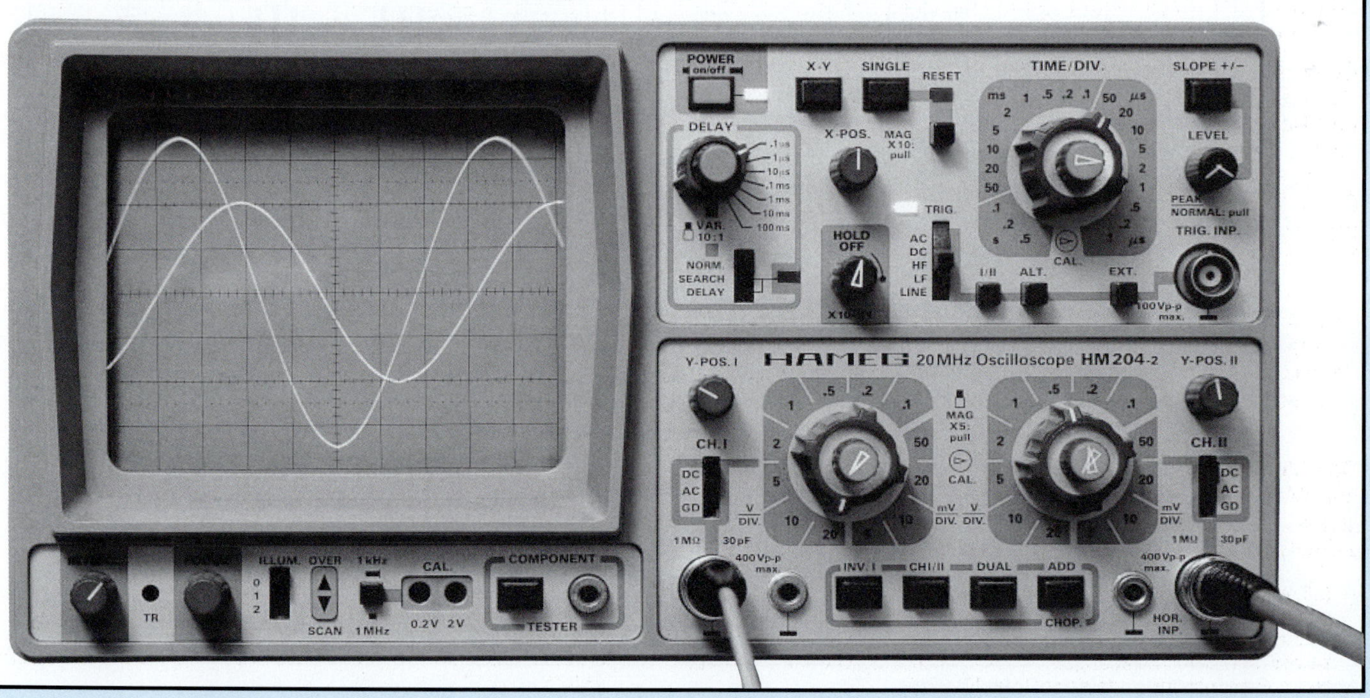

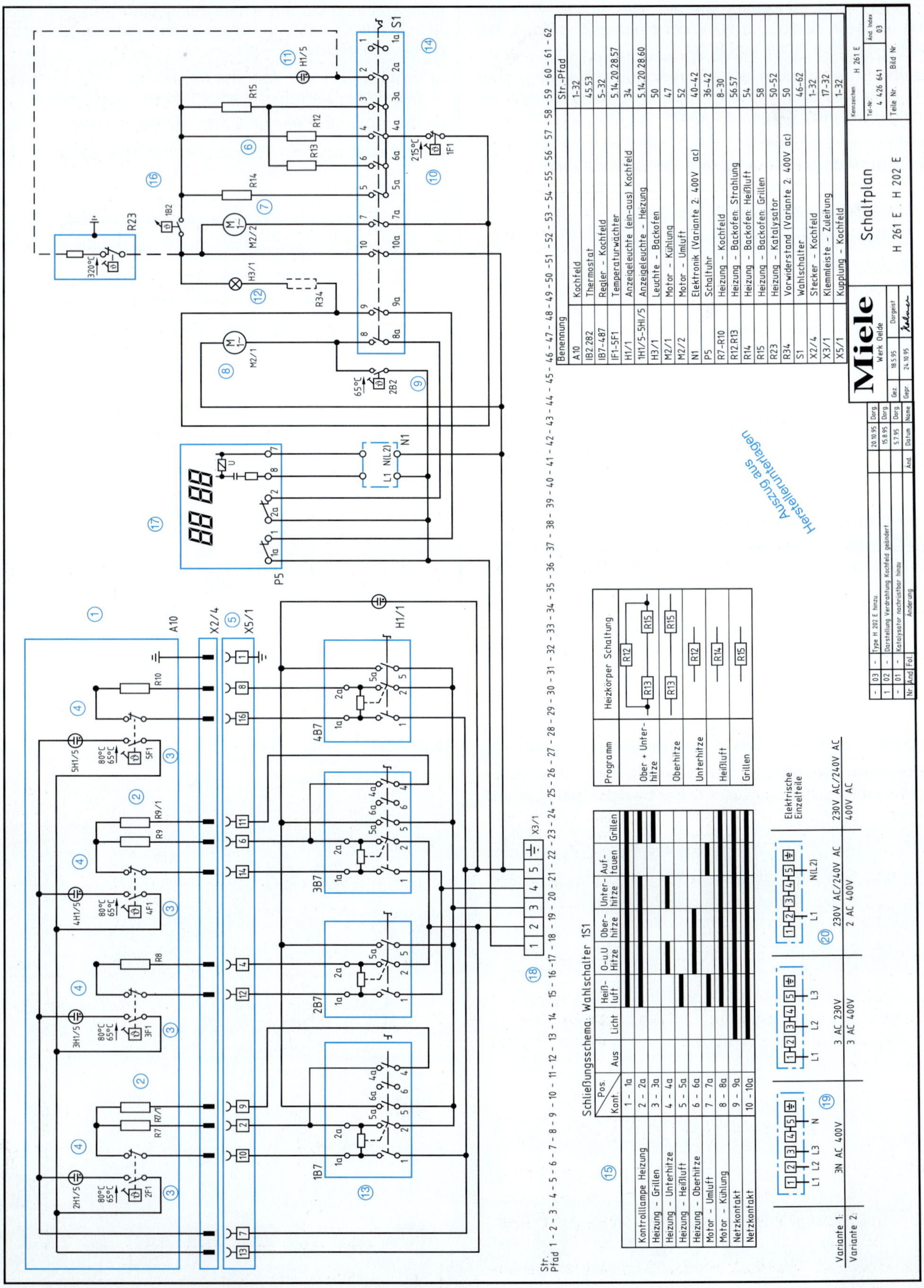

Abb. 1: Stromlaufplan eines Elektroherdes

Die wichtigsten Baugruppen eines Elektroherdes sind **Kochfeld, Backofen** und **Bedienungsfeld.**

Kochfeld

Der Elektroherd hat ein **Ceran-Kochfeld** (Abb. 1) ① mit vier Kochstellen (R7 bis R10). Davon haben zwei einen zweiten Heizwiderstand (R7/1 und R9/1) ②, damit dort Töpfe mit unterschiedlichen Durchmessern eingesetzt werden können. Temperaturwächter ③ überwachen die Kochstellentemperatur. Sie schalten bei Erreichen von 65 °C Kontrollleuchten ④ ein, damit man erkennt, dass die Kochstelle heiß ist. Bei 580 °C werden die Heizwiderstände abgeschaltet. Die Kochstellen haben unterschiedliche Heizleistungen, die stufenlos gesteuert werden. Eine Steckleiste (X2/4 und X5/1) ⑤ verbindet das Kochfeld mit dem Bedienungsfeld.

Backofen

Der Backofen (Abb. 1 und Abb. 2) hat hier vier Heizwiderstände ⑥. Für die **Oberhitze** liegen R13 und R15 in Reihe. Die **Unterhitze** liefert R12. Die **Heißluft** wird durch R14 zusammen mit dem Lüfter M2/2 ⑦ erzeugt. Bei der Schalterstellung „Grillen" ist nur R15 eingeschaltet.

Das Backofengehäuse wird durch den Lüfter M2/1 ⑧ gekühlt. Unterschreitet die Temperatur um den Backofen 65 °C, wird dieser durch den Temperaturwächter 2B2 ⑨ ausgeschaltet. Werden 215 °C überschritten, schaltet der Wächter 1F1 ⑩ alle Heizwiderstände ab.

Die Kontrolleuchte H1/5 ⑪ zeigt an, dass die Heizwiderstände eingeschaltet sind. Der Backofen wird durch die Leuchte H3/1 ⑫ beleuchtet.

Bedienungsfeld

Bei diesem Herd werden die Widerstände aller Kochfelder durch die **temperaturabhängigen Schalter** (1B7 bis 4B7) ⑬ mit temperaturabhängigen Widerständen geregelt (Abb. 3). Mit steigenden Temperatur wird der Widerstand von R1 größer. Durch R3 fließt ein größerer Strom. Dadurch erwärmt sich der Widerstand R3. Da R2 und R3 thermisch auf den Temperaturfühler einwirken, öffnet dieser das Schaltglied. Die Auslösetemperatur ist stufenlos einstellbar.

Die Programme des Backofens schaltet man mit dem **Nockenschalter** S1 ⑭. Das **Schaltdiagramm** ⑮ zeigt den Schaltzustand der Kontakte bei den einzelnen Schaltstellungen. Die Backofentemperatur wird über den **Thermostaten** 1B2 ⑯ eingestellt und geregelt. Mit der **Schaltuhr** ⑰ stellt man Back-, Brat- und Grillzeiten ein.

Netzanschluss

Der Anschluss an das Netz 3/N/PE; 400 V erfolgt an der Klemmleiste X3/1 ⑱. Dann muss bei

- Fünfleiter-Anschluss (Drehstrom; 400 V) das linke Anschlussschema ⑲ und bei
- Dreileiter-Anschluss (Wechselstrom; 230 V) das rechte Anschlussschema ⑳

angewandt werden.

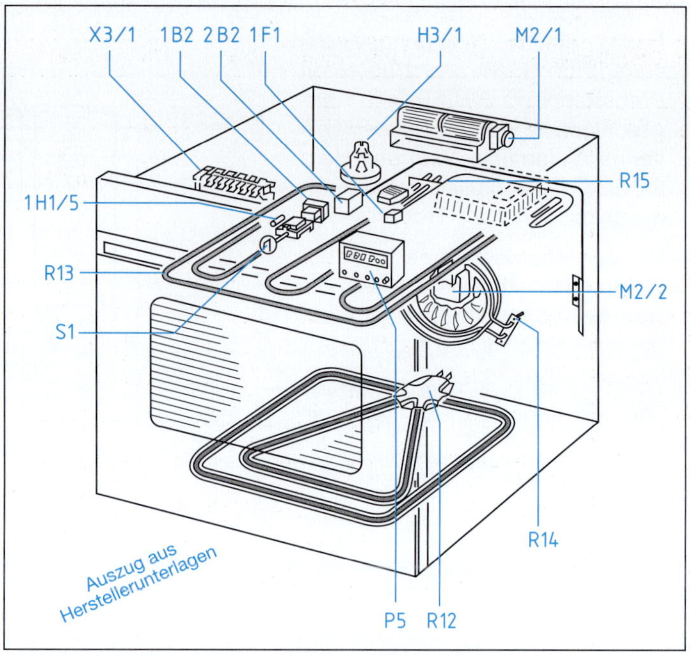

Abb. 2: Backofen, schematische Darstellung

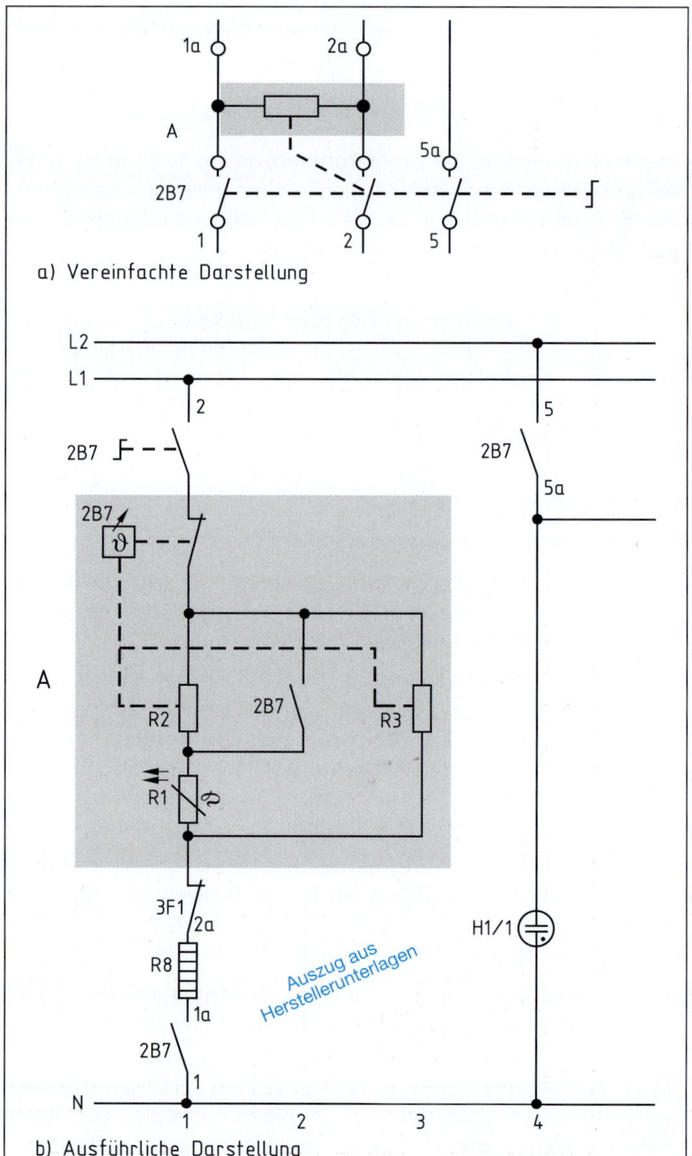

Abb. 3: Temperaturabhängiger Schalter 2B7 aus Abb. 1

Nach einem Wohnungswechsel soll der Elektroherd an einen Drehstromkreis 3/N/PE, 400V angeschlossen werden. In der vorherigen Wohnung war der Herd an einem Wechselstromkreis angeschlossen.

Bei der Inbetriebnahme stellt der Elektroinstallateur fest, dass die Normal-Kochplatte E2 nicht mehr die volle Heizleistung hat.

Welche Fehler können vorliegen und wie können diese gefunden werden?

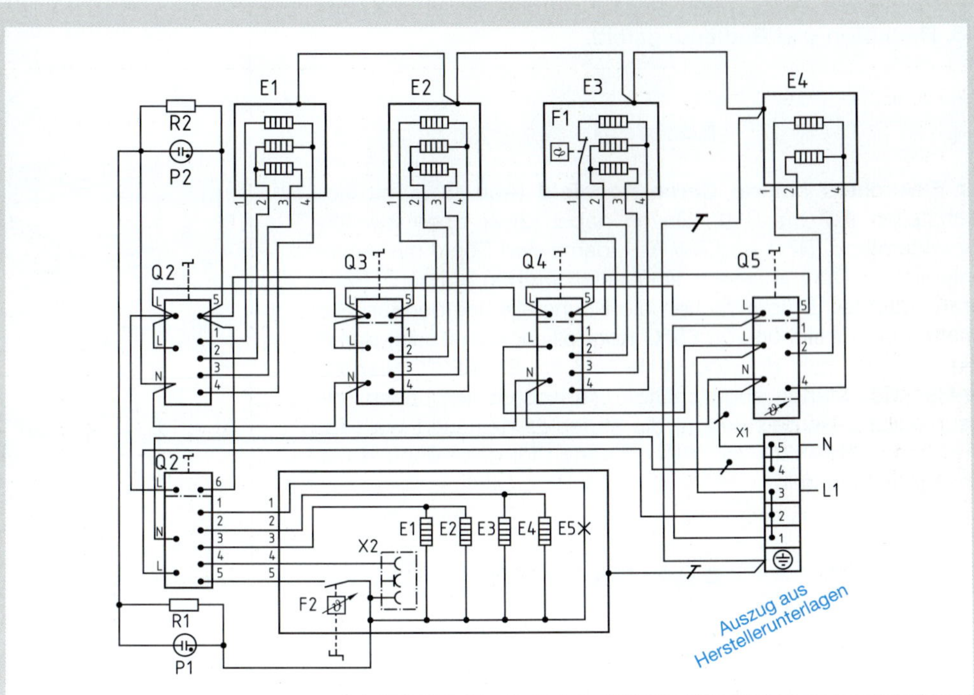

Netzanschluss

Da der Herd jetzt an ein Drehstromnetz anzuschließen ist, müssen an der Klemmenleiste X1 die Brücken zwischen den Klemmen 1, 2 und 3 entfernt werden. Das neue Anschlussschema zeigt die Abb. 1.

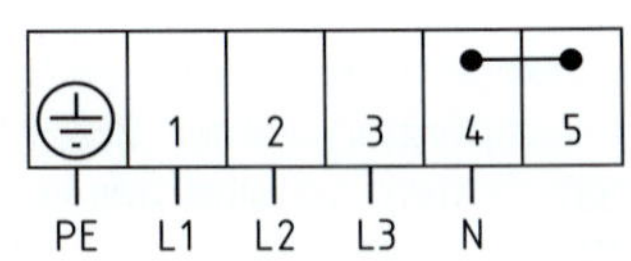

Abb. 1: Herdanschlussschema für Drehstromanschluss

Fehlersuche Kochplatte

Wenn eine Kochplatte nicht die volle Leistung hat, können folgende Fehler vorliegen:

- Leitungsunterbrechung,
- Heizwiderstand unterbrochen oder
- Schaltkontakte defekt.

Achtung: Herd spannungfrei schalten!

Durch eine Sichtkontrolle wird überprüft, ob sich Leitungen gelöst haben oder beschädigt sind. Anschließend muss die Durchgängigkeit der Leitungen gemessen werden.

Zur Prüfung von Schalter und Kochplatte wird an die Klemmen L und N ① des 7-Takt-Schalters Q3 ein Widerstandsmessgerät angeschlossen (Abb. 2 a). Wird der Schalter betätigt, müssen 6 verschiedene Widerstandswerte gemessen werden, die von Stufe zu Stufe kleiner werden. Diese werden mit den im Serviceheft (Abb. 2 b) für diese Kochplatte angegebenen Werte verglichen.

Wird bei einer Schaltstellung ein Fehler festgestellt, muss mit dem Messgerät geprüft werden, ob die im Schaltdiagramm angegebenen Schaltkontakte ② auch geschlossen sind.

Ist der Schalter fehlerlos, muss die Widerstandsmessung ③ direkt an den Heizwiderständen durchgeführt werden.

Eine Fehlersuche darf unter Spannung erfolgen, wenn geeignete Schutzmaßnahmen ergriffen werden. Die Beseitigung eines Fehlers muss jedoch im spannungslosen Zustand erfolgen.

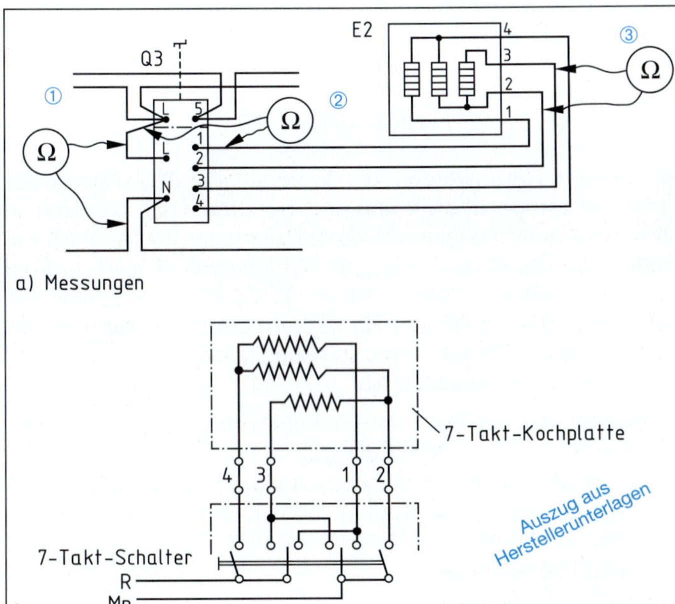

							145 / 1000		180 / 1500		220 / 2000	
							Watt	Ohm	Watt	Ohm	Watt	Ohm
Schaltstufe 0							–	–	–	–	–	–
Schaltstufe 1			•	•			100	484	140	396	220	220
Schaltstufe 2	•			•			160	303	240	202	320	151
Schaltstufe 3	•					•	240	202	350	138	460	105
Schaltstufe 4		•				•	520	93	800	61	910	53
Schaltstufe 5	•	•				•	760	63	1150	42	1370	35
Schaltstufe 6	•	•			•	•	1000	48	1500	32	2000	24

b) Service-Unterlagen

Abb. 2: Messung zur Fehlerbestimmung

11.1.1 Backofen

a) Wozu dient der Schalter 2S1 mit dem Thermostaten 3B2?

b) Welche Bauteile sind in der Schaltstellung Heißluft eingeschaltet?

c) Welche Heizwiderstände sind bei Oberhitze und welche bei Unterhitze eingeschaltet?

d) Welche Aufgaben haben 1N1, 2N1 und 3N1?

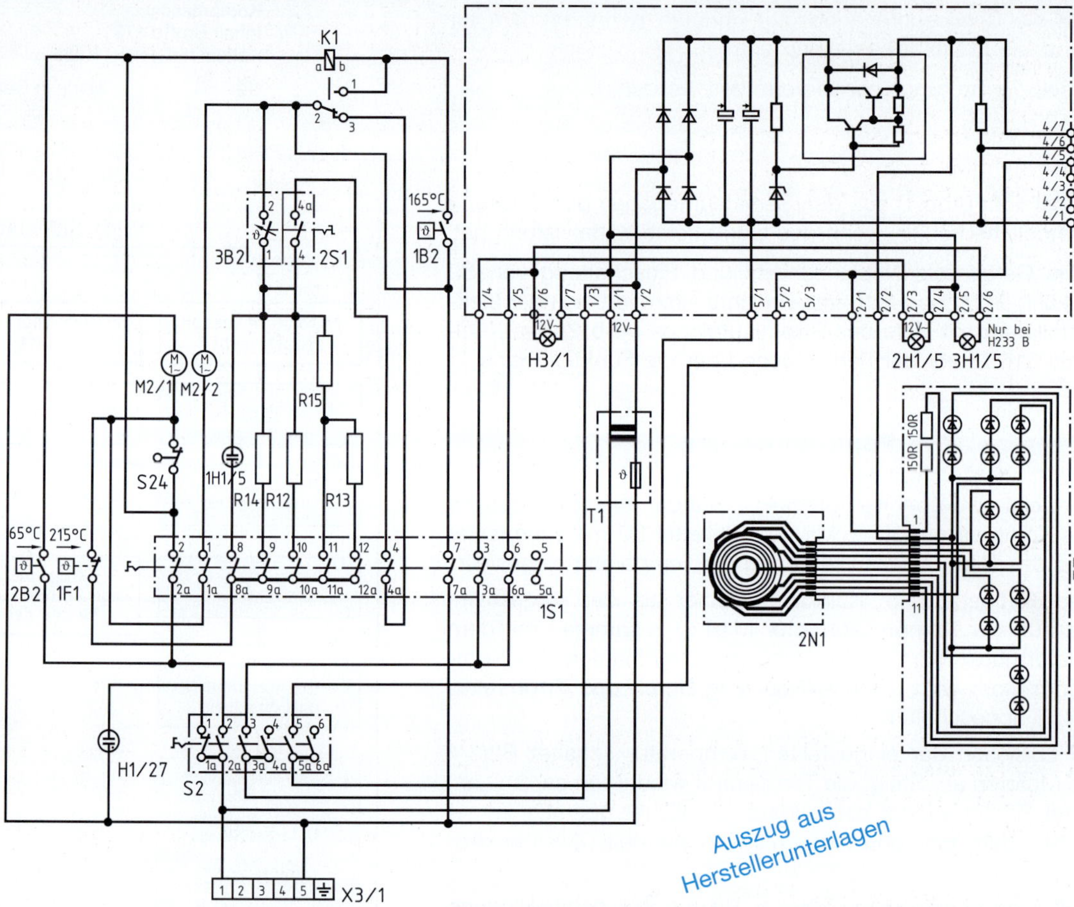

Auszug aus Herstellerunterlagen

Schließungsschema; Schalter EIN-AUS S2

Pos. / Kont.	EIN	AUS
1 - 1a		X
2 - 2a	X	
3 - 3a	X	
4 - 4a	X	
5 - 5a	X	
6 - 6a	X	

Schließungsschema: Wahlschalter 1S1

	Kont.		AUS	Licht	Heiß-luft	Brat-autom.	Ober-Hitze	O-u. U Hitze	Unter-Hitze	Auf-tauen	Grillen
Motor-Umluft	1	1a			X	X				X	
Motor-Kühlgebläse	2	2a		X	X	X	X	X	X	X	X
Beleuchtung-Thermostat	3	3a			X	X	X	X	X		X
Bratautomatik	4	4a				X					
	5	5a			X	X	X	X	X		
Beleuchtung-Backofen	6	6a		X	X	X	X	X	X	X	X
Thermostat-Bratautomatik	7	7a		X	X	X	X	X	X	X	X
Anzeigeleuchte-Heizung	8	8a			X	X	X	X	X		X
Heizung-Umluft	9	9a			X	X					
Heizung-Unterhitze	10	10a						X	X		
Heizung-Grillen	11	11a									X
Heizung-Oberhitze	12	12a					X	X			

Schließungsschema: Schalter 2S1

Kont.		AUS	Licht	Heiß-luft	Brat-autom.	Ober-Hitze	O-u. U Hitze	Unter-Hitze	Auf-tauen	Grillen
4	4a		X	X	X	X	X	X	X	X

11.1.2 Elektroherd

a) Der Elektroherd von der Seite 138 soll an 230 V, L1/N/PE angeschlossen werden. Zeichnen Sie das Anschlussschema.

b) Das Kochfeld R8 bleibt nach dem Einschalten kalt. Wie muss man vorgehen um den Fehler zu lokalisieren?

c) Die Glimmlampe H1/5 leuchtet nicht auf. Welche Fehler können vorliegen?

11.1.3 Kochfeld

Eine Kochmulde hat folgende Betriebsmittel:

- 1 Normal-Kochplatte E1 Ø 180 mm
- 1 Normal-Kochplatte E2 Ø 145 mm
- Automatik-Kochplatte E3
- 2 7-Takt-Schalter Q1 und Q2
- 1 Regelschalter Q3
- 1 Steckdose
- 3 Glimmlampen 2W/7A (Anzeige: Kochplatte in Betrieb)

a) Zeichnen Sie den Stromlaufplan in zusammenhängender Darstellung.

Hinweis: Ordnen Sie die Geräte wie folgt an.

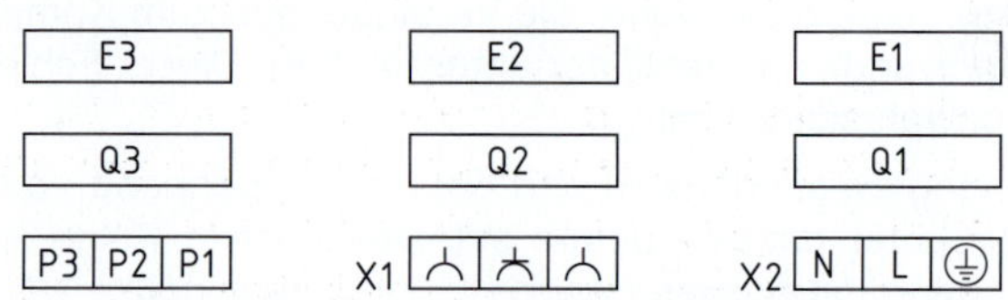

b) Zeichnen Sie den Stromlaufplan in aufgelöster Darstellung für die Kochplatte E1 mit betätigtem Schalter Q1. (Schalterstellung 1)

c) Zeichnen Sie die Kontaktverbindungen des Schalters Q1 in allen Schaltstellungen unter Beachtung der Abb. 2, Seite 140.

Ein Elektroinstallateur wird zu einem Kunden gerufen, dessen Kühlschrank keine Kälteleistung mehr hat.

Im Kühlschrank befindet sich das Typenschild, das Auskunft über die Serviceunterlagen gibt und die Kennnummern für eventuelle Ersatzteilbestellung enthält.

Es soll die Störungsursache ermittelt werden.

Miele

Kühlgerät Typ K 316 Ui Index 7
220 – 230V ~ 50 Hz 110 W Klasse N
Kompressor
Inhalt Brutto 172 l Nutz 171 l
Kältemittel R12 K 55 g
Made in Germany 2 177 685

Die Übersicht (Abb.1) aus den Serviceunterlagen gibt Auskunft über mögliche Fehler, wenn das Gerät keine Kälteleistung hat.

Da das Gerät trotz Netzanschluss und Einschaltung von B2 nicht kühlt (M2/1 und M16 laufen nicht), informiert sich der Elektroinstallateur mit Hilfe des Stromlaufplanes (Abb. 2) des Kühlgerätes 316 Ui vor der Fehlersuche über die Funktionweise.

Funktionsweise

Eingespeist wird über den Stecker ① auf das Klemmenbrett X4 ② des Kompressormotors. Mit dem Schalter B2 mit Thermostat ③ wird das Gerät eingeschaltet und die Temperatur eingestellt.

Ist die Temperatur im Kühlraum kleiner als der eingestellte Wert, läuft der Kompressormotor M16 ④ zusammen mit dem Ventilatormotor M2/1 ⑤ an. Nach dem Hochlaufen des Kompressormotors wird seine Hilfwicklung durch das Stromrelais K1/44 ⑥ abgeschaltet.

Nach Erreichen der eingestellten Temperatur schaltet B2:3/4 beide Motoren ab. Steigt die Temperatur wieder um ca. 2 °C an, schaltet B2:3/4 wieder ein, sodass die Kühltemperatur immer zwischen dem Ein- und Ausschaltwert pendelt (Zweipunktregelung).

Wird bei geschlossenem Schalter B2 die Tür geöffnet, dann schließt der Türschalter S4 ⑦ und die Kühlraumleuchte H3/3 ⑧ leuchtet auf.

Fehlersuche

Eine systematischen Fehlersuche kann er dann nach dem Ablaufschema (Abb. 3) wie folgt vornehmen:

1. B2 einschalten und niedrigste Temperatur einstellen. Leuchtet H3/3 auf, dann mit 2. weitermachen; leuchtet H3/3 nicht auf, dann mit 4. weitermachen!
2. Spannung zwischen B2:4 und N prüfen. Keine Spannung bedeutet, daß B2 defekt ist und ausgewechselt werden muss. Ist Spannung da, dann mit 3. weitermachen!
3. Spannung zwischen X4:1 und X4:N prüfen. Keine Spannung bedeutet die Verbindung X4:1 - B2:4 ist unterbrochen. Ist Spannung da, dann wären die Verbindungen zum Kompressormotor und zum Ventilator unterbrochen. Dieser Fehler ist aber unwahrscheinlich!
4. Spannung zwischen B2:6 und N prüfen. Spannung vorhanden bedeutet, dass B2 defekt ist (Auswechseln). Keine Spannung, dann mit 5. weitermachen.
5. Spannung zwischen X4:L und X4:N prüfen. Ist Spannung da, dann ist die Verbindung X4:L - B2:6 unterbrochen. Ist keine Spannung da, dann ist die Zuleitung unterbrochen.

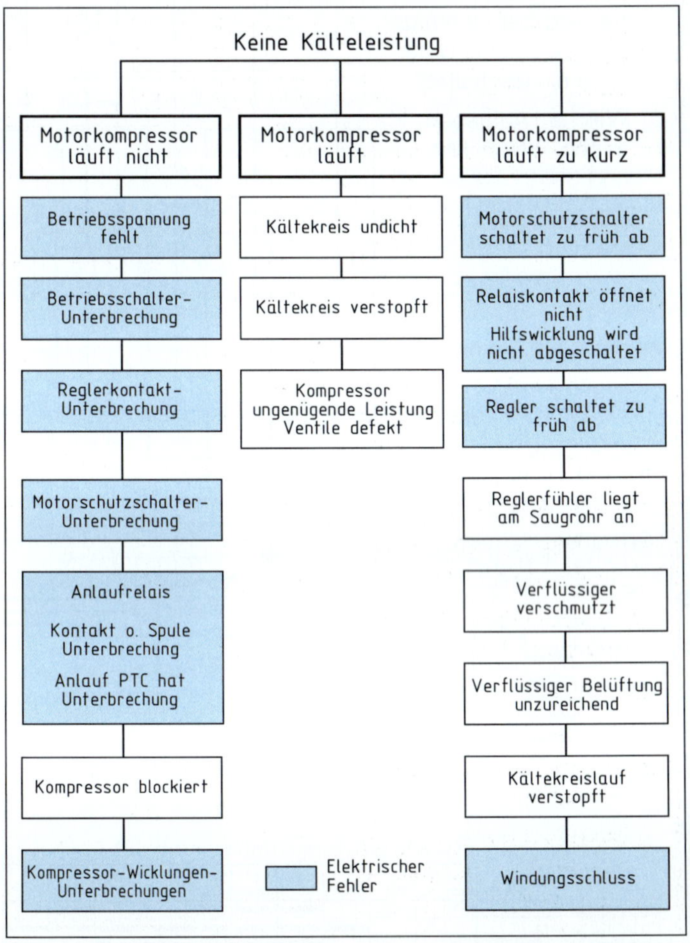

Abb. 1: Übersicht über mögliche Fehler (Herstellerunterlagen)

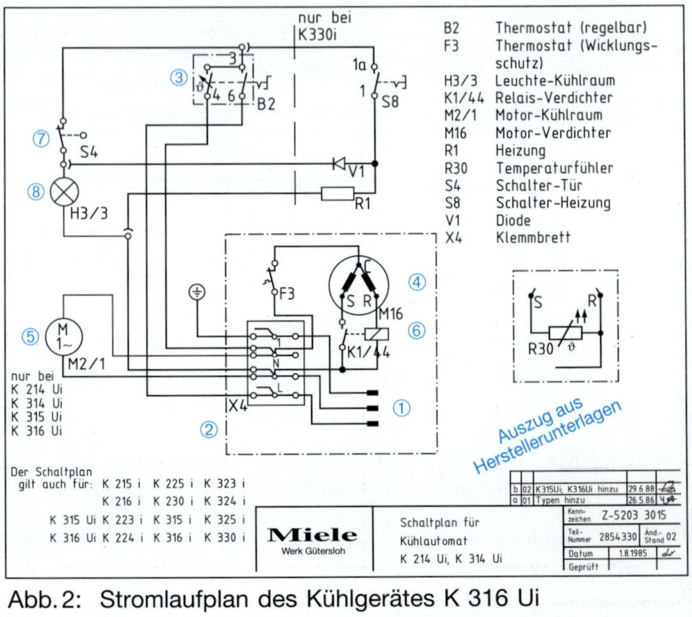

Abb. 2: Stromlaufplan des Kühlgerätes K 316 Ui

Anwendungsbeispiel • Anwendungsbeispiel • Anwendungsbeispiel • Anwendungsbeispiel • Anwendungsbeispiel

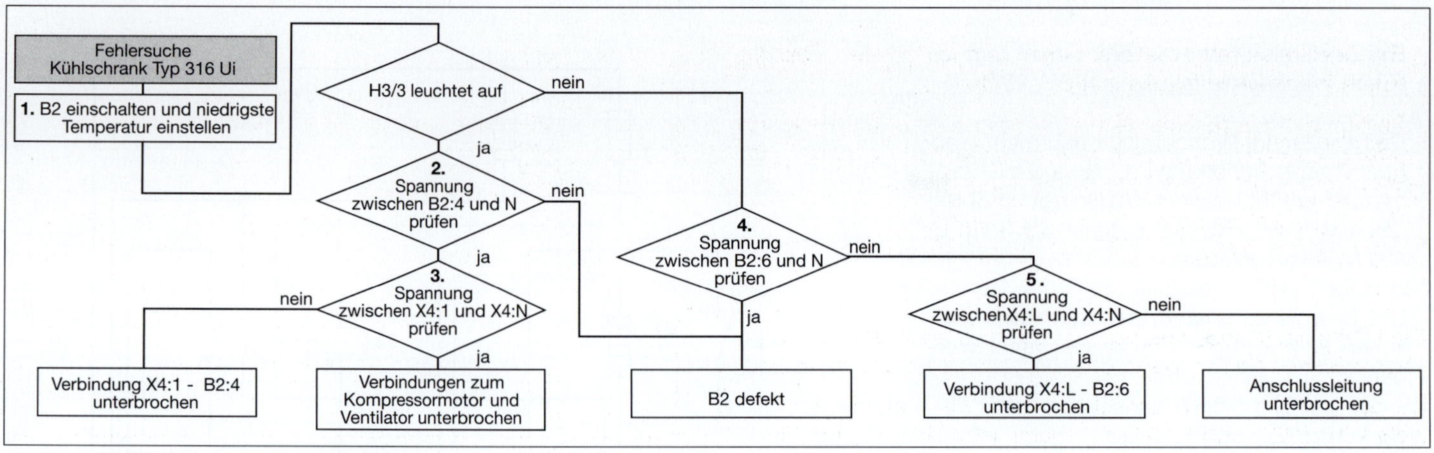

Abb.3: Ablaufschema der Prüfungen

Aufgaben • Aufgaben • Aufgaben • Aufgaben • Aufgaben • Aufgaben • Aufgaben

11.2.1 Kühlautomat K 325 i

Das Kühlgerät hat eine zu geringe Kühlleistung. Der Kompressormotor mit temperaturabhängigen Widerstand läuft zu kurz.

a) Welche Aufgaben haben 1B2 und R1?

b) Warum wurde R30 eingebaut?

c) Welche Fehler können vorliegen?

d) Beschreiben Sie die Fehlersuche.

e) Zeichnen Sie den Stromlaufplan in aufgelöster Darstellung.

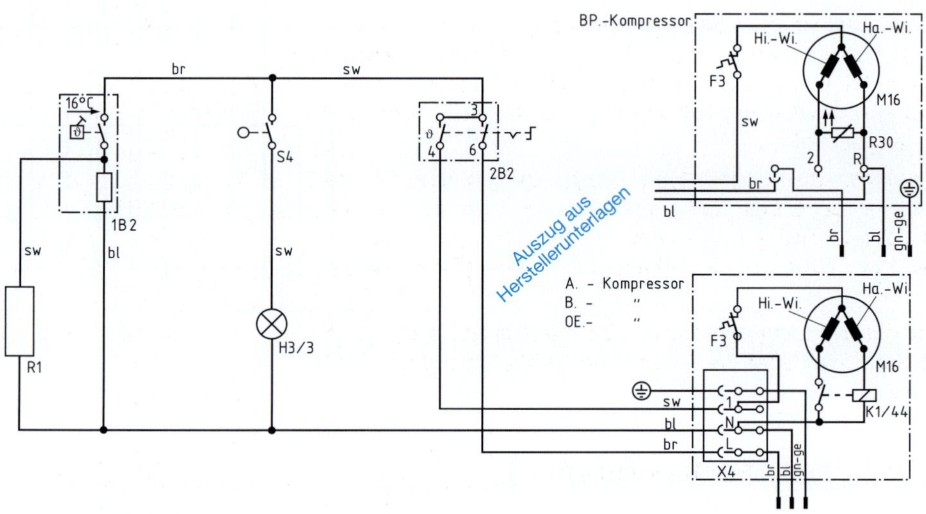

11.2.2 Gefriertruhe

Der Kompressormotor läuft nicht. a) Welche Fehler können vorliegen. b) Beschreiben Sie die Fehlersuche.

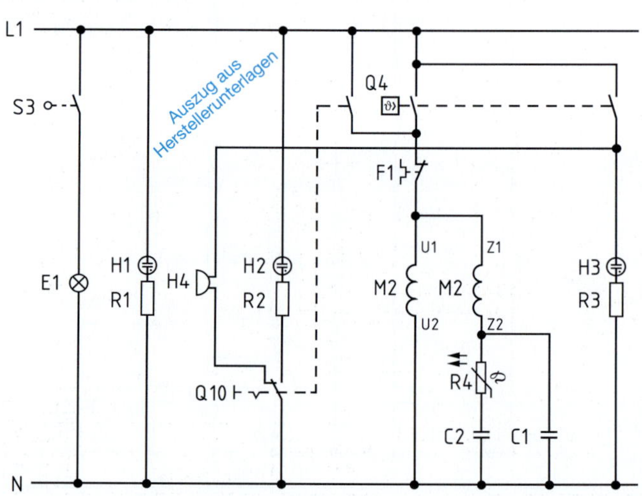

11.2.3 Kühl- und Gefrierkombination

Beschreiben Sie die Funktion a) des Kühlteiles und b) des Gefrierteiles.

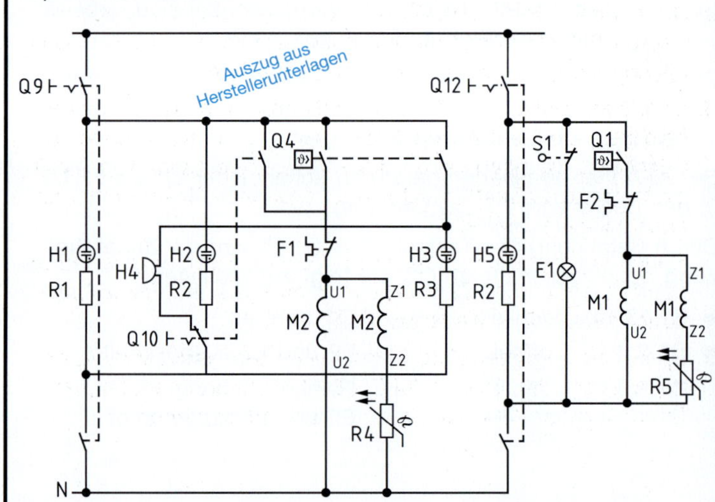

Ein Zweikreis-Warmwasserspeicher liegt an einem Wechselstromkreis 1/N/PE, 230V.

Da nach einem Wohnungsumbau mehr warmes Wasser benötigt wird, muss die Grundheizung erhöht werden. Wegen der erhöhten Leistung wird das Gerät dann an 3/N/PE, 400 V, angeschlossen.

Um Energie zu sparen, soll das Gerät zwischen 22[00] und 5[30] Uhr abgeschaltet werden.

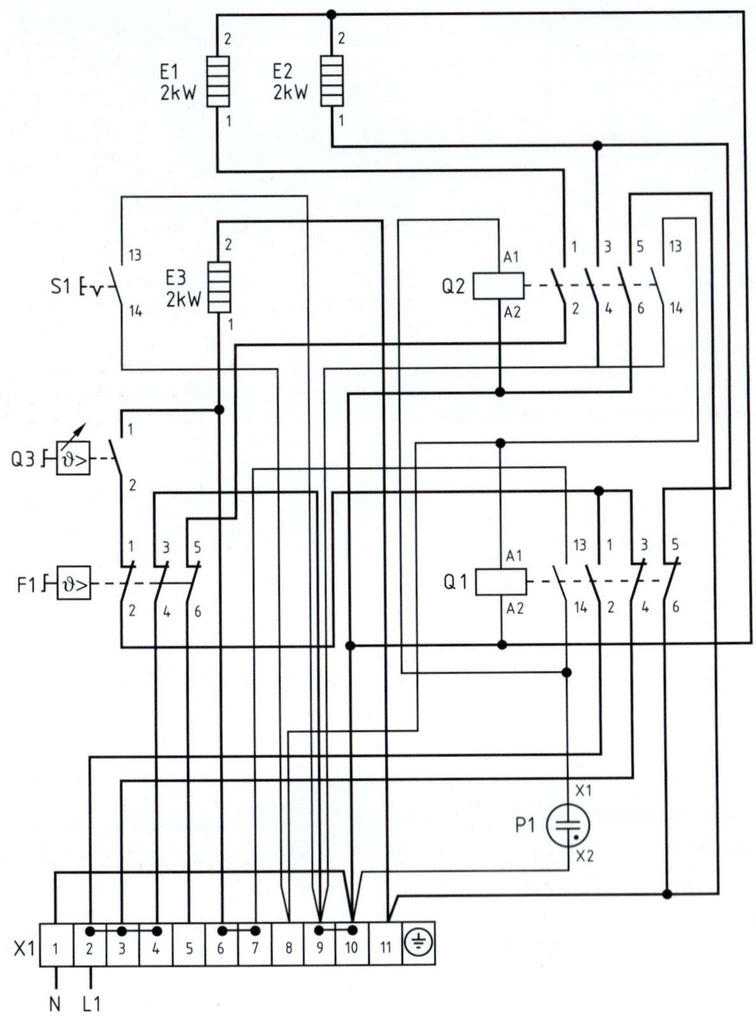

Funktion der Schaltung

Um die Funktion der Schaltung besser erkennen zu können ist die Schaltung als Stromlaufplan in aufgelöster Darstellung (Abb. 1) umgezeichnet.

Mit dem Schalter Q3 ① mit Thermostat werden die Heizwiderstände E2 und E3 eingeschaltet und eine bestimmte Temperatur eingestellt. Da E2 und E3 in Reihe geschaltet sind, arbeitet das Gerät mit einer **Grundheizung** von 1 kW.

Wenn das Wasser die eingestellte Temperatur erreicht, öffnet der Kontakt Q3:1/2. Sinkt die Temperatur, schließt er wieder. Q3 arbeitet somit als **Zweipunktregler.**

Bei zu hohen Wassertemperaturen schaltet der Öffner F1:1/2 ② des Begrenzers F1 das Gerät ab.

Durch Betätigung des Tastschalters S1 ③ wird die **Zusatzheizung** bei eingeschalteten Q3 wie folgt zugeschaltet:

- S1:13/14 schließt → Q1 zieht an
- Q1:3/4 öffnet → E2 und E3 ausgeschaltet
  Q1:5/6 öffnet → Reihenschaltung E2 und E3 aufgetrennt

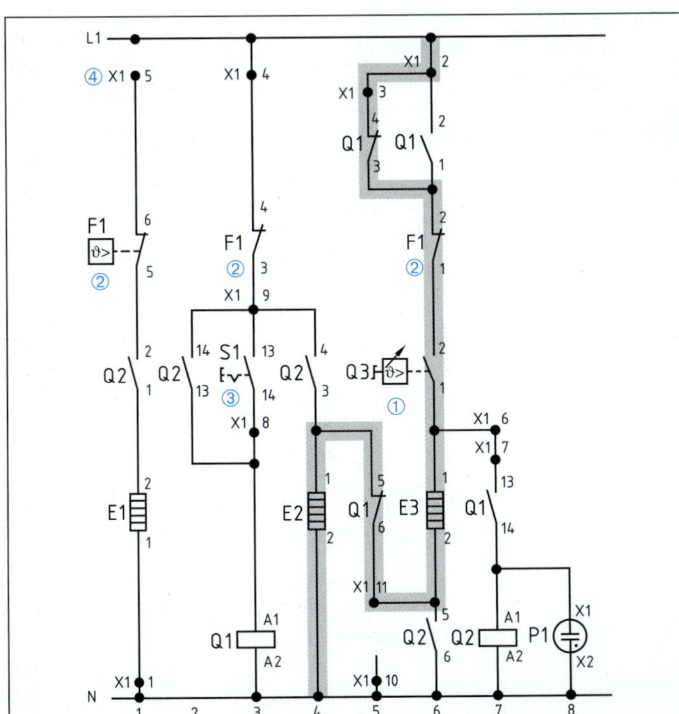

Abb. 1: Stromlaufplan in aufgelöster Darstellung

- Q1:1/2 schließt → E3 liegt an L1
  Q1:13/14 schließt → Q2 zieht an und P1 leuchtet
- Q2:1/2 schließt →
  Q2:3/4 schließt → E2 eingeschaltet
  Q2:5/6 schließt → E3 eingeschaltet
  Q2:13/14 schließt → Selbsthaltung Q1

Ist die eingestellte Wassertemperatur erreicht, öffnet Q3 und Q2 ist stromlos. Der Kontakt Q2:13/14 öffnet und Q1 wird stromlos. Die Heizwiderstände E2 und E3 sind dann abgeschaltet. Sinkt die Temperatur wieder, schließt Q3 und schaltet die Grundheizung ein.

☺ Bei diesem Anschluss wird der Heizwiderstand E1 ④ nicht benutzt. Die Anschlussleistung ist somit 4 kW.

Umschaltung und Installation

Der Elektroinstallateur muss

- das neue Anschlussschema festlegen,
- das Gerät umschalten und die Schaltuhr einbauen,
- die neue Zuleitung auslegen und die Leitungsschutzorgane aussuchen.

Die Abb. 2 zeigt vier Anschlussmöglichkeiten des Warmwasserspeichers. Bei Drehstromanschluss 3/N/PE, 400V, ist das Anschlussschema ⑤ anzuwenden. Die **Anschlussleistung** beträgt dann 6 kW.

Zur Erhöhung der Grundleistung auf 2 kW müssen die Klemmen 10 und 11 ⑥ an X1, Abb. 2, überbrückt werden.

Der geänderte Stromlaufplan in aufgelöster Darstellung (Abb. 3) zeigt, dass dann nur der Heizwiderstand E3 eingeschaltet wird. Er liegt jetzt an 230 V und hat somit seine volle Heizleistung von 2 kW.

Die **Schaltuhr** S2 wird an X1:2 und X1:3 ⑦ angeschlossen. Die dort vorhandene Brücke wird entfernt. Zwischen 22⁰⁰ - 5³⁰ Uhr kann das Wasser somit nur über die Zusatzheizung erwärmt werden.

Durch den Drehstromanschluss wird nun auch der Heizwiderstand E1 bei der Zusatzheizung benutzt. Dadurch erhöht sich die Anschlussleistung auf 6 kW.

Bei einer Leistung von 6 kW, 400 V, fließt ein Laststrom von 8,7 A. Laut Diagramm, Anhang, Seite 169, kann unabhängig von der Verlegeart

NYM 5 x 1,5 mm²

verlegt werden (Mindestquerschnitt). Eine Überrprüfung (siehe Anhang, Seite 170) ergibt, dass der Spannungsfall bei einer Leitungslänge von 18 m kleiner als 3 % ist.

Die Leitung wird mit einem LS-Schalter B, 3x10 A, 6 kA abgesichert.

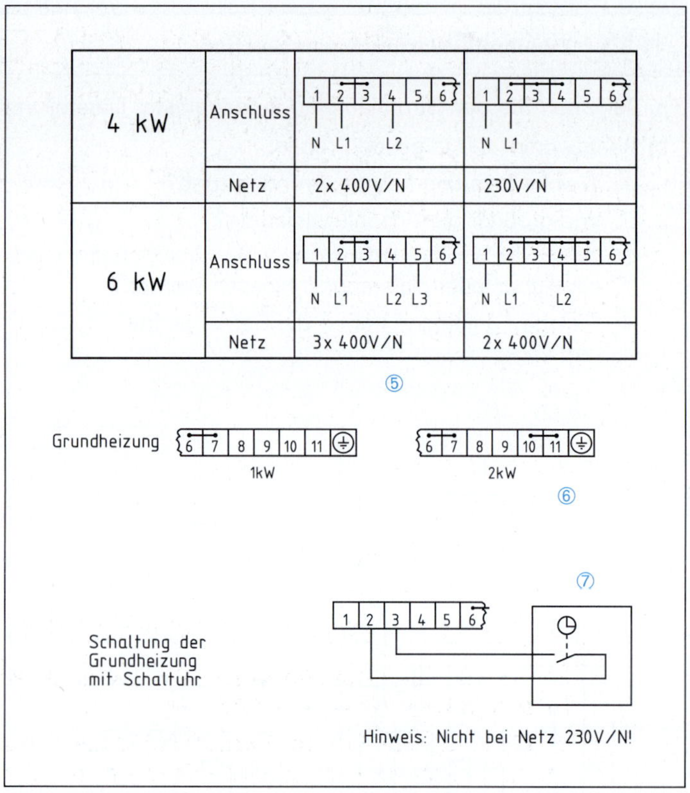

Abb. 2: Anschluss- und Schaltmöglichkeiten des Warmwasserspeichers

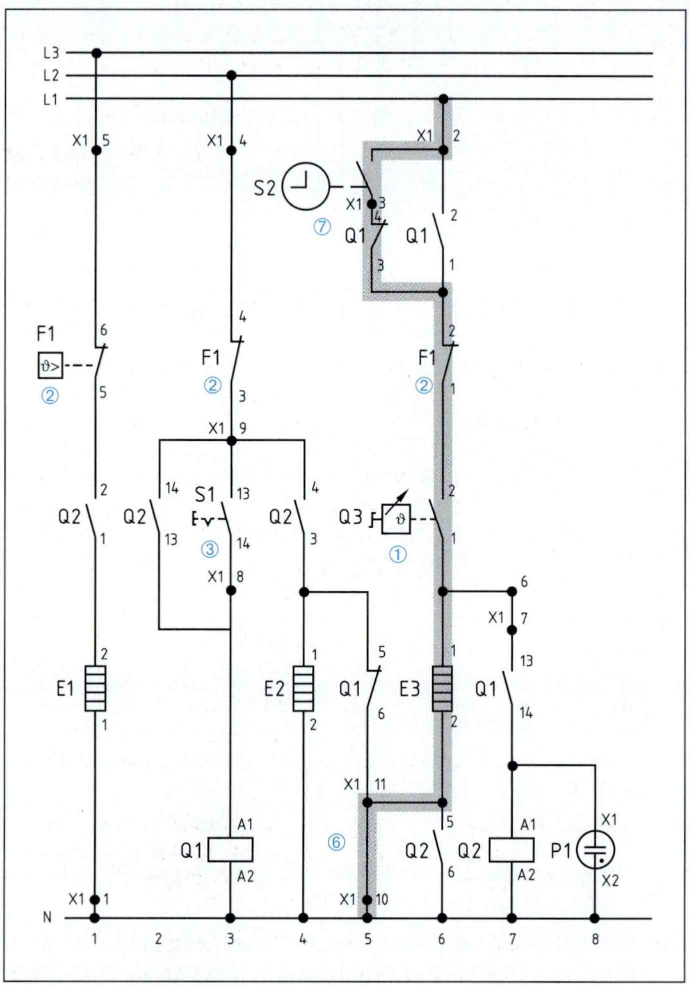

Abb. 3: Stromlaufplan in aufgelöster Darstellung nach Umschaltung

11.3.1 Zweikreis-Warmwasserspeicher

a) Zeichnen Sie den Stromlaufplan in aufgelöster Darstellung.

b) Beantworten Sie folgende Fragen:

1. Welche Leistung hat die Grundheizung?
2. Wie groß ist die Anschlussleistung?
3. Zwischen welchen Klemmen kann eine Schaltuhr oder ein Rundsteuerrelais angeschlossen werden?
4. Welche Funktionen haben die Betriebsmittel F1, Q1, P1 und Q2?

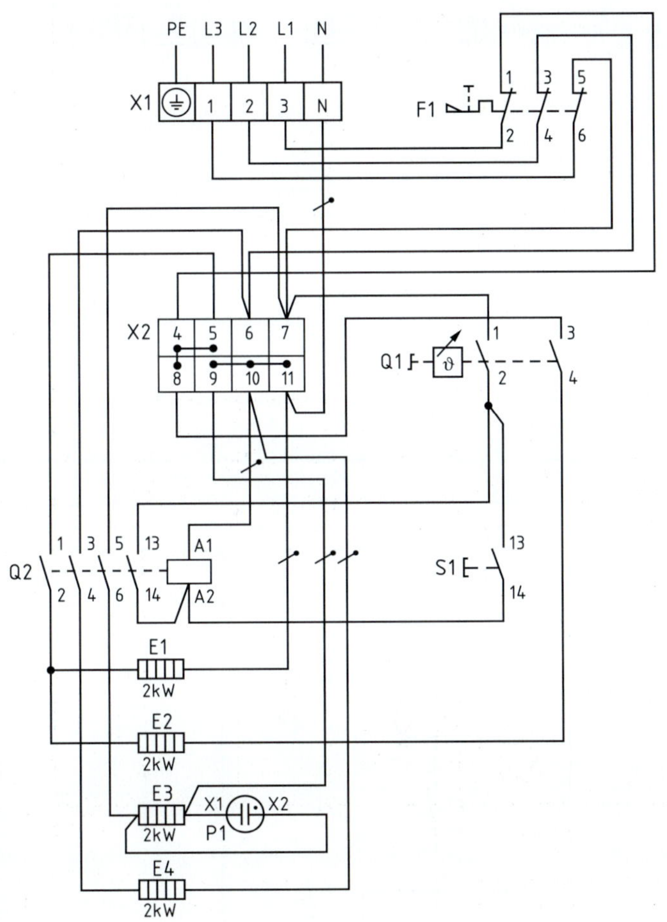

11.3.3 Durchlauferhitzer

a) Beantworten Sie folgende Fragen:

1. Für welche Spannung ist die Kombination Signallampe/Vorwiderstand ausgelegt?
2. Kann das Gerät mit seiner Bemessungsleistung an 1/N/PE, 230V, betrieben werden?
3. Welchen Betriebszustand zeigt die Signallampe an?
4. Welche Heizwiderstände sind bei geöffnetem Teillastschalter und geöffnetem Temperaturregler eingeschaltet?

b) Wie ändert sich die Leistung, wenn

1. ein LS-Schalter angesprochen hat oder
2. eine Heizwiderstand zerstört ist?

c) Geben Sie die Aufgaben der vier Schaltgeräte an.

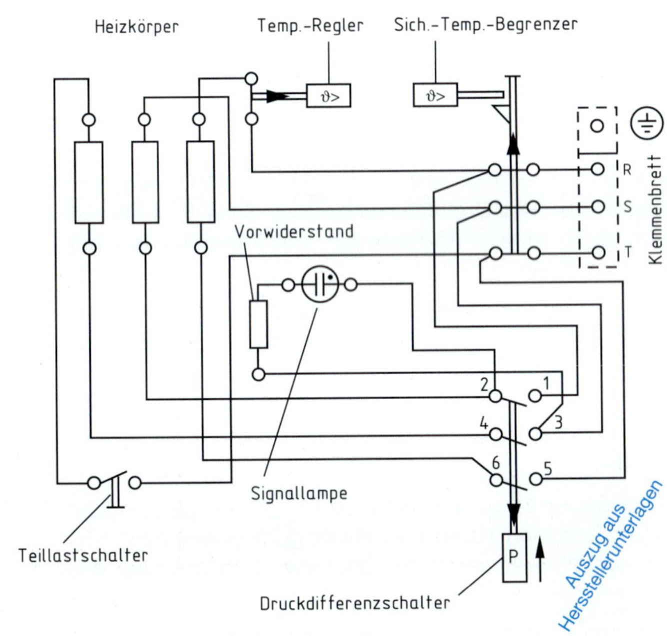

11.3.2 Kochendwassergerät

Beantworten Sie folgende Fragen und begründen Sie Ihre Antworten:

1. Welches Bauteil wird als Trockengehschutz bezeichnet?
2. Welche Funktion hat Q1?
3. Was geschieht, wenn das Wasser 100 °C erreicht hat?
4. Wird das Wasser noch warm gehalten, wenn F1 geöffnet ist?
5. Verändert sich die Helligkeit der Signallampe P1, wenn F1 angesprochen hat?
6. Welche Fehler können vorliegen, wenn P2 nach dem Erreichen von 100 °C Wassertemperatur kein akustisches Signal gibt?

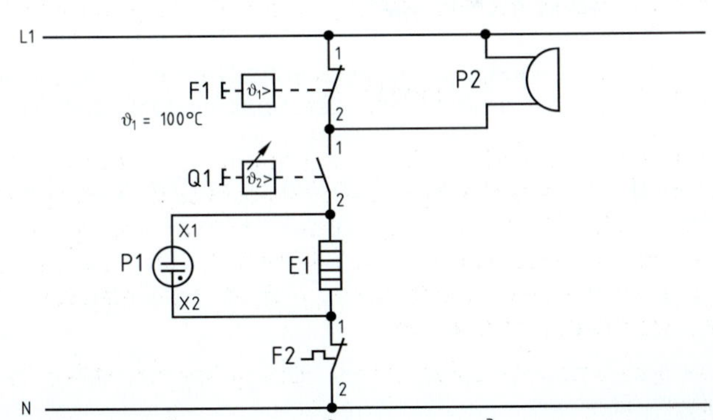

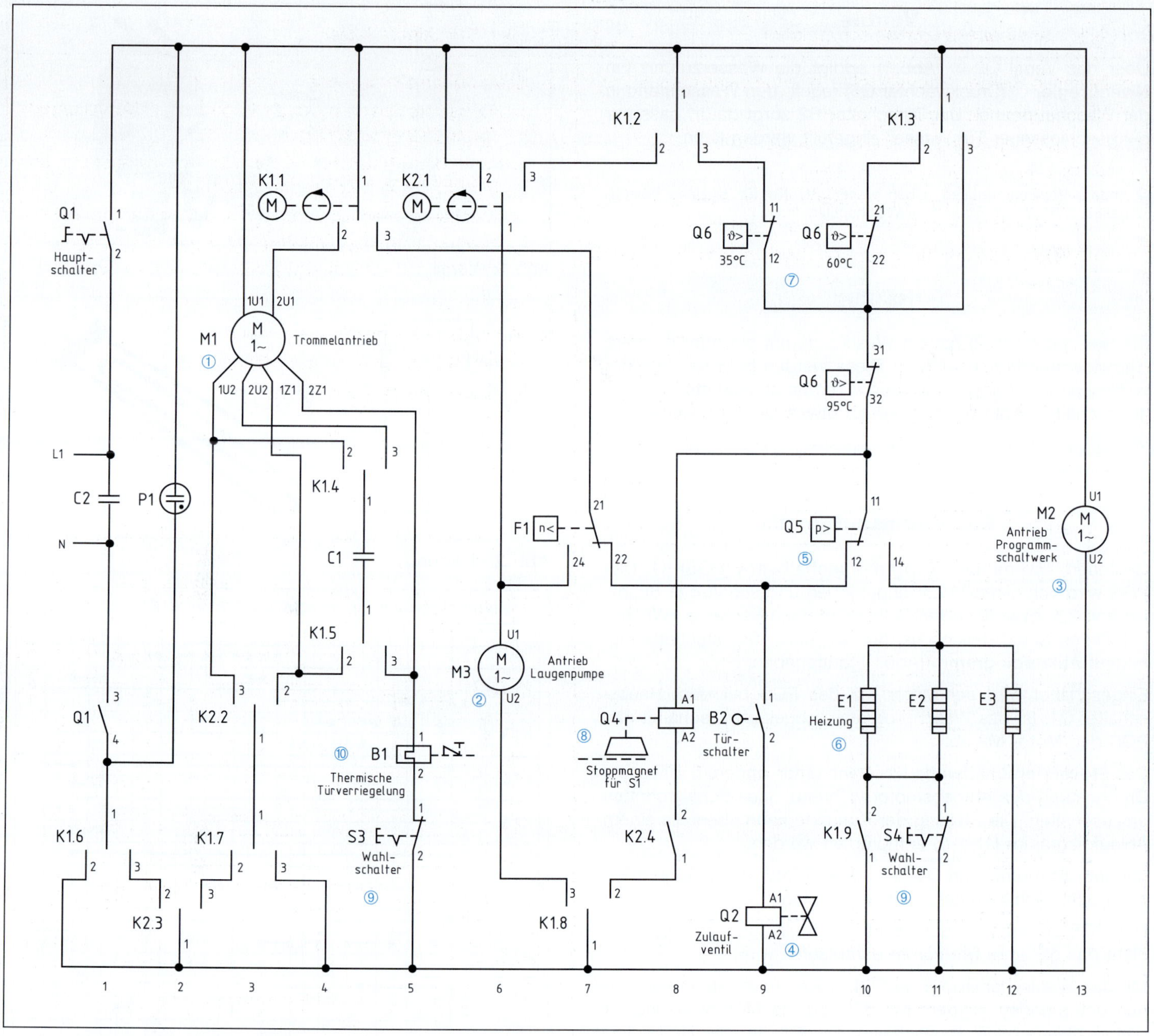

Abb. 1: Stromlaufplan eines Waschautomaten

Bei Waschmaschinen (Abb. 1) werden die Arbeitsgänge durch Programmschaltwerke oder Mikroprozessoren gesteuert. Man spricht daher von **Waschautomaten.** Ihre wichtigsten Baugruppen sind Antriebe, Ventile, Heizung und Steuerungsautomatik.

Antriebe

Der Antriebsmotor (M1) ① der Wäschetrommel muss folgende Betriebseigenschaften haben. Beim Waschvorgang wird eine niedrige Drehzahl und Rechts- und Linkslauf verlangt. Zum Schleudern benötigt man eine hohe Drehzahl. Man verwendet spezielle **Wechselstrom-Motoren** (Abb. 2) oder elektronisch gesteuerte **Universalmotoren.**

Die Laugenpumpe wird von einem **Spaltpolmotor** (M3) ② angetrieben.

Waschautomaten mit Programmschaltwerk (PGS) haben als Antrieb für das PGS (K1) einen **Synchronmotor** (M2) ③.

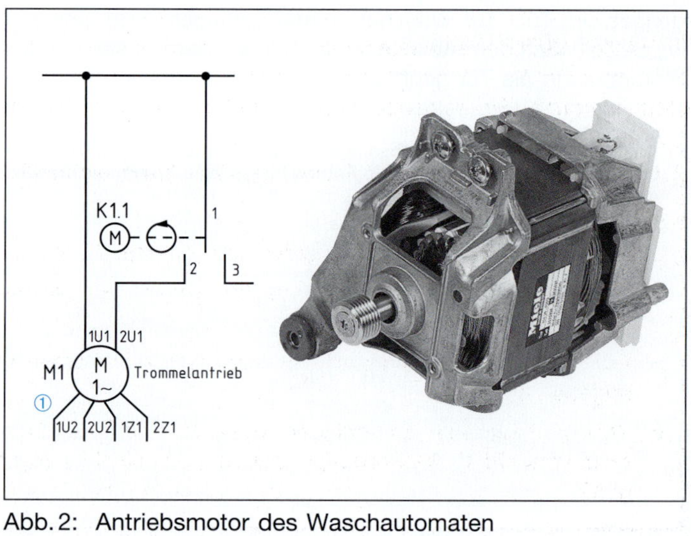

Abb. 2: Antriebsmotor des Waschautomaten

Ventile

Über das Ventil Q2 ④ (Abb. 1) erfolgt die Wasserzufuhr. Ein **Niveauregler** ⑤ (Druckwächter Q5) regelt den Wasserstand in der Wäschetrommel. Der Türschalter B2 sorgt dafür, dass nur bei geschlossener Tür Wasser eingefüllt werden kann.

☺ Andere Waschautomaten haben weitere Ventile für einzelne Waschgänge, z. B. Waschmittel- oder Weichspülerzufuhr.

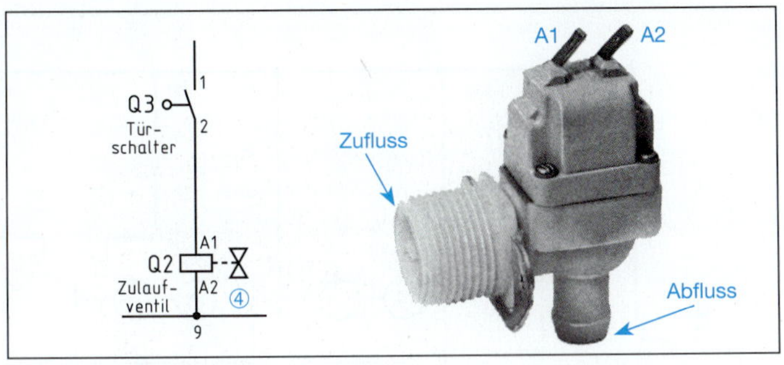

Abb. 1: Ventil

Heizung

Als Heizung (Abb. 2) hat ein Waschautomat ein oder mehrere Heizwiderstände (E1 – E3) ⑥. Diese werden bei Erreichen der vorgesehenen Temperatur durch Temperaturwächter (Q6) ⑦ abgeschaltet. Sinkt die Temperatur etwas ab, wird wieder eingeschaltet (Zweipunktregelung).

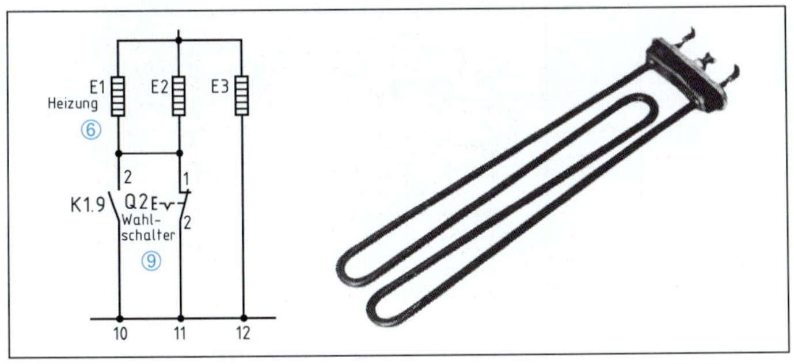

Abb. 2: Heizung

Steuerungsautomatik

Gesteuert wird mit dem **Programmschaltwerk** (PGS) K1. Das PGS wird von einen Motor angetrieben und schaltet in Schritten von 2,5' bzw. 5' weiter. Es hat hier neun Kontakte (Wechsler). Deren Schaltstellung bei den einzelnen Schaltschritten ist in dem **Ablaufdiagramm** (Abb. 3) angegeben.

Eingeschaltet wird der Motor M2 des PGS mit dem Hauptschalter Q1. Ist das Waschprogramm abgelaufen, schaltet das PGS den Motor M2 ab.

Das **Reversierschaltwerk** K2 dient unter anderem dazu die Drehrichtung des Antriebsmotor während eines Schaltschrittes umzuschalten. Die Stellung der Kontakte kann ebenfalls einem Ablaufdiagramm (Abb. 3) entnommen werden.

Mit dem **Stoppmagnet** Q4 ⑧ wird der Motor des PGS in manchen Schaltschritten kurzzeitig angehalten.

Das PGS startet auch aus beliebigen Stellungen, sodass dann nicht das gesamte Programm durchlaufen wird.

Mit den Wahlschaltern S3 und S4 ⑨ können einzelne Funktionen unterbunden werden. Mit S3 wird die Motorwicklung für den Schleudergang abgeschaltet. S4 schaltet die Heizwiderstände E1 und E2 ab.

Mit der **Türverriegelung** B1 ⑩ wird während des Schleuderganges die Tür zur Wäschetrommel verriegelt. Erst eine gewisse Zeit nach dem Abschalten, d. h. nach dem Auslaufen des Motors, kann die Tür geöffnet werden.

☺ Andere Waschautomaten haben anstelle des PGS eine Steuerelektronik und eine Leistungselektronik. Als Antrieb für die Wäschetrommel benutzt man dann Gleichstrommotoren.

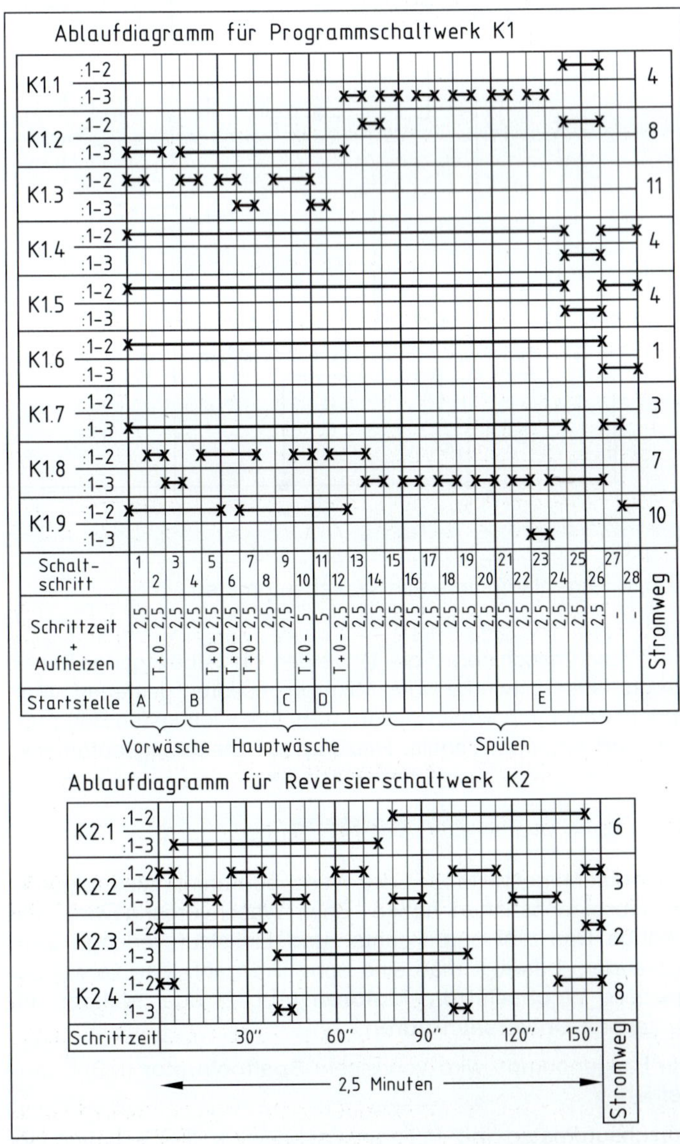

Abb. 3: Ablaufdiagramme zum Programmschaltwerk

Ein Waschautomat bleibt im Programm stehen.

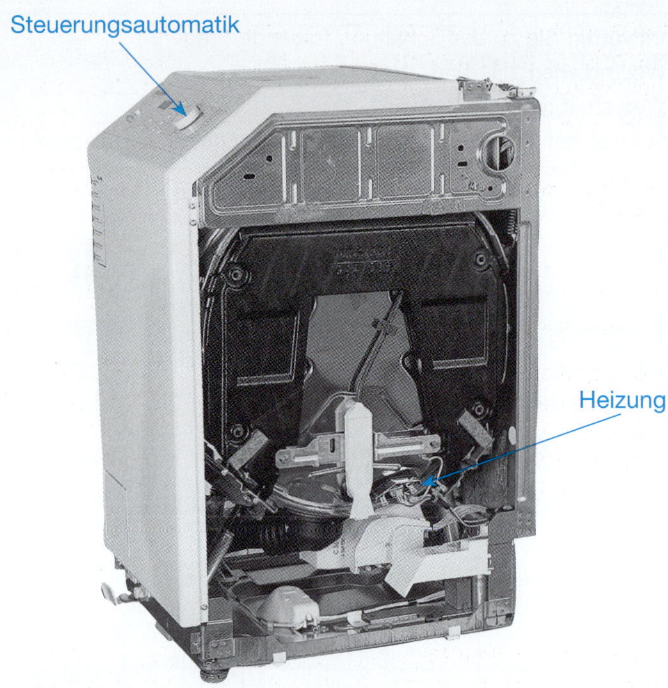

Der Servicetechniker soll die Störung beseitigen!

Fehlerursachen

Laut Serviceunterlagen (Abb. 4) können die Heizwiderstände, der Thermostat oder das Programmschaltwerk defekt sein.

- Wenn die Heizung nicht funktioniert, schaltet der Thermostat nicht ein. Das Programmschaltwerk dreht nicht weiter. Es bleibt in der Aufheizstellung stehen.
- Bei defektem Thermostat dreht das Programmschaltwerk ebenfalls nicht weiter und bleibt in der Aufheizstellung stehen.
- Wenn die Kupplung und das Getriebe am Programmschaltwerk mechanisch defekt sind läuft der Antriebsmotor, aber das Programmschaltwerk schaltet nicht weiter.

Fehlersuche

Achtung: Maschine spannungsfrei schalten!

Kontrollieren, ob sich die Steuerelektronik weiterdrehen lässt. Ist die Steuerelektronik beschädigt, muss sie ausgewechselt werden.

Durch Messung des Widerstandes der **Heizstäbe** wird kontrolliert, ob die Messwerte mit den in den Serviceunterlagen angegebenen Werte übereinstimmen (z. B. 25 Ω). Gegebenenfalls muss ein neuer Heizstab eingebaut werden.

Bei der niedrigsten Temperatureinstellung kontrolliert man durch Erwärmen, ob der **Thermostat** einwandfrei schaltet. Bei Defekt muss er ausgewechselt werden.

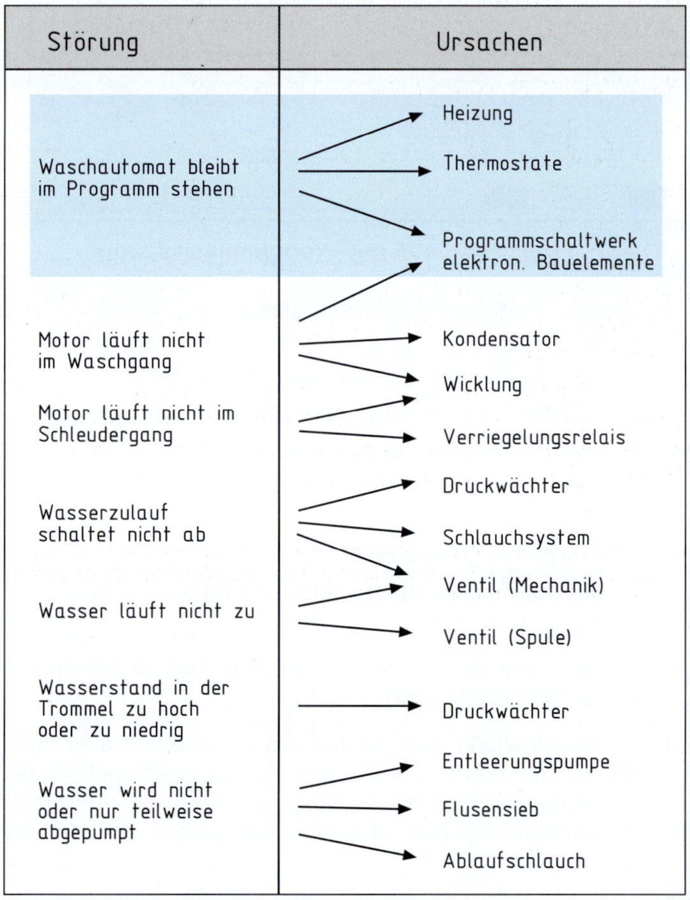

Abb. 4: Fehlerübersicht nach Herstellerangaben

11.4.1 Waschautomat mit elektronischer Steuerung

Beantworten Sie zu der Schaltung folgende Fragen:

a) Wozu dienen 1N1 und 2N1?

b) Was stellt man mit S16 ein?

c) Mit welcher Art von Antrieb wird die Wäschetrommel angetrieben?

d) Welche Ventile sind vorhanden?

e) Welche Aufgabe hat B1?

f) Welche Aufgaben haben R1, R2, R30, 1K1/ 1 und 2K1/1?

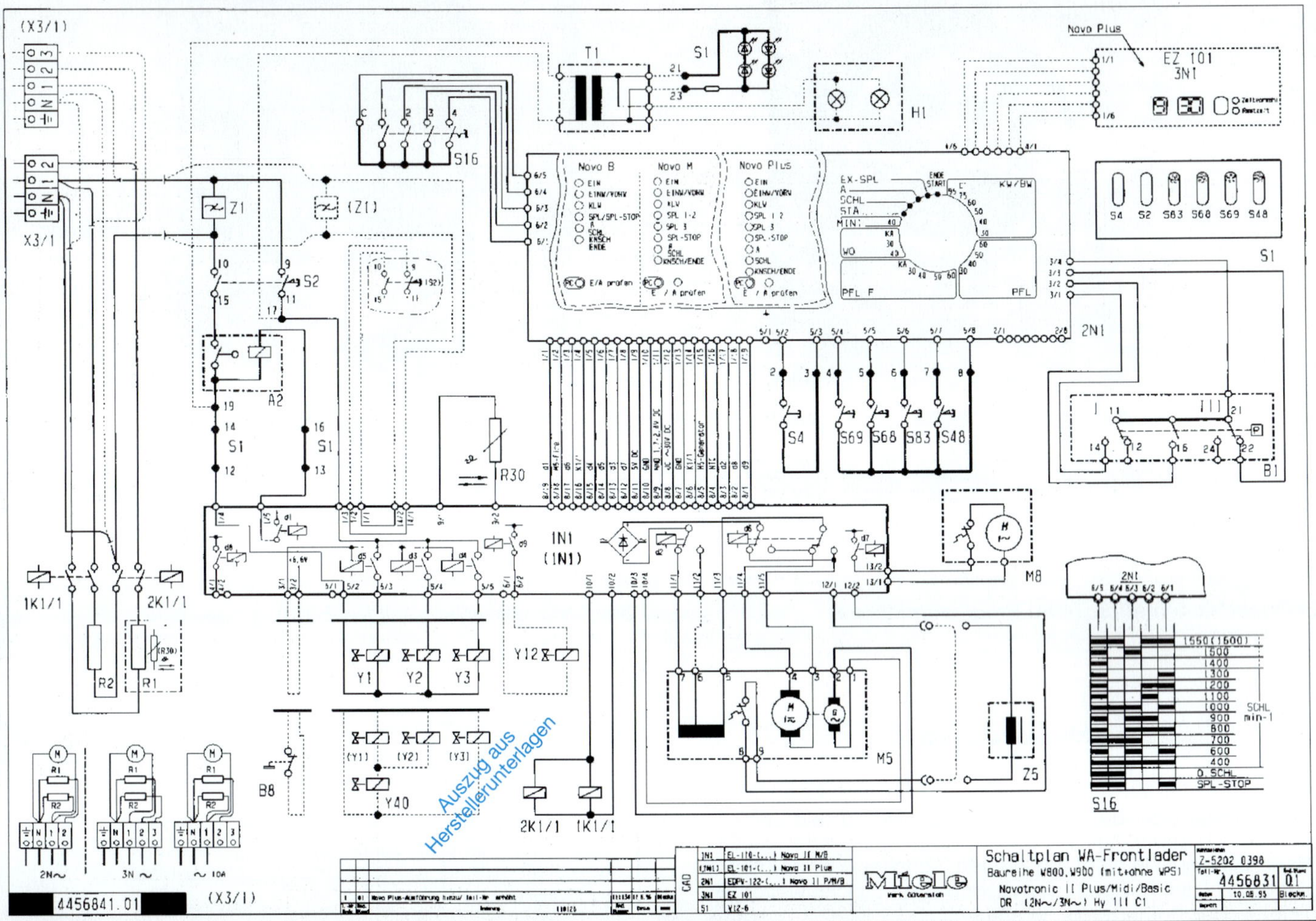

11.4.2 Waschautomat mit Programmschaltwerk

a) Beantworten Sie zum Waschautomaten von Seite 147 folgende Fragen:
   1. Welche Funktion hat der Wahlschalter S4?
   2. Welche Funktion wird durch S3 außer Kraft gesetzt?
   3. Welchen Zustand zeigt P1 an?
   4. Kann Wasser zulaufen, wenn die Tür offen ist?
   5. Durch welches eigene Schaltglied wird das Programmschaltwerk geschaltet?
   6. Welche Funktion haben K1.4 und K1.5?
   7. Wozu dient F1?
   8. Welche Bedingungen müssen erfüllt sein, damit alle drei Heizspiralen heizen?

b) In der Schaltung wird die Tür des Waschautomaten durch B1 nur während des Schleudervorganges verriegelt. Geben Sie an, wie die Schaltung geändert werden muss, damit die Tür während des gesamten Waschvorganges nicht geöffnet werden kann!

11.4.3 Fehlersuche

Welche Fehlerursachen können bei dem Waschautomaten der Aufgabe 11.4.1 vorliegen und wie können diese beseitigt werden, wenn folgende Störungen vorliegen:

a) Der Antriebsmotor der Wäschetrommel dreht nicht.

b) Der Wasserstand in der Wäschetrommel ist zu hoch oder zu niedrig.

c) Das Wasser wird nicht oder nur teilweise abgepumpt.

11.4.4 Ablaufdiagramm

Beantworten Sie zum Waschautomaten von Seite 147 folgende Fragen:

a) Im Ablaufdiagramm für K1 finden Sie die Startstellen A bis D. Welche dieser Stellungen muss für den 60 °C-Waschvorgang eingestellt werden?

b) Mit welchen Schaltgliedern wird die Drehrichtung des Antriebsmotors umgeschaltet? Geben Sie die jeweiligen Zeiten an.

c) In welchen Schaltschritten wird während des Spülganges Wasser zugeführt?

Ein Ablufttrockner mit untenstehender Schaltung hat folgende Störung. Die Trommel hat eine Unwucht und die Wäsche ist nach dem Trocknen noch zu feucht. Der Servicetechniker soll die Störung beheben.

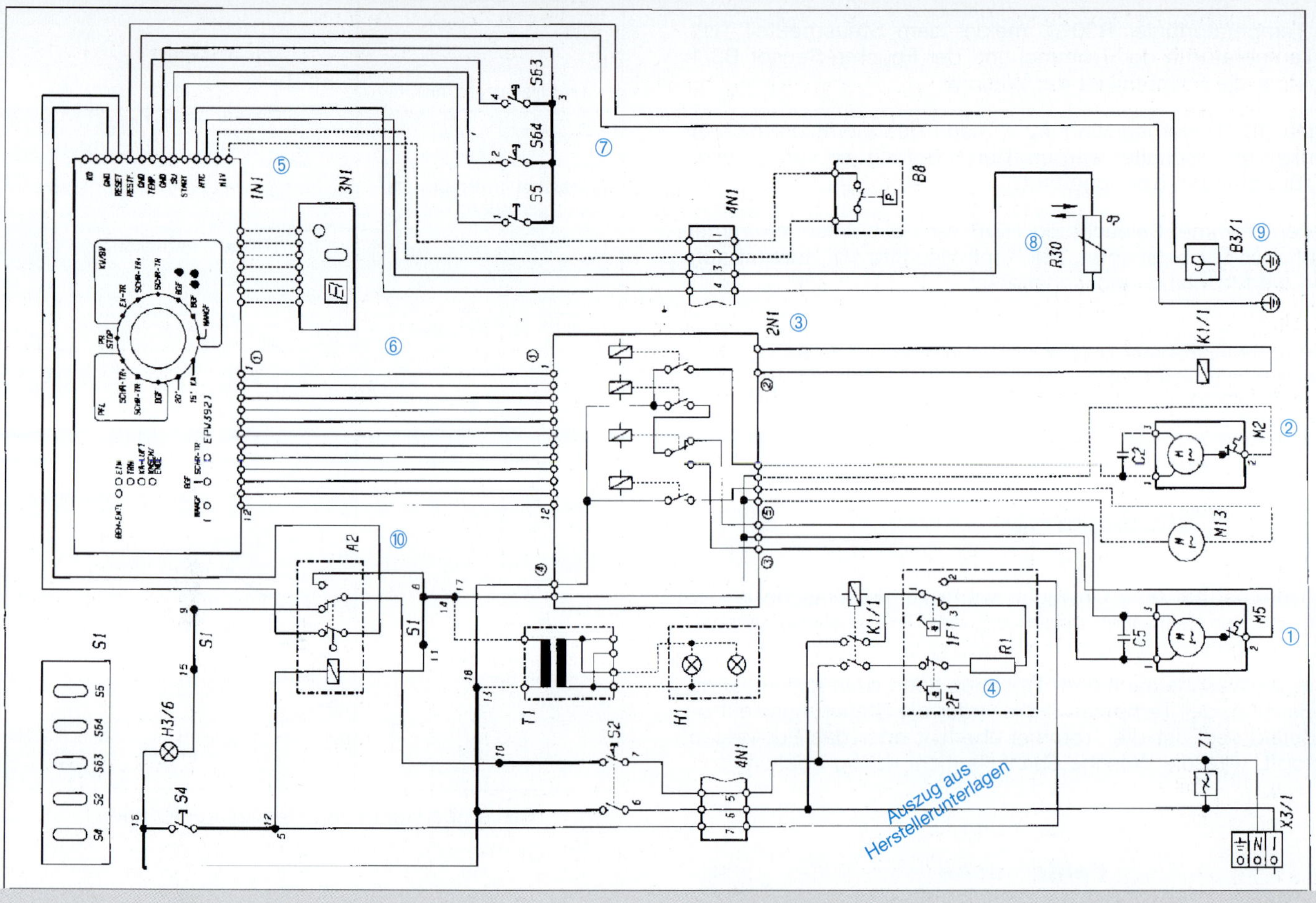

Aufbau und Funktion

Die wichtigsten Baugruppen eines Wäschetrockners sind **Antriebe, Heizung** und **Steuerungsautomatik.**

Die Wäschetrommel hat als Antrieb den Wechselstrom-Asynchronmotor M5 ①. Dieser Motor wird in Rechts- und Linkslauf betrieben.

Das Gebläse wird ebenfalls von einem Wechselstrom-Asynchronmotor ② (M2) angetrieben.

Sie sind beide an dem Leistungselektronik-Bauteil 2N1 ③ angeschlossen.

☺ Kondensattrockner haben statt des Gebläsemotors den Motor M13 zum Antrieb der Kondensatpumpe.

Der Heizwiderstand R1 ④ wird über das Heizrelais K1/1 geschaltet. Die Temperaturwächter 1F1 und 2F1 schalten bei Übertemperatur aus. Das Heizrelais K1/1 wird ebenfalls von 2N1 angesteuert.

Die Leistungselektronik 2N1 wird von der Steuerelektronik 1N1 ⑤ angesteuert. Dort werden die einzelnen Trockenprogramme mit einem Drehschalter eingestellt. Dieser wird beim Abarbeiten des Programmes nach dem Ablaufdiagramm (Abb. 1) in Schritten weitergedreht. Er wird von einem Motor angetrieben, den der eingebaute Mikroprozessor ansteuert. Über die Busleitung ⑥ werden die Steuersignale des Mikroprozessors nach 2N1 übertragen.

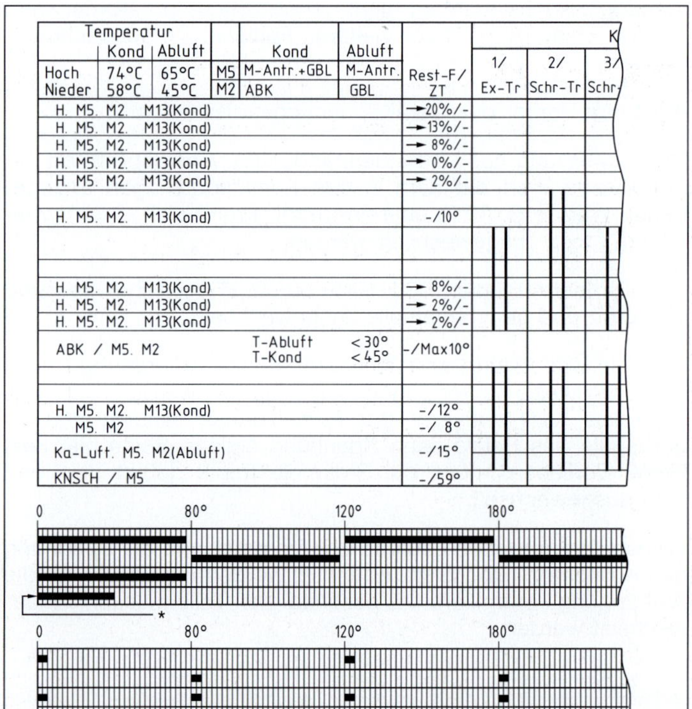

Abb.1: Auszug aus einem Ablaufdiagramm eines Trockners (Herstellerunterlage)

In dem Steuerelement sind einige Drucktaster ⑦ eingebaut. Eingeschaltet wird die Maschine mit S2. Mit den Schaltern S5, S63 und S64 werden Sonderprogramme eingestellt. Die Tür wird mit S4 geöffnet.

Der Temperaturfühler R30 ⑧ meldet dem Steuerbauteil 1N1 die Temperatur in der Trommel und der Feuchte-Sensor B3/1 ⑨ meldet die Feuchtigkeit der Wäsche.

Wegen der Türverriegelung A2 ⑩ kann das Gerät bei offener Tür nicht eingeschaltet werden. Durch Betätigung von S4 wird die Tür entriegelt bzw. geöffnet.

Mit der Trommel-Beleuchtung H3/6 wird die Wäschetrommel bei offener Tür beleuchtet. Die Kontrolleuchte H1 leuchtet auf, wenn die Maschine eingeschaltet ist.

☺ In Kondensattrocknern schaltet der Schwimmerschalter B8 bei entsprechendem Wasserstand im Kondensat ⑪ den Motor 13 der Pumpe zum Abpumpen des Wassers ein. Diese Bauteile sind in der Schaltung gestrichelt eingezeichnet.

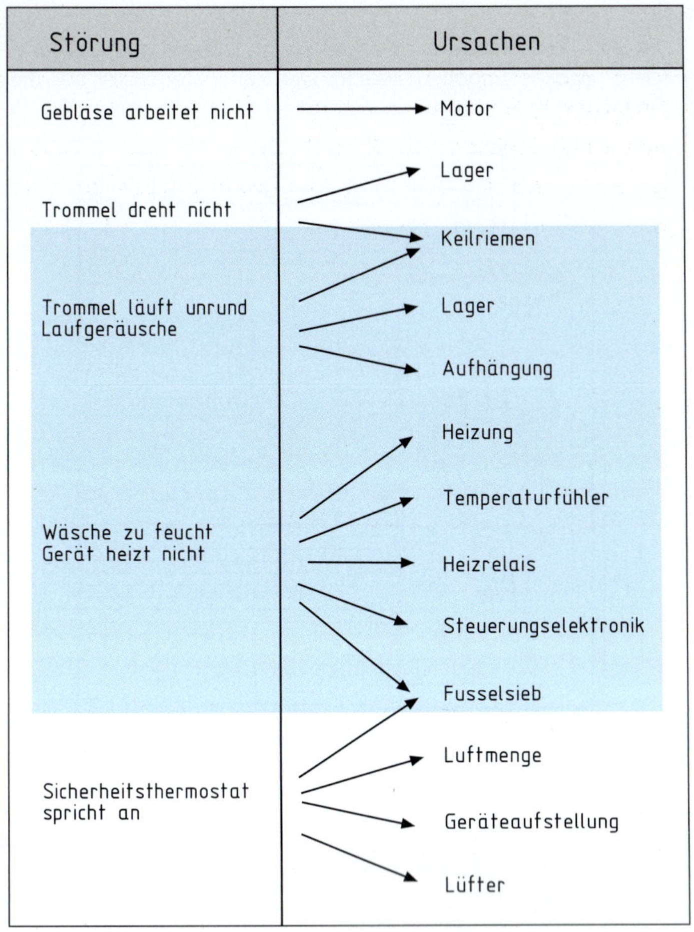

Abb. 1: Fehlerübersicht nach Herstellerunterlagen

Störungsursachen (Abb. 1)

Die Trommel hat eine Unwucht, wenn zu viel Wäsche in der Trommel, der Keilriemen abgenutzt, das Trommellager ausgeschlagen oder die Trommelaufhängung beschädigt ist.

Wenn die Wäsche nach dem Trocknen noch zu feucht ist, kann die Heizung, der Temperaturfühler oder die Steuerungselektronik defekt sein. Ist die Trommel überfüllt oder das Fusselsieb verstopft, wird die Wäsche ebenfalls nicht richtig trocken.

Fehlersuche

Zuerst muss geprüft werden, ob die Wäsche beim Trockenvorgang warm wird. Wird nicht geheizt, muss die Vorderwand der Maschine (Abb. 2) zur weiteren Fehlersuche abgeschraubt werden.

Achtung: Vorher das Gerät spannungsfreischalten!

Durch Messung des Heizwiderstandes R1 wird geprüft, ob der gemessene Wert mit dem in den Serviceunterlagen angegebenen Wert (z. B. 30 Ω) übereinstimmt. Ergibt sich eine Abweichung, muss ausgewechselt werden.

Der Temperaturfühler R30 wird durch Widerstandsmessung überprüft und gegebenenfalls ausgewechselt.

Sind Heizwiderstand und Temperaturfühler in Ordnung, muss ausnahmsweise unter Spannung geprüft werden, ob das Heizrelais K1/1 während der Aufheizphase schaltet und an der Spule des Relais dann Spannung anliegt. Sollte hier kein Fehler vorliegen, muss die Steuerelektronik defekt sein und wird ausgewechselt.

Wegen des unrunden Laufens der Trommel wird die Spannung des Keilriemens überprüft. Ebenfalls werden die Lager und die Aufhängung kontrolliert. Die beschädigten Teile müssen ausgewechselt werden.

☺ Es muss darauf hingewiesen werden, dass die aufgetretenen Fehler und Beschädigungen häufig durch Überfüllung der Trommel auftreten.

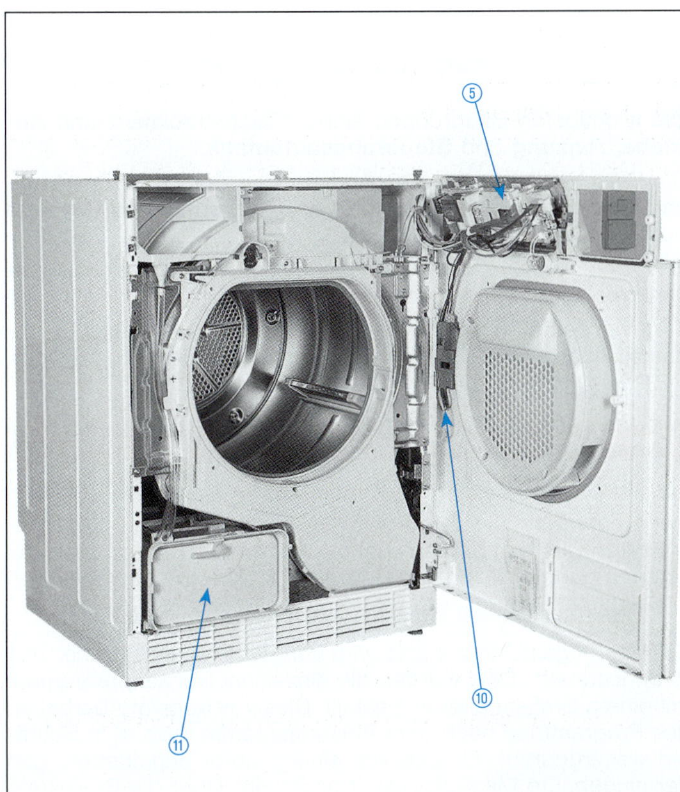

Abb. 2: Wäschetrockner mit offener Vorderwand

11.5.1 Trockenautomat mit PGS

Beantworten Sie folgende Fragen:

a) Welche Funktion zeigt P1 an?

b) Durch welche Kontakte wird K1 unwirksam geschaltet?

c) Welchen Aufgabe hat F1?

d) Welche Funktion hat F2?

e) Wann ertönt P2?

f) Wodurch wird Q1 betätigt?

g) Welche Funktion hat S2.5?

h) Was geschieht während des Schaltschrittes 2, wenn S2 die Schaltstellungen 1...3 hat?

i) Was geschieht während der Schaltschritte 9...16?

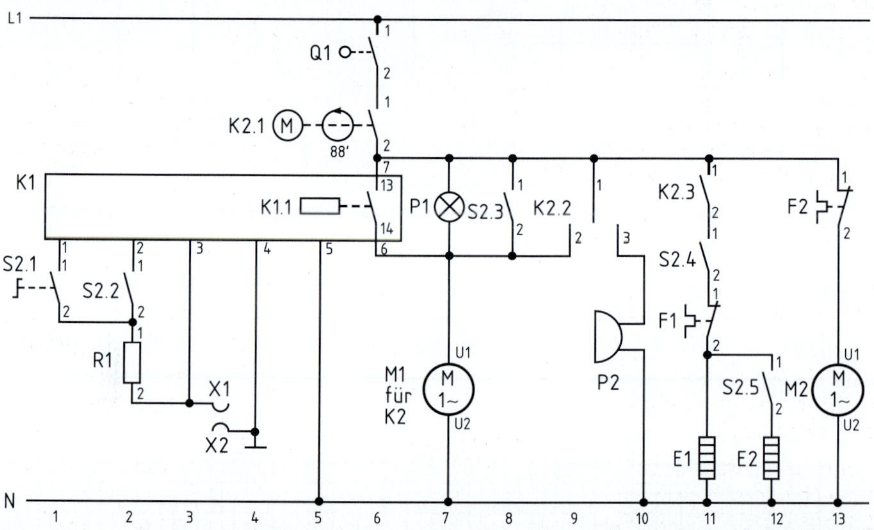

Symbol	Schaltstellung	S2.1	S2.2	S2.3	S2.4	S2.5
	0					
	1		X		X	X
	2	X			X	X
	3	X	X		X	X
	4	X	X	X		
	5	X	X	X	X	
	6	X	X	X	X	X
	Stromweg	1	2	8	11	12

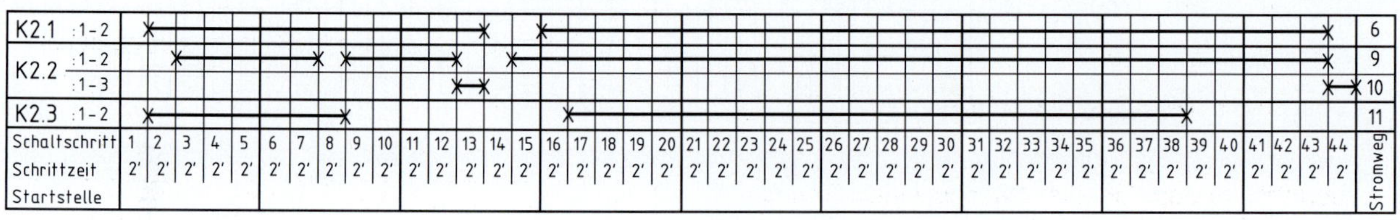

11.5.2 Fehlersuche

a) Wie läuft die Fehlersuche ab, wenn an dem Trockenautomaten von Seite 151 folgende Störungen vorliegen?

1. Nach dem Einschalten keine Funktion.
2. Das Gebläse arbeitet nicht.
3. Die Wäschetrommel dreht nicht.
4. Das Gerät heizt nicht.
5. Die Sicherheitsthermostate sprechen an.

b) Beantworten Sie zur Schaltung von Seite 151 folgende Fragen:

1. Welche Aufgabe hat Z1?
2. Was geschieht, wenn der Temperaturwächter 1F1 anspricht?
3. Welche Aufgabe hat 3N1?
4. Was geschieht, wenn versehentlich S4 betätigt wird?

11.5.3 Reparaturen

a) Worauf muss der Servicetechniker achten, wenn er einen defekten Antriebsmotor auswechselt?

b) Das Trommellager eines Trockenautomaten ist ausgeschlagen. Wie muss der Servicetechniker beim Einbau eines neuen Lagers vorgehen?

c) Was muss beachtet werden, wenn das Programmschaltwerk ausgetauscht wird?

d) Beschreiben Sie das Auswechseln eines Heizwiderstandes bei einem Wäschetrockner.

e) Das Sicherheitsthermostat ist defekt und muss ausgewechselt werden. Wie muss man vorgehen?

11.5.4 Trocknerarten

Das Schaltbild auf der Seite 151 zeigt in einem Bild die Schaltungen verschiedener Wäschetrockner.

a) Wodurch unterscheidet sich der Kondensattrockner von dem Ablufttrockner?

b) Welche Geräte aus der Schaltung hat nur der Kondensattrockner und welche hat nur der Ablufttrockner?

Der Geschirrspüler mit nebenstehenden Stromlaufplan hat nach Angaben des Kunden folgende Betriebsstörungen.

Das Programmschaltwerk läuft normal ab, aber das Geschirr bleibt schmutzig.

Der Servicetechniker soll den Fehler beheben.

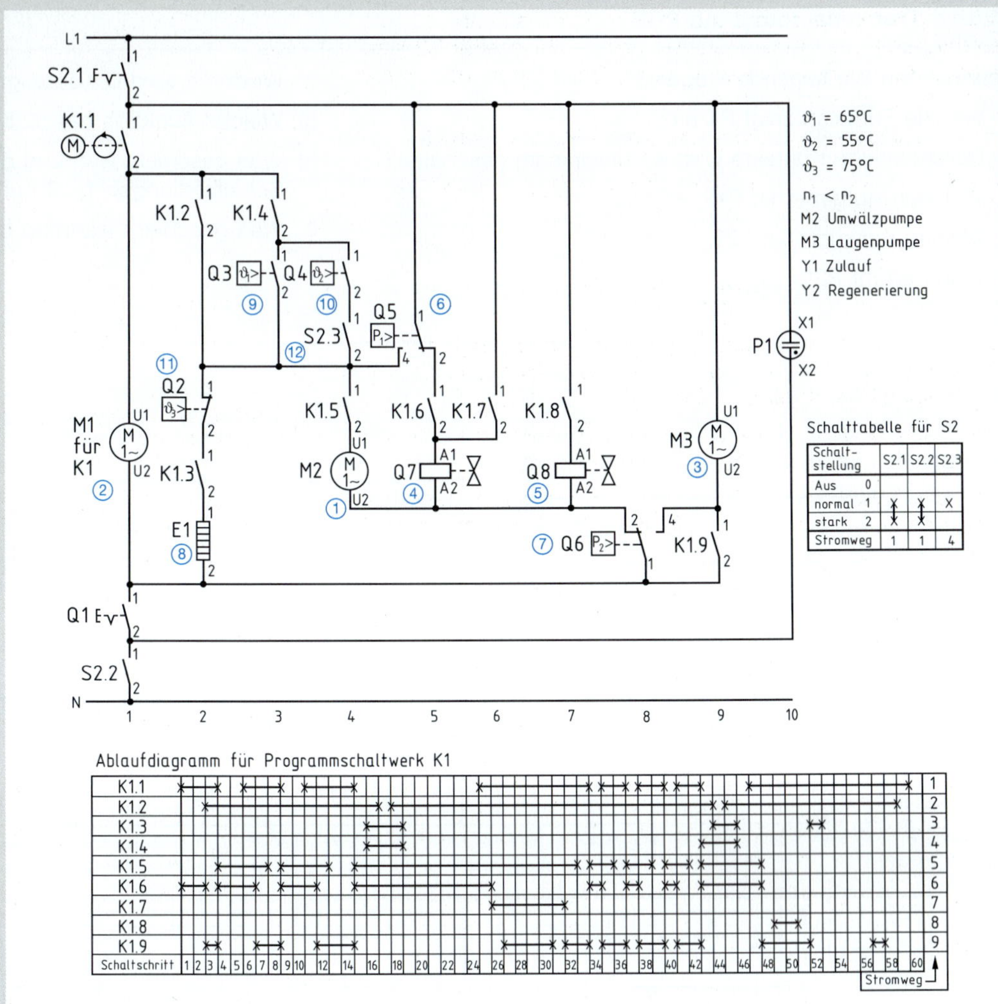

Funktion und Schaltung

Die wesentlichen Baugruppen der Schaltung sind **Antriebe, Ventile, Heizung** und **Steuerautomatik.**

Die Umwälzpumpe, die das Wasser durch den Sprüharm drückt, wird mit einem Wechselstrom-Asynchronmotor M2 ① angetrieben. Die Laugenpumpe zum Abpumpen des Spülwassers hat als Antrieb den Spaltpolmotor M3 ③. Das Programmschaltwerk wird von dem Synchronmotor M1 ② angetrieben.

Der Wasserzufluss erfolgt über das Zulaufventil Q7 ④. Mit dem Regenerierungsventil Q8 ⑤ wird eine Salzlösung in die Enthärtungsanlage geleitet. Der Wasserstand in dem Spülraum wird über den Wasserstandsregler Q5 ⑥ (Zweipunktregelung) überwacht. Ein weiterer Druckwächter Q6 ⑦ schaltet die Laugenpumpe ein, wenn sich das Wasservolumen durch Aufheizung vergrößert hat.

☺ Manche Geschirrspüler haben weitere Ventile, z. B. zum Einfüllen von Reiniger oder Klarspüler.

Das Wasser wird aufgeheizt durch den Heizwiderstand E1 ⑧. Mit dem Wahlschalter S2 ⑫ kann die Temperatur auf 55 °C oder 65 °C eingestellt werden. Die Thermostate Q3 ⑨ oder Q4 ⑩ regeln die eingestellte Temperatur durch Zweipunktregelung. Der Temperaturwächter Q2 ⑪ begrenzt die Temperatur beim Trocknen auf maximal 75 °C.

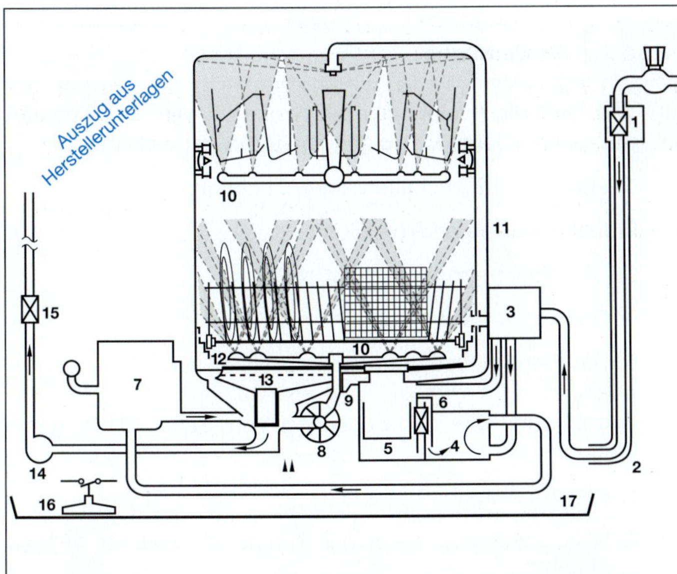

1. Wasserstopp (Zulauf)
2. Doppelwandiger Zulaufschlauch
3. Ventile
4. Enthärter
5. Salzvorratsbehälter
6. Regenerierventil
7. Wasserstandsregler
8. Umwälzpumpe
9. Öko-Weiche
10. Sprüharme
11. Zulauf zum oberen Sprüharm
12. Heizung
13. Siebkombination
14. Entleerungspumpe
15. Rückschlagventil
16. Schwimmerschalter
17. Bodenwanne

Abb. 1: Funktionsschema eines Geschirrspülers

Gesteuert wird mit dem Programmschaltwerk K1. Die Stellung der Schaltglieder während der einzelnen Schaltschritte ist dem Ablaufdiagramm zu entnehmen. Mit dem Wahlschalter S2 wird eingeschaltet, nachdem vorher die Wassertemperatur beim Spülen festgelegt wurde.

Die Kontrolleuchte P1 leuchtet auf, wenn S2 eingeschaltet ist.

☺ Verschiedene Geschirrspüler haben statt des Programmschaltwerkes eine Steuerelektronik.

Störungsursachen

Wenn das Geschirr nach dem Spülen noch schmutzig ist, kann die Heizung defekt, die Ablaufpumpe nicht funktionstüchtig oder der Ablauf verstopft sein (Abb. 2).

Ist die Heizung defekt, hat das Spülwasser eine zu niedrige Temperatur. Dadurch wird nicht richtig gereinigt.

Arbeitet die Ablaufpumpe nicht richtig, wird das Schmutzwasser unvollständig abgepumpt und das Geschirr nicht richtig gereinigt.

Ähnliches passiert, wenn der Wasserablauf verstopft ist.

Fehlersuche

Zuerst wird kontrolliert, ob der Spülraum vollständig leergepumpt ist und ob noch Schmutz vorhanden ist. Man kann so feststellen, ob der Wasserablauf in Ordnung ist. Sind noch Schmutzreste vorhanden, muss nachgesehen werden, ob die Schmutzfilter verstopft sind. Gegebenenfalls müssen diese gereinigt werden.

Bei der Durchsicht wird ebenfalls der Heizwiderstand betrachtet. Eine starke Verkalkung könnte auch die Ursache für den Fehler sein.

Ist bei der Sichtkontrolle kein Fehler entdeckt worden, muss die Maschine (Abb. 3) geöffnet werden.

Achtung: Gerät vorher spannungsfrei schalten!

Durch Messung wird geprüft, ob der Heizwiderstand E1 fehlerhaft ist. Desgleichen wird kontrolliert ob die Thermostate Q2, Q3 und Q4 einwandfrei arbeiten.

Um den Wasserablauf zu kontrollieren wird untersucht, ob die Laugenpumpe verstopft oder defekt ist. Durch Anlegen der Betriebsspannung an den Laugenmotor wird seine Funktion kontrolliert.

Es muss weiterhin kontrolliert werden, ob der Abflussschlauch an einer Stelle geknickt ist.

Störung	Ursachen
Nach dem Einschalten keine Funktion	→ Wasserzulauf → Zulaufventil → Stromzuführung
Wasser wird zugeführt Umwälzpumpe läuft nicht	→ Programmschalter → Motor → Kondensator
Motor der Umwälzpumpe brummt	→ Kondensator → Lagerschaden → Wasserweg verstopft
Geschirr bleibt schmutzig	→ Wasserweg verstopft → Heizung → Ablaufpumpe
Gerät dampft	→ Thermostate
Wasserzufuhr wird nicht beendet	→ Zulaufventil → Wasserstandsregler
Programmablauf gestört	→ Programmschaltwerk → Sensoren → elektr. Leitungen

Abb. 2: Fehlerübersicht beim Geschirrspüler

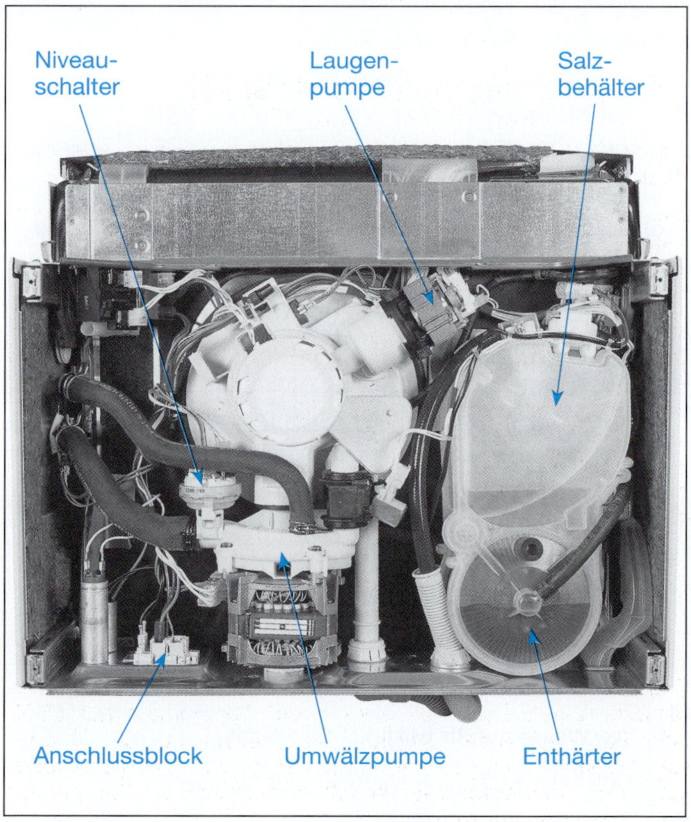

Abb. 3: Geschirrspüler ohne Bodenblech

11.6.1 Geschirrspüler mit elektronischem Steuergerät

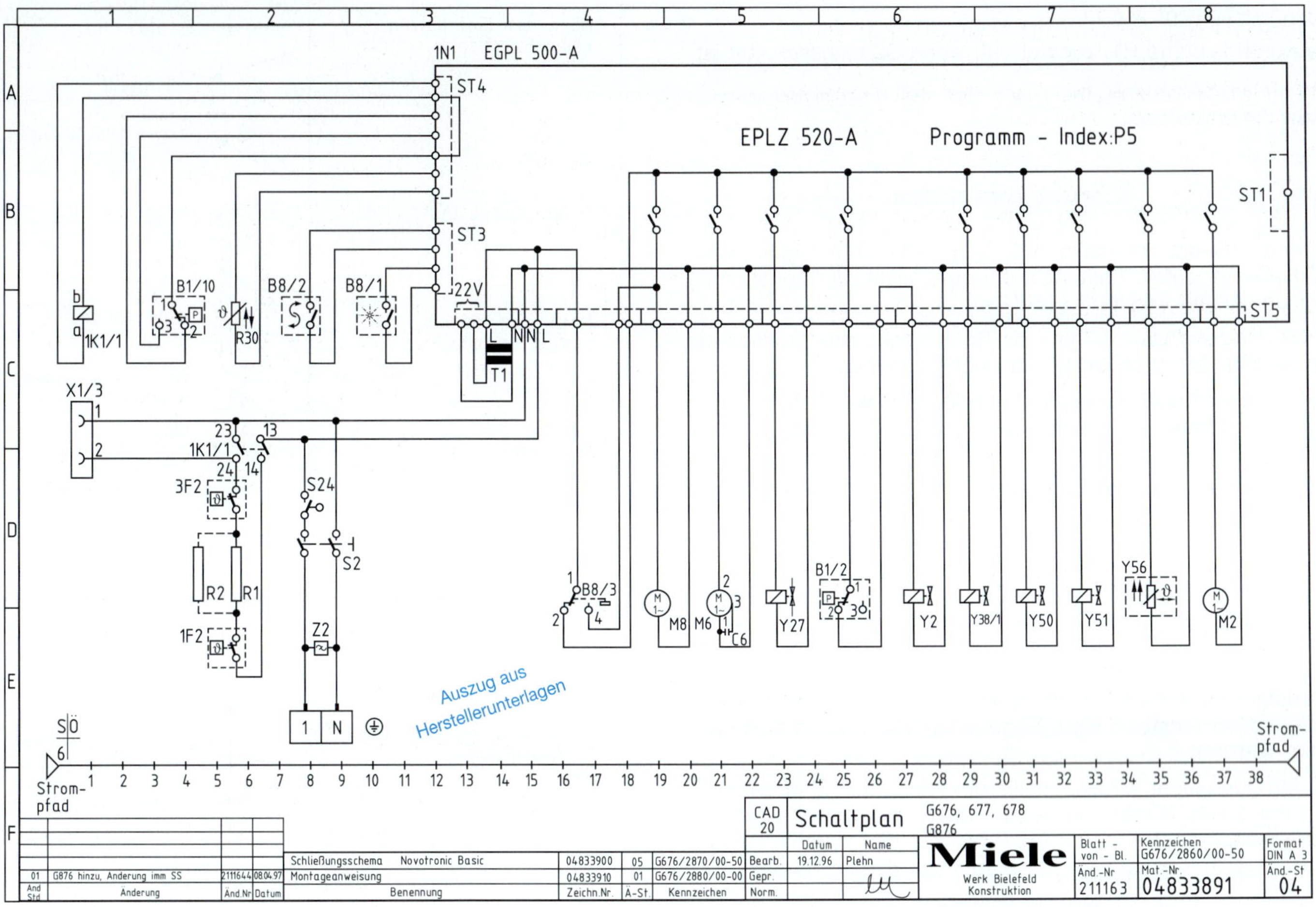

Beantworten Sie folgende Fragen:

a) Welche Aufgaben haben M2, M6 und M8?

b) Wozu dienen Y2, Y27, Y38/1, Y50 und Y51?

c) Mit welchem Bauteil wird der Wasserstand geregelt?

d) Welche Bauteile gehören zur Heizung?

e) Welche Aufgaben haben B1/2, B1/10, B8/1, B8/2 und B8/3?

f) Welche Aufgabe hat Z2?

B1/2	Niveauschalter (Ein-/Überlauf)
B1/10	Niveauschalter Heizung
B8/1	Schwimmerschalter (Klarspüler)
B8/2	Schwimmerschalter (Salz)
B8/3	Schwimmerschalter (Überlauf)
C6	Dauerbetriebskondensator
1F2, 2F2, 3F2	Sicherheitstemperaturbegrenzer
1K1/1, 2K1/1	Relais (Heizung)
M2 (GBL)	Gebläse
M6	Umwälzpumpe mit Wicklungsschutz
M8	Ablaufpumpe
1N1	Elektronik

R1, R2	Heizkörper
R30	Temperaturfühler
S2	Hauptschalter
S24	Türkontaktschalter (Hauptkontakt)
T1	Transformator
X1/3	Prüfadapter (Hochspannungsprüfung)
Y2	Doppel-Magnetventil für Waterproof
Y27 (TS)	Umlaufventil
Y38/1, Y38/2	Magnetventil (Regenerieren)
Y50	Dosiergerät (Klarspüler)
Y51	Dosiergerät (Reiniger)
Z2	Funkenstörkondensator

11.6.2 Fehlersuche

Wie muss der Servicetechniker bei der Beseitigung folgender Fehler an der Geschirrspülmaschine von Seite 154 vorgehen?

a) Nach dem Einschalten keine Reaktion der Maschine.

b) Programmablauf gestört.

c) Umwälzpumpe läuft nicht.

d) Wasser wird nicht abgepumpt.

e) Die Maschine dampft.

f) Die Wasserzufuhr wird nicht beendet.

g) Unter der Maschine sammelt sich Wasser.

11.6.3 Reparaturen

a) Worauf muss der Servicetechniker achten, wenn er ein Programmschaltwerk auswechselt?

b) Die Umwälzpumpe muss ausgewechselt werden. Was muss dabei beachtet werden?

c) Beschreiben Sie den Einbau einer Ablaufpumpe.

d) Der Heizwiderstand wird auswechselt. Worauf muss geachtet werden?

e) Die Thermostate eines Geschirrspülers sind defekt. Was muss bei der Montage des neuen beachtet werden?

f) Beschreiben Sie den Austausch eines Niveaureglers.

g) Was muss beim Ersetzen eines Keilriemens beachtet werden?

12 Solarstromanlagen

12.1 Netzgekoppelte Fotovoltaik-Anlagen

Ein Elektroinstallateur erhält den Auftrag, die Solarstromanlage eines Wohnhauses nach Plan zu installieren und an das öffentliche Energieversorgungsnetz anzuschließen.

Aus den Herstellungsunterlagen geht hervor, dass eine **netzgekoppelte Fotovoltaik-Anlage** geliefert worden ist. Diese wird parallel an das öffentliche Niederspannungsnetz geschaltet. **(Netzparallelbetrieb)**.

Das öffentliche Netz dient hierbei als Energiepuffer der Anlage.

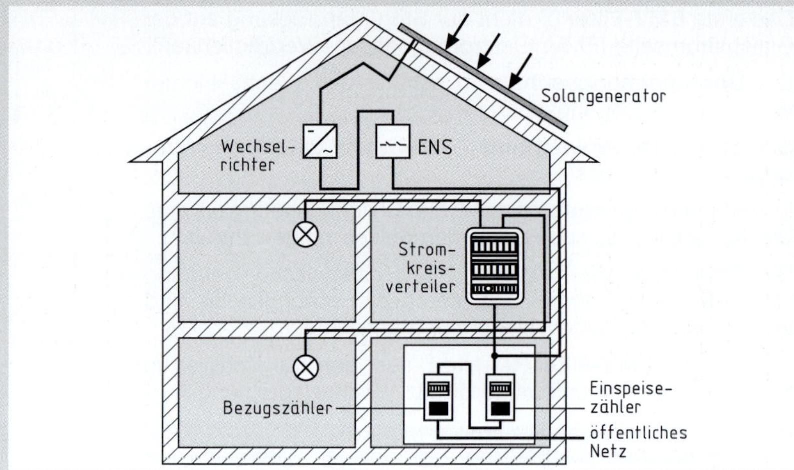

Aufbau (Abb.1)

Die netzgekoppelte Fotovoltaik-Anlage ist einphasig und besitzt vier Hauptkomponenten:

Solargenerator, Wechselrichter, Netzkopplung und Messeinrichtungen.

Solargenerator ①

Der Solargenerator G1 erzeugt aus Sonnenlicht Gleichstrom. Er besteht aus zwei Strängen von Solarmodulen, in denen jeweils vier Module parallelgeschaltet sind. G1 wird über eine erd- und kurzschlussfeste Leitung an den Wechselrichter angeschlossen. Die Anzahl und die Verschaltung seiner Module richtet sich nach dem gewählten Wechselrichter.

Der Solargenerator wird hier an die Potenzialausgleichsschiene (PAS) angeschlossen ②.

Wechselrichter ③

Der Wechselrichter T1 ist das Bindeglied zwischen der Solarstromanlage und dem öffentlichen Niederspannungsnetz.

> Wechselrichter für Netzparallelbetrieb wandeln Gleichstrom in netzfrequenten und phasengleichen Wechselstrom um.

Netzkopplung ④

Wird das öffentliche Netz z.B. für Wartungsarbeiten spannungsfrei geschaltet, muss die Fotovoltaik-Anlage durch eine Sicherheitseinrichtung vom Netz getrennt werden. Die Netzkopplung erfolgt hier selbsttätig durch die **ENS** Q1 (**E**inrichtung zur **N**etzüberwachung mit zugeordnetem **S**chaltorgan).

Die Ausführungsart des Netzanschlusses der Solarstromanlage bestimmt der VNB. In Abb. 1 erfolgt der Anschluss über den Sicherungslastschalter Q2 ⑤. Dieser wird hinter F2 (Vorsicherung für den Stromkreisverteiler) angeschlossen und speist einphasig über L1 und N in die Stromkreisverteilung ein.

Messeinrichtungen

Der Zähler P1 (Bezugszähler ⑥) erfasst die Energielieferung des VNB. Der Zähler P2 (Einspeisezähler ⑦) misst die Energielieferung in das Netz.

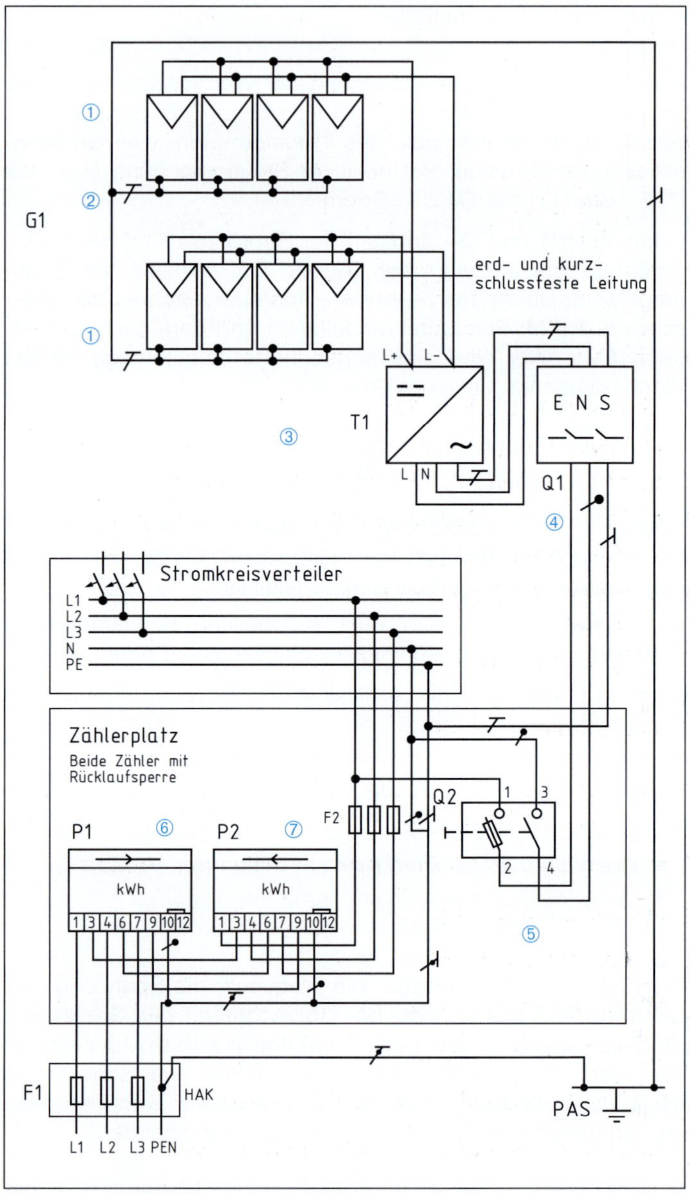

Abb.1: Netzgekoppelte Photovoltaik-Anlage

Wechselrichter

Der verwendete Einphasen-Wechselrichter für Netzparallelbetrieb besitzt folgende Baugruppen (Abb. 1):

- Das erste **EMV-Filter** ① dient der Störunterdrückung auf der Gleichstromseite (EMV: Elektromagnetische Verträglichkeit).
- Der **Überspannungsschutz** ② schützt den Wechselrichter vor zu hohen Eingangsspannungen.
- Die **Isolationsüberwachung** ③ überwacht die Gleichstromseite auf Erdschlüsse.
- In der **Leistungsstufe** ④ wird die Gleichspannung in eine Wechselspannung aus Rechteckimpulsen umgewandelt.
- Der **Transformator** ⑤ sorgt für eine galvanische Trennung vom Gleichspannungs- und Wechselspannungsseite und transformiert die Wechselspannung auf 230V.
- Das zweite **EMV-Filter** ⑥ filtert aus der transformierten Spannung eine sinusförmige 50-Hz-Wechselspannung heraus (Abb. 3).
- Die **Überwachungsschaltung** ⑦ trennt den Wechselrichter vom Netz, wenn die Module zu wenig Energie liefern. Die Zuschaltung erfolgt ebenfalls automatisch.
- Die **Steuerung** ⑧ und **Überwachung** aller Funktionen übernimmt ein Mikrocontroller.

Abb. 2 verdeutlicht die Erzeugung der Wechselspannung. Die MOS-FET-Transistoren Q1 bis Q4 arbeiten als Schalter und bilden mit der Primärspule des Transformators eine Brückenschaltung (H-Brücke). Bei positiver Steuerspannung U_{GS1} bis U_{GS4} leiten Q1 bis Q4 den Strom.

Leiten nur Q1 und Q4, so fließt der Strom von X1.1 nach X1.2 durch die Spule. Leiten nur Q2 und Q3, so fließt der Strom umgekehrt. Durch das besondere Ansteuerverfahren der Transistoren (**PWM:** Pulsweitenmodulation) und dem nachgeschalteten EMV-Filter wird eine angenäherte sinusförmige 50-Hz-Wechselspannung erzeugt (Abb. 3).

ENS

Solarstromanlagen bis 5 kWp (Spitzenleistung, engl. **p**eak) dürfen einphasig in das EVU-Netz einspeisen. Als Sicherheitseinrichtung zur Netzkopplung sind zugelassen:

1. eine jederzeit für das EVU zugängliche Schaltstelle mit Trennfunktion (z. B. im Hausanschlusskasten) oder
2. eine dreiphasige Unterspannungsüberwachung oder
3. eine ENS.

Die ENS bewirkt eine Netztrennung

- innerhalb 0,2s bei Spannungen $\leq 85\,\%\ U_n$ oder $\geq 110\,\%\ U_n$
- innerhalb 0,2s bei Frequenzabweichungen +/– 2Hz
- bei einer Netzimpedanzänderung von 0,5 Ω

Die ENS (Abb. 4) überwacht die Frequenz, die Spannung und die Impedanz des Netzes. Bei Überschreiten der Grenzwerte für die Einspeisung trennt das Gerät den Wechselrichter allpolig vom Netz. Wie vorgeschrieben überwachen zwei Schaltkreise das Netz unabhängig voneinander, kontrollieren sich gegenseitig und trennen im Fehlerfall unabhängig voneinander.

☺ Es gibt Wechselrichter mit eingebauter ENS. Sie können direkt an das Niederspannungsnetz angeschlossen werden.

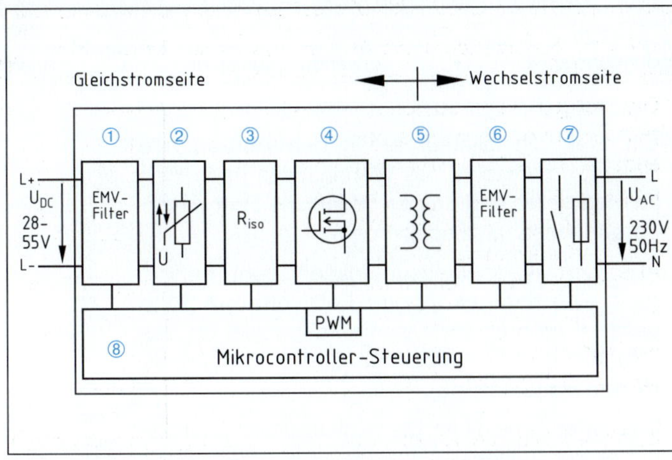

Abb. 1: Aufbau des Einphasen-Wechselrichters

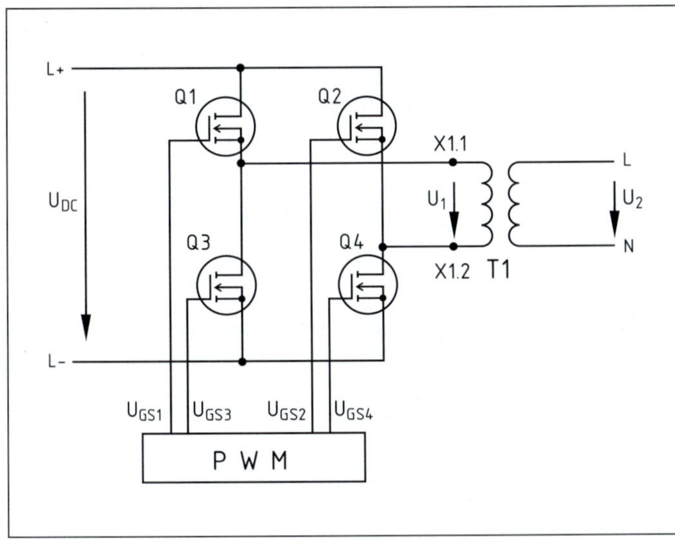

Abb. 2: Leistungsteil des Einphasen-Wechselrichters

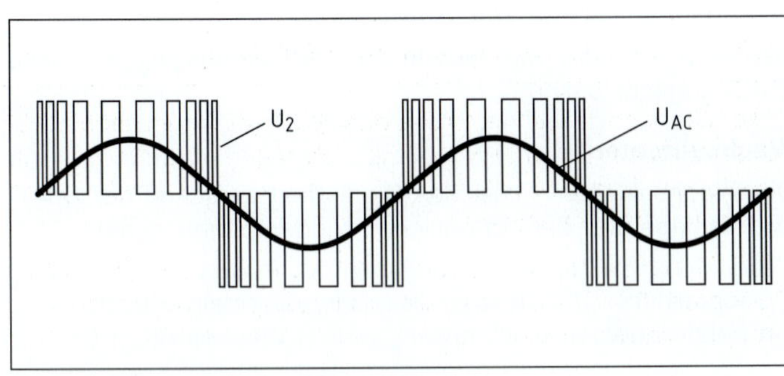

Abb. 3: Pulsweitenmodulierte Spannung

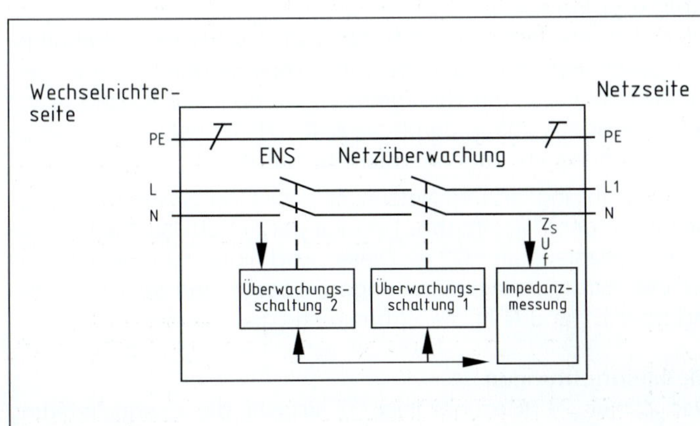

Abb. 4: ENS

12.1.1 Netzgekoppelte Anlage mit Solarstromzähler

Die dargestellte netzgekoppelte Fotovoltaik-Anlage besitzt zwei Wechselrichter mit eingebauter ENS, die von jeweils einem Modulstrang gespeist werden (je Strang 8 Module in Reihenschatung).

Zur Erfassung der erzeugten Solarenergie ist ein Wechselstromzähler eingebaut.

Zeichnen Sie die Anlage in zusammenhängender Darstellung.

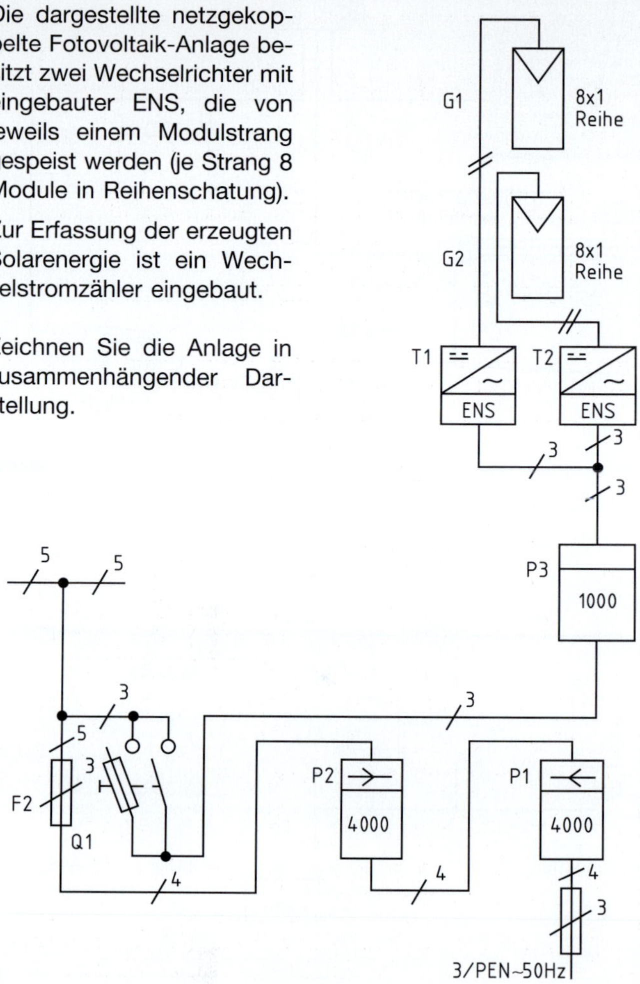

12.1.2 Prinzip der Pulsweitenmodulation

Die Mikrocontroller-Steuerung des Wechselrichtes nach S. 158, Abb. 2 erzeugt für die Schalttransistoren Q1 bis Q4 die pulsweitenmodulierten Steuerspannungen U_{GS1} bis U_{GS4} nach untenstehendem Muster.

Am Eingang des Wechselrichters liegt U_1 = 35 V Gleichspannung an. Die Transistoren schalten bei positiver Steuerspannung verlustfrei durch.

Übernehmen Sie das Impulsmuster und zeichnen Sie den Verlauf der Brückenspannung U_1 darunter (Maßstäbe: 1 cm ≙ 5 V, 1,5 cm ≙ 2 ms).

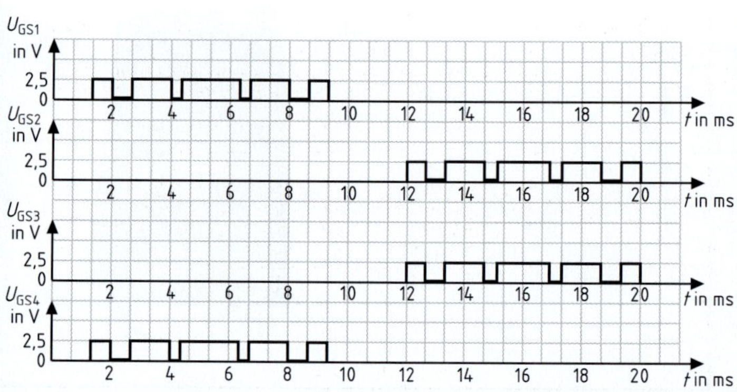

12.1.3 Transformatorloser Wechselrichter

Analysieren Sie das Blockschaltbild des Wechselrichters eines Herstellers, indem Sie folgende Fragen beantworten.

a) Welche Überwachungsfunktionen erfolgen auf der Gleichstromseite? Wodurch werden diese ausgeführt?

b) Welche Überwachungsfunktionen erfolgen auf der Wechselstromseite? Wodurch werden diese ausgeführt?

c) In welcher Weise wird ein sicherer Personenschutz bei Netzausfall oder Netzabschaltung erreicht?

d) Welche Aufgabe hat der Hochsetzsteller?

e) Welche Gefahr besteht durch den transformatorlosen Aufbau? Nennen Sie die Schutzeinrichtung.

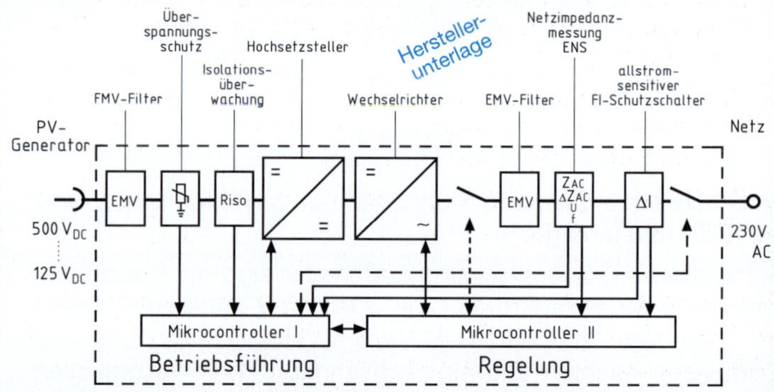

12.1.4 Leistung eines Solarmoduls

a) Bestimmen Sie die Leerlaufspannung U_L und den Kurzschlussstrom I_K des Moduls.

b) Übernehmen Sie die Wertetabelle und ermitteln Sie mit Hilfe der Strom-Spannungs-Kennlinie des Solarmoduls die fehlenden Werte.

c) Zeichnen Sie den Leistungsverlauf in Abhängigkeit von der Modulspannung (Maßstäbe: 1 cm = 2 V, 1 cm = 10 W).

d) Die Spannung, bei welcher die Modulleistung maximal ist (MPP = Maximum Power Point) heißt Bemessungsspannung U_n. Bestimmen Sie die U_n.

U in V	0	4	8	12	14	16	17	18	19	20	21	22
I in A												
P in W												

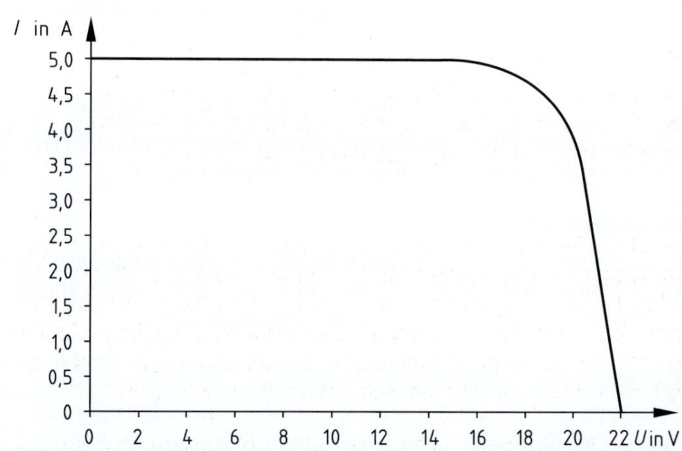

Anwendungsbeispiel • Anwendungsbeispiel • Anwendungsbeispiel • Anwendungsbeispiel • Anwendungsbeispie

Für ein Ferienhaus soll die Elektroanlage errichtet werden. Da wegen der Lage ein Anschluss an das Niederspannungsnetz unwirtschaftlich ist, wird für alle elektrischen Verbraucher eine vom öffentlichen Netz unabhängige Solarstromanlage vorgesehen.

Es sollen der Aufbau der Solarstromanlage dargestellt und ihre Auslegung für eine Nutzung an Wochenenden von Mai bis August beschrieben werden.

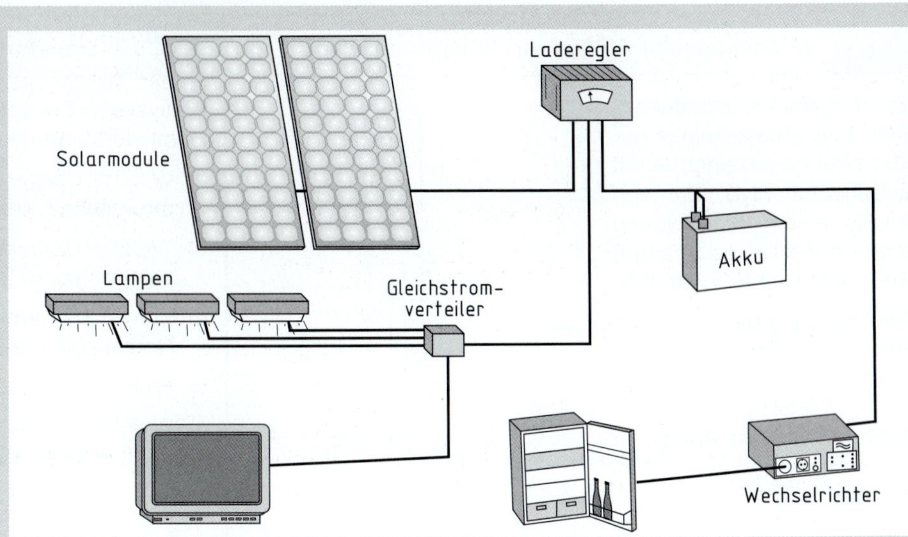

Aufbau

Eine Solarstromanlage, die unabhängig vom öffentlichen Netz ist, heißt **Inselanlage.**

Solargenerator, Solarakku und Laderegler sind die Hauptkomponenten der Solarstromanlage. Der 12-V-Laderegler speist den Solarakku und den Gleichstrom-Verteiler. Hier sind drei Energiesparleuchten und ein Fernsehgerät (12-V-Verbraucher) über Schmelzsicherungen angeschlossen.

Der Kühlschrank ist ein 230-V-Verbraucher, deshalb muss er über einen **Wechselrichter** betrieben werden.

Solargenerator

Die Modulleistung wird aus Kostengründen nach dem täglichen Energiebedarf ausgelegt.

Solarbatterie

Die Solarbatterie (Solarakku) ist der Energiepuffer der Anlage. Sie ist ein spezieller Bleiakkumulator, der häufiges Laden und Entladen besser verkraftet als eine Autobatterie.

Laderegler (Abb. 1)

Am Eingang wird der Solargenerator angeschlossen, am Ausgang 1 die Gleichstrom-Verbraucher und am Ausgang 2 der Solarakku. Der Laderegler liefert eine stabile Gleichspannung von 12 V und schützt den Solarakku vor Überladung und Tiefentladung. Dabei erfüllt er drei Aufgaben:

- Bei Erreichen der Ladeschlussspannung schließt der Regler K3 den Solargenerator über den Transistor K1 ① kurz.
- Bei ungenügendem Sonnenlicht verhindert die Rückstromdiode R1 ② die Entladung des Akkus über die Solarmodule.
- Bei Erreichen der Entladeschlussspannung schaltet der Regler K4 die Verbraucher über den Transistor K2 ab ③.

Wechselrichter (Abb. 2)

Wechselrichter für Inselanlagen sind oft einfacher aufgebaut als die für Netzparallelbetrieb. Kostengünstige Geräte liefern meist nur 230-V-Trapezspannung (Trapez-Wechselrichter).

Elektrogeräte mit Steuerungselektronik (z. B. moderne Kühlschränke) benötigen meist eine sinusförmige Versorgungsspannung, die nur ein **Sinus-Wechselrichter** liefern kann.

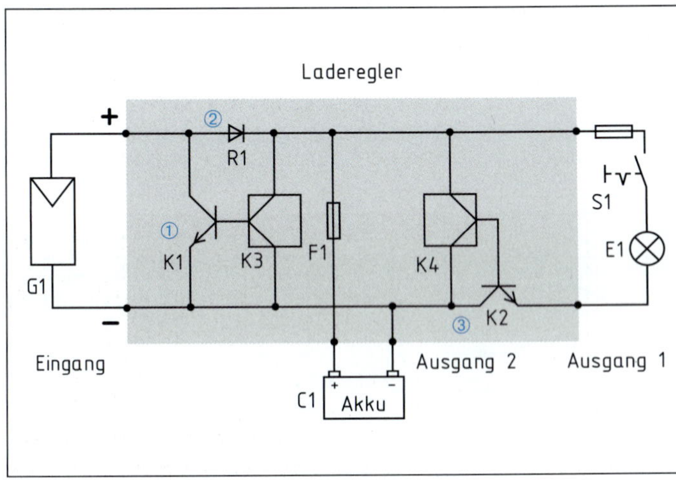

Abb. 1: Inselanlage mit Laderegler

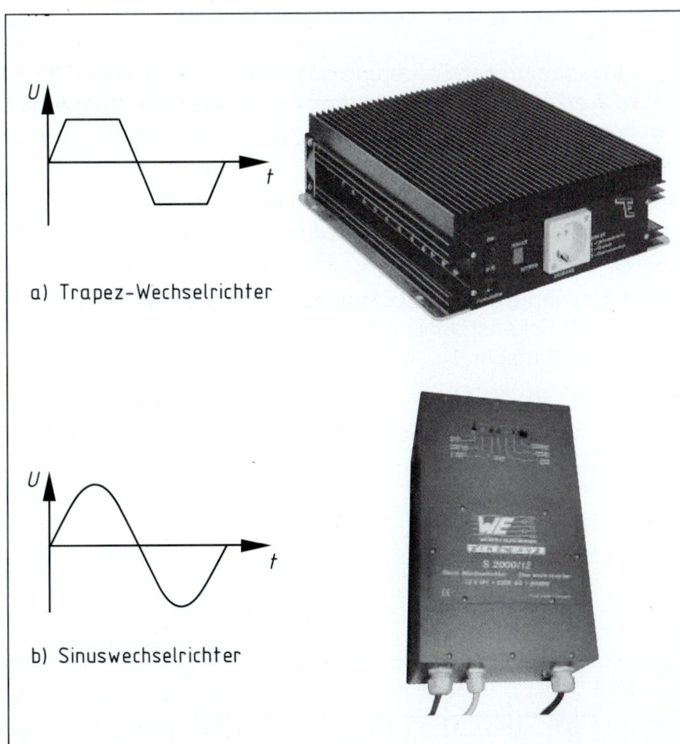

Abb. 2: Wechselrichter für Inselanlagen

Auslegung der Inselanlage

Man geht folgendermaßen vor:

- Zunächst wird der tägliche Energiebedarf der Verbraucher ermittelt (Abb. 3). Aus der Zahl der Verbraucher und ihrer Einschaltdauer sowie einem Zuschlag von 25 % für Verluste und Reserve ergibt sich ein Tagesbedarf von 583 Wh.
- Aus Tabellen der Solarmodul-Hersteller (Abb. 4) wird für ein gewähltes Solarmodul der mittlere Energieertrag für die Region abgelesen. Ein 75-W-Modul erzeugt über die Monate Mai bis August im Mittel 296 Wh pro Tag, sodass zwei 75 W-Module mit 592 Wh den Tagesbedarf decken.
- Die Batteriekapazität muss bei Bedarf das Energieungleichgewicht ausgleichen. Als Erfahrungswert gilt: Je 50-W-Modulleistung ist eine Kapazität zwischen 50 und 100 Ah vorzusehen. Aus einem Herstellerkatalog wird deshalb ein Akku mit 240 Ah gewählt (80 Wh pro 50-W-Modulleistung).

Energiesparleuchten (3 Stück)	3 x 8 W x 4h	= 96 Wh
Kompressorkühlschrank	60 W x 5h	= 300 Wh
Fernseher	35 W x 2h	= 70 Wh
Summe pro Tag		466 Wh
25 % Zuschlag (Anlagenverluste, Reserve)		117 Wh
Energiebedarf pro Tag		583 Wh

Abb. 3: Energiebedarf für das Ferienhaus

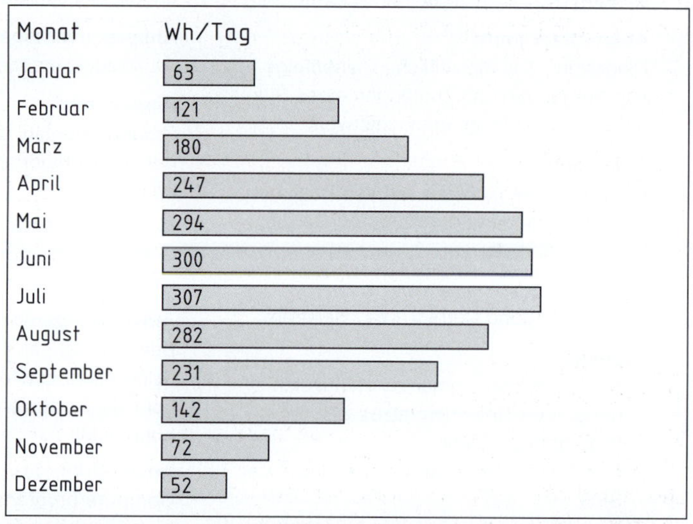

Abb. 4: Energieertrag des 75-W-Solarmoduls für die Region

Installation mit Kleinspannung

Die Anlage mit 12 V Gleichspannung bedingt große Leitungsquerschnitte, um Erwärmung und Energieverluste zu vermeiden. Insbesondere ist auf Folgendes zu achten:

- ausreichende Isolierung von Leitungen und Geräten,
- Absicherung der Leitungen entsprechend den Querschnitten,
- Stecker und Steckdosen dürfen nicht mit denen höherer Spannung (z. B. 230 V) verwechselt werden können.

12.2.1 Querschnitte von Gleichstromleitungen

Für die Inselanlage des Anwendungsbeispiels S. 160 betragen die Leitungslängen:

1. Solarmodul - Laderegler 4 m
2. Laderegler - Solarakku 1 m
3. Laderegler - Gleichstromverteiler 1,5 m
4. Laderegler - Wechselrichter 2,5 m
5. Gleichstromverteiler - Verbraucher 3 m

a) Bestimmen Sie die Mindestquerschnitte in mm² für $P_V = 3\%$.

b) Welches Problem ergibt sich, wenn zwei weitere 75-W-Module montiert werden? Machen Sie Lösungsvorschläge.

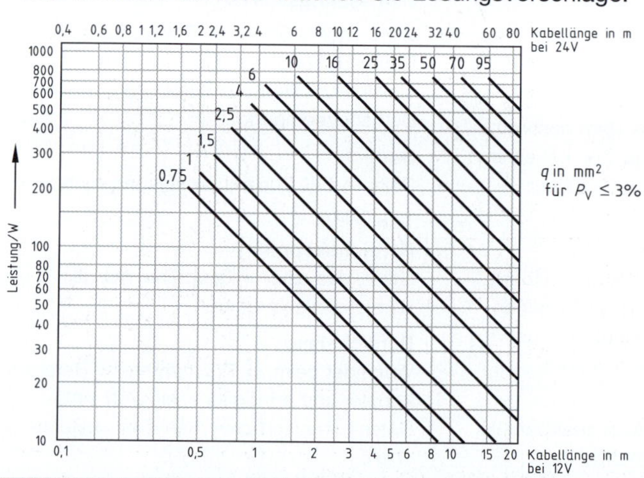

12.2.2 Entladekennlinie eines 12-V-Solarakkumulators

a) Was bedeutet C10 = 100 Ah?

b) Wie lange können 4A, 5A, 10A, 15A fließen?

c) Wie wirkt sich I_E auf C aus?

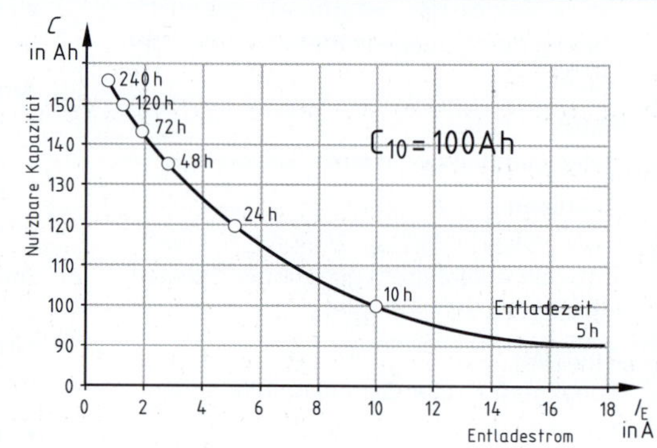

12.2.3 Inselanlage für ein Wochenendhaus

Für die Nutzungsdauer März bis September (Wochenenden) soll eine Solarstromanlage für den Inselbetrieb ausgelegt werden.

Verbraucher (Nutzungsdauer / Tag) sind: 4 Energiesparleuchten 12V/8W (5h), 1 Radio 12V/20W (4h), 1 Kühlschrank 230V/60W (5h) und 1 Fernseher 230V/40W (3h). Bestimmen Sie:

a) den Energiebedarf pro Tag,

b) den mittleren Energieertrag des verwendeten 75-W-Moduls,

c) die Anzahl der zu installierenden 75-W-Module und

d) die Kapazität des Solarakkus.

☺ ... kurz erklärt

a/b
Bezeichnung für die analoge TK-Schnittstelle ⇒ 2-Draht-Schnittstelle.

Abfallverzögerung
Die Zeitspanne zwischen dem Ausschaltbefehl und dem Erreichen der Ausgangsstellung der Schaltglieder eines Zeitrelais.

Ablaufdiagramm
Diagramm, das die zeitliche Reihenfolge von Vorgängen und Zuständen eines Systems zeigt ⇒ Programmschaltwerk.

Ablaufzeit
Bei einem Zeitrelais die Zeit, die zwischen der Befehlsgabe und dem Betätigen der Kontakte abläuft.

AC
Engl.: **A**lternating **C**urrent, Wechselstrom.

Adresse
1. Speicherplatznummer zur Kennzeichnung eines Speicherplatzes z.B. im ⇒ Programmspeicher.
2. Kennzeichnung eines ⇒ Operanden der SPS.
3. Kennzeichnung von ⇒ Busteilnehmern ⇒ Gruppenadresse, physikalische Adresse.

Adressierung
Programmiervorgang, bei dem ein ⇒ Busteilnehmer ein oder mehrere ⇒ Gruppenadressen und bzw. oder eine ⇒ physikalische Adresse erhält.

Aktiver Melder
Ein ⇒ Melder, der den Erfassungsbereich ständig durch ausgesendete Signale überwacht.

Aktor
Befehlsempfänger in einer Steuerung.

Anlassen
Einschaltverfahren von Motoren mit dem Ziel, den Anlaufstrom gegenüber direktem Einschalten zu verringern.

Anlasser
Schaltgeräte oder Gerätekombinationen zur Verringerung des Anlaufstromes von Motoren.

Anlaufen
Übergang vom Stillstand des Motors bis zum Erreichen seiner Enddrehzahl.

Anlaufstrom
Der vom Motor im Einschaltaugenblick (Stillstand) aufgenommene Strom.

Anschlussdämpfungsmaß
Ein logarithmisches Maß zur Kennzeichnung der ⇒ Dämpfung des Empfangssignals, verursacht von der Antennensteckdose.

Anschlussleistung
Maximale Leistung eines Gerätes oder einer Anlage.

Anschlussschaltplan
Zeigt, wie die Anschlussleitungen auf die Klemmen aufgelegt werden müssen.

Anschlussschema
Schaltplan, der angibt, wie ein Gerät an ein bestimmtes elektrisches Versorgungsnetz angeschlossen werden muss.

Ansprechverzögerung
⇒ Anzugsverzögerung.

Anweisung
Programmbefehl der ⇒ AWL, die aus der ⇒ Operation und dem ⇒ Operanden besteht.

Anweisungsliste (AWL)
⇒ Programmiersprache für eine ⇒ SPS, bei der die Befehle zeilenweise aufgelistet sind.

Anwendungsmodul (AM)
Beim ⇒ EIB das Bedienteil eines ⇒ Busteilnehmers, das mit dem ⇒ Busankoppler über die ⇒ Anwendungsschnittstelle verbunden ist.

Anwendungsprogramm
Computerprogramm eines Herstellers für ein angebotenes ⇒ EIB-Gerät.

Anwendungsschnittstelle
Verbindungstelle zwischen dem ⇒ Busankoppler und dem ⇒ Anwendungsmodul (bei ⇒ EIB-Geräten für Unterputzmontage ein 10-poliger Steckanschluss).

Anzugsleistung
Bei Magnetspulen die Leistungsaufnahme, die notwendig ist, um das Magnetsystem zu schließen. Sie ist höher als die ⇒ Halteleistung.

Anzugsstrom
1. Strom, den eine Magnetspule kurzzeitig beim Einschalten eines Schützes oder Schaltrelais aufnimmt.
2. ⇒ Anlaufstrom.

Anzugsverzögerung
Die von einem Zeitrelais bewirkte Zeitspanne zwischen dem Einschaltbefehl und dem Erreichen der Wirkstellung der Schaltglieder.

Applikation
Beim ⇒ EIB ein ⇒ Anwendungsprogramm.

Auslösekennlinie
Zeit-Strom-Diagramm, aus dem bestimmt werden kann, nach welcher Zeit bei einem vorgegebenen Strom der ⇒ Auslöser anspricht.

Auslöser
Überwachungselemente, die beim Über- oder Unterschreiten einer physikalischen Größe (z.B. Strom, Spannung) die Ausschaltung eines Schalters bewirken.

Auslösezeit
Zeit vom Eintreten eines Ausschaltbefehls bis zum Auslösen des Schaltgerätes.

Ausschaltstrom
Strom (Effektivwert) in einer ⇒ Strombahn eines Schalters im Zeitpunkt der Kontakttrennung.

Ausschaltvermögen
Effektivwert des Stromes bei einem bestimmten cos φ und einer bestimmten Spannung, den ein Schalter oder eine Sicherung noch betriebssicher abschalten kann.

Automatisierungsgerät
Allgemeiner Begriff für eine ⇒ SPS, wenn ausgedrückt werden soll, dass das Gerät mehr kann als nur steuern (z.B. regeln).

AWL
⇒ Anweisungsliste.

BA
⇒ Busankoppler.

Bandschalter
Vom ⇒ Sat-Receiver gesteuerter Schalter für die Wahl des oberen oder unteren Satelliten-Empfangsbandes.

Basisanschluss
⇒ ISDN-Basisanschluss.

Basisgerät
Beim ⇒ EIB Bezeichnung für diejenigen Betriebsmittel, die unabhängig von der Anwendung Grundvoraussetzung für den Datenaustausch zwischen den ⇒ Busteilnehmern sind (z.B. Spannungsversorgung).

Basisleistung
Mindestleistung, mit der die Aufgabe eines Gerätes dauernd erfüllt wird.

Befehlsgerät
Handbetätigtes Steuergerät zum Schalten von ⇒ Hilfsstromkreisen.

Begrenzer
⇒ Grenzschalter

Belastungsstrom
Strom, mit dem eine ⇒ Strombahn (Schaltglied, Leitung) dauernd belastet werden kann.

Bemessungswert
Wert einer Größe (z.B. Strom, Spannung, Leistung, Frequenz usw.) für eine vom Hersteller eines Betriebsmittels vorgegebene Betriebsbedingung.

Bereich
Beim ⇒ EIB Zusammenfassung mehrerer ⇒ Linien.

Bereichskoppler
Gerät, das eine ⇒ Hauptlinie mit der ⇒ Bereichslinie verbindet.

Bereichslinie
Verbindet beim ⇒ EIB mehrere ⇒ Bereichskoppler und ermöglicht dadurch einen Datenaustausch zwischen den ⇒ Bereichen.

☺ … kurz erklärt

Betätigungselement
Bei Befehlsgeräten das Teil, mit dem der Schaltvorgang von Hand ausgelöst werden kann (z.B. Druckknopf, Kipphebel, Schlüssel).

Betriebsmäßiges Schalten
Schalten eines Schaltgerätes, wobei die Bemessungsdaten (z.B. Schalthäufigkeit, Bemessungsleistung) nicht überschritten werden.

Betriebsmittelkennzeichnung
Systematische Kennzeichnung von Betriebsmitteln mit Buchstaben, Zeichen und Ziffern, denen Art, Funktion, Ort und Anschluss der Anlage zu entnehmen ist.

Betriebsmittelschutz (IP-Schutz)
Gibt bei Betriebsmittel den Grad des Schutzes gegen Eindringen von Fremdkörpern und Wasser an.

Betriebsspannung
Die zwischen den Leitern vorgeschriebene Spannung für ein Betriebsmittel oder Anlagenteil.

Betriebsstromstärke
Stromstärke, die über eine Leitung fließt, wenn alle angeschlossenen Verbraucher eingeschaltet sind.

Bewegungsmelder
Meldet Bewegungen und Änderungen der Infrarotstrahlung innerhalb eines Überwachungsbereiches.

Bezugszähler
Zähler mit Rücklaufsperre, der die Energielieferung des EVU an den Kunden erfasst.

Bimetallauslöser
Auslöseeinrichtung eines Motorschutzschalters oder eines Leistungsschalters, die bei ⇒ Überlast verzögert das ⇒ Schaltschloss entklinkt.

Bimetallrelais
Überwachungseinrichtung im Hauptstromkreis, die bei ⇒ Überlast einen Hilfsschalter betätigt.

BK-Netz
Breitband**k**ommunikations-Netz, Leitungsnetz zur Übertragung von Fernseh- und Rundfunksignalen.

Blinkrelais
Schaltrelais, das beim Anlegen der Betätigungsspannung seine Hilfsschaltglieder mit einer einstellbaren Frequenz öffnet und schließt.

Blockschloss
Schloss für das ⇒ Scharfschalten und Nicht-Scharfschalten (Unscharfschalten) von ⇒ Einbruchmeldeanlagen mit gleichzeitiger mechanischer Ver- und Entriegelung.

Box
Symbol in der Programmiersprache Kontaktplan ⇒ KOP, das verschiedene Funktionen darstellt (z.B. ⇒ Timer, Zähler).

BUS
Engl.: **B**inary **U**nit **S**ystem; Steuerleitung beim ⇒ EIB.

Busankoppler (BA)
Der Teil eines ⇒ EIB-Gerätes, der die Verbindung zwischen der ⇒ Busleitung und dem ⇒ Anwendungsmodul herstellt und das Anwendungsprogramm des EIB-Gerätes enthält.

Busgerät
⇒ EIB-Gerät.

Busleitung
Beim ⇒ EIB verdrillte 2-Ader-Steuerleitung zur Datenübertragung zwischen den ⇒ Busteilnehmern.

Buslinie
⇒ Linie.

Busteilnehmer
⇒ EIB-Gerät, welches an die ⇒ Busleitung angeschlossen ist.

BZT
Bundesamt für die **Z**ulassung in der **T**elekommunikation.

Dahlanderschaltung
Wicklungsschaltung bei polumschaltbaren Drehstrommotoren mit zwei Drehzahlen im Drehzahlverhältnis 1:2.

Dämmerungsschalter
Elektronischer Schalter, der bei einem bestimmten Helligkeitswert (Dunkelheit) schaltet.

Dämpfung
Verringerung der Signalstärke am Ausgang einer Leitung im Vergleich zum Eingangssignal.

Dämpfungsmaß
Logarithmisches Maß zur Kennzeichnung der ⇒ Dämpfung.

Datenschiene
Leiterplatte beim ⇒ EIB zum Einkleben in eine Hutprofilschiene, welche die ⇒ Basisgeräte und weitere Reiheneinbaugeräte miteinander verbindet.

Dauerbetrieb (DB oder S1)
Ein Betrieb, in dem die Hauptschaltstücke des Schaltgerätes für unbegrenzte Zeit geschlossen bleiben können.

Dauerstrom
Maximaler Strom, den ein Schaltgerät bei normalen Betriebs- und Umgebungsbedingungen ohne zwischenzeitliches Schalten im ⇒ Dauerbetrieb führen kann. Der Dauerstrom ist im Allgemeinen mit dem Bemessungsstrom des Schaltgerätes identisch.

dBµV
Pseudoeinheit für das ⇒ Dämpfungsmaß. Die jeweilige Spannung wird auf 1µV bezogen.

DC
Engl.: **D**irect **C**urrent, Gleichstrom.

Dezibel, dB
Pseudoeinheit für das ⇒ Dämpfungsmaß. Die Ausgangsspannung wird auf die Eingangsspannung bezogen.

Drahtbruchsicherheit
Notwendige Eigenschaft einer Maschinensteuerung, die bewirkt, dass bei Drahtφ bruch eine Gefahr bringende Maschinenbewegung abgeschaltet bzw. ihr Einschalten verhindert wird.

Drossel , Drosselspule
1. ⇒ Basisgerätgerät beim ⇒ EIB. Verhindert den Kurzschluss der Datentelegramme auf der ⇒ Buslinie über die Spannungsversorgung.
2. Vorschaltgerät für Leuchtstofflampen zur Erzeugung der Zündspannung und zur Begrenzung des Stromes.

Durchgangsdämpfungsmaß
Eine logarithmisches Maß zur Kennzeichnung der ⇒ Dämpfung von Betriebsmitteln (Dosen, Weichen usw.) für das weitergeführte Signal

EIB
Engl.: **E**uropean **I**nstallation **BUS** (Europäischer Installationsbus). Installationsbus-System zum Schalten, Melden, Steuern, Überwachen und Anzeigen.

EIB-Gerät
Gerät zum Einsatz im Installationsbus-System ⇒ EIB.

Eigenfestigkeit
Fähigkeit eines Schaltgerätes, ohne Schaden bei einer festgelegten Spannung einen beliebig hohen Kurzschlussstrom abzuschalten.

Einbruchmeldeanlage (EMA)
Anlage für die automatische Überwachung von Sicherungsbereichen auf unbefugtes Eindringen von Personen.

Einphasenlauf
Betrieb eines Drehstrommotors, wenn ein Außenleiter der Zuleitung unterbrochen ist.

Einschaltleistung
⇒ Anzugsleistung

Einschaltstrom
Strom, der unmittelbar nach dem Berühren der ⇒ Schaltstücke auftritt.

Einschaltvermögen
Strom, den ein Schalter unter festgelegten Bedingungen einschalten kann.

Einspeisezähler
Zähler mit Rücklaufsperre, der die Energierückspeisung des Kunden an das EVU erfasst.

Einstellbereich
Bereich, in dem der Ansprechwert eines Relais oder Auslösers (z.B. Zeitrelais, überlastauslöser) auf einen gewünschten Wert eingestellt werden kann.

EMA
⇒ Einbruchmeldeanlage

Emitterschaltung
Transistorgrundschaltung, bei welcher der Emitter gemeinsamer Bezugspunkt für Eingangs- und Ausgangssignal ist.

Empfangsverteilanlage (EVA)
Anlage zum **E**mpfang und zur **V**erteilung von **A**ntennensignalen.

ENS
Einrichtungen zur **N**etzüberwachung mit zugeordneten **S**chutzorganen in Reihe. Die ENS koppelt die ⇒ PV-Anlage bei Abschaltung des öffentlichen Netzes automatisch ab.

Erdschluss
Verbindung eines aktiven elektrischen Leiters mit Erde.

Erdschlusssicherheit
Notwendige Eigenschaft einer Maschinensteuerung, die bewirkt, dass bei Erdschlüssen in Steuerstromkreisen Gefahr bringende Maschinenbewegungen weder unbeabsichtigt eingeschaltet werden, noch ihr Ausschalten verhindert wird.

ETS
EIBA-**T**ool-**S**oftware; Programm zu Projektierung und Inbetriebnahme von ⇒ EIB-Geräten.

EVA
⇒ **E**mpfangs**v**erteil**a**nlage.

Fabrikfertige Schaltgerätekombination
Zusammenfassung von Schaltgeräten einschließlich aller Verbindungsleitungen und sonstigen Betriebsmitteln, die beim Hersteller zusammengebaut, verdrahtet und geprüft wird..

F-Codierung
Anschlusskennzeichnung **F**ernsprechen; mit dieser Codierung ist der Stecker eines analogen Telefons versehen.

Festspannungsregler
Integrierte Schaltung zur Spannungsstabilisierung.

Fotovoltaik- Anlage
Anlage zur Erzeugung elektrischer Energie durch ⇒ Solarzellen.

Freiauslösung
Eine Eigenschaft von Schaltern, die eine Behinderung des Auslöse- oder Ausschaltvorgangs durch den Einschaltantrieb ausschließt.

Freischalten
Allseitiges Abschalten einer Anlage, eines Anlagenteils oder eines Betriebsmittels von allen nicht geerdeten Leitern.

Frühschließer
Schließer, der beim Schalten von einer Schaltstellung auf die nächste bereits schließt, bevor ein zweites Schaltglied geöffnet hat ⇒ Kontaktüberdeckung.

Gebrauchskategorie
Kennzeichnung der Schaltgeräte nach Verwendungszweck und Beanspruchung.

Gegensprechen
Wechselseitiges Sprechen und Hören.

Geräteliste
Beim ⇒ EIB Auflistung der an den ⇒ Bus angeschlossenen ⇒ EIB-Geräte.

Glasbruchmelder (GM)
Ein Melder, der beim Ritzen oder Zerspringen von Glas ein Meldesignal abgibt.

Glättung
Verringerung der Welligkeit gleichgerichteter Spannungen und Ströme durch Kondensatoren oder Drosselspulen.

Gleichrichter (GR)
Schaltung zur Umwandlung von Wechselspannung in Gleichspannung.

Grenzschalter
Schalter, der eine physikalische Größe (z.B. Druck, Temperatur) überwacht und beim Über- oder Unterschreiten des eingestellten Grenzwertes einen Hilfsschalter einrastend betätigt. Rückstellung erfolgt über die ⇒ Reset-Taste.

Grenztaster
Taster zur Meldung, Steuerung und Begrenzung von Bewegungsvorgängen, der durch ein mechanisches Teil betätigt wird.

Grundleistung
⇒ Basisleistung.

Gruppenadresse
Beim ⇒ EIB gemeinsame Adresse von Teilnehmern, die zu einer Funktion gehören.

Halteleistung
Die Leistungsaufnahme einer Magnetspule bei angezogenem Anker des Magnetsystems.

Handapparat
Mikrofon (Sprechkapsel) und Hörer (Hörkapsel) als Baueinheit.

Hauptanschlusskasten (HAK)
Übergabepunkt des EVU. Ab hier beginnt die Anlage des Stromabnehmers.

Hauptgruppe
Erster Teil der ⇒ Gruppenadresse eines EIB-Gerätes.

Hauptleitung
Leitung zwischen HAK und Zählerschrank. In Mehrfalienhäusern werden die Leitungen zwischen Zählerschrank und Stromkreisverteilern auch als Hauptleitungen bezeichnet.

Hauptlinie
Beim ⇒ EIB ⇒ Busleitung, die mehrere ⇒ Linien untereinander verbindet.

Hauptschalter
Handbetätigter Schalter, der die gesamte elektrische Ausrüstung einer Maschine während der Dauer von Wartungs- und Reparaturarbeiten vom Netz trennt.

Hauptschaltglied
⇒ Schaltglied in der ⇒ Strombahn des ⇒ Hauptstromkreises.

Hauptschütz
Schütz, das zum Schalten von Verbrauchern geeignet ist. Es ist in der Regel mit drei ⇒ Hauptschaltgliedern ausgerüstet und kann mit einer begrenzten Zahl von ⇒ Hilfsschaltgliedern (Schließer, Öffner) ergänzt werden.

Hauptstromkreis
Stromkreis, der die Betriebsmittel (Verbraucher) aus dem Netz mit elektrischer Energie versorgt.

Hausstation
Anlage/Gerät im Eingangsbereich eines Hauses für eine Türsprechanlage.

Herstellerunterlagen
Beschreibungen und/oder technische Zeichnungen, die mit der Lieferung der elektr. Anlage oder eines Gerätes dem Kunden übergeben werden. Oft entsprechen die zeichnerischen Darstellungen nicht mehr der gültigen Norm.

Hilfsschaltglied
⇒ Schaltglied in der ⇒ Strombahn des ⇒ Hilfsstromkreises.

Hilfsschütz
Schütz, dessen Schaltglieder nur zum Schalten von Hilfsstromkreisen geeignet sind.

Hilfsstromkreis
Stromkreis für Befehlsgabe, Verriegelung, Meldung und Messung.

Horizontale Polarisation
Waagerechte Abstrahlrichtung von Antennensignalen.

IAE
ISDN-**A**nschluss**e**inheit, standardisierte Steckdose für ISDN-Endgeräte.

Inselanlage
Stromversorgungsanlage, die keine Verbindung mit dem Verbundnetz hat.

Installationsplan
Zeichnung (z. B. Bauzeichnung), in der angegeben wird, wo die Betriebmittel der Anlage eingebaut werden sollen.

Installationsschaltplan
Installationsplan, in dem die Leitungen zwischen den Betriebsmitteln eingezeichnet sind.

ISDN
Integrated **S**ervices **D**igital **N**etwork: Diensteintegrierendes digitales Netz (geeignet für digitale Ton-, Bild- und Datenübertragung).

ISDN-Basisanschluss
ISDN-Anschluss mit zwei ⇒ Nutzkanälen (B-Kanäle) von je 64 kbit/s und einem Steuerkanal (D-Kanal) mit 16 kbit/s.

Koaxialkabel
Leitung für Antennensignale mit Mittelleiter und Abschirmung.

Kontakt
1. ⇒ Schaltglied
2. Bei der ⇒ SPS Symbol in der ⇒ Programmiersprache ⇒ Kontaktplan, das als Schalter wirkt (Öffner oder Schließer).

Kontaktplan (KOP)
⇒ Programmiersprache für eine ⇒ SPS in der Symbole in Form von ⇒ Netzwerken angeordnet sind.

Kontaktspiegel
Darstellung aller Schaltglieder eines Schützes im Stromlaufplan in aufgelöster Darstellung.

Kontaktüberdeckung
⇒ Frühschließer, ⇒ Spätöffner.

Koppler
⇒ Bereichskoppler, ⇒ Linienkoppler.

Körperschluss
Verbindung eines aktiven elektrischen Leiters mit dem leitenden Gehäuse (Körper) eines Betriebsmittels.

Kurzschluss
Direkte Verbindung zwischen aktiven elektrischen Leitern.

Kurzschlussauslöser
Auslöseeinrichtung eines Motorschutzschalters oder eines Leistungsschalters, die bei Kurzschluss unverzögert das ⇒ Schaltschloss entklinkt.

Kurzschlussstrom
Strom in einem durch einen Defekt oder eine Fehlschaltung hervorgerufenen Stromkreis mit vernachlässigbarer Impedanz.

La
Signalleitung (a-Ader) für analogen TK-Anschluss.

Lastschalter
Schalter zum Ein- und Ausschalten von Verbrauchern (nicht Motoren) im ungestörten Zustand mit einem Schaltvermögen in der Größenordnung des Bemessungsstromes.

Lastschütz
⇒ Hauptschütz

Lasttrennschalter
Schalter, der sowohl die Bedingungen des ⇒ Lastschalters als auch die des ⇒ Trennschalters erfüllt.

Lb
Signalleitung (b-Ader) für analogen TK-Anschluss.

Leistungsschalter
Schalter, der auch Kurzschlussströme schalten kann.

Leistungsschild
Schild mit dem Aufdruck Hauptkenndaten eines Motors oder Gerätes.

Leistungsschütz
⇒ Hauptschütz.

Leistungstrennschalter
Schalter, der sowohl die Bedingungen des ⇒ Leistungsschalters als auch die des ⇒ Trennschalters erfüllt.

Leitungsschutz
Schutz elektrischer Leitungen vor unzulässiger Erwärmung durch Überlast oder bei Kurzschluss.

Leuchtmelder
Leuchte für die Anzeige eines Schaltzustandes.

Linie
Kleinste Einheit des ⇒ EIB mit maximal 64 ⇒ Teilnehmern.

Linienkoppler (LK)
⇒ EIB-Gerät zum Verbinden von Linien.

LNB
Low-**N**oise-**B**lock- Converter: Empfangsteil (Empfangskopf) für Signale in der Satelliten-Empfangsantenne.

LNC
Low-**N**oise-**C**onverter: Empfangsteil (Empfangskopf) für Signale in der Satelliten-Empfangsantenne.

Magnetischer Auslöser
⇒ Kurzschlussauslöser.

Meldeleuchte
⇒ Leuchtmelder.

Meldelinie, Arbeitsstromprinzip
Die ⇒ NO-Kontakte der Melder werden hierbei parallel geschaltet.

Meldelinie, Differenzialprinzip
Die ⇒ Meldelinie wird am Ende durch einen bestimmten Widerstand abgeschlossen.

Meldelinie Ruhestromprinzip
Die ⇒ NC-Kontakte der ⇒ Melder werden hierbei in Reihe geschaltet.

Meldelinie
Verbindungsleitung für Melder in einer ⇒ EMA. Alle an einer Meldelinie angeschlossenen ⇒ Melder können ihre Meldesignale auf die Meldelinie geben.

Melder
Gerät oder Anlage zur Auslösung eines Alarms durch Öffnen bzw. Schließen von Kontakten oder durch Aussenden von bestimmten Signalen.

Meldestromkreis
Hilfsstromkreis zum Melden von Schaltzuständen.

Merker
Bei der ⇒ SPS ⇒ Operand zum Speichern von Zwischenergebnissen im Programmspeicher.

Mindestpegel
Der niedrigste ⇒ Pegel, der in einer Anlage erreicht wird.

Mittelgruppe
Teil der ⇒ Gruppenadresse.

MMP
Engl.: **M**aximum **P**ower **P**oint. Die Spitzenleistung eines Solarmoduls gemessen in Wp (Watt peak).

Motorschalter
Schalter zum Schalten von Motoren mit einem den Anzugsströmen von Motoren entsprechenden Schaltvermögen ⇒ Gebrauchskategorie.

Motorschutzrelais
⇒ Bimetallrelais.

Motorschutzschalter
Motorschalter mit ⇒ Schaltschloss, ⇒ Überlastauslöser, ⇒ Kurzschlussauslöser und ⇒ Freiauslösung.

Motorstarter
Gerätekombination von ⇒ Hauptschütz, ⇒ Motorschutzrelais, ⇒ Betätigungselementen und ⇒ Leuchtmeldern, fertig verdrahtet in einem Gehäuse.

Multfeed-Empfang
Empfang von zwei Satelliten-Signalen.

Multifunktionsrelais
Schaltgerät für verschiedene einstellbare Funktionen.

Multischalter
Umschalter für ⇒ Polarisationsebenen bzw. Bänder bei Satellitenempfang.

NC-Kontakte
Kontakte, die im Normalfall geschlossen sind (engl.: **n**ormally **c**losed) ⇒ Öffner.

N-Codierung
Nicht Fernsprechen, mit dieser Codierung ist der Stecker eines Zusatzgerätes versehen (z.B. Faxgerät, Anrufbeantworter).

Netzparallelbetrieb
Betriebsart, bei der die Stromversorgungsanlage parallel an das öffentliche Niederspannungsnetz geschaltet ist.

Netzwerk
Bei der ⇒ SPS die Gesamtheit aller aufeinander folgenden Operationen im ⇒ KOP bzw. ⇒ AWL, die eine Steuerungsfunktion bilden.

Nicht Scharfschalten (Unscharfschalten)
Abschalten einer ⇒ EMA-Anlage bzw. Teilen einer Anlage (Rücknahme der Alarmbereitschaft).

NO-Kontakt
Kontakte, die im Normalfall offen sind (engl.: **n**ormally **o**pen) ⇒ Schließer.

NOT-AUS-Schalter
Schalter zu Ausschalten einer Maschine oder Anlage im Gefahrenfall.

NT
Network **T**erminator: Netzabschluss am ⇒ ISDN-Basisanschluss.

NTBA
Netzabschluss für einen ⇒ ISDN-Basisanschluss

Nutzkanal
Entspricht einer Telefonleitung im ISDN-TK-Netz.

Objekt
Beim ⇒ EIB ein Steuerungsprogramm einer ⇒ Applikation.

Öffner
⇒ Schaltglied, das bei Betätigung öffnet und im Ruhezustand geschlossen ist.

Operand
Sammelname bei der ⇒ SPS, der angibt, mit wem die ⇒ Operation durchzuführen ist (z.B. Eingang I, Ausgang Q).

Operation
Programmierbefehl bei der ⇒ SPS. Gibt an, was zu tun ist.

Parabolantenne
Empfangsantenne für Satelliten-Signale.

Parameter
Beim ⇒ EIB Fachbegriff für Einstellungen von Werten und Funktionen innerhalb einer ⇒ Applikation oder eines ⇒ Objektes.

Passiver Melder
Ein ⇒ Melder, der den Erfassungsbereich nicht ständig überwacht, sondern erst dann ein Signal abgibt, wenn eine Störung vorliegt.

Passiv-Infrarot-Melder (PIR)
Ein Melder, der bei Änderung der Infrarotstrahlung in seinem Erfassungsbereich schaltet bzw. Signale sendet.

Pegel
Logarithmisches Maß für ein Niveau in dBμV.

Pegelplan
Liste (evtl. auch grafisch) der ⇒ Dämpfungsmaße an verschiedenen Stellen einer Anlage.

PELV
Engl.: **P**rotective **E**xtra **L**ow **V**oltage. Kleinspannung mit geerdetem Stromkreis.

Personenschutz
Maßnahmen, die Personen gegen elektrischen Schlag bzw. gegen gefährliche Körperströme schützen.

Physikalische Adresse
Beim ⇒ EIB die Kennzeichnung, die jeder ⇒ Busteilnehmers bei der Programmierung erhält.

Polarisation, Polarisationsebene
Abstrahlrichtung von Antennensignalen.

Positionsschalter
⇒ Grenztaster.

Potenzialausgleich
Schutzmaßnahme gegen gefährliche Berührungsspannungen, bei der der Schutzleiter mit allen metallenen Systemen im Raum verbunden ist.

Produktdatenbank
Beim ⇒ EIB die Bezeichnung für die Sammlung aller ⇒ Anwendungsprogramme auf Diskette oder CD, die ein Hersteller für seine ⇒ EIB-Geräte bereitstellt.

Programmiersprache
Bei der ⇒ SPS Sprache aus symbolischen Befehlselementen zur Programmierung der Steuerungsaufgabe.

Programmschaltwerk (PGS)
(Nocken-) Schalter, der von einem Motor in Schritten weitergeschaltet wird.

Programmspeicher
Bei der SPS der Speicher, in dem das Steuerungsprogramm gespeichert ist.

Prozessschalter
Hilfsschalter, der durch eine physikalische Größe (z.B. Druck, Temperatur, Weg usw.) betätigt wird.

Prüfen
Vergleichen des vorhandenen Wertes einer physikalischen Größe mit dem geforderten Wert.

Pulsweitenmodulation (PWM)
Engl.: **P**ulse **W**idth **M**odulation (Pulsbreitenmodulation). Verfahren zum Stellen einer Spannung, wobei innerhalb der Schaltperiode das Verhältnis von Einschaltzeit zur Ausschaltzeit verändert wird.

Rastschalter
Schalter ohne Rückzugskraft, der in der Stellung bleibt, in die er bei der letzten Betätigung gebracht wurde.

Reed-Kontakte
Kontakte aus Eisen in einem Glasröhrchen, die durch einen extern herangeführten Magneten betätigt werden.

Reset-Taste
Taste zum Zurückstellen der ⇒ Wiedereinschaltsperre.

Ringcodierung
Kennzeichnung von Telefonkabeln durch Ringe
1a: ohne Ring,
1b: ein Ring mit großem Intervall,
2a: zwei Ringe mit großem Intervall,
2b: zwei Ringe mit kleinem Intervall.

Rückfallverzögerung
⇒ Abfallverzögerung.

Rücksetzbefehl
Bei der ⇒ SPS Steuerbefehl für dauerhaftes Ausschalten eines Operanden, z.B. eines Ausgangs.

Rücksetzdominanz
Der ⇒ Rücksetzbefehl bei der ⇒ SPS hat Vorrang vor dem Setzbefehl.

Rücksetzen
⇒ Rücksetzbefehl

Rückspeisezähler ⇒ Einspeisezähler

S_0-Bus
Verbindungsleitungen zwischen ⇒ IAE-Dosen (bis zu 12), maximal 8 Geräte eingesteckt.

S_0-Schnittstelle
International standardisierte Schnittstelle für ISDN-Geräte. Sie wird netzseitig vom Netzbetreiber eingerichtet.

Sat-Receiver
Empfangsgerät für Satellitensignale.

Schaltdiagramm
Diagramm, das angibt, welche Kontakte eines Nockenschalters (⇒ Programmschaltwerk) in welcher Schaltstellung offen bzw. geschlossen sind.

Schaltglied
Alle Teile eines Schaltgerätes, die zur unmittelbaren Kontaktgabe gehören (festes Schaltstück, bewegliches Schaltstück, usw.).

Schalthäufigkeit
Anzahl der ⇒ Schaltspiele in einer Zeiteinheit (z.B. in 1 Std.), die mit dem Schalter betriebsmäßig durchgeführt werden können.

Schaltschloss
Das Teil eines ⇒ Schlossschalters, das den Schalter in der eingeschalteten Schaltstellung mechanisch verriegelt und die ⇒ Freiauslösung gewährleistet.

Schaltspiel
Einmaliges Schließen und Öffnen eines ⇒ Schaltglieds (Kontaktes).

Schaltstellungsanzeige
Vorrichtung, die mit dem Schalter mechanisch oder elektrisch verbunden ist und anzeigt, ob dieser ein- oder ausgeschaltet ist.

Schaltstück
Teil des Schalters, das eine ⇒ Strombahn öffnet bzw. schließt.

Schaltvermögen
Maximaler Strom, den ein Schalter ein- und ausschalten kann ⇒ Ausschaltvermögen, ⇒ Einschaltvermögen).

Scharfschalten
Einschalten einer ⇒ EMA bzw. von Teilen einer Anlage ⇒ Alarmbereitschaft einschalten.

Schließblechkontakt
Am Schließblech angebrachter Kontakt oder ⇒ Sensor, der durch den Riegel des Schlosses betätigt wird.

Schließer
⇒ Schaltglied, das bei Betätigung schließt und im Ruhezustand geöffnet ist.

Schlossschalter
Schalter mit einem ⇒ Schaltschloss. Schutzschalter sind wegen der ⇒ Freiauslösung immer als Schlossschalter ausgeführt.

Schlüsseltaster
Drucktaster, der nur betätigt werden kann, solange ein Schlüssel eingesteckt ist.

Schutzerdung
Schutzmaßnahme, die das Bestehenbleiben einer zu hohen Berührungsspannung verhindert. Sie wird hergestellt durch Anschließen der leitfähigen Körper an Erde oder geerdete Teile.

Schützverriegelung
Schaltung, die sicherstellt, dass bei gleichzeitigem Einschaltbefehl für zwei Schütze nur ein Schütz anzieht.

Selbsthaltung
Schaltung, durch die sich ein Schütz nach impulsartiger Betätigung in der angezogenen Position hält.

Selektivität
Abstimmung in Reihe liegender Überstromschutzorgane zum gestaffelten Abschalten im Fehlerfall.

SELV
Engl.: **S**avety **E**xtra **L**ow **V**oltage; Schutzkleinspannung mit ungeerdetem Stromkreis.

Sensor
Elekronisches Bauelement bzw. Gerät, mit dem physikalische Größen erfasst werden können (z.B. Temperatur).

Setzbefehl
Bei der ⇒ SPS Steuerbefehl für dauerhaftes Einschalten eines Operanden z.B. eines Ausgangs.

Setzdominanz
Der Setzbefehl bei der ⇒ SPS hat Vorrang vor dem ⇒ Rücksetzbefehl.

Setzen
⇒ Setzbefehl.

Sicherheitsbeleuchtung
Beleuchtung mit einer netzunabhängigen Stromversorgung, die sich bei Ausfall der allgemeinen Beleuchtung selbsttätig einschaltet.

Sicherheitsregeln
Regeln, die das Verhalten bei Arbeiten in elektrischen Anlagen beschreiben:

1. Freischalten,
2. gegen Wiedereinschalten sichern,
3. Spannungsfreiheit feststellen,
4. Erden und Kurzschließen,
5. benachbarte, unter Spannung stehende Teile abdecken oder abschranken.

Sichtkontrolle
⇒ Überprüfen der Anlage durch Besichtigung.

Single-LNC
Empfangskopf in der Satelliten-Empfangsantenne für einen Teilnehmer.

Solargenerator
Zusammenschaltung von Solarmodulen.

Solarmodul
Zusammenschaltung von ⇒ Solarzellen.

Solarstrom-Anlage
⇒ Fotovoltaik-Anlage

Solarzelle
Bauteil zur direkten Umwandlung von Lichtenergie in elektrische Energie.

Spätöffner
Öffner, der beim Schalten von einer Schaltstellung auf die nächste noch geschlossen bleibt, obwohl ein zweites Schaltglied bereits geschlossen hat ⇒ Kontaktüberdeckung.

SPS
Speicher**p**rogrammierbare **S**teuerung; elektronische Steuerung, bei der das Steuerungsprogramm als ⇒ Anweisungen im ⇒ Programmspeicher abgelegt ist.

Stabilisierung
Eine Maßnahme zum Konstanthalten einer Größe (z.B. Spannung).

Steinmetzschaltung
Schaltung eines Drehstrom-Asynchronmotors für den Betrieb an einem Wechselstromnetz.

Sternvierer
Telefonkabel mit vier Leitern. Zwei verseilte Paare.

Steuerschütz
⇒ Hilfsschütz.

Steuerstromkreis
⇒ Hilfsstromkreis.

Stichdose
Letzte Dose im Strang einer ⇒ EVA.

Strombahn
Leitende Teile eines Schalters, die zu einem Pol des Stromkreises gehören.

Strombelastbarkeit (I_z)
Die zulässige Stromstärke mit der eine Leitung betriebsmäßig belastet werden darf.

Stromkreisverteiler
Unterverteilung einer Hausinstallation, in dem die Personenschutz- und Leitungsschutzorgane untergebracht sind und die elektrische Energie von einer Sammelschiene auf die einzelnen Stromkreise verteilt wird.

Stromlaufplan
Zeichnerische Darstellung einer Schaltung, in der die einzelnen Stromwege verfolgt werden können.

Symboltabelle
Übersetzungstabelle für die Zuordnung von Gerätekennzeichen (symbolischer Name) zu den ⇒ Operanden.

TAE 3x6NFN
Analoge TK-Steckdose mit 3 Steckbuchsen (NFN-Codierung). Jede Buchse besitzt 6 Kontakte.

TAE
Telekommunikations**a**nschluss**e**inheit, Steckdose zum Anschluss von analogen Telekommunikationsgeräten an eine ⇒ TK-Anlage.

Tasterverriegelung
Schaltung, die verhindert, dass bei gleichzeitigem Betätigen von zwei EIN-Tastern die Einschaltbefehle ausgeführt werden.

Tastschalter
Schalter mit Rückstellkraft ohne Sperre, der bei Wegfall der Betätigungskraft in seine Ausgangsstellung zurückkehrt.

Teilnehmer
⇒ Busteilnehmer.

Telegramm
⇒ Datentelegramm.

Temperaturfühler
Sensor, der abhängig von der Temperatur eine elektrische Spannung oder einen elektrischen Strom in einem genormten Bereich abgibt.

Thermostat
Schalter, der beim Überschreiten einer einstellbaren Temperatur schaltet und bei Unterschreiten einer niedrigeren Temperatur in den alten Schaltzustand zurückgeht.

Timer
Bei der ⇒ SPS anzugs- oder abfallverzögertes Zeitglied.

Tippbetrieb
Kurzzeitiges Einschalten eines Motors oder einer Spule für die Dauer der Betätigung des Tasters.

TK-Anlage
Tele**k**ommunikationsanlage.

Torstation
Anlage/Gerät im Haus/Wohnung für eine Türsprechanlage.

Trennen
Öffnen einer Strombahn mit einer zum Schutz von Personen ausreichend großen ⇒ Trennstrecke.

Trennschalter
Schalter, der einen Stromkreis allpolig und sichtbar auftrennt.

Trennstrecke
Vorgeschriebene Luftstrecke zwischen den ⇒ Schaltstücken eines geöffneten Schalters.

Twin-LNC
Zwei Single-LNC zum Empfang von zwei Satelliten.

Twisted Pair (TP)
Beim ⇒ EIB ⇒ Busleitung mit zwei verdrillten Adern.

Überlast
Betriebszustand in einem ungestörten Stromkreis, der einen ⇒ Überstrom hervorruft.

Überlastauslöser
⇒ Bimetallauslöser.

Überschneidung
Beim Einschalten schließt der Schließer bevor der Öffner öffnet.

Übersichtsschaltplan
Einpoliger Schaltplan, der die wichtigsten Verbindungen und Beziehungen zwischen den Betriebsmitteln einer Anlage angibt.

Überstrom
Stromstärke, die die maximale Strombelastbarkeit eines Betriebsmittels übersteigt.

Unscharfschalten
⇒ Nicht Scharfschalten.

V/H-Schalter
Vom ⇒ Sat-Receiver gesteuerter Schalter für die vertikale bzw. horizontale ⇒ Polarisationsebene.

VdS
Verband **d**er **S**achversicherer e.V.

Verbinder
⇒ Datenschienenverbinder.

Verdrahtungsplan
Plan mit allen elektrischen Verbindungen zwischen den Betriebsmitteln und/oder Verteilern.

Verknüpfung
Bei der ⇒ SPS Zuordnung der Eingangssignale, z.B. I0.1 und I0.2, zum Ausgangssignal, z.B. Q0.1 (Beispiel: UND-Verknüpfung)

Verlegeart
Art der Leitungsverlegung einer elektrischen Installation.

Verriegelung
Schaltungsart, bei der man die Hilfsschalter verschiedener Geräte so schaltet, dass die Schaltzustände voneinander abhängig sind.

Verstärker
Gerät, mit dem die Eingangssignale am Ausgang vergrößert werden.

Verteilungsdämpfungsmaß
Logarithmisches Maß zur Kennzeichnung der durch Verteiler hervorgerufenen ⇒ Dämpfung.

Vertikale Polarisation
Senkrechte Abstrahlrichtung von Antennensignalen.

Vier-Leiter-Verdrahtung
Vier Leiter führen zum ⇒ Melder. Über zwei Leiter wird der Schaltzustand weitergegeben. Die beiden anderen Leiter werden zur Erschwerung der Sabotage in die ⇒ Meldelinie aufgenommen.

Wächter
Schalter, der eine physikalische Größe (z.B. Druck, Temperatur) überwacht und beim Über- bzw. Unterschreiten des eingestellten Wertes einen Hilfsschalter betätigt.

Wechselrichter (WR)
Gerät der Leistungselektronik, das Gleichspannung bzw. Gleichstrom in Wechselspannung bzw. Wechselstrom umwandelt.

Wechselsprechen
Beide Gesprächsteilnehmer können gleichzeitig sprechen und sich verstehen.

Wechsler
Hilfsschalter mit nur einem beweglichen Schaltstück, der je eine Öffnerstellung und eine Schließerstellung hat.

Weiche
Betriebsmittel zum Zusammenführen von Antennensignalen mit unterschiedlichen Frequenzen bzw. Bändern.

Western-Steckverbinder
Für ISDN-Endgeräte verwendete Steckverbinder (8 Kontakte). Wird auch für den Anschluss analoger Telefonhandapparate verwendet (4 oder 6 Kontakte).

Wiedereinschaltsperre
Einrichtung, die ein selbsttätiges Einschalten eines ⇒ Überlastrelais oder Begrenzers nach dem Auslösen verhindert. Ein Wiedereinschalten ist erst nach Betätigen der ⇒ Reset-Taste möglich.

Wirkverbindung
Symbolische Darstellung der Einwirkung eines Betriebsmittels oder eines Teils auf ein anderes Betriebsmittel oder Teil.

Wischer
Hilfsschalter, der während des Übergangs von einer Stellung zur anderen kurzzeitig geschlossen ist.

Zählerschrank
Hauptverteilung einer Hausinstallation, in der die Zähler untergebracht sind.

Zielbezeichnung
Angabe, der zu entnehmen ist, an welchem Betriebsmittel und an welcher Klemme die Leitung in Gegenrichtung aufliegt.

Zuordnungsliste
⇒ Symboltabelle.

Zwangsläufigkeit
Eigenschaft eines Schaltgerätes, die sicherstellt, dass die auf das Bedienteil ausgeübte Kraft direkt (ohne federnde Teile) auf das Schaltglied übertragen wird.

Zwangsöffnung
Öffnungsbewegung, die sicherstellt, dass die Hauptkontakte eines Schaltgerätes die Offenstellung erreicht haben, wenn das Bedienteil die AUS-Stellung anzeigt.

Belastbarkeit[1)] von Kabeln und Leitungen mit Isolierwerkstoff PVC für feste Verlegung in Gebäuden (zul. Betriebstemperatur 70 °C) und Zuordnung von Überstrom-Schutzorganen für Dauerbetrieb bei der Umgebungstemperatur von 25 °C (Auszug)

Leitungsbeisp.	H07V-U/-R/-K, H07V3-U/-R/-K	NYM, NYMZ, NYMT, NYBUY, NYY, N05VV-U/-R	H07V-U/-R/-K, H07V3-U/-R/-K	NYM, NYMZ, NYMT, NYBUY, NYY, N05VV-U/-R	NYM, NYMZ, NYMT, NYIF, NYIFY, NYBUY, NYDY, NYY, N05VV-U/-R		NYY	NYY blanke Leiter
Referenz Verlegeart	**A1** in wärmegedämmten Wänden im Elektro-Installationsrohr; Aderleitungen	**A2** in wärmegedämmten Wänden im Elektro-Installationsrohr; Mehradrige Kabel und Mantelleitung	**B1** im Elektro-Installationsrohr auf Wand; Aderleitungen	**B2** im Elektro-Installationsrohr auf Wand; Mehradrige Kabel und Mantelleitung	**C** Verlegung auf und in Wand; Kabel und Mantelleitung Abstand zur Wand: ≤ 0,3 · d	**E** Mehradrige Kabel und Mantelleitung Abstand zur Wand: ≥ 0,3 · d	**F** Verlegung in Luft; Einadrige Kabel und Mantelleitung Abstand zur Wand: ≥ 1 · d; mit Berührung	**G** Verlegung in Luft; Einadrige Kabel und Mantelleitung Abstand zur Wand: ≥ 1 · d; mit Abstand d
Verlegung								

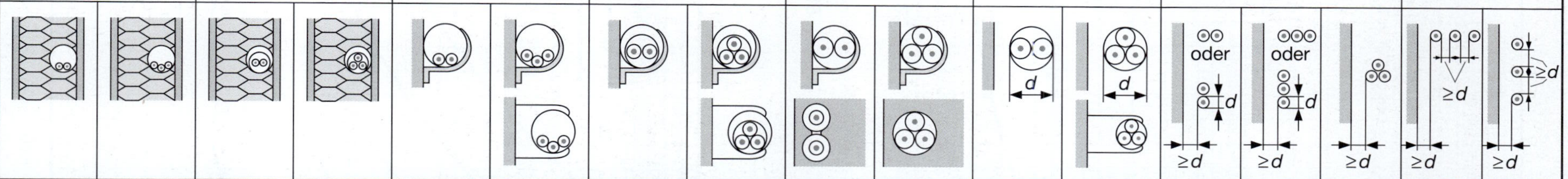

Zulässige Strombelastbarkeit I_z der Leitung und Bemessungsstromstärke I_n der zugehörigen Überstrom-Schutzorgane in A

q_n in mm² (Cu)	A1 Aderzahl 2 I_z	A1 2 I_n	A1 3 I_z	A1 3 I_n	A2 Aderzahl 2 I_z	A2 2 I_n	A2 3 I_z	A2 3 I_n	B1 Aderzahl 2 I_z	B1 2 I_n	B1 3 I_z	B1 3 I_n	B2 Aderzahl 2 I_z	B2 2 I_n	B2 3 I_z	B2 3 I_n	C Aderzahl 2 I_z	C 2 I_n	C 3 I_z	C 3 I_n	E Aderzahl 2 I_z	E 2 I_n	E 3 I_z	E 3 I_n	F Aderzahl 2 I_z	F 2 I_n	F 3 I_z	F 3 I_n	F 3 I_z	F 3 I_n	G Aderzahl 3 I_z	G 3 I_n	G 3 I_z	G 3 I_n
1,5	16,5	16	14,5	13[2)]	16,5	16	14,0	13[2)]	18,5	16	16,5	16	17,5	16	16	16	21	20	18,5	16	23	20	19,5	20	–	–	–	–	–	–	–	–	–	–
2,5	21	20	19,0	16	19,5	16	18,5	16	25	25	22	20	24	20	21	20	29	25	25	25	32	32[2)]	27	25	–	–	–	–	–	–	–	–	–	–
4	28	25	25	25	27	25	24	20	34	32[2)]	30	25	32	32[2)]	29	25	38	32[2)]	34	32[2)]	42	40[2)]	36	35[2)]	–	–	–	–	–	–	–	–	–	–
4	–	–	–	–	–	–	–	–	–	–	–	–	–	–	–	–	–	–	35[3)]	35[2)]	–	–	–	–	–	–	–	–	–	–	–	–	–	–
6	36	35[2)]	33	32[2)]	34	32[2)]	31	25	43	40[2)]	38	35[2)]	40	40[2)]	36	35	49	40[2)]	43	40[2)]	54	50	46	40[2)]	–	–	–	–	–	–	–	–	–	–
10	49	40[2)]	45	40[2)]	46	40[2)]	41	40[2)]	60	50	53	50	55	50	49	40[2)]	67	63	60	50	74	63	64	63	–	–	–	–	–	–	–	–	–	–
10	–	–	–	–	–	–	–	–	–	–	–	–	–	–	50[3)]	50	–	–	63[3)]	63	–	–	–	–	–	–	–	–	–	–	–	–	–	–
16	65	63	59	50	60	50	55	50	81	80	72	63	73	63	66	63	90	80	81	80	100	100	85	80	–	–	–	–	–	–	–	–	–	–
25	85	80	77	63	80	80	72	63	107	100	94	80	95	80	85	80	119	100	102	100	126	125	107	100	139	125	121	100	117	100	155	125	138	125
35	105	100	94	80	98	80	88	80	133	125	117	100	118	100	105	100	146	125	126	125	157	125	134	125	172	160	152	125	145	125	192	160	172	160
50	126	125	114	100	117	100	105	100	160	160	142	125	141	125	125	125	178	160	153	125	191	160	162	160	208	200	184	160	177	160	232	200	209	200
70	160	160	144	125	147	125	133	125	204	200	181	160	178	160	158	125	226	200	195	160	246	200	208	200	266	250	239	200	229	200	298	250	269	250

1) Belastbarkeit für A1, A2, B1, B2 und C wurde für Verlegung auf einer Holzwand ermittelt, welche die thermisch ungünstigste Bedingung ist. Für die Verlegung auf anderen Wandarten, z. B. Putz, Mauerwerk und Gipskartonplatten, sind die Belastbarkeiten sicher gewährleistet.

2) Hinweis zu den Überstrom-Schutzorganen mit den Bemessungsströmen 13 A, 32 A, 35 A und 40 A: Wenn diese Schutzeinrichtungen nicht zur Verfügung stehen, müssen solche mit nächstniedrigeren Bemessungsströmen verwendet werden.

3) Gilt nicht für die Verlegung auf einer Holzwand.

4) Außendurchmesser eines einadrigen Kabels oder einer einadrigen Mantelleitung.

Umrechnungsfaktoren für Häufung von Kabel und Leitungen
z. B. gebündelt direkt auf der Wand ① und im Elektro-Installationsrohr ②/-kanal auf oder in der Wand (Auswahl)

Verlegeart

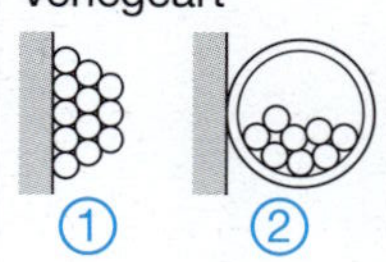

Anzahl der mehradrigen Kabel o. Leitungen o. Anzahl der Wechsel- o. Drehstromkreise									
1	2	3	4	5	6	7	8	9	10
1,0	0,8	0,7	0,65	0,6	0,57	0,54	0,52	0,5	0,48
Faktoren									

Umrechnungsfaktoren für Umgebungstemperatur ϑ_U von Kabel und Leitungen

ϑ_U in °C	10	15	20	25	30	35	40	45	50	55	60
Faktoren	1,15	1,1	1,06	1,0	0,94	0,89	0,82	0,75	0,67	0,58	0,47

Umrechnungsbeispiel zu I_z: 2adrige Leitung (2,5 mm²; B1) bei Umgebungstemperatur 40 °C

$I_z = 25\,A \cdot 0{,}82$

$\underline{\underline{I_z = 20{,}5\,A}}$

Maximale Leitungslängen für $\Delta U = 3\%$ und Verlegeart B2

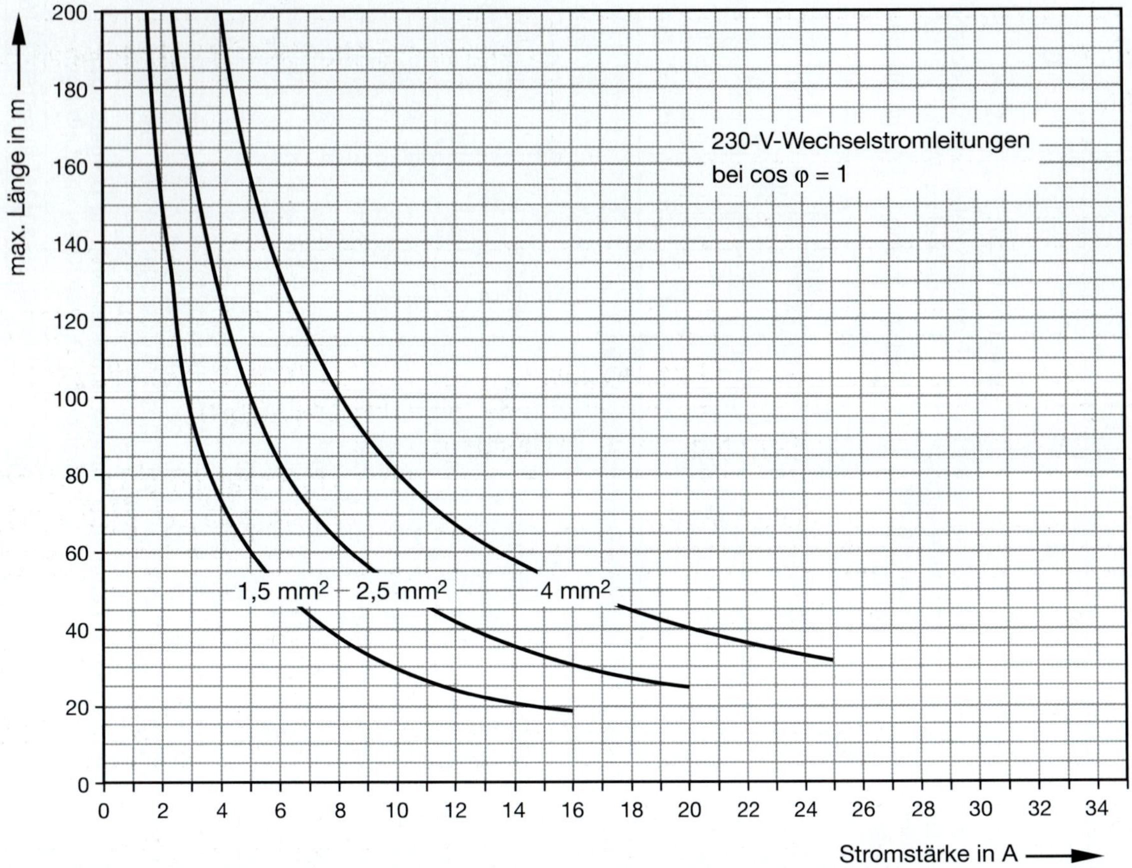

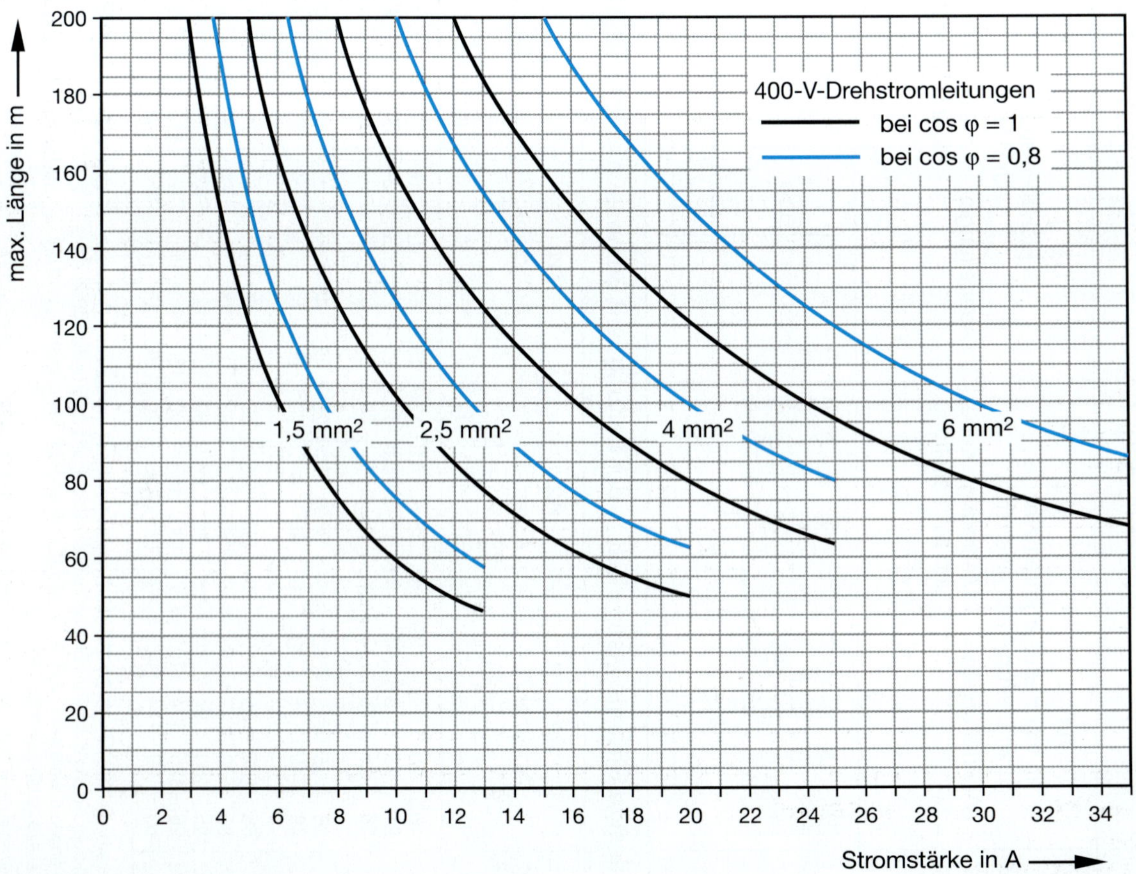

Übergabebericht + Prüfprotokoll

Blatt 1 ZVEH

Übergabebericht Nr.

Auftrag Nr. ________

Auftraggeber

Herr/Frau/Firma ________________

____

____

Elektroinstallationsbetrieb (Auftragnehmer)

Anlage:

EVU ________	Netzspannung ______ V
Netz: ☐ TN-System ☐ TT-System ☐ IT-System	
Zähler-Nr. ________	Zählerstand ________

Schaltungsunterlagen übergeben ☐

Übergabebericht + Prüfprotokoll bestehend aus Blatt 1 bis ____

Raum / Anlagenteil — Anzahl der Betriebsmittel		Wohnzimmer		Schlafzimmer	Kinderzimmer	Balkon/Terrasse		Bad		Küche	Flur	Treppe	Keller	Boden		Toilette	Garage		Aufenthaltsraum	Büro		Laden	Werkstatt			Lager		Hof	Stall	Scheune
Elektroinstallation	Leuchten-Auslaß																													
	Leuchten																													
	Ausschalter																													
	Wechselschalter																													
	Serienschalter																													
	Stromstoßschalter																													
	Dimmer																													
	Taster																													
	Steckdosen 1fach																													
	Steckdosen …fach																													
Geräte	Heizgerät																													
	Warmwasserbereiter																													
	Elektroherd																													
Elektrische Maschinen																														
	Verteiler																													

Gemäß Übergabebericht elektrische Anlage funktionsfähig übernommen:

Auftraggeber:

________________ ________________

Ort Datum Unterschrift

Übergabebericht + Prüfprotokoll

Blatt 2 ZVEH

Übergabebericht Nr.

Auftrag Nr. ____________________

Prüfung durchgeführt nach:

- ☐ IVV „Elektrische Anlagen und Betriebsmittel" (VBG4)
- ☐ ____________________
- ☐ nach DIN VDE 0100 T.600
- ☐ ____________________

Grund der Prüfung: ☐ Neuanlage ☐ Erweiterung ☐ Änderung ☐ Instandsetzung

Besichtigung:

- ☐ Richtige Auswahl der Betriebsmittel
- ☐ Schäden an Betriebsmitteln
- ☐ Schutz gegen direktes Berühren
- ☐ Sicherheits-Einrichtungen
- ☐ Brandschottung
- ☐ Wärmeerzeugende Betriebsmittel
- ☐ Zielbezeichnung der Leitungen im Verteiler
- ☐ Leitungsverlegung
- ☐ Schutzkleinspannung/Schutztrennung
- ☐ Sichere Trennung der Schutz- und Funktionskleinspannungs-Stromkreise von anderen Stromkreisen
- ☐ Hauptpotentialausgleich
- ☐ Zusätzlicher (örtlicher) Potentialausgleich
- ☐ Schutzmaßnahmen mit Schutzleiter
- ☐ Schutzisolierung
- ☐ ____________________

Erprobung: Bemerkungen: ____________________

- ☐ Funktion der Schutz-, Sicherheits- und Überwachungseinrichtungen
- ☐ Schutz gegen direktes Berühren
- ☐ Rechtsdrehfeld der Drehstrom-Steckdosen
- ☐ Drehrichtung der Motoren
- ☐ ____________________
- ☐ ____________________

Messung: Erdungswiderstand … Ω ☐ Zuverl. Verbindung Schutzleiter Bemerkungen: ____________________

Verwendete Meßgeräte nach DIN VDE 0413			
	Fabrikat Typ	Fabrikat Typ	Fabrikat Typ
	Fabrikat Typ	Fabrikat Typ	Fabrikat Typ

Stromkreis Nr.	Ort/Anlagenteil	Leitung/Kabel			Überstrom-Schutzeinrichtung		Z_s *) Ω oder		Fehlerstrom-Schutzeinrichtung			U_L ≤…V
		Art	Leiter-anzahl	Quer-schnitt mm²	Art/ Charak-teristik	I_n	I_k	R_{isol}	I_n/Art	$I_{\Delta n}$	I_{mess}	U_{mess}
						A	A	MΩ	A	A	A	A
	Hauptleitung											
	Verteiler-Zuleitung											

☐ Prüfergebnis: Mängelfrei ☐ Prüfplakette in Stromkreisverteiler eingeklebt

Nächster Prüfungstermin, z. B. gemäß Unfallverhütungsvorschrift „Elektrische Anlagen und Betriebsmittel" (VBG 4): ____________________

Unterschriften

Die elektrische Anlage entspricht den anerkannten Regeln der Elektrotechnik

Prüfer

Ort Datum Unterschrift

Verantwortlicher Unternehmer ⑥

Ort Datum Unterschrift

*) Nichtzutreffendes streichen!

Geräteliste	Projekt	erstellt am:	letzte Änderung:	Blatt:
		Bearbeiter:	geändert durch:	von:

Phys. Adr.	Geräte-Typ	Hersteller	Einbauort	Kanal	gesendete Adresse	empfangene Adresse	Bemerkung

EIB	Funktionsliste	Projekt		erstellt am:	letzte Änderung:	Blatt:
				Bearbeiter:	geändert durch:	von:

Gruppenadresse	Sensor		Aktor		Bemerkung
	Physikalische Adresse	Kanal	Physikalische Adresse	Kanal	

lfd. Nr.	in Stromlaufplänen	in Übersichtsschaltplänen und Installationsplänen	Beschreibung
A	**Allgemeine Schaltzeichen und Symbole**		
A01		—	Schließer 13/14
A02		—	Öffner 11/12
A03		—	Wechsler 11/12/14
A04		—	Schließer 17/18 schließt verzögert
A05		—	Schließer 17/18 öffnet verzögert
A06		—	Schließer 17/18 schließt und öffnet verzögert
A07		—	Öffner 15/16 öffnet verzögert
A08		—	Öffner 15/16 schließt verzögert
A09		—	Öffner 15/16 schließt und öffnet verzögert
A10		—	Schützspule
A11		—	Schutzleiter
A12		—	Neutralleiter
A13		—	Neutralleiter mit Schutzfunktion, PEN
A14	L1 N PE		Leitung dreiadrig
A15	L1 L2 L3 N PE		Leitung: fünfadrig (L1, L2, L3, N, PE)
A16			Anschlussdose Verbindungsdose
A17	—		Leiter auf Putz im Putz auf Putz
A18	—		Stromkreisverteiler
A19	—		Stromkreisverteiler Potenzialausgleichschiene
A20			Erde
A21		—	Schutzleiterklemme
A22		—	schutzisoliert
A23		—	Kontaktspiegel eines Hauptschützes mit Kennzahl 11 (1S+1Ö)
A24		—	Kontaktspiegel eines Hilfsschützes mit Kennzahl 22 (2S+2Ö)
A25		—	Kontaktspiegel eines Zeitrelais mit 1 Wechsler
A26		—	Kontaktspiegel eines Zeitrelais mit 1Ö+1S
A27		—	Klemmenleiste, Reihenklemmen, in einem Verdrahtungsplan
A28		—	Klemmen im Stromlaufplan
A29		—	Kondensator
A30		—	Widerstand
A31		—	Widerstand, temperatur abhängig PTC
A32		—	Induktivität, Spule, Wicklung, Drossel

Schaltzeichen, Darstellungsbeispiele, Symbole

lfd. Nr.	in Stromlaufplänen	in Übersichtsschaltplänen und Installationsplänen	Beschreibung
B	**Befehls- und Meldegeräte in Steuerstromkreisen**		
B01	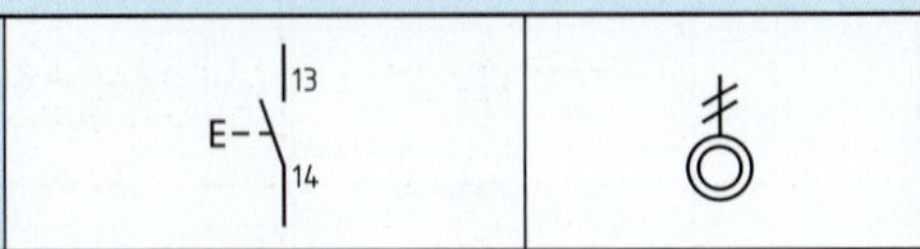		Drucktaster, Schließer 13/14
B02	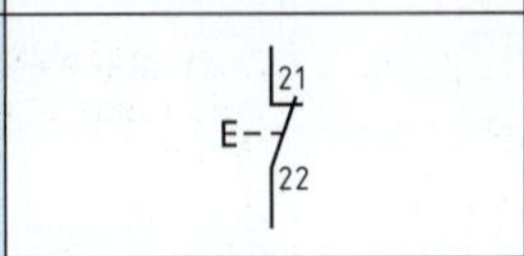	—	Drucktaster, Öffner 21/22
B03	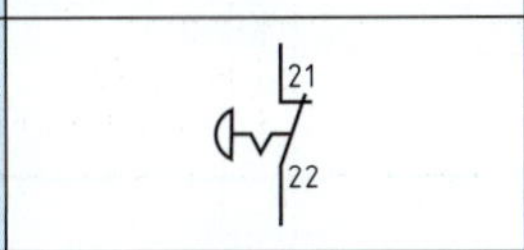	—	Pilzdrucktaster 21/22 mit Raste
B04	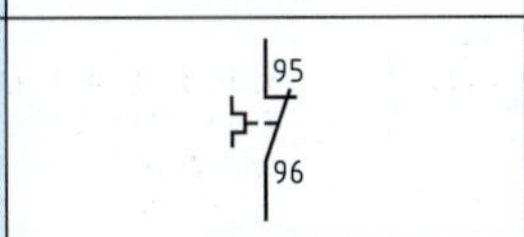	—	Öffner 95/96 eines Motorschutzrelais
B05	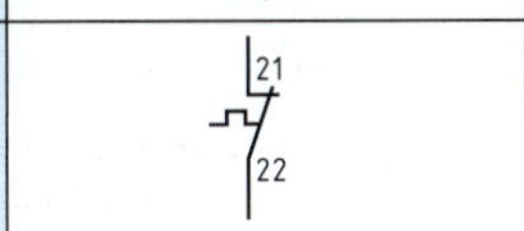	—	Thermoschalter, Thermostat
B06	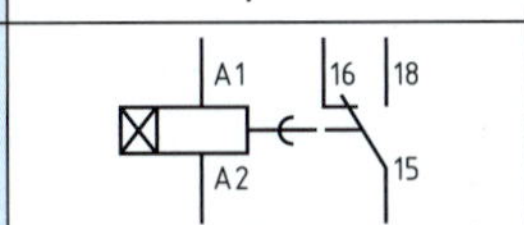	—	Zeitrelais, ansprechverzögert
B07	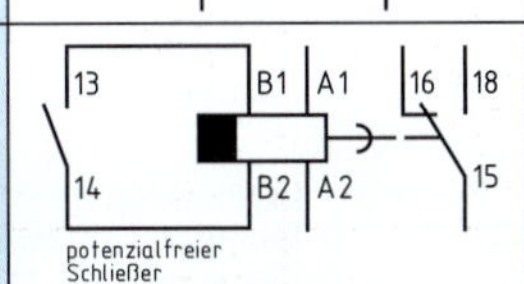	—	Zeitrelais, rückfallverzögert
B08	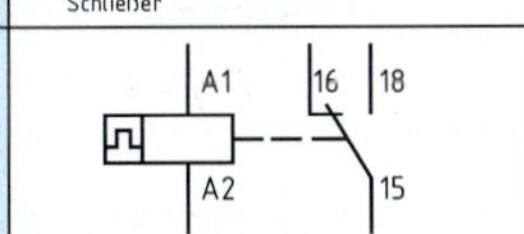	—	Blinkrelais
B09	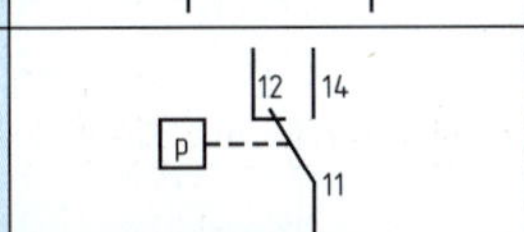	—	Druckwächter mit Wechsler
B10	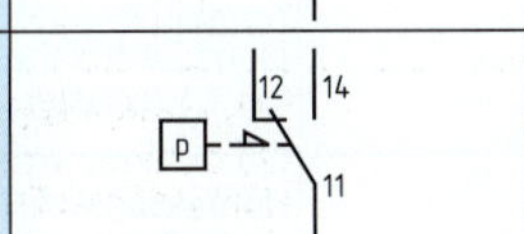	—	Druckbegrenzer mit Wechsler
B11	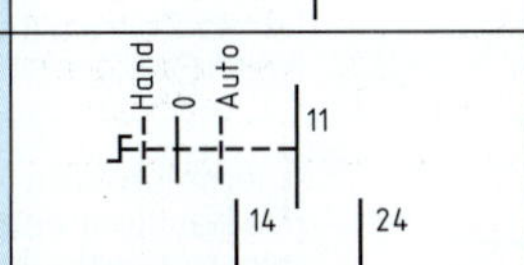	—	Wahlschalter
B12	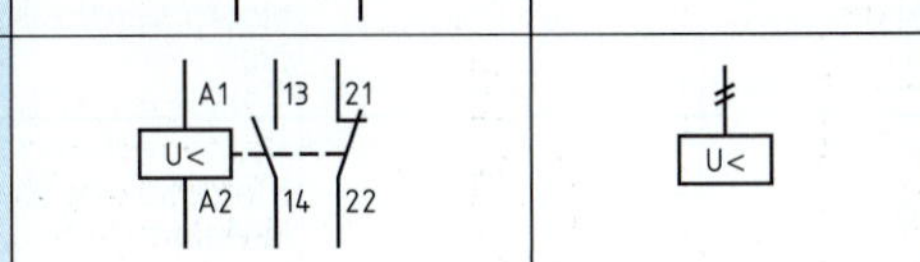		Unterspannungsrelais
B13	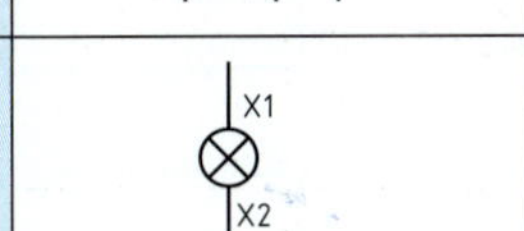	—	Meldelampe
B14	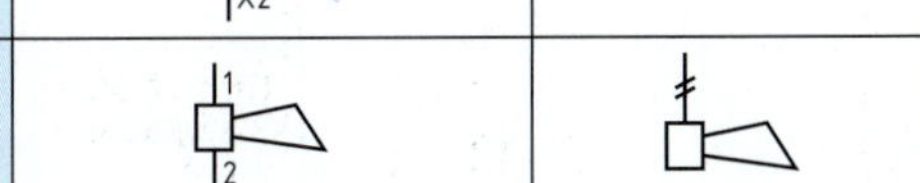		Signalhupe
B15	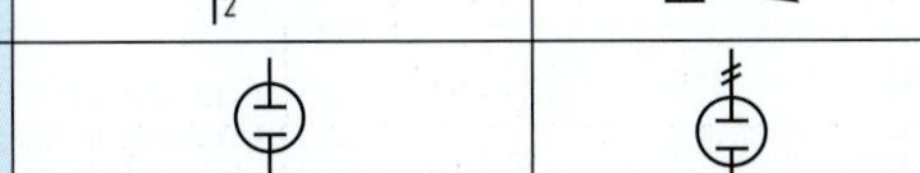		Glimmlampe
B16	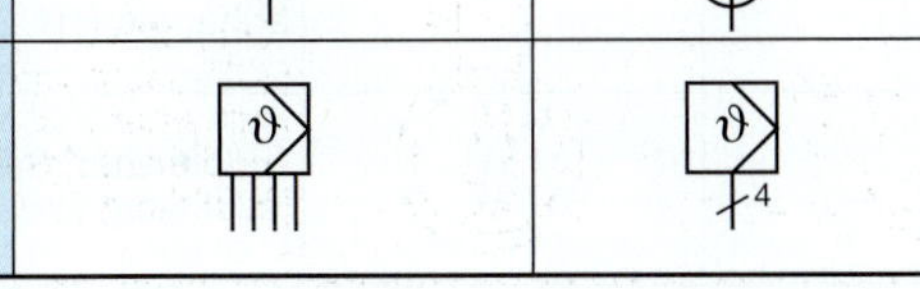		Regler (Temperatur)

lfd. Nr.	in Stromlaufplänen	in Übersichtsschaltplänen und Installationsplänen	Beschreibung
C	**Schalt- und Schutzgeräte in Hauptstromkreisen**		
C01	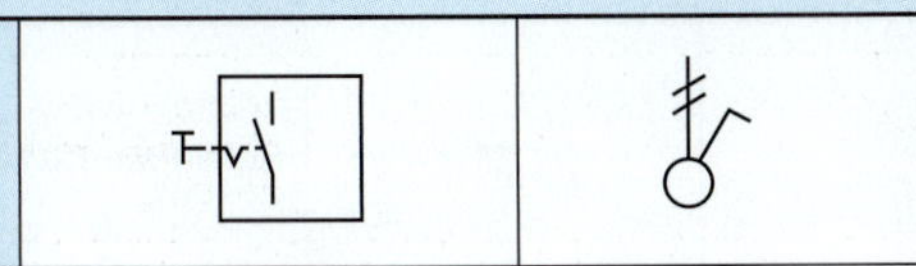		Ausschalter
C02	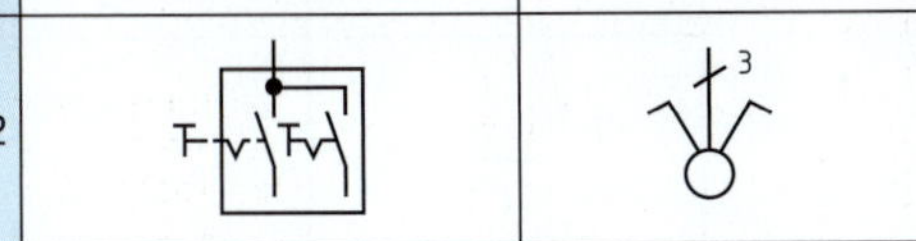		Serienschalter
C03	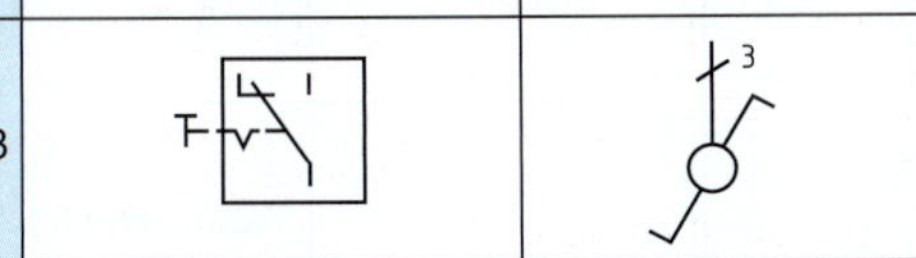		Wechselschalter
C04	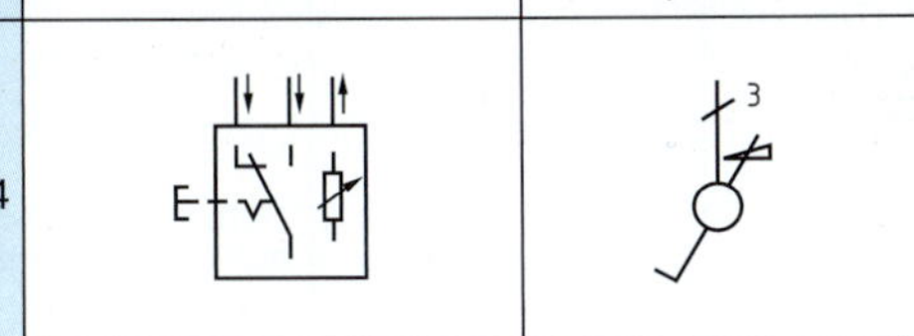		Dimmer
C05	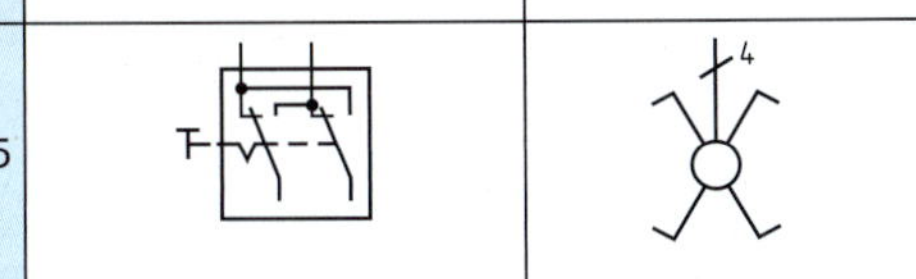		Kreuzschalter
C06	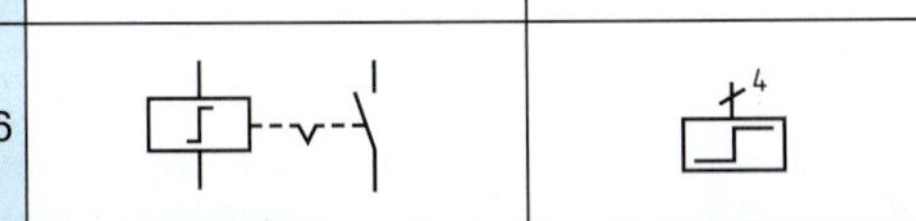		Stromstoßrelais
C07	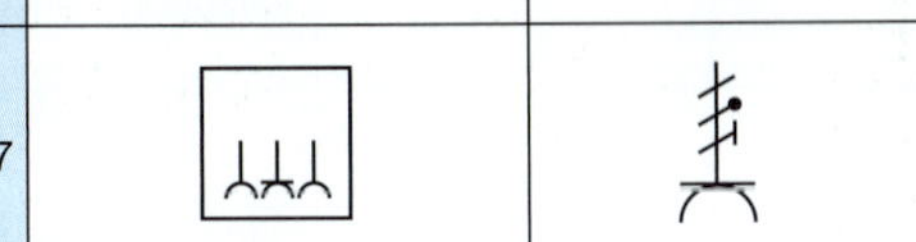		Schukosteckdose
C08	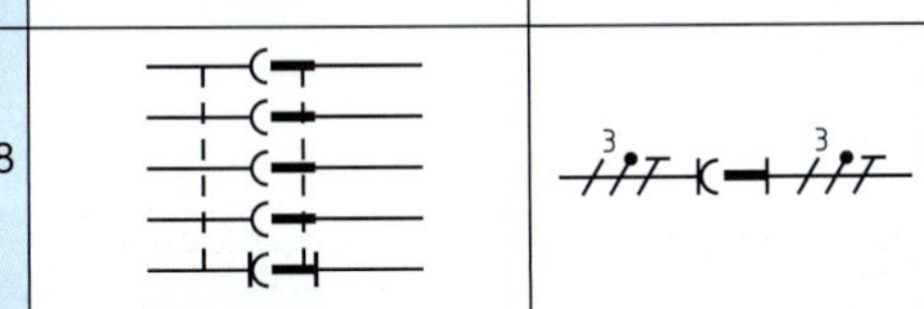		Steckverbindung fünfpolig (L1, L2, L3, N, PE)
C09	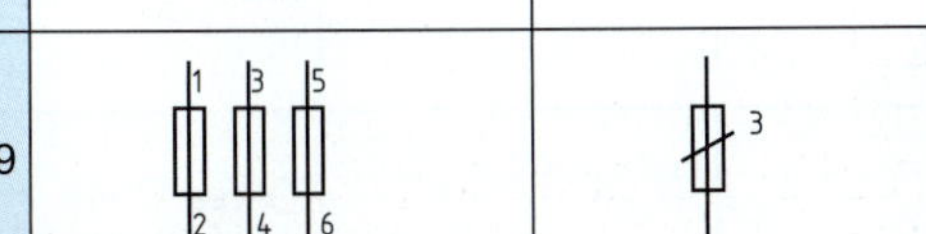		Schraubsicherung, 3polig
C10	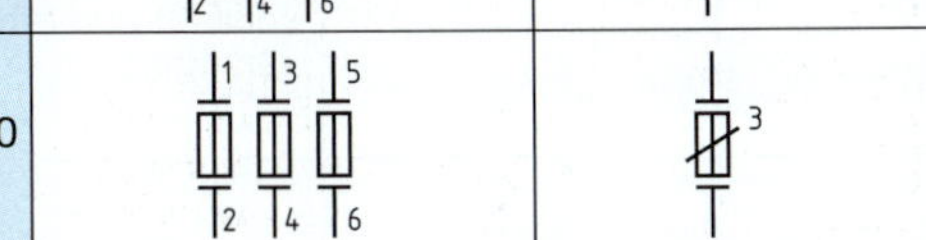		Niederspannungs-Hochleistungssicherung NH, 3polig
C11	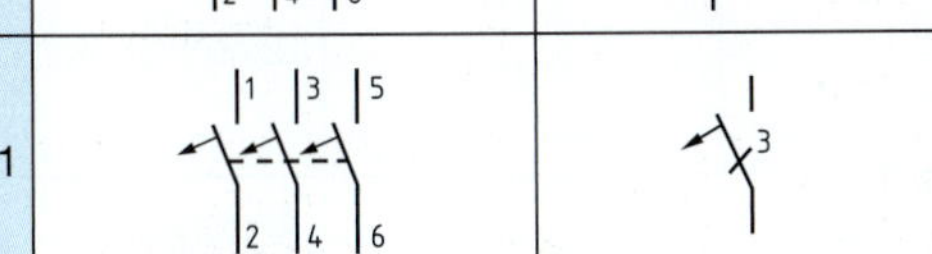		Leitungsschutzschalter, 3polig
C12	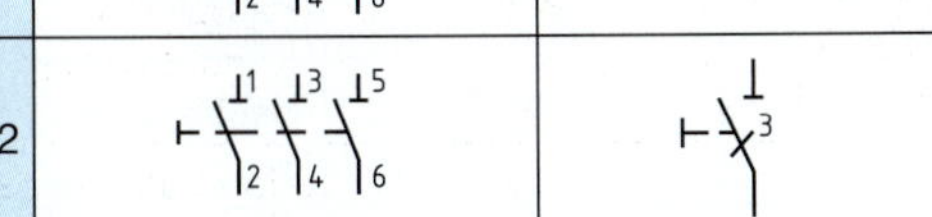		Trennschalter
C13	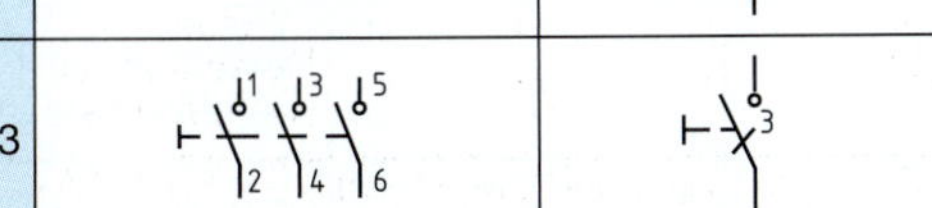		Lastschalter
C14	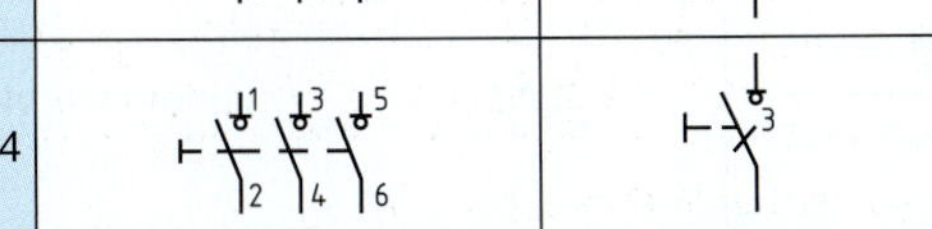		Lasttrennschalter
C15	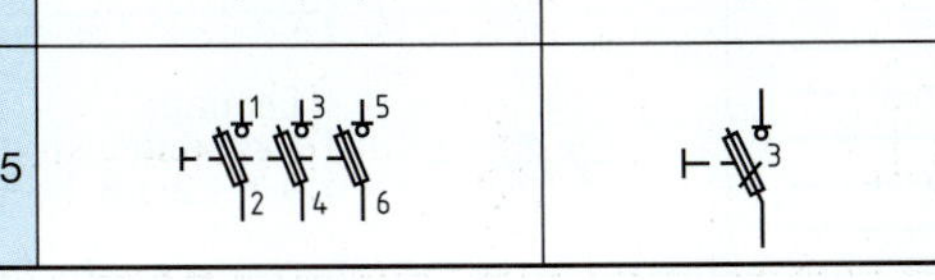		Sicherungs Lasttrennschalter

C16	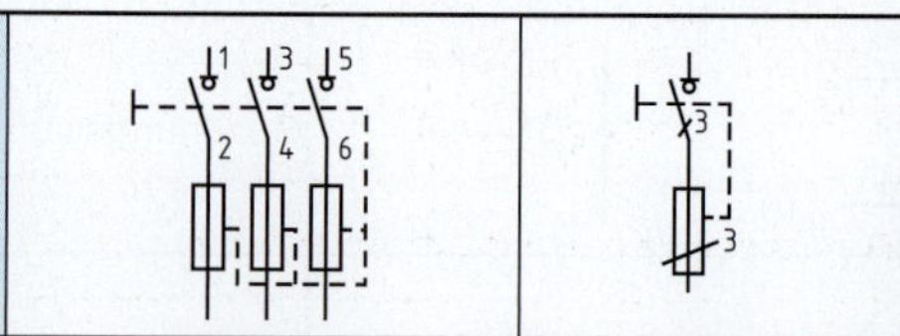		Lasttrennschalter mit selbsttätiger Auslösung durch den Schaltbolzen jeder einzelnen Sicherung
C17	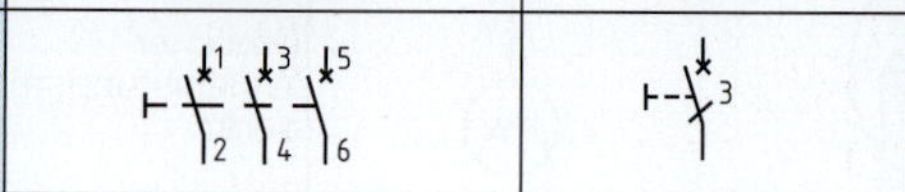		Leistungsschalter ohne Auslöseeinrichtung
C18	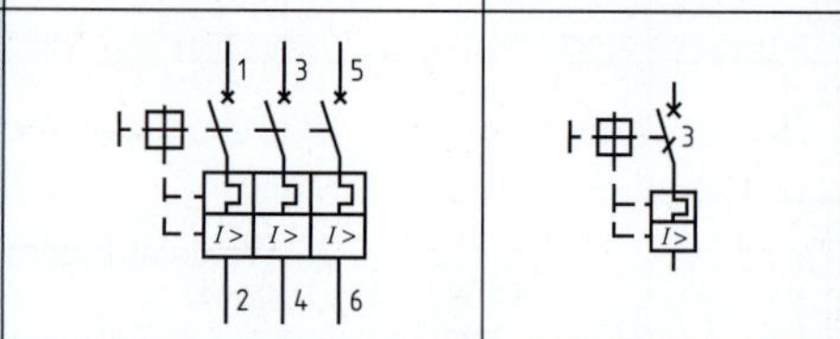		Leistungsschalter mit thermischer und magnetischer Auslösung
C19	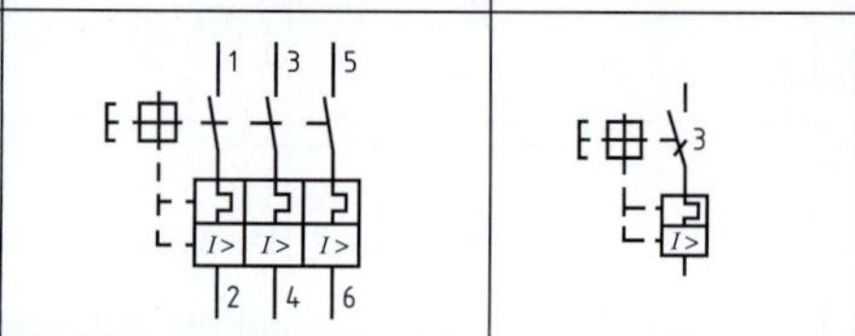		Motorschutzschalter
C20	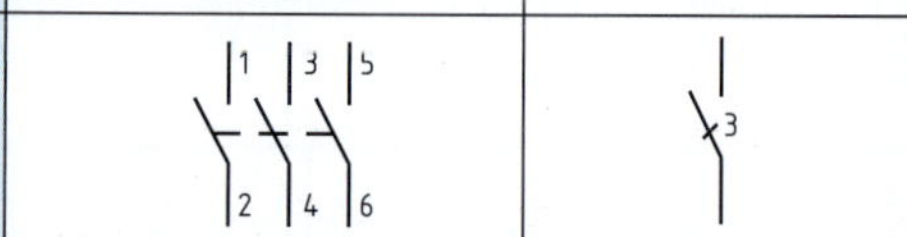		Hauptschütz ohne Darstellung der Hilfsschaltglieder
C21	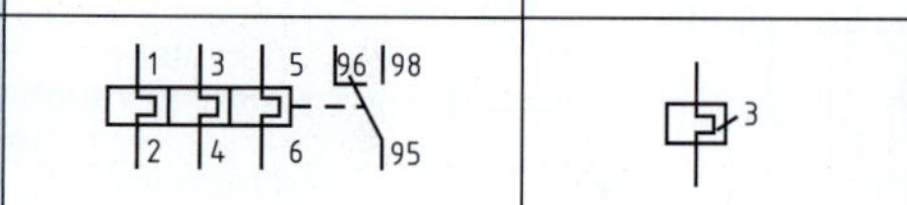		Motorschutzrelais
C22	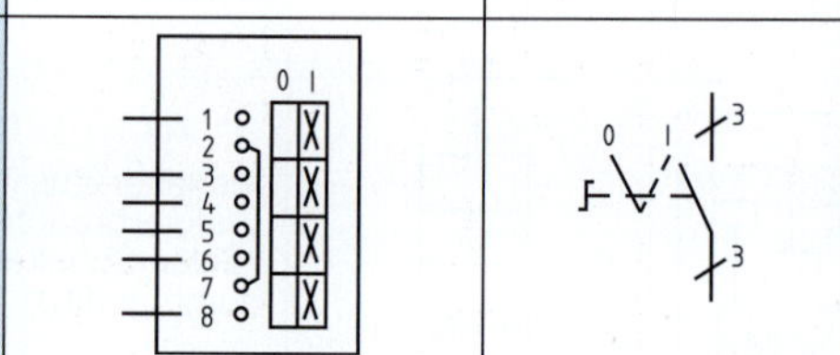		Nockenschalter, ausgeführt als Ein-/Ausschalter
C23	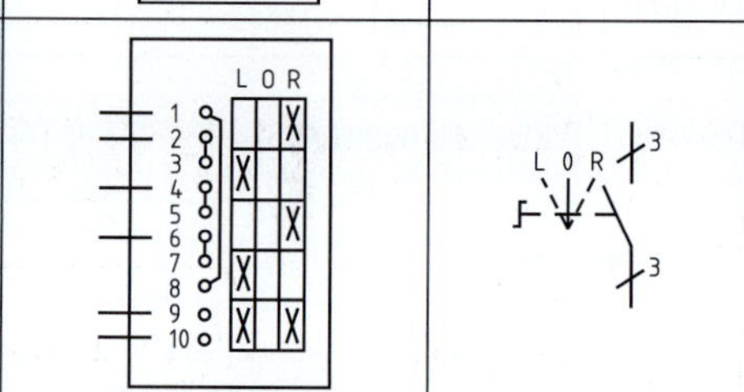		Nockenschalter, ausgeführt als Wendeschalter
C24	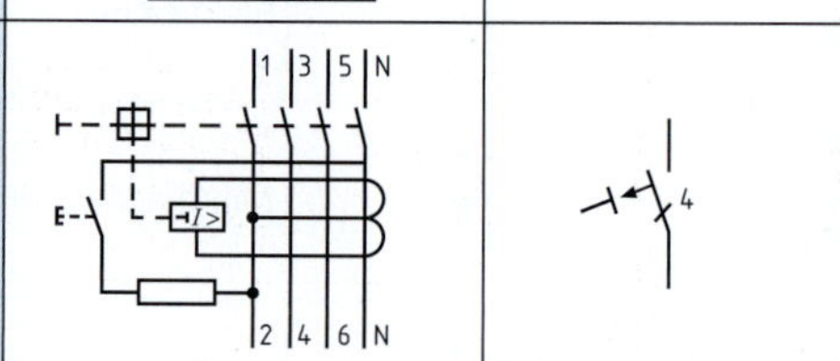		RCD, Fehlerstrom-Schutzschalter, ausführliche Darstellung
C25	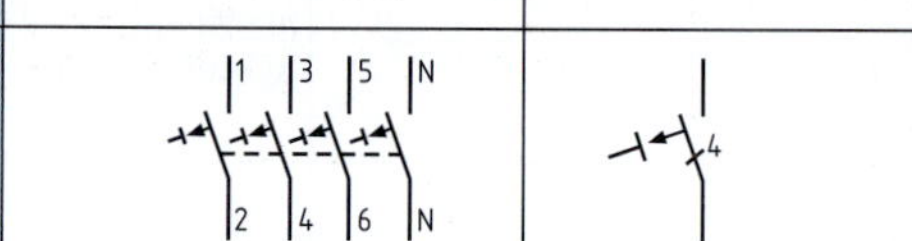		RCD, Fehlerstrom-Schutzschalter
C26	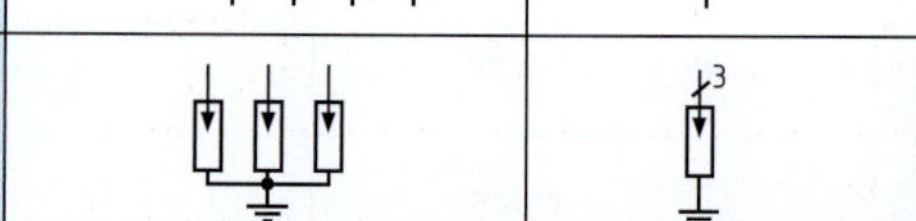		Überspannungsableiter mit Anschluss an die Schutzerde

D Leuchten und sonstige Verbraucher

lfd. Nr.	in Stromlaufplänen	in Übersichtsschaltplänen und Installationsplänen	Beschreibung
D01	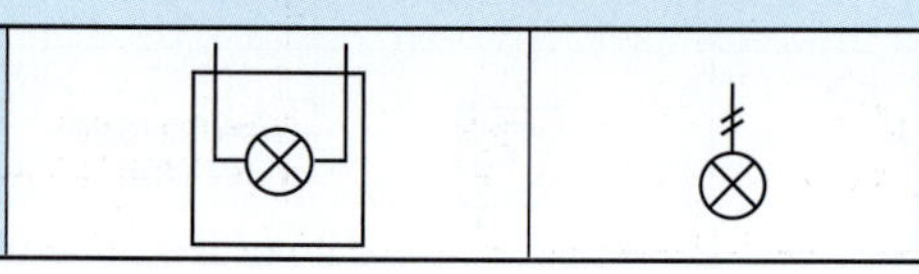		Leuchte, allgemein
D02	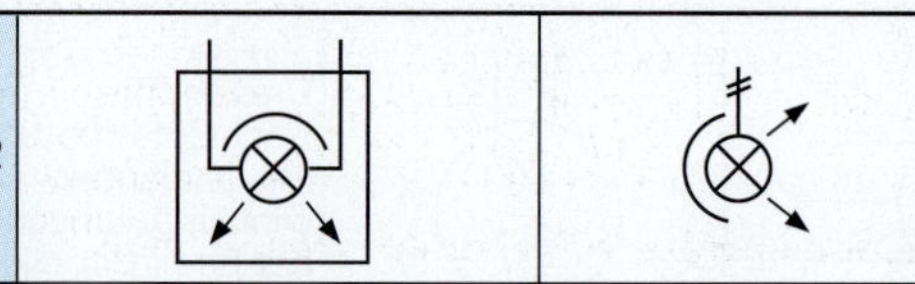		Flutlichtleuchte
D03	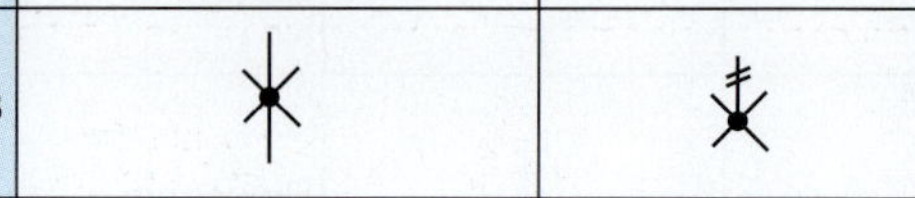		Sicherheitsleuchte mit Glühlampe
D04	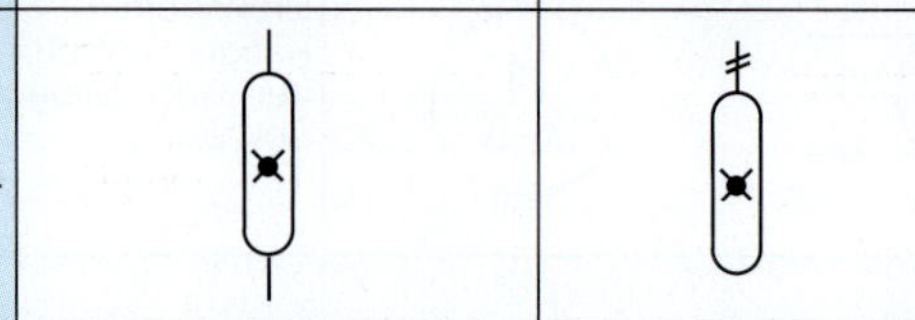		Sicherheitsleuchte mit Leuchtstofflampe
D05	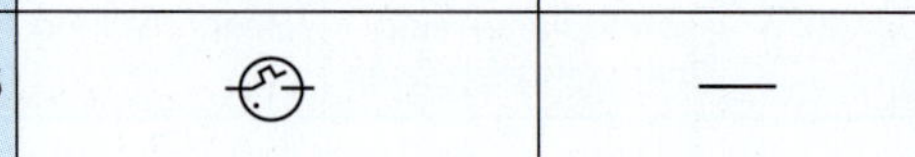		Starter für Leuchtstofflampe
D06	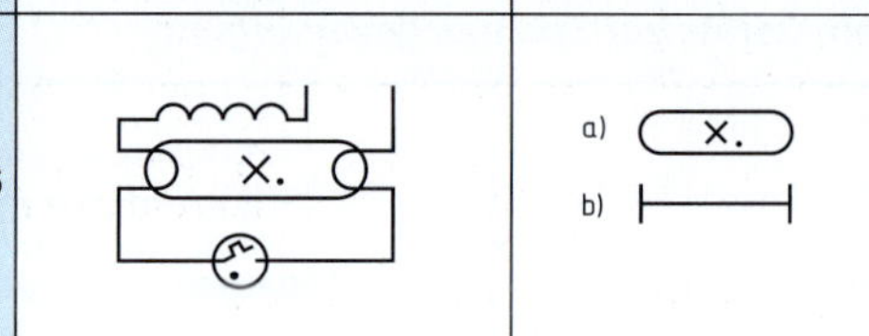		Leuchte mit einer Leuchtstofflampe a) Form 1 b) Form 2
D07	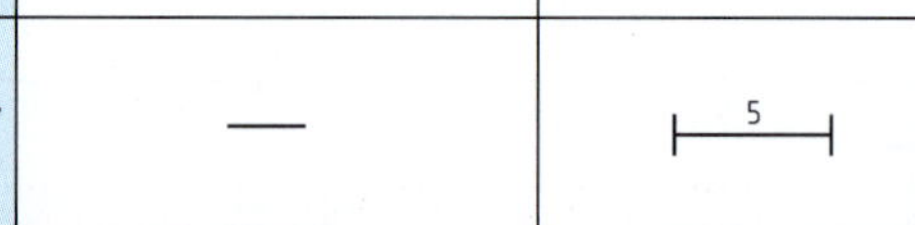		Leuchte mit fünf Leuchtstofflampen
D08	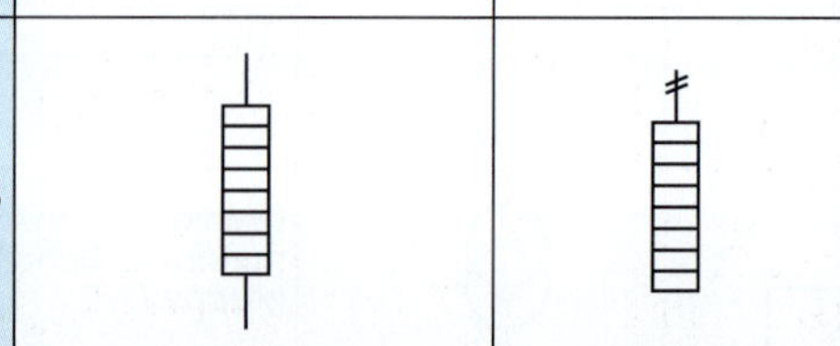		Heizwiderstand
D09	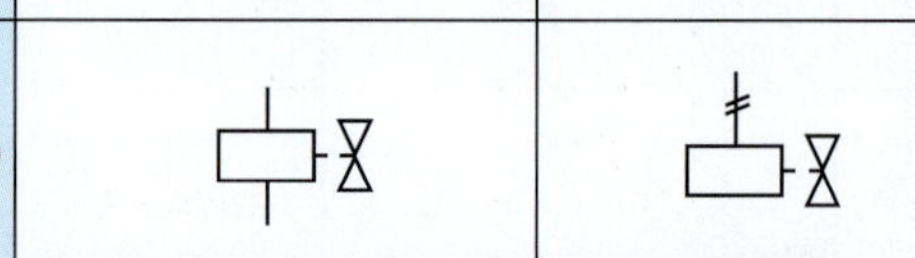		Magnetventil

E Motoren

lfd. Nr.	in Stromlaufplänen	in Übersichtsschaltplänen und Installationsplänen	Beschreibung
E01	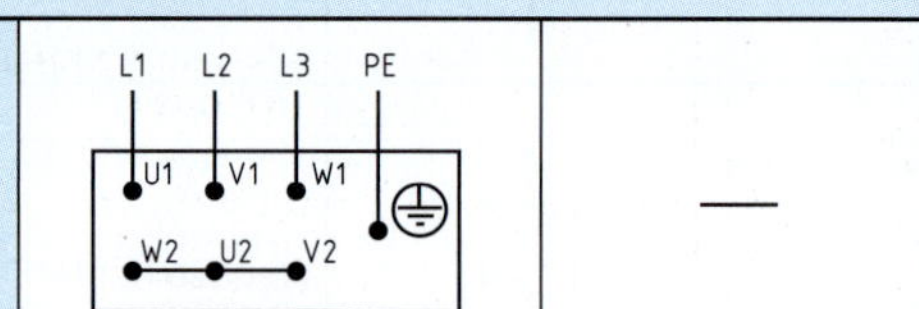		Klemmenbrett und Anschluss eines DS-Käfigläufermotors in Sternschaltung für Rechtslauf
E02	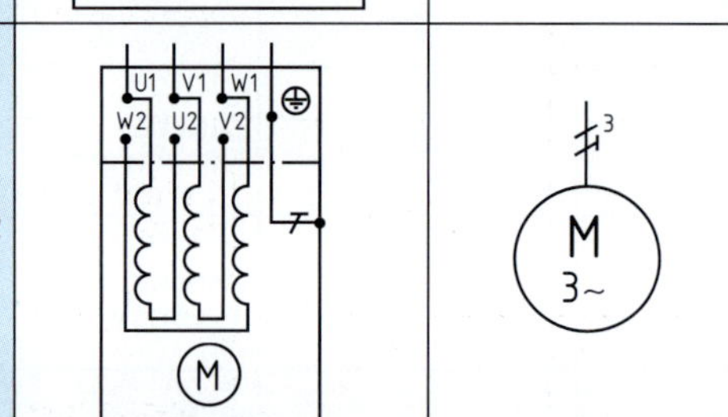		Drehstrom-Käfigläufermotor mit Darstellung der Wicklungen
E03	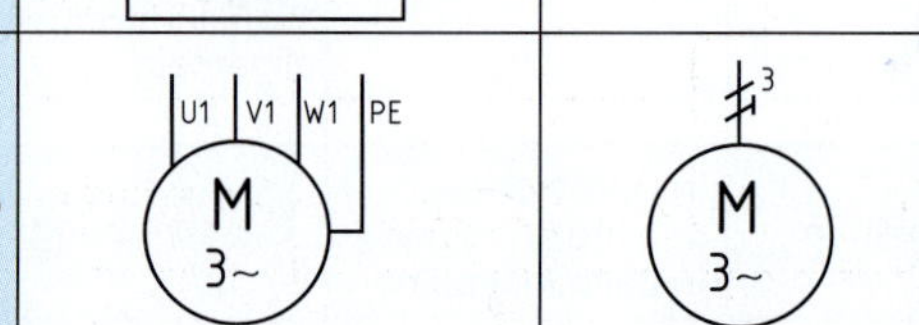		Drehstrom-Käfigläufermotor
E04	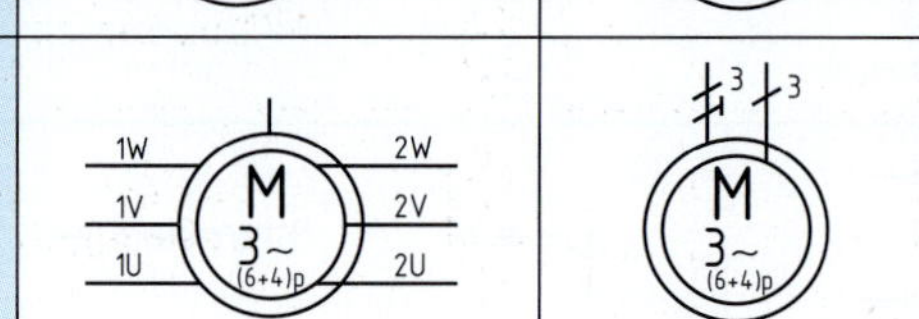		Drehstrom-Käfigläufermotor mit einer 6poligen und einer 4poligen Wicklung

lfd. Nr.	in Stromlaufplänen	in Übersichtsschaltplänen und Installationsplänen	Beschreibung
E05	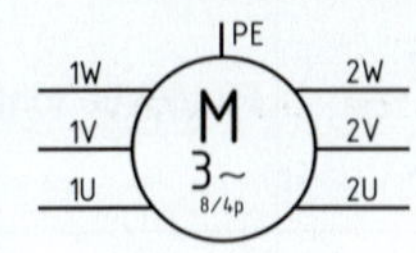	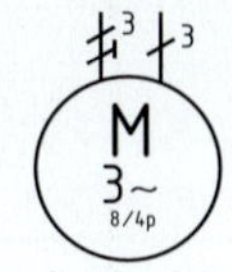	Drehstrom-Käfigläufermotor mit Dahlander-wicklung, umschaltbar 8polig/4polig
E06	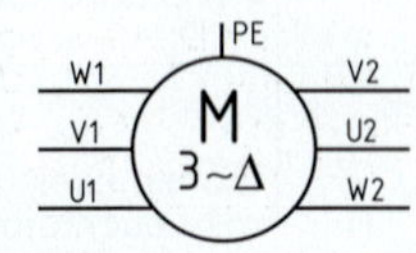	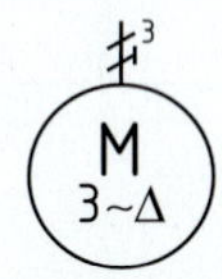	Drehstrom-Käfigläufermotor bei Stern/Dreieck Schaltung

lfd. Nr.	in Stromlaufplänen	in Übersichtsschaltplänen und Installationsplänen	Beschreibung
F	**Transformatoren, Geräte zur Spannungsversorgung**		
F01	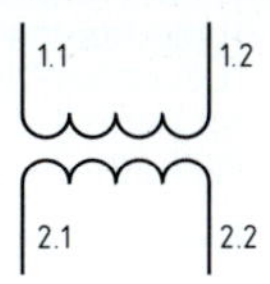	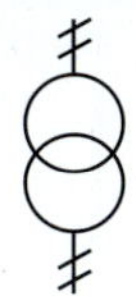	Transformator mit 2 getrennten Wicklungen
F02	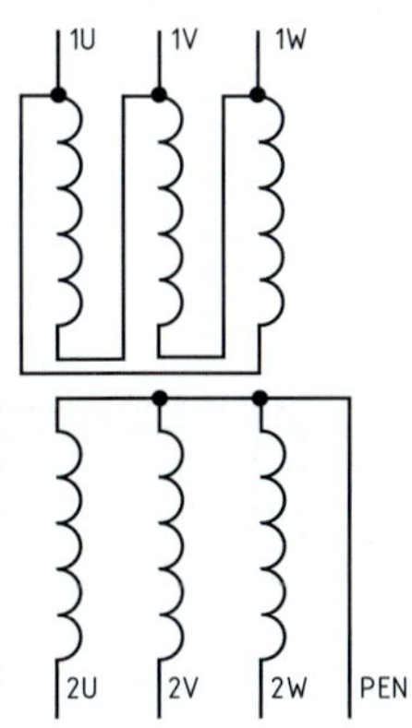		Drehstromtransformator der Schaltgruppe Dy5
F03			Gleichrichter
F04			Wechselrichter
F05			Batterie, Akkumulator
F06	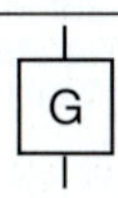		Generator, allgemein
F07	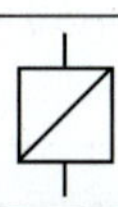		Signalumformer, allgemein

lfd. Nr.	in Stromlaufplänen	in Übersichtsschaltplänen und Installationsplänen	Beschreibung
G	**Messeinrichtungen**		
G01	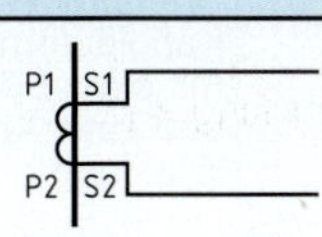	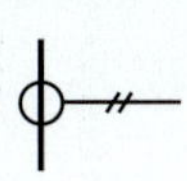	Stromwandler
G02	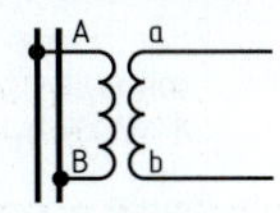	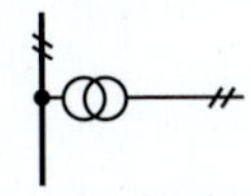	Spannungswandler
G03	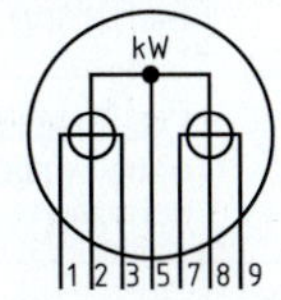		Dreileiter-Wirkleistungsmessgerät
G04	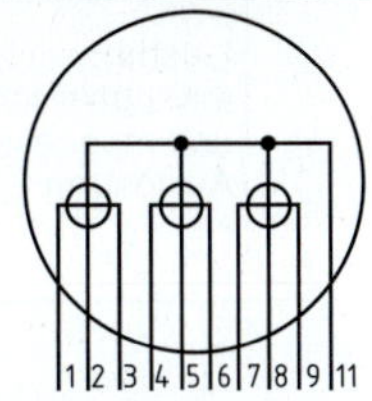		Vierleiter-Wirkleistungsmessgerät
G06	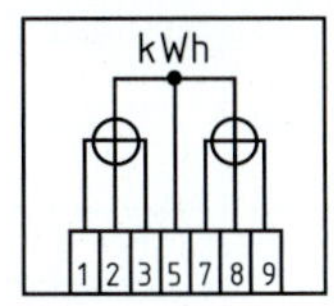	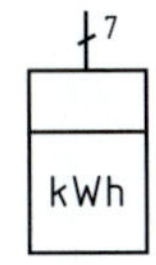	Dreileiter-Wirkverbrauchzähler, Schaltungsnummer 3020
G07	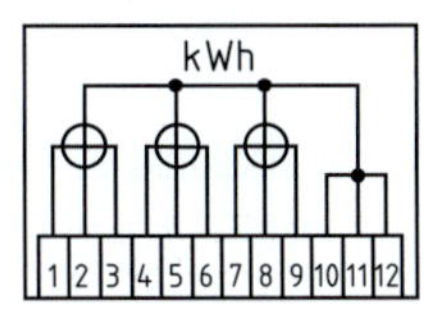	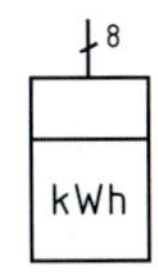	Vierleiter-Wirkverbrauchzähler, Schaltungsnummer 4000
G08	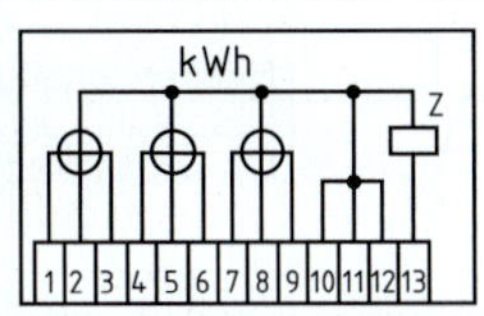	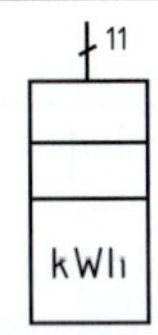	Vierleiter-Zweitarif-Wirkverbrauchzähler, Schaltungsnummer 4101

lfd. Nr.	in Stromlaufplänen	in Übersichtsschaltplänen und Installationsplänen	Beschreibung
H	**Schaltzeichen für Haushaltsgeräte**		
H01	—		Elektroherd
H02	—		Mikrowellengerät
H03	—	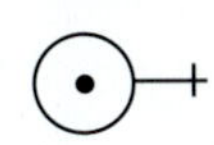	Heißwasserspeicher
H04	—	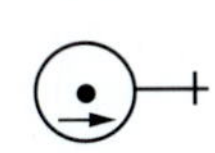	Durchlauferhitzer
H05	—	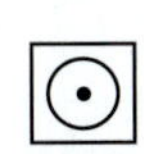	Waschmaschine
H06	—		Wäschetrockner
H07	—	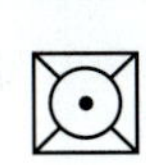	Geschirrspülmaschine

H08	—		Kühlgeräte, Tiefkühlgeräte
H09	—	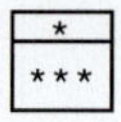	Gefriergerät
H10	—		Ventilator, Dunstabzugshaube
H11	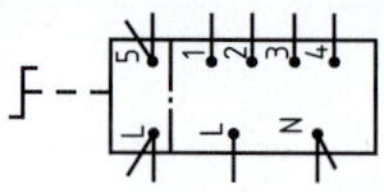	—	Siebentaktschalter
H12	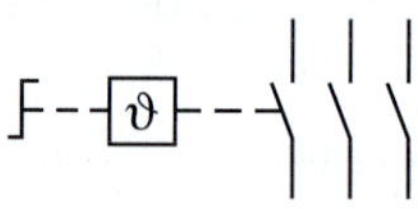	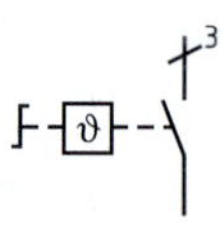	Temperaturabhängiger Schalter oder Wächter
H13	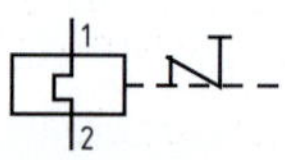	—	Thermische Verriegelung z.B. Tür
H14	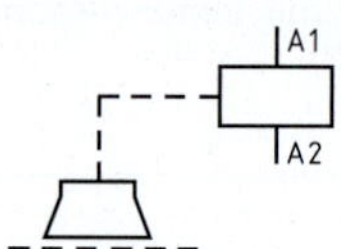	—	Magnetbremse, gelüftet
H15	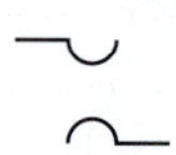	—	Feuchtigkeitsfühler

lfd. Nr.	Schaltzeichen Symbol	Beschreibung
I	**Elektronische Bauelemente**	
I01		Halbleiterdiode, allgemein
I02		Leuchtdiode (LED), allgemein
I03		Durchbruch-Diode, unidirektional Spannungsbrgrenzungs-Diode Z-Diode
I04		Bidirektionale Diode, Diac
I05		Bidirektionale Thyristertriode Triac
I06		Thyristertriode, bidirektional Diac
I07		Thyristortriode, Art nicht spezifiziert Das Symbol wird zur Darstellung einer rückwärts sperrenden Thyristordiode angewendet, wenn die Art des Gates nicht angegeben werden muss.
I08		Rückwärts sperrende Thyristortriode, N-Gate (Anode gesteuert)
I09		Rückwärts sperrende Thyristortriode, P-Gate (Kathode gesteuert)
I10		Gleichrichter in Brückenschaltung
I11		PNP-Transistor
I12		NPN-Transistor
I13		Sperrschicht-Feldeffekt-Transistor (JFET) mit N-Kanal
I14		Sperrschicht-Feldeffekt-Transistor (JFET) mit P-Kanal
I15		Isolierschicht-Feldeffekt-Transistor (IGFET), Anreicherungstyp
I16		Isolierschicht-Feldeffekt-Transistor (IGFET), Substratanschluss
I17	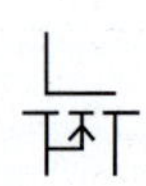	Isolierschicht-Feldeffekt-Transistor (IGFET), Substrat intern mit Source verbunden
I18		Isolierschicht-Feldeffekt-Transistor (IGFET), Verarmungstyp

lfd. Nr.	Schaltzeichen Symbol	Beschreibung (Abkürzung)
J	**Europäischer Installationsbus**	
J01	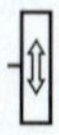	Busankoppler (BA)
J02		Drossel (DR)
J03		Spannungsversorgung (SV)
J04	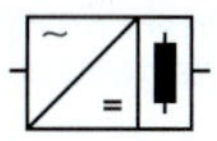	Spannungsversorgung mit integrierter Drossel, Netzgerät (NG)
J05	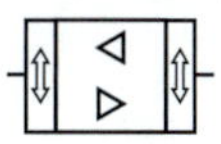	Linienkoppler (LK)
J06	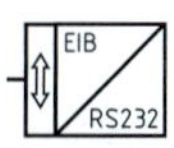	Datenschnittstelle RS232 Schnittstelle RS232 (V24)
J07		Verbinder
J08	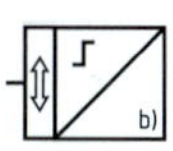	Binärsensor Binäreingang Binäreingabe (-gerät) b) Feld für physikalische Eingangsgrößen zur Kennzeichnung der Eingangskanäle n = Anzahl der Eingänge
	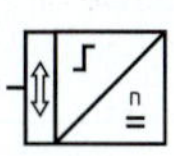	z.B. für DC
	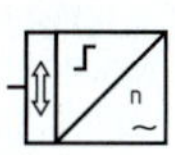	z.B. für AC
J09	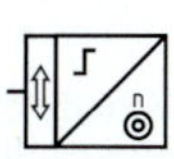	Tastsensor Taster
J10	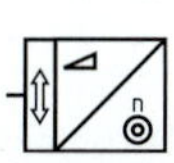	Dimmsensor Dimmtaster
J11	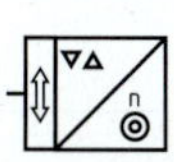	Jalousiesensor Jalousietaster
J12	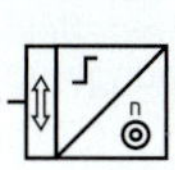	Helligkeitsmelder Helligkeitswertschalter Dämmerungsschalter
J13	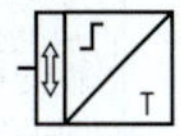	Temperaturmelder Temperaturwertschalter Raumthermostat
J14	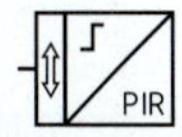	Bewegungsmelder
J15	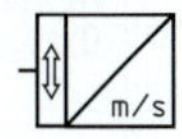	Windgeschwindigkeitssensor
J16	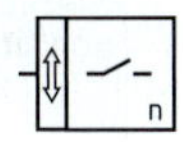	Schaltaktor Schaltgerät Binärausgang n = Anzahl der Ausgänge
J17	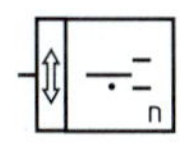	Jalousieaktor Jalousieschalter
J18	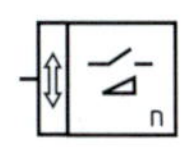	Dimmaktor Schalt-/Dimmaktor
J19	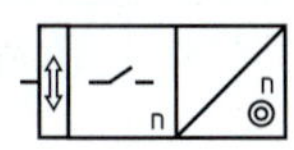	Schaltaktor mit Taster n-fach (Kombigerät)
J20	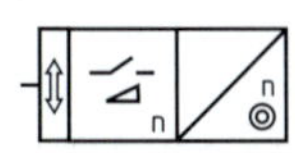	Dimmaktor mit Taster n-fach (Kombigerät)
J21	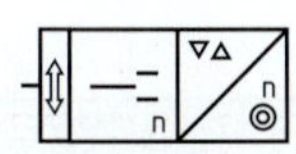	Jalousieaktor mit Taster n-fach (Kombigerät)

lfd. Nr.	Simatic S7-214 KOP	AWL	Beschreibung
K	**Speicherprogrammierbare Steuerungen**		
K01	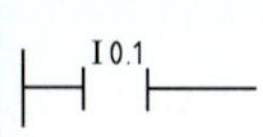	LD I0.1	Netzwerkanfang Wenn I0.1 = 1
K02	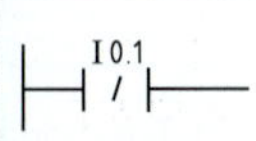	LDN I0.1	Netzwerkanfang Wenn I0.1 = 0
K03	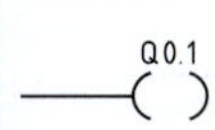	= Q0.1	Netzwerkende Dann Q0.1 = 1
K04	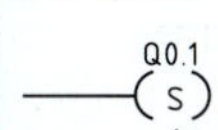	S Q0.1, 1	Netzwerkende Setzspule Setze Q0.1 = 1
K05	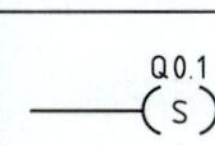	R Q0.1, 1	Netzwerkende Rücksetzspule Rücksetze Q0.1=1

lfd. Nr.	Logikmodul LOGO! in Übersichtsschaltplänen		Beschreibung
K06	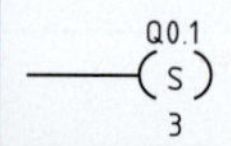	S Q0.1=3	Netzwerkende Setzspule Setze Q0.1=1 Setze Q0.2=1 Setze Q0.3=1
K07	Timer T32 und T96 T33- T36, T97-T100 T37- T63, T101-T127 Voreinstellung des Zeitwertes für alle Bereiche (PT): +1 bis +32767	Auflösung 1 ms 10 ms 100 ms	Timer Zeitglied
K08	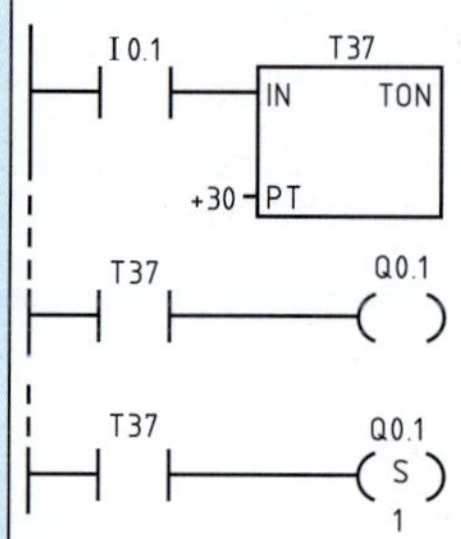	LD I0.1 TON T37, +30 LD T37 = Q0.1 LD T37 S Q0.1,1	Timer verzögert EIN 1. Möglichkeit 2. Möglichkeit
K09	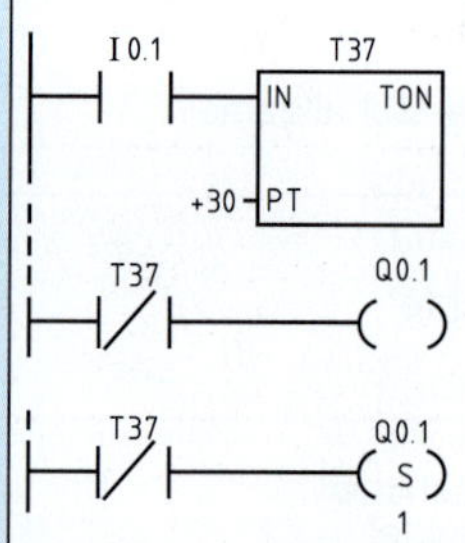	LD I0.1 TON T37, +30 LDN T37 = Q0.1 LD T37 R Q0.1, 1	Timer verzögert AUS 1. Möglichkeit 2. Möglichkeit
K10		MEND	Programmende

lfd. Nr.	Logikmodul LOGO! in Übersichtsschaltplänen	Beschreibung
L	**Schaltzeichen für LOGO**	
L01	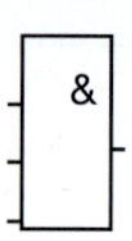	**AND** (und) Reihenschaltung Schließer 
L02	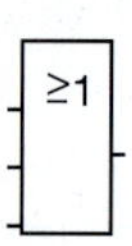	**OR** (oder) Parallelschaltung Schließer 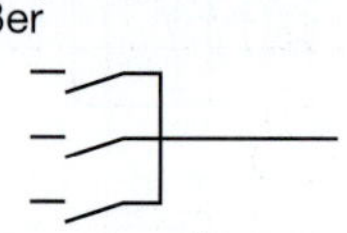
L03	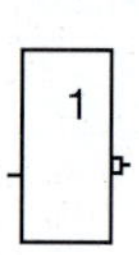	**NOT** (nicht) Inverter 
L04	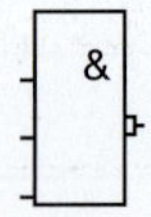	**NAND** (und nicht) Parallelschaltung Öffner 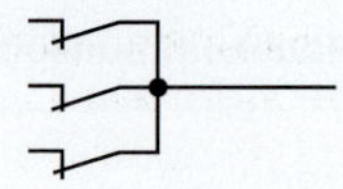
L05	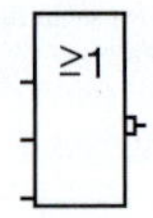	**NOR** (oder nicht) Reihenschaltung Öffner 
L06	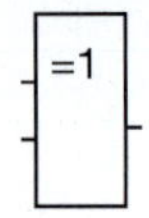	**XOR** (exklusiv oder) 2fach-Wechsler 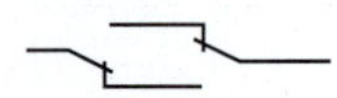
L07	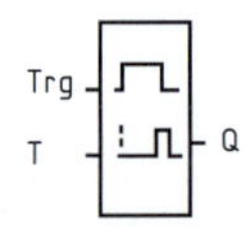	Einschaltverzögerung 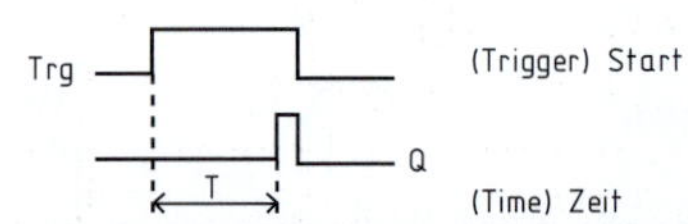
L08	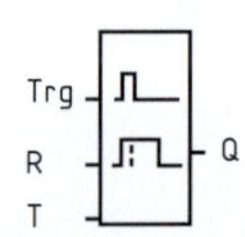	Ausschaltverzögerung 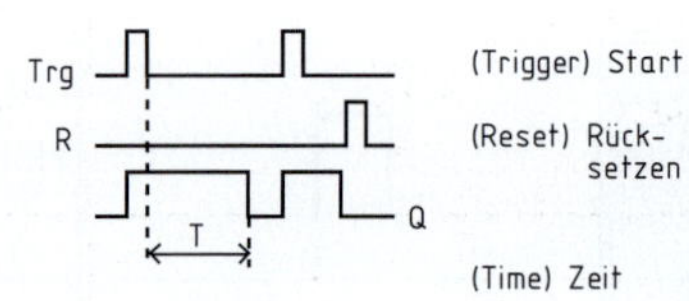
L09	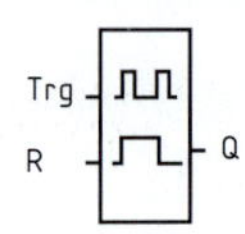	Stromstoßschalter 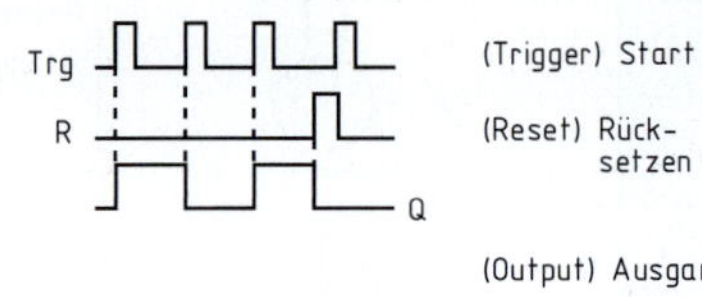
L10	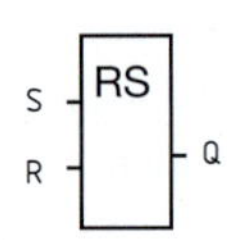	Selbsthaltung (Speicherglied) 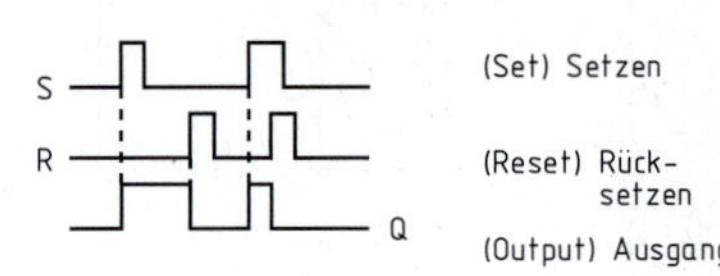
L11	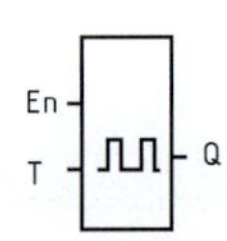	Taktgeber 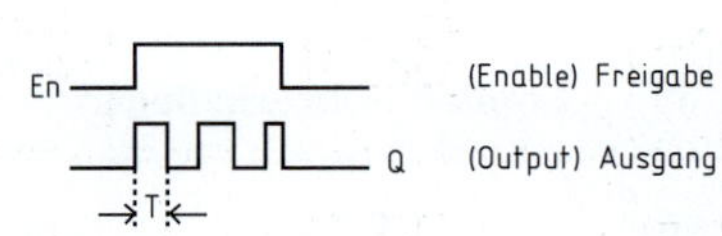
L12	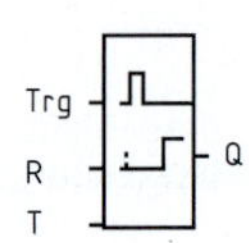	Speichernde Einschalt-Verzögerung 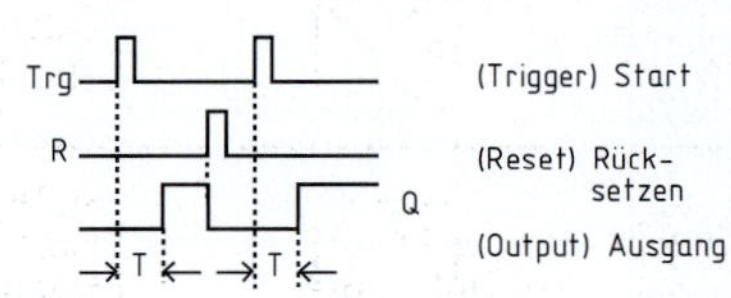

lfd. Nr.	Schaltzeichen Symbol	Beschreibung
M	**Hauskommunikation**	
M01	Form 1	Verstärker, allgemein Die Spitze des Dreieck muss in die Übertragungsrichtung zeigen.
M02	Form 2	
M03		Fernsprecher, allgemein
M04		Sirene
M05		Schnarre Summer
M06		Wecker Klingel
M07		Mikrofon, allgemein
M08		Hörer, allgemein
M09	4	Handapparate, dargestellt mit vier Anschlüssen
M10		Lautsprecher, allgemein
M11		Lautsprecher/Mikrofon
M12		Buchse und Stecker
M13	Tp	Fernmeldesteckdose, allgemein
N	**Empfangsverteilanlagen**	
N01		Antenne, allgemein
N02		Dipolantenne
N03		Parabolantenne, dargestellt mit Rechteck-Hohlleiterzuleitung
N04		Stichdose
N05		Durchschleifdose
N06		Weiche*
N07		Abzweiger*
N08		Verteiler*
N09	TV/FM	Antennensteckdose
O	**Alarm und Überwachungsanlagen**	
O01		Elektronischer Schalter, allgemein
O02		Näherungsempfindlicher Schalter (Schließer)
O03		Elektronisches Relais, allgemein
O04		Elektronisches Relais, betätigt durch LED, dargestellt mit Schließer als Halbleiter
O05	G	Signalgenerator allgemein
O06		Signalleuchte*
O07		Schlüsselschalter Wächtermelder
O08	MK	Melder mit Magnetkontakt*
O09	GM	Glasbruchmelder*
O10	IM	Bewegungsmelder*
O11	UM	Ultraschall Bewegungsmelder*
O12	VK	Melder mit Vibrationskontakte*

* nicht genormt

Sachwortverzeichnis

Sachwortverzeichnis